普通高等教育 电气工程 系列教材
　　　　　　　自动化

电力拖动与控制

第 3 版

李岚　梅丽凤　等编著

机械工业出版社

本书是为适应电气工程及其自动化专业课程体系改革的需要而编写的。主要内容包括：电力拖动系统的动力学基础、直流电动机的电力拖动、三相异步电动机的电力拖动、同步电动机的电力拖动、电力拖动系统中电动机的选择、常用低压电器、电气控制电路设计、电动机的基本控制电路、电器元件的选择及电动机的保护。为了和后续课程衔接，还介绍了可编程序控制器。本书精选了基础的教学内容，并将近年发展起来的智能电器和基础的教学内容有机地整合在一起。全书以培养高级应用型人才为目标，突出生产实际应用，着力培养学生分析问题、解决问题的能力。

本书为高等工科院校电气工程及其自动化专业及相关专业的教材，也可供从事相关专业的工程技术人员参考。

为方便教师授课，本书特备有免费电子课件及习题解答，可登录http：//www.cmpedu.com 注册下载。

图书在版编目（CIP）数据

电力拖动与控制/李岚等编著. —3 版. —北京：
机械工业出版社，2016.7（2025.1 重印）
普通高等教育电气工程自动化系列教材
ISBN 978-7-111-54234-6

Ⅰ.①电… Ⅱ.①李… Ⅲ.①电力传动-自动控制系统-高等学校-教材 Ⅳ.①TM921.5

中国版本图书馆 CIP 数据核字（2016）第 154856 号

机械工业出版社（北京市百万庄大街22号 邮政编码100037）
策划编辑：王雅新 责任编辑：王雅新 徐 凡
责任印制：张 博 责任校对：陈秀丽
北京雁林吉兆印刷有限公司印刷
2025 年 1 月第 3 版·第 8 次印刷
184mm×260mm·17.75 印张·434 千字
标准书号：ISBN 978-7-111-54234-6
定价：49.00 元

电话服务 网络服务
客服电话：010-88361066 机 工 官 网：www.cmpbook.com
　　　　　010-88379833 机 工 官 博：weibo.com/cmp1952
　　　　　010-68326294 金 书 网：www.golden-book.com
封底无防伪标均为盗版 机工教育服务网：www.cmpedu.com

前　言

本书是在第2版教材的基本框架和基本内容的基础上进行修订的。

本版教材按照巩固、完善和提高的修订原则，力图在强调基础知识与基本技能的同时，反映控制技术的科学性与先进性。

全书共分两篇，第一篇为电力拖动基础，分为五章，内容包括：电力拖动系统的动力学基础、直流电动机的电力拖动、三相异步电动机的电力拖动、同步电动机的电力拖动、电力拖动系统中电动机的选择；第二篇为电器及其控制，分为五章，内容包括：常用低压电器、电器控制电路设计、电动机的基本控制电路、电器元件的选择及电动机的保护、可编程序控制器。

与第2版相比，本书主要修订和更新的内容如下：

1) 删减了第二章、第三章中部分思考题。
2) 第三章中增加了通用变频器的主要功能、变频器的选择等内容。
3) 对第六章中"低压电器的发展"相关内容进行了更新。

本书在编写过程中，力求使分散在原来四门课程中的内容融会贯通，成为有机联系的知识体系。例如，根据常用低压电器的功能，将电器学、电子电器的有关内容有机地整合在一起；又如将电机拖动和电气控制的知识连续学习，前呼后应。

本书由太原理工大学李岚，辽宁工业大学梅丽凤，太原理工大学赵荣理、路秀芬、王旭平、李梅共同编著，其中梅丽凤编写了第一、二章和第五章，赵荣理编写了第三章，路秀芬编写了第四章，李岚编写了第六~八章，李梅编写了第九章，王旭平编写了第十章。全书由李岚统稿。

在本书的撰写过程中，参阅了大量的教材和参考文献，在此谨向有关作者致以衷心的感谢。

将电力拖动基础、电器学、电子电器及电器控制等课程整合为一门课程是一次尝试，加之作者学识有限，编写时间又很仓促，书中定有很多不妥之处，殷切希望读者批评指正。

编　者

目 录

前言

第一篇　电力拖动基础

第一章　电力拖动系统的动力学基础 ············· 1
　　第一节　单轴电力拖动系统的运动方程式 ············· 1
　　第二节　多轴电力拖动系统转矩及飞轮矩的折算 ············· 2
　　第三节　生产机械的负载转矩特性 ············· 7
　　思考题与习题 ············· 9

第二章　直流电动机的电力拖动 ············· 10
　　第一节　他励直流电动机的机械特性 ············· 10
　　第二节　电力拖动系统稳定运行的条件 ············· 17
　　第三节　他励直流电动机的起动 ············· 18
　　第四节　他励直流电动机的制动 ············· 22
　　第五节　直流电动机电力拖动系统的动态特性 ············· 30
　　第六节　他励直流电动机的调速 ············· 39
　　第七节　串励直流电动机的电力拖动 ············· 46
　　第八节　复励直流电动机的机械特性 ············· 49
　　思考题与习题 ············· 50

第三章　三相异步电动机的电力拖动 ············· 53
　　第一节　三相异步电动机的机械特性 ············· 53
　　第二节　三相异步电动机的固有机械特性与人为机械特性 ············· 57
　　第三节　三相异步电动机的起动 ············· 59
　　第四节　三相异步电动机的制动 ············· 76
　　第五节　三相异步电动机拖动系统的调速 ············· 82
　　第六节　三相异步电动机的四象限运行 ············· 94
　　思考题与习题 ············· 99

第四章　同步电动机的电力拖动 ············· 102
　　第一节　同步电动机的起动 ············· 102
　　第二节　同步电动机的调速 ············· 104

第五章　电力拖动系统中电动机的选择 ············· 106
　　第一节　电动机发热和冷却规律 ············· 106
　　第二节　电动机工作方式的分类 ············· 108
　　第三节　连续工作制下电动机容量的选择 ············· 110
　　第四节　短时工作制下电动机容量的选择 ············· 112
　　第五节　断续周期工作制下电动机容量的选择 ············· 114
　　第六节　电动机容量选择的工程方法 ············· 115

第七节　电动机种类、额定电压、额定转速及外部结构形式的选择 …………… 116
　　思考题与习题 …………………………………………………………………………… 118

第二篇　电器及其控制

第六章　常用低压电器 ……………………………………………………………… 120
　　第一节　概述 …………………………………………………………………………… 120
　　第二节　常用低压电器的基本问题 …………………………………………………… 125
　　第三节　接触器 ………………………………………………………………………… 131
　　第四节　继电器 ………………………………………………………………………… 140
　　第五节　配电电器 ……………………………………………………………………… 154
　　第六节　主令电器 ……………………………………………………………………… 162
　　第七节　电磁执行机构 ………………………………………………………………… 167
　　思考题与习题 …………………………………………………………………………… 169

第七章　电气控制电路设计 ………………………………………………………… 171
　　第一节　电气控制电路的常用符号及绘制原则 ……………………………………… 171
　　第二节　电气控制电路的基本环节 …………………………………………………… 179
　　第三节　电气控制电路的一般设计方法 ……………………………………………… 183
　　第四节　电气控制电路的逻辑设计方法 ……………………………………………… 193
　　思考题与习题 …………………………………………………………………………… 202

第八章　电动机的基本控制电路 …………………………………………………… 204
　　第一节　直流电动机的控制电路 ……………………………………………………… 204
　　第二节　三相异步电动机的起动控制电路 …………………………………………… 209
　　第三节　三相异步电动机的正反转控制电路 ………………………………………… 215
　　第四节　三相异步电动机的制动控制电路 …………………………………………… 216
　　第五节　三相异步电动机的调速控制电路 …………………………………………… 219
　　第六节　同步电动机的控制电路 ……………………………………………………… 226
　　第七节　典型机床电气控制电路 ……………………………………………………… 227
　　思考题与习题 …………………………………………………………………………… 234

第九章　电器元件的选择和电动机的保护 ………………………………………… 236
　　第一节　电器元件的选择 ……………………………………………………………… 236
　　第二节　电动机的保护 ………………………………………………………………… 241
　　思考题与习题 …………………………………………………………………………… 246

第十章　可编程序控制器（PLC） ………………………………………………… 247
　　第一节　PLC 的基本结构和工作原理 ………………………………………………… 247
　　第二节　PLC 的指令系统 ……………………………………………………………… 251
　　第三节　机床电气的 PLC 控制技术 …………………………………………………… 265
　　思考题与习题 …………………………………………………………………………… 274

参考文献 ……………………………………………………………………………… 276

第一篇 电力拖动基础

第一章 电力拖动系统的动力学基础

由原动机带动生产机械运转称为拖动。用各种电动机作为原动机带动生产机械运转,以完成一定的生产任务的拖动方式,称为电力拖动。电力拖动系统,一般由电动机、机械传动机构、生产机械的工作机构、控制设备和电源五部分组成,如图1-1所示。其中电动机作为原动机,通

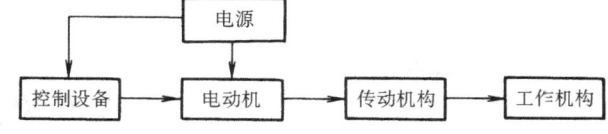

图1-1 电力拖动系统示意图

过传动机构带动生产机械的工作机构执行某一项生产任务;机械传动机构用来传递机械能;控制设备则用来控制电动机的运转;电源的作用是向电动机和其他电气设备供电。通常把机械传动机构及工作机构称为电动机的机械负载。

电动机和负载构成了电力拖动系统。要研究电力拖动系统,不仅要研究电动机自身的运行性能,还要研究电动机和负载之间的运动规律——电力拖动系统的运动方程式。

第一节 单轴电力拖动系统的运动方程式

所谓单轴电力拖动系统,就是电动机与工作机构采用同轴连接,直接拖动生产机械运转的系统,如图1-2所示。图1-2中,作用在该轴上的转矩有电动机的电磁转矩T、电动机的空载转矩T_0及生产机械的负载转矩T_m,$T_0 + T_m = T_L$。T_L为电动机的负载转矩。轴的旋转角速度为Ω,电动机转子的转动惯量为J_R,生产机械转动部分的转动惯量为J_m。联轴器的转动惯量比J_R及J_m小很多,可忽略,因此单轴拖动系统对转轴的总转动惯量为$J = J_R + J_m$。图1-2b给出了各物理量的参考正方向。假定两轴之间为刚性连接,并忽略轴的弹性变形,那么图1-2所示的单轴拖动系统可以看成刚体绕固定轴转动。根据力学中刚体转动定律及各量的参考正方向,可写出如下的转动方程式

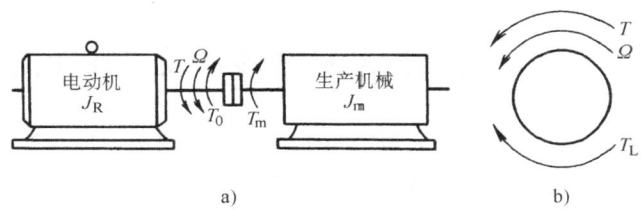

图1-2 单轴电力拖动系统及各量的参考方向
a) 单轴电力拖动系统 b) 各量的参考方向

$$T - T_L = J\frac{d\Omega}{dt} \tag{1-1}$$

式中，T 为电动机的电磁转矩（N·m）；T_L 为电动机的负载转矩（N·m）；J 为电动机轴上的总转动惯量（kg·m²）；Ω 为电动机的角速度（rad/s）。

式（1-1）称为单轴电力拖动系统的运动方程式，它描述了作用于单轴拖动系统的转矩与速度变化之间的关系，是研究电力拖动系统各种运转状态的基础。

转动惯量 J 是物理学中常用的参量，在实际的电力拖动工程中则采用飞轮惯量（即飞轮矩）GD^2 代替转动惯量 J；用转速 n 代替角速度 Ω。n 与 Ω 的关系为 $\Omega = \frac{2\pi}{60}n$，则

$$\frac{d\Omega}{dt} = \frac{2\pi}{60}\frac{dn}{dt} \tag{1-2}$$

J 与 GD^2 之间的关系为

$$J = m\rho^2 = \frac{G}{g}\left(\frac{D}{2}\right)^2 = \frac{GD^2}{4g} \tag{1-3}$$

式中，m 为系统转动部分的质量（kg）；G 为系统转动部分的重力（N）；ρ 为系统转动部分的回转半径（m）；D 为系统转动部分的回转直径（m）；g 为重力加速度，可取 $g = 9.81 \text{m/s}^2$。

将式（1-2）和式（1-3）代入式（1-1），可得

$$T - T_L = \frac{GD^2}{375}\frac{dn}{dt} \tag{1-4}$$

式中，GD^2 为系统转动部分的总飞轮矩（N·m²）；375 为具有加速度量纲的系数，$375 = 4g \times 60/2\pi$。

式（1-4）就是电力拖动系统的基本运动方程式。它表明电力拖动系统的转速变化 dn/dt（即加速度）是由作用在转轴上所有转矩的代数和 $T - T_L$ 决定的。

当 $T > T_L$ 时，$dn/dt > 0$，系统加速；当 $T < T_L$ 时，$dn/dt < 0$，系统减速。这两种情况，系统的运动都处在过渡过程之中，称为动态或过渡状态。

当 $T = T_L$ 时，$dn/dt = 0$，转速不变，系统以恒定的转速运行，或者静止不动。这种运动状态称为稳定运转状态或静态，简称稳态。

必须注意，T、T_L 及 n 都是有方向的，假如规定：转速 n 对观察者而言逆时针为正，则转矩 T 与 n 的正方向相同为正；负载转矩 T_L 与 n 的正方向相反为正。在代入具体数值时，如果其实际方向与规定的正方向相同，就用正数，否则应当用负数。掌握住这一点，就可以正确应用基本运动方程式了。

第二节 多轴电力拖动系统转矩及飞轮矩的折算

所谓多轴电力拖动系统，就是在电动机与工作机构之间增设传动机构的系统。

在实际生产中，许多生产机械为满足工艺要求需要较低的转速，或者需要平移、升降、往复等不同的运动形式，但在制造电动机时，为了节省材料，一般都制成额定转速较高的旋转电动机，因此其间必须加装减速机构，例如齿轮减速箱、传动带、蜗杆等传动机构。

图 1-3 所示为多轴电力拖动系统，图中采用四个轴把电动机转速 Ω 变成符合生产机械工

作机构需要的转速 Ω_m，不同的轴上有不同的转动惯量和转速，也有相应地反映电动机拖动的转矩及反映工作机构工作的阻转矩，这种系统比单轴拖动系统复杂，计算较为困难，为了简化计算，一般都采用折算的办法，把多轴电力拖动系统折算为等效的单轴系统，然后按单轴电力拖动系统的运动方程式来分析。这样就不必详细研究每根轴的问题，只把电动机轴作为研究对象即可。

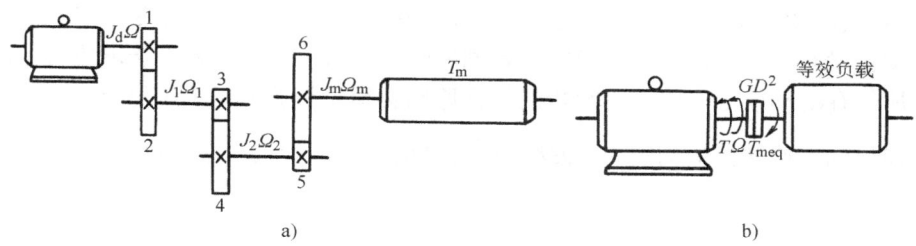

图 1-3 多轴电力拖动系统示意图
a）多轴系统 b）等效折算图

应注意的是在使用运动方程式进行分析时，式中的 T_L 应是折算后的等效负载转矩 T_{meq}（忽略 T_0），GD^2 是折算后系统总的等效飞轮矩 GD_{eq}^2。

因此本节重点研究负载转矩和飞轮矩的具体折算方法。折算的原则是：按照能量守恒定律，系统在折算前和折算后应具有相等的机械功率和动能。

一、工作机构旋转运动时转矩和飞轮矩的折算

1. 转矩的折算

转矩的折算是按照所传递的功率相等的原则进行。在图 1-3 所示的电力拖动系统中，工作机构上的阻转矩是 T_m，折算到电动机轴上的阻转矩是 T_{meq}，如不考虑传动机构的损耗，则有

$$T_{meq}\Omega = T_m\Omega_m$$

$$T_{meq} = \frac{T_m\Omega_m}{\Omega} = \frac{T_m}{j} \tag{1-5}$$

式中，j 为电动机轴与工作机构轴间的转速比。如传动机构为多级齿轮或带轮变速，各级的速比为 j_1、j_2、j_3、…，则总速比 $j = j_1j_2j_3\cdots$，$j = \frac{\Omega}{\Omega_m} = \frac{n}{n_m}$

考虑传动机构的传动损耗时，负载转矩的折算值还要大些

$$T_{meq} = \frac{T_m}{j\eta} \tag{1-6}$$

这就是负载转矩的折算公式。式中，η 为传动机构的总效率，等于各级传动效率的乘积

$$\eta = \eta_1\eta_2\eta_3\cdots$$

以上分析是电机工作在电动状态，由电动机带动工作机构旋转时，功率由电动机传给负载的情况，传动损耗由电动机承担。如果电动机工作在制动状态，例如提升机构下放重物时，为保持下放速度不至于过快而且是匀速下放，就应该使电动机轴上产生一个与下放速度方向相反的转矩，与负载转矩相平衡。此时是重物带动电动机轴旋转，即电动机由工作机构带动，功率传递方向是从负载传向电动机，传动损耗就由工作机构承担，按传动功率不变的原则

第一篇 电力拖动基础

$$T_{meq}\Omega = T_m\Omega_m\eta$$

因此
$$T_{meq} = \frac{T_m}{j}\eta \tag{1-7}$$

2. 飞轮矩的折算

在图 1-3 所示的多轴系统中，必须将传动机构各轴的转动惯量 J_1、J_2 及工作机构的转动惯量 J_m 折算到电动机轴上，用电动机轴上一个等效的转动惯量 J（或飞轮矩 GD^2）来反映各轴的转动惯量对整个拖动系统的影响。各轴的转动惯量对运动过程的影响直接反映在各轴转动惯量所储存的动能上。因此飞轮矩的折算原则必须是折算前后系统储存的动能不变。由力学的规律可知，旋转体的动能为 $\frac{1}{2}J\Omega^2$，设各轴的角速度为 Ω、Ω_1、Ω_2、Ω_m 时，可得下列关系式

$$\frac{1}{2}J\Omega^2 = \frac{1}{2}J_d\Omega^2 + \frac{1}{2}J_1\Omega_1^2 + \frac{1}{2}J_2\Omega_2^2 + \frac{1}{2}J_m\Omega_m^2$$

$$J = J_d + J_1/\left(\frac{\Omega}{\Omega_1}\right)^2 + J_2/\left(\frac{\Omega}{\Omega_2}\right)^2 + J_m/\left(\frac{\Omega}{\Omega_m}\right)^2$$

式中，J_d 为电动机轴的转动惯量。考虑到 $J = \frac{GD^2}{4g}$，$\Omega = \frac{2\pi n}{60}$，上式又可写成

$$GD^2 = GD_d^2 + \frac{GD_1^2}{\left(\frac{n}{n_1}\right)^2} + \frac{GD_2^2}{\left(\frac{n}{n_2}\right)^2} + \frac{GD_m^2}{\left(\frac{n}{n_m}\right)^2} \tag{1-8}$$

式中，GD_d^2、GD_1^2、GD_2^2、GD_m^2 为各轴和电动机轴上相应的飞轮矩。

推广到一般，各种多轴拖动系统飞轮矩的折算可用下式表示

$$GD^2 = GD_d^2 + \frac{GD_1^2}{\left(\frac{n}{n_1}\right)^2} + \frac{GD_2^2}{\left(\frac{n}{n_2}\right)^2} + \cdots + \frac{GD_m^2}{\left(\frac{n}{n_m}\right)^2} \tag{1-9}$$

一般情况下，传动机构的飞轮矩折算到电动机轴上以后的数值，在等效单轴系统的总飞轮矩 GD^2 中是次要部分，而电动机转子本身的飞轮矩则是总飞轮矩中的主要部分。在实际工作中，为了计算方便起见，通常采用适当增大电动机转子飞轮矩的方法来考虑传动机构各轴的飞轮矩。于是，有如下的估算公式

$$GD^2 \approx \delta GD_d^2 + GD_m^2 \frac{1}{j^2} \tag{1-10}$$

式中，δ 为大于 1 的系数，一般取 $\delta = 1.1 \sim 1.25$。

例 1-1 某电力拖动系统如图 1-4 所示。已知飞轮矩 $GD_d^2 = 14.5\text{N}\cdot\text{m}^2$，$GD_1^2 = 18.8\text{N}\cdot\text{m}^2$，$GD_m^2 = 120\text{N}\cdot\text{m}^2$，传动效率 $\eta_1 = 0.91$，$\eta_m = 0.93$，转矩 $T_m = 85\text{N}\cdot\text{m}$，转速 $n = 2450\text{r/min}$，$n_1 = 810\text{r/min}$，$n_m = 150\text{r/min}$，忽略电动机空载转矩，试求：

（1）折算到电动机轴上的系统总飞轮矩 GD^2

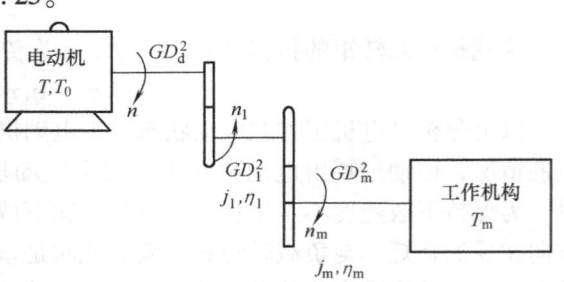

图 1-4 某电力拖动系统示意图

(2) 折算到电动机轴上的负载转矩 T_{meq}

解 (1) 系统总飞轮矩

$$GD^2 = GD_\text{d}^2 + \frac{GD_1^2}{\left(\dfrac{n}{n_1}\right)^2} + \frac{GD_\text{m}^2}{\left(\dfrac{n}{n_\text{m}}\right)^2} = 14.5\text{N}\cdot\text{m}^2 + \frac{18.8}{\left(\dfrac{2450}{810}\right)^2}\text{N}\cdot\text{m}^2 + \frac{120}{\left(\dfrac{2450}{150}\right)^2}\text{N}\cdot\text{m}^2$$

$$= 14.5\text{N}\cdot\text{m}^2 + 2.055\text{N}\cdot\text{m}^2 + 0.45\text{N}\cdot\text{m}^2 = 17.005\text{N}\cdot\text{m}^2$$

(2) 负载转矩

$$T_{\text{meq}} = \frac{T_\text{m}}{\dfrac{n}{n_\text{m}}\eta_1\eta_\text{m}} = \frac{85}{\dfrac{2450}{150}\times 0.91\times 0.93}\text{N}\cdot\text{m} = 6.15\text{N}\cdot\text{m}$$

二、工作机构直线运动时转矩与飞轮矩的折算

某些生产机械具有直线运动的工作机构，如起重机的提升装置，刨床工作台带动工件前进来进行切削加工的工作机构等都属于此类直线运动工作机构。直线运动又分为平移运动和升降运动两种，其转矩和飞轮矩的折算公式有其自己的特点。

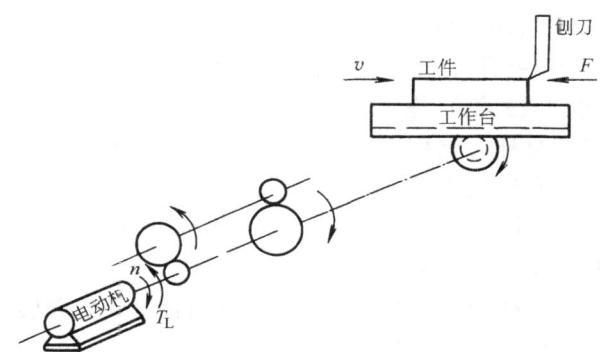

图1-5 工作机构作平移运动的示意图

(一) 平移运动

1. 转矩的折算

有些生产机械，例如刨床，其工作机构作平移运动，如图1-5所示，切削时工件与工作台的速度为 v (m/s)，刨刀固定不动，刨刀作用在工件上的力为 F (N)，传动机构的效率为 η。切削时的切削功率 P (W) 为

$$P = Fv$$

考虑到传动机构中的损耗，电动机轴上的负载功率为

$$T_{\text{meq}}\Omega = \frac{P}{\eta} = \frac{Fv}{\eta}$$

$$T_{\text{meq}} = \frac{Fv}{\eta\Omega} = \frac{Fv}{\eta\dfrac{2\pi n}{60}} = 9.55\frac{Fv}{n\eta} \tag{1-11}$$

式 (1-11) 就是平移运动的负载转矩折算公式。

2. 飞轮矩的折算

设平移运动部件的重量为 $G = mg$，则平移运动部件的动能为

$$\frac{1}{2}mv^2 = \frac{1}{2}\frac{G}{g}v^2$$

又设拟折算到电动机轴上的转动惯量为 J_{eq}，那么折算到电动机轴上后的动能为

$$\frac{1}{2}J_{\text{eq}}\Omega^2 = \frac{1}{2}\frac{GD_{\text{eq}}^2}{4g}\left(\frac{2\pi n}{60}\right)^2$$

根据折算前后动能不变的原则有

$$\frac{1}{2}\frac{G}{g}v^2 = \frac{1}{2}\frac{GD_{eq}^2}{4g}\left(\frac{2\pi n}{60}\right)^2$$

所以
$$GD_{eq}^2 = 4 \times \frac{Gv^2}{\left(\frac{2\pi n}{60}\right)^2} = 365\frac{Gv^2}{n^2} \tag{1-12}$$

GD_{eq}^2 为折算到电动机轴上的等效飞轮矩,单位为 $N \cdot m^2$。

为了求得等效单轴系统的总飞轮矩,还需要计算传动机构各旋转轴飞轮矩的折算值,其方法与多轴旋转系统飞轮矩的折算方法相同,不再赘述。

(二)升降运动

桥式起重机的提升机构、电梯、矿井卷扬机等,它们的工作机构都是作升降运动的。升降运动虽然属于直线运动,但它与重力有关。

1. 转矩的折算

图 1-6 所示为一起重机示意图,通过传动机构(减速箱)拖动一个卷筒,缠在卷筒上的钢丝绳悬挂一重物,重物的重力为 $G = mg$,传动机构总速比为 j,重物提升时传动机构效率为 η,卷筒半径为 R,转速为 n,重物提升或下放的速度都为 v_L,是个常数。

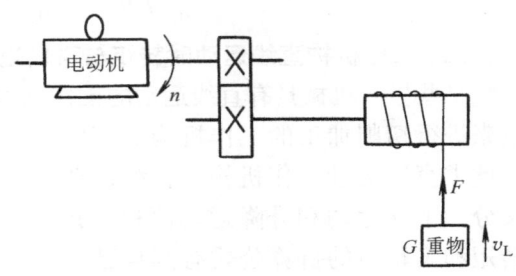

图 1-6 起重机示意图

重物作用在卷筒上,重物对卷筒轴上的负载转矩为 GR,不计传动机构损耗时,折算到电动机轴上的负载转矩为

$$T_{meq} = \frac{GR}{j} \tag{1-13}$$

考虑传动机构有损耗,当提升重物时,这个损耗由电动机负担,因此折算到电动机轴上的负载转矩应为

$$T_{meq} = \frac{GR}{j\eta} \tag{1-14}$$

传动机构的损耗转矩 ΔT 是由摩擦产生的,其值为

$$\Delta T = \frac{GR}{j\eta} - \frac{GR}{j}$$

下放重物时,工作机构带动电动机使重物下放,传动损耗由工作机构承担,于是可得

$$T_{meq} = \frac{GR}{j}\eta' \tag{1-15}$$

式中,η' 为重物下放时传动机构的效率,在提升与下放传动损耗相等(提升与下放同一重物)的条件下,可以证明 η' 与 η 有如下关系

$$\eta' = 2 - \frac{1}{\eta} \tag{1-16}$$

2. 飞轮矩的折算

升降运动飞轮矩的折算,因不涉及传动损耗,因此和平移运动飞轮矩的折算相同。

例 1-2 某刨床电力拖动系统如图 1-5 所示。已知切削力 $F = 10000N$,工作台与工件运

动速度 $v=0.7\mathrm{m/s}$，传动机构总效率 $\eta=0.81$，电动机转速 $n=1450\mathrm{r/min}$，电动机的飞轮矩 $GD_\mathrm{d}^2=100\mathrm{N\cdot m^2}$，试求：

（1）切削时折算到电动机轴上的负载转矩；

（2）估算系统总的飞轮矩；

（3）不切削时，工作台及工件反向加速，电动机以 $\dfrac{\mathrm{d}n}{\mathrm{d}t}=500\mathrm{m/s^2}$ 恒加速度运行，计算此时系统的动态转矩绝对值。

解：（1）切削功率
$$P = Fv = 10000 \times 0.7 \mathrm{W} = 7000 \mathrm{W}$$

切削时折算到电动机轴上的负载转矩
$$T_\mathrm{meq} = 9.55\dfrac{Fv}{n\eta} = 9.55 \times \dfrac{7000}{1450 \times 0.81}\mathrm{N\cdot m} = 56.92\mathrm{N\cdot m}$$

（2）估算系统总的飞轮矩
$$GD_\mathrm{eq}^2 \approx 1.2 GD_\mathrm{d}^2 = 1.2 \times 100 \mathrm{N\cdot m^2} = 120\mathrm{N\cdot m^2}$$

（3）不切削时（$T_\mathrm{meq}=0$），工作台与工件反向加速时，系统动态转矩绝对值
$$T - T_\mathrm{meq} = \dfrac{GD^2}{375}\dfrac{\mathrm{d}n}{\mathrm{d}t} = \dfrac{120}{375} \times 500 \mathrm{N\cdot m} = 160\mathrm{N\cdot m}$$

第三节　生产机械的负载转矩特性

负载转矩特性是指生产机械工作机构的转矩与转速之间的函数关系，即 $T_\mathrm{L}=f(n)$。不同的生产机械其负载转矩特性也不相同。典型的负载转矩特性有恒转矩特性、恒功率特性和通风机型特性三种。

一、恒转矩负载特性

凡是负载转矩 T_L 的大小为一定值，而与转速 n 无关的称为恒转矩负载。根据负载转矩的方向是否与转向有关又分为两种。

1. 反抗性恒转矩负载特性

这种负载转矩是由摩擦阻力产生的。它的特点是 T_L 大小不变，但作用方向总是与运动方向相反，是阻碍运动的制动性质转矩。属于这一类负载的生产机械有带式运输机、轧钢机、起重机的行走机构等。

从反抗性恒转矩负载的特点可知，当 n 为正向时，T_L 亦为正（按规定，以反对正向运动的方向作为 T_L 的正方向）；当 n 为负向时，T_L 也改变方向（阻碍运动、与 $+n$ 同方向），变为负值。因此，反抗性恒转矩负载特性应画在第一与第三象限内，如图1-7所示。

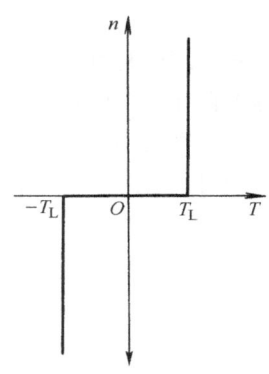

图1-7　反抗性恒转矩负载特性

2. 位能性恒转矩负载特性

这种负载转矩是由重力作用产生的。它的特点是 T_L 大小不变，而且作用方向也保持不变。最典型的位能性负载是起重机的提升机构及矿井卷扬机。这类负载无论是提升重物还是下放重物，重力的作用方向不变。如果以提升作为运动的正方向，则 n 为正向时，T_L 反对

运动，也为正值；当下放重物，n 为负向时，T_L 的方向不变，仍为正，表明这时 T_L 是帮助运动的，T_L 成为拖动转矩了。其特性应画在第一和第四象限内，如图 1-8 所示。

二、恒功率负载转矩特性

某些生产机械，例如车床，在粗加工时，切削量大，因而切削阻力也大，这时运转速度低；在精加工时，切削量小，因而切削阻力也小，这时运转速度高。因此，在不同转速下，负载转矩 T_L 基本上与转速成反比，即

$$T_L = \frac{K}{n}$$

切削功率为

$$P_L = T_L \Omega = T_L \frac{2\pi n}{60} = K_1$$

可见，切削功率基本不变，因此，把这种负载称为恒功率负载。

恒功率负载特性 T_L 与 n 成双曲线关系，如图 1-9 所示。

三、通风机型负载转矩特性

属于通风机型负载的生产机械有：通风机、水泵、液压泵等。这种负载转矩是由周围介质（空气、水、油等）对工作机构产生阻力所引起的阻转矩，转矩基本上与 n^2 成正比，即

$$T_L = kn^2$$

式中，k 为比例系数。

其负载转矩特性如图 1-10 实线所示。

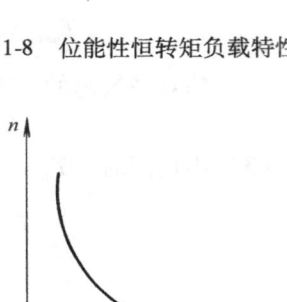

图 1-8 位能性恒转矩负载特性

图 1-9 恒功率负载特性

以上三类都是很典型的负载特性，实际负载可能是一种类型，也可能是几种类型的综合。例如，实际的通风机由于轴承上有一定的摩擦转矩 T_{m0}，因此实际的通风机负载转矩为

$$T_L = T_{m0} + kn^2$$

与其相应的特性如图 1-10 中虚线所示。再如起重机的提升机构，除位能转矩 T_L 外，传动机构也存在摩擦转矩 T_{m0}，T_{m0} 具有反抗性恒转矩负载性质。因此实际提升机构的负载转矩特性是反抗性负载和位能负载两种典型特性的综合，相应的负载转矩特性如图 1-11 所示，提升重物时，$T_{L1} = T_L + T_{m0}$；下放重物时，$T_{L2} = T_L - T_{m0}$。

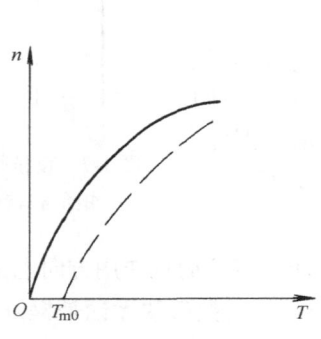

图 1-10 风机泵类负载特性

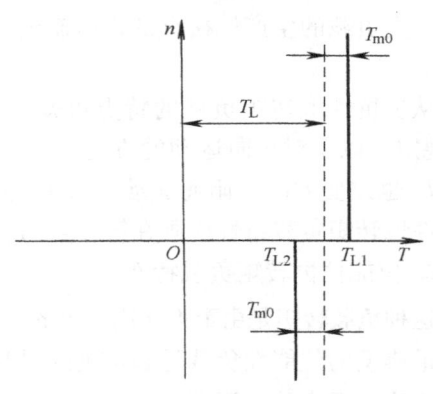

图 1-11 提升机构负载特性

思考题与习题

1-1 什么是电力拖动系统？它包括哪几部分？都起什么作用？举例说明。

1-2 电力拖动系统运动方程式中 T、T_L 及 n 的正方向是如何规定的？如何表示它的实际方向？

1-3 试说明 GD^2 的概念。

1-4 从运动方程式中如何看出系统是处于加速、减速、稳速或静止等运动状态的？

1-5 多轴电力拖动系统为什么要折算为等效单轴系统？

1-6 把多轴电力拖动系统折算为等效单轴系统时，负载转矩按什么原则折算？各轴的飞轮矩按什么原则折算？

1-7 什么是动态转矩？它与电动机负载转矩有什么区别？

1-8 负载的转矩特性有哪几种类型？各有什么特点？

1-9 某拖动系统如图1-12所示。当系统以 1m/s^2 的加速度提升重物时，试求电动机应产生的电磁转矩。折算到电动机轴上的负载转矩 $T_{\text{meq}} = 195\text{N}\cdot\text{m}$，折算到电动机轴上的系统总（包括卷筒）转动惯量 $J = 2\text{kg}\cdot\text{m}^2$，卷筒直径 $d = 0.4\text{m}$，减速机的速比 $j = 2.57$。计算时忽略电动机的空载转矩。

1-10 试求图1-13所示拖动系统提升或下放罐笼时，折算到电动机轴上的等效负载转矩以及折算到电动机轴上的拖动系统升降部分的飞轮矩。已知罐笼的质量 $m_0 = 300\text{kg}$，重物的质量 $m = 1000\text{kg}$，平衡锤的质量 $m_p = 600\text{kg}$，罐笼提升速度 $v_m = 1.5\text{m/s}$，电动机的转速 $n = 980\text{r/min}$，传动效率 $\eta_0 = 0.85$。传动机构及卷筒的飞轮矩略而不计。

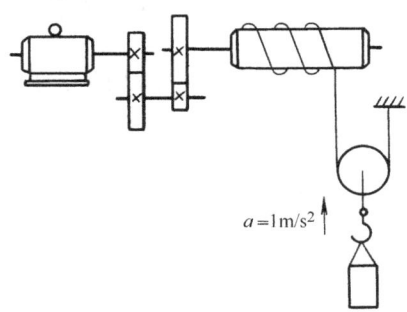

图1-12 拖动系统传动机构图

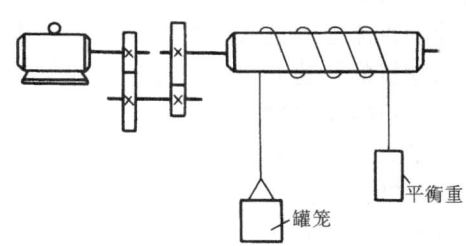

图1-13 拖动系统传动机构图

1-11 某卷扬机为三轴电动机拖动系统，其传动系统如图1-14所示，现已知：提升的重物 $G = 2000\text{kg}$，提升速度 $v = 30\text{m/min}$，传动齿轮的效率 $\eta_1 = \eta_2 = 0.96$，卷筒的效率 $\eta_5 = 0.95$，卷筒的直径 $d_5 = 0.4\text{m}$，齿轮的转速比 $j_1 = 6$，$j_2 = 10$，电动机的飞轮矩 $GD_d^2 = 10\text{N}\cdot\text{m}^2$，齿轮的飞轮矩分别为 $GD_1^2 = 1\text{N}\cdot\text{m}^2$，$GD_2^2 = 20\text{N}\cdot\text{m}^2$，$GD_3^2 = 5\text{N}\cdot\text{m}^2$，$GD_4^2 = 50\text{N}\cdot\text{m}^2$，卷筒的飞轮矩 $GD_5^2 = 10\text{N}\cdot\text{m}^2$。试求：

（1）电动机以等速提升重物时所产生的电磁转矩；

（2）整个拖动系统折算到电动机轴上的飞轮转矩。

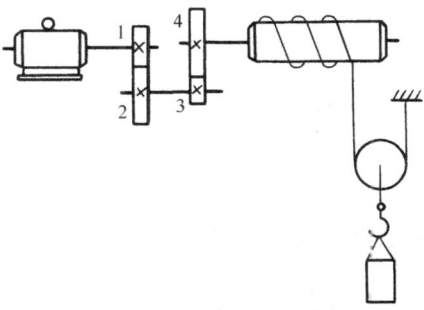

图1-14 卷扬机传动系统图

第二章 直流电动机的电力拖动

在现代工业生产过程中,为了实现各种生产工艺过程,需要使用各种各样的生产机械。而拖动各种生产机械运转,可以采用气动、液压传动和电力拖动方式。由于电力拖动具有控制简单、调节性能好、损耗小、经济、能实现远距离控制和自动控制等一系列优点,因此大多数生产机械均采用电力拖动。按照电动机的种类不同,电力拖动系统分为直流电力拖动系统和交流电力拖动系统两大类。本章重点介绍直流电动机的电力拖动。

第一节 他励直流电动机的机械特性

机械特性是电动机的主要特性,是分析电动机起动、制动、调速等问题的重要工具。

在电力拖动系统中,实际上是由电动机产生电磁转矩 T,拖动生产机械以转速 n 旋转。T 和 n 是生产机械对电动机提出的两项基本要求。学习电力拖动,特别要关心 T 和 n。在电动机内部,T 和 n 并不是相互孤立的,在一定条件下,它们之间存在着确定的关系,这个关系就叫做机械特性,可写成 $n=f(T)$。

他励直流电动机的机械特性是指在电枢电压、励磁电流、电枢总电阻均为常数的条件下,电动机的转速 n 与电磁转矩 T 的关系曲线:$n=f(T)$。

一、机械特性方程式

为了研究 T 和 n 之间的关系,首先要建立二者之间的关系式。为此我们按照惯例画出他励直流电动机的拖动系统原理图,如图2-1所示。忽略电枢反应时,根据图中给出的正方向,可列出电枢回路的电压平衡方程式

$$U = E_a + I_a(R_a + R_C) \tag{2-1}$$

由电机学知,电动机产生的电磁转矩及电枢电动势分别为

$$E_a = C_e \Phi n \tag{2-2}$$

$$T = C_T \Phi I_a \tag{2-3}$$

联解上述方程,整理后可得

$$n = \frac{U}{C_e \Phi} - \frac{R_a + R_C}{C_e C_T \Phi^2} T \tag{2-4}$$

式中,R_a 为电枢电阻;R_C 为电枢回路外串电阻;C_e 为电动势常数,$C_e = \frac{pN}{60a}$;C_T 为转矩常数,$C_T = \frac{pN}{2\pi a} = 9.55 C_e$。

当 U、Φ 及 $R_a + R_C$ 都保持为常数时,式(2-4)表示的就是 n 与 T 之间的函数关系,即他励直流电动机的机械特性方程式。

可以把式(2-4)写成如下形式

$$n = n_0 - \beta T \tag{2-5}$$

式中，n_0 为理想空载转速，$n_0 = U/C_e\Phi$；β 为机械特性的斜率，$\beta = (R_a + R_C)/(C_e C_T \Phi^2)$。

式（2-4）、式（2-5）可用曲线表示，如图 2-2 所示，它是穿越三个象限的一条直线。下面讨论机械特性上的两个特殊点。

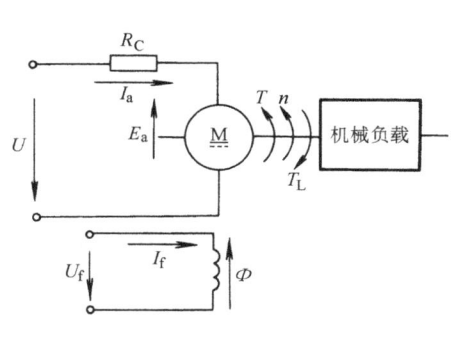

图 2-1 他励直流电动机拖动系统

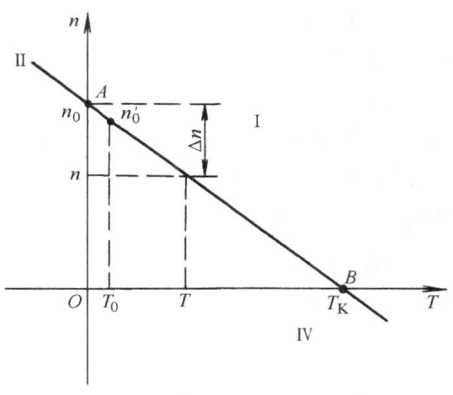

图 2-2 他励直流电动机的机械特性

1. 理想空载点

图 2-2 中的 A 点即为理想空载点。在 A 点：$T=0$，$I_a=0$，电枢压降 $I_a(R_a+R_C)=0$，电枢电动势 $E_a=U$，电动机的转速 $n=n_0=U/(C_e\Phi)$。

理想空载转速和实际空载转速是不同的。由电机学我们知道：$T=T_2+T_0$，电动机在实际的空载状态下运行时，虽然轴输出转矩 $T_2=0$，但由于空载转矩 T_0 不为零，使得电动机的电磁转矩 $T\neq 0$，所以实际空载转速 n_0' 为

$$n_0' = n_0 - \beta T_0$$

2. 堵转点

图 2-2 的 B 点即为堵转点。在 B 点，$n=0$，因而 $E_a=0$。由于 $U=E_a+I_a(R_a+R_C)$，所以电枢电流 $I_a=U/(R_a+R_C)=I_K$，称为堵转电流，与 I_K 相对应的电磁转矩 $T_K=C_T\Phi I_K$ 称为堵转转矩。

二、固有机械特性

电动机本身固有的特性称为固有机械特性，它应具备的条件是：
①电源电压 $U=U_N$；②励磁磁通 $\Phi=\Phi_N$；③电枢所串电阻 $R_C=0$
把上述条件代入式（2-4），即得固有机械特性方程式

$$n = \frac{U_N}{C_e\Phi_N} - \frac{R_a}{C_e C_T \Phi_N^2} T \tag{2-6}$$

固有机械特性的理想空载转速及斜率分别为 $n_0=U_N/C_e\Phi_N$ 和 $\beta_N=R_a/(C_e C_T \Phi_N^2)$，所以固有机械特性也可表示为

$$n = n_0 - \beta_N T \tag{2-7}$$

在固有机械特性上，当电磁转矩为额定转矩时，其对应的转速称为额定转速。即

$$n_N = n_0 - \beta_N T_N = n_0 - \Delta n_N \tag{2-8}$$

式中，Δn_N 为额定转速降，$\Delta n_N = \beta_N T_N$。

图 2-3 所示为他励直流电动机的固有机械特性曲线，它是一条略微向下倾斜的直线。由

于电枢回路只有很小的电枢绕组电阻 R_a，所以 β_N 的值较小，属于硬特性。

三、人为机械特性

固有特性有三个条件：$U=U_N$、$\Phi=\Phi_N$ 和 $R_C=0$，改变其中任何一个条件，都会使电动机的机械特性发生变化。人为机械特性就是通过改变这些参数得到的机械特性。人为机械特性共有三种，现分述如下。

1. 电枢回路串接电阻的人为机械特性

电枢回路串接电阻 R_C，如图 2-4a 所示。

这时，机械特性的条件变成：$U=U_N$、$\Phi=\Phi_N$、电枢回路总电阻为 R_a+R_C。

与固有特性相比，只是电枢回路总电阻由 R_a 改成 R_a+R_C，其余不变，因此机械特性方程式变成

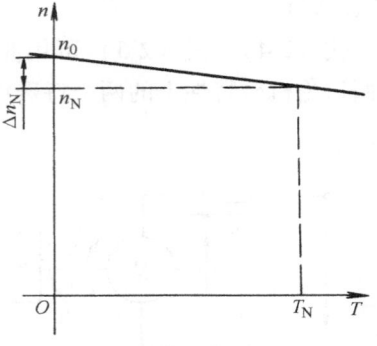

图 2-3 他励直流电动机的固有机械特性

$$n=\frac{U_N}{C_e\Phi_N}-\frac{R_a+R_C}{C_eC_T\Phi_N^2}T \tag{2-9}$$

人为机械特性曲线如图 2-4b 所示。当 R_C 为不同值时，可得到不同的特性曲线。电枢串接电阻时，人为机械特性的特点：

1) 理想空载转速 n_0 不变（与电枢回路电阻无关）。

2) 转速降 Δn（或 β）随 R_a+R_C 成正比地增大。在相同转矩下，R_C 越大，Δn 越大，特性越软。

电枢串电阻时的人为机械特性可用于直流电动机的起动及调速。

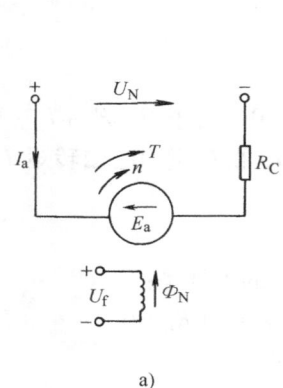
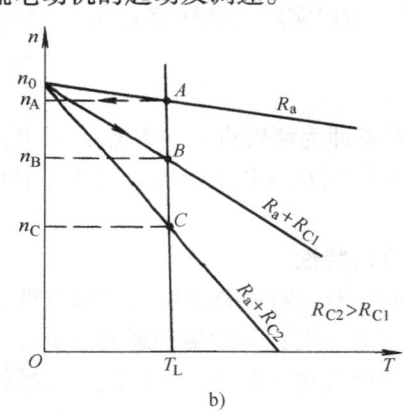

图 2-4 电枢串接电阻时的原理图和机械特性
a）原理图 b）机械特性

2. 改变电源电压的人为机械特性

改变电动机供电电压时，电动机电枢回路的原理如图 2-5a 所示。这时，机械特性的条件是：U 可调、$\Phi=\Phi_N$、$R_C=0$。与固有特性相比，只是 U 改变，因此机械特性方程式变成

$$n=\frac{U}{C_e\Phi_N}-\frac{R_a}{C_eC_T\Phi_N^2}T \tag{2-10}$$

人为机械特性曲线如图 2-5b 所示。当 U 为不同值时，可得到不同的特性曲线。改变电

源电压时，人为机械特性的特点：

1）理想空载转速 n_0 与 U 成正比变化。

2）转速降 Δn 不变，此时 Δn 等于额定转速降 Δn_N，或者说 β 不变，各条特性曲线均与固有特性曲线相平行。

改变电枢电压的人为机械特性常用于需要平滑调速的情况。

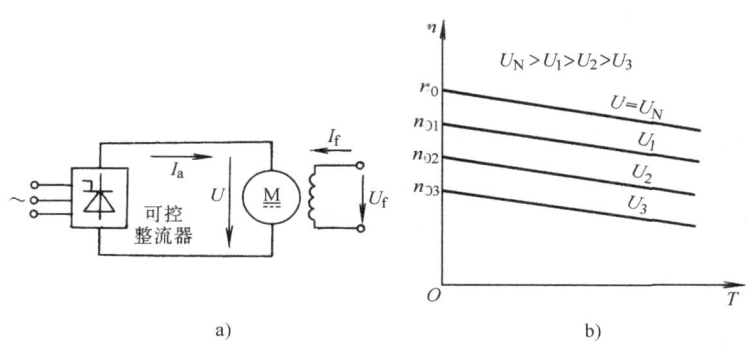

图 2-5 改变电源电压的原理图和机械特性
a）原理图 b）机械特性

3. 改变磁通的人为机械特性

一般情况下，他励直流电动机在额定磁通下运行时，电动机磁路已接近饱和。因此，改变磁通实际上只能是减弱磁通。减弱电动机磁通时的线路原理如图 2-6a 所示。

这时，机械特性的条件是：$U=U_N$、Φ 可调、$R_C=0$。与固有特性相比，只是 Φ 改变，因此机械特性方程式变成

$$n=\frac{U_N}{C_e\Phi}-\frac{R_a}{C_e\Phi C_T\Phi}T \qquad (2\text{-}11)$$

人为机械特性曲线如图 2-6b 所示。当 Φ 为不同值时，可得到不同的特性曲线。

减弱磁通时，人为机械特性的特点：

1）理想空载转速 n_0 与 Φ 成反比变化，因此减弱磁通会使 n_0 升高。

2）特性的斜率 β（或 Δn）与 Φ^2 成反比，因此减弱磁通会使斜率 β（或 Δn）加大，特性变软。

3）特性曲线是一簇直线，既不平行，又非放射。减弱磁通时，特性曲线上移而且变软。

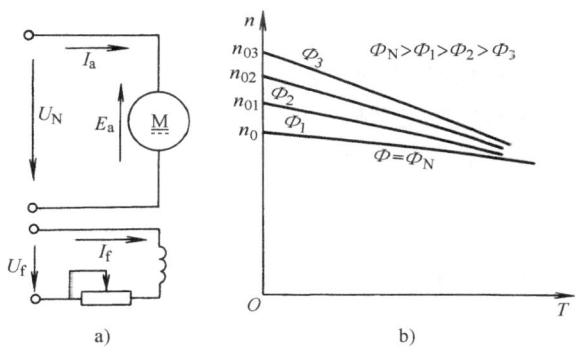

图 2-6 减弱磁通时的原理图和机械特性
a）原理图 b）机械特性

减弱磁通可用于平滑调速。由于磁通只能减弱，所以只能从额定转速向上调速。受到电动机换向能力和机械强度的限制，向上调速的范围是不大的。

最后，再研究一下电枢反应对机械特性的影响。以上的分析都是忽略了电枢反应的，实际上，当电刷放在几何中性线上，而电枢电流不大时，电枢反应的确可以忽略不计。但是当

电枢电流较大时，由于磁路饱和的影响，电枢反应会产生明显的去磁作用，使每极磁通量略有减小，结果使转速 n 上升，机械特性曲线呈上翘现象，如图 2-7 所示。这对电动机运行的稳定性不利。为了避免机械特性曲线的上翘，往往在主磁极上加一个匝数很少的串励绕组，用串励绕组的磁动势抵消电枢反应的去磁作用。这时电动机实质上已变为积复励电动机，但是由于所加绕组磁动势较弱，一般仍可将它视为他励电动机，串励绕组称作"稳定绕组"。

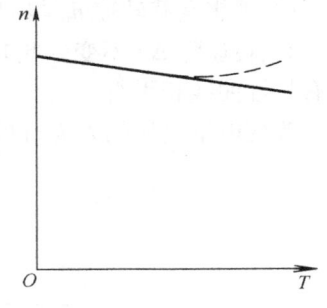

图 2-7 电枢反应对机械特性的影响

四、根据电动机的铭牌数据计算和绘制机械特性

在工程设计中，通常是根据产品目录或电动机铭牌数据计算和绘制机械特性的。一般在电动机的铭牌上给出电动机的额定功率 P_N、额定电压 U_N、额定电流 I_N 和额定转速 n_N 等数据。由这些已知数据，可计算和绘制机械特性。

1. 固有机械特性的绘制

他励直流电动机的固有机械特性和人为机械特性都是直线。众所周知，两点可以确定一条直线，因此只要找出特性上任意两点，就可以绘制这条直线。通常选择以下两个特殊点：

1）理想空载点：$n = n_0$，$T = 0$；
2）额定工作点：$n = n_N$，$T = T_N$。

这两点中只有 n_0 和 T_N 是未知的。首先求 n_0，有

$$n_0 = \frac{U_N}{C_e \Phi_N}$$

其中，$C_e \Phi_N$ 未知，可用下式来求：

$$C_e \Phi_N = \frac{E_{aN}}{n_N} = \frac{U_N - I_N R_a}{n_N} \tag{2-12}$$

其中仅 R_a 未知。为了求出 R_a 的值，对小功率的实际电动机可以采用伏安法实测，如果手头没有实际电动机，则可以根据铭牌数据估算 R_a 的值。估算的依据是：普通直流电动机在额定状态下运行时，额定铜耗约占总损耗的 $1/2 \sim 2/3$，特殊电动机除外。

电动机的总损耗为

$$\Sigma p_N = U_N I_N - P_N$$

电动机的额定铜损耗为

$$p_{CuN} = I_N^2 R_a$$

则

$$I_N^2 R_a = \left(\frac{1}{2} \sim \frac{2}{3}\right)(U_N I_N - P_N)$$

所以估算电枢电阻 R_a（Ω）的公式为

$$R_a = \left(\frac{1}{2} \sim \frac{2}{3}\right)\frac{U_N I_N - P_N}{I_N^2} \tag{2-13}$$

必须注意，P_N 的单位应换算成 W。

有了 R_a，就可以计算 $C_e \Phi_N$，从而计算出 n_0，得到机械特性的理想空载点。

额定转矩的计算公式是

$$T_N = C_T \Phi_N I_N = 9.55 C_e \Phi_N I_N \tag{2-14}$$

综上所述，根据铭牌数据计算固有特性的步骤如下：

1）根据 U_N、P_N、I_N 按式（2-13）估算 R_a；
2）按式（2-12）计算 $C_e \Phi_N$；
3）求 $n_0 = U_N / C_e \Phi_N$；
4）按式（2-14）计算 T_N。

在坐标纸上标出 $(n_0, 0)$ 和 (n_N, T_N) 两点，过这两点连成一条直线，即得到固有机械特性曲线。

2. 各种人为机械特性的绘制

前面求出 R_a、$C_e \Phi_N$ 后，各种人为机械特性的绘制就比较容易了。

（1）电枢串电阻人为机械特性的绘制　计算电枢串电阻的人为机械特性时，同样选择两个特殊点。

理想空载点：$n = n_0$，$T = 0$；
额定工作点：$n = n_{RN}$，$T = T_N$。

与固有特性相比，理想空载点没变，额定工作点却由于电枢外串电阻 R_C 而发生了变化，在额定负载转矩下，对应的电动机转速为

$$n_{RN} = n_0 - \frac{R_a + R_C}{9.55 (C_e \Phi_N)^2} T_N$$

计算出 n_{RN} 后，过 $(n_0, 0)$，(n_{RN}, T_N) 两点连一条直线，即得到电枢串电阻的人为机械特性曲线。

（2）降低电源电压人为机械特性的绘制　计算降低电源电压的人为机械特性时，同样也选择两个工作点。

理想空载点：$n = n_0'$，$T = 0$；
额定工作点：$n = n_N'$，$T = T_N$。

降低电源电压时，理想空载转速随之降低

$$n_0' = \frac{U}{C_e \Phi_N}$$

对应额定转矩下的电动机转速变为

$$n_N' = \frac{U}{C_e \Phi_N} - \frac{R_a}{9.55 (C_e \Phi_N)^2} T_N$$

计算出 n_0'、n_N' 后，过 $(n_0', 0)$，(n_N', T_N) 两点连一条直线，即得到降低电压的人为机械特性曲线。

（3）减弱磁通人为机械特性的绘制　计算减弱磁通的人为机械特性时，也选择两个工作点。

理想空载点：$n = n_0''$，$T = 0$；
额定工作点：$n = n_N''$，$T = T_N$。

减弱磁通时，理想空载转速随之升高

$$n_0'' = \frac{U_N}{C_e \Phi}$$

$$n_N'' = \frac{U_N}{C_e \Phi} - \frac{R_a}{9.55 (C_e \Phi)^2} T_N$$

计算出 n_0''、n_N'' 后,过 $(n_0'', 0)$ 和 (n_N'', T_N) 两点连一条直线,即得到减弱磁通的人为机械特性曲线。

必须注意,减弱磁通时,$T=T_N$ 这点所对应的电枢电流 I_a 大于额定电流 I_N

$$I_a = \frac{T_N}{9.55 C_e \Phi}$$

例 2-1 一台他励直流电动机,铭牌数据如下:
$P_N = 40\text{kW}$,$U_N = 220\text{V}$,$I_N = 210\text{A}$,$n_N = 750\text{r/min}$。
试计算并绘制:

(1) 固有机械特性;
(2) $R_C = 0.4\Omega$ 的人为机械特性;
(3) $U = 110\text{V}$ 的人为机械特性;
(4) $\Phi = 0.8\Phi_N$ 的人为机械特性。

解 (1) 固有机械特性 估算电枢电阻 R_a

$$R_a \approx \frac{1}{2}\left(\frac{U_N I_N - P_N}{I_N^2}\right)$$
$$= \frac{1}{2}\left(\frac{220 \times 210 - 40 \times 10^3}{210^2}\right)\Omega = 0.07\Omega$$

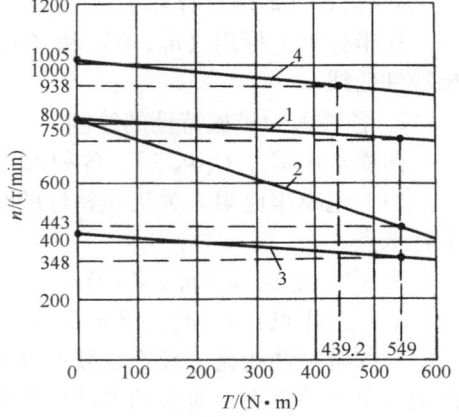

图 2-8 例 2-1 的机械特性曲线图

计算 $C_e\Phi_N$

$$C_e\Phi_N = \frac{U_N - I_N R_a}{n_N} = \frac{220 - 210 \times 0.07}{750}\text{V/r·min}^{-1} = 0.2737\text{V/r·min}^{-1}$$

理想空载转速 n_0

$$n_0 = \frac{U_N}{C_e\Phi_N} = \frac{220}{0.2737}\text{r/min} = 804\text{r/min}$$

额定电磁转矩 T_N

$$T_N = 9.55 C_e \Phi_N I_N = 9.55 \times 0.2737 \times 210 \text{N·m} = 549\text{N·m}$$

根据理想空载点 $(n_0 = 804, T = 0)$ 及额定运行点 $(n_N = 750, T_N = 549)$ 绘出固有机械特性,如图 2-8 中直线 1 所示。

(2) $R_C = 0.4\Omega$ 的人为机械特性 理想空载转速 n_0 不变,$T = T_N$ 时电动机的转速 n_{RN}

$$n_{RN} = n_0 - \frac{R_a + R_C}{9.55 (C_e\Phi_N)^2}T_N = \left(804 - \frac{0.07 + 0.4}{9.55 \times 0.2737^2} \times 549\right)\text{r/min} = 443\text{r/min}$$

通过 $(n_0 = 804, T = 0)$ 及 $(n_{RN} = 443, T_N = 549)$ 两点连一直线,即得到 $R_C = 0.4\Omega$ 的人为机械特性,如图 2-8 中直线 2 所示。

(3) $U = 110\text{V}$ 的人为机械特性 计算理想空载转速 n_0'

$$n_0' = \frac{U}{C_e\Phi_N} = \frac{110}{0.2737}\text{r/min} = 402\text{r/min}$$

$T = T_N$ 时的转速为

$$n_N' = n_0' - \frac{R_a}{9.55 (C_e\Phi_N)^2}T_N = \left(402 - \frac{0.07}{9.55 \times 0.2737^2} \times 549\right)\text{r/min} = 348\text{r/min}$$

通过 $(n_0' = 402, T = 0)$ 及 $(n_N' = 348, T_N = 549)$ 两点连一直线,即得到 $U = 110\text{V}$ 的

人为机械特性，如图 2-8 中直线 3 所示。

（4）$\Phi = 0.8\Phi_N$ 的人为机械特性　计算理想空载转速 n_0''

$$n_0'' = \frac{U_N}{C_e\Phi} = \frac{U_N}{0.8C_e\Phi_N} = \frac{220}{0.8 \times 0.2737}\text{r/min} = 1005\text{r/min}$$

$T = T_N$ 时的转速 n''

$$n'' = n_0'' - \frac{R_a}{9.55(C_e\Phi)^2}T_N = \left[1005 - \frac{0.07 \times 549}{9.55 \times (0.8 \times 0.2737)^2}\right]\text{r/min} = 921\text{r/min}$$

通过（$n_0'' = 1005$，$T = 0$）及（$n'' = 921$，$T_N = 549$）两点连一条直线，即得到 $\Phi = 0.8\Phi_N$ 的人为机械特性，如图 2-8 中直线 4 所示。

必须注意，在（$n'' = 921$，$T_N = 549$）点，电枢电流 $I_a \neq I_N$

$$I_a = \frac{T_N}{9.55C_e\Phi} = \frac{T_N}{9.55 \times 0.8C_e\Phi_N} = 1.25I_N$$

第二节　电力拖动系统稳定运行的条件

电动机带动生产机械运行时，电动机的机械特性与生产机械的负载转矩特性同时存在，这两种特性怎样配合才能保证电力拖动系统稳定运行？下面进行分析。

一、稳定运行的必要条件

为便于分析电力拖动系统的运行情况，可把电动机的机械特性和负载特性画在同一个直角坐标系中，如图 2-9 所示。其中图 2-9a 和图 2-9b 分别表示两种不同的电动机机械特性。

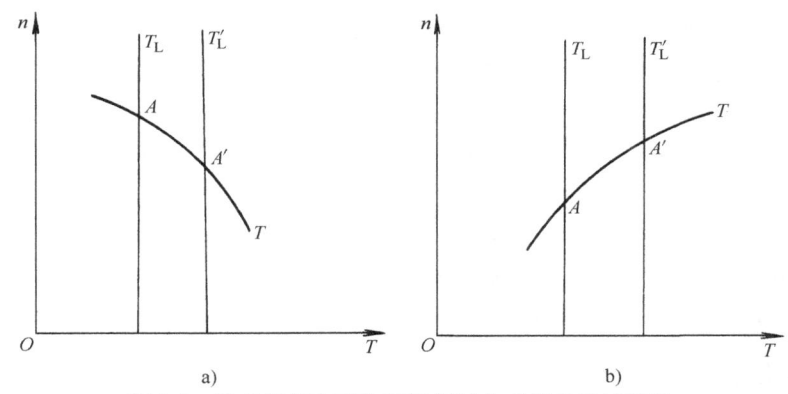

图 2-9　稳定运行和不稳定运行时电动机的机械特性

拖动系统的运动情况是由运动方程式 $T - T_L = \frac{GD^2}{375}\frac{dn}{dt}$ 来描述的。在图 2-9a 中，两条机械特性曲线相交于 A 点，在 A 点：$T_A = T_L$，$dn/dt = 0$，所以系统以 n_A 的转速恒速运行。A 点被称为工作点，也称为平衡状态。当外界扰动使负载特性由 T_L 变成 T_L' 时，由于机械惯性的作用，转速 n 不能突变，电磁转矩 T 因 U、I_a 及 E_a 均未突变仍为 T_A，由运动方程式可知 $dn/dt < 0$，系统将开始减速。随着 n 的下降，电磁转矩 T 将增大，在转速下降至 $n = n_A'$ 时，电磁转矩 $T_A' = T_L'$，系统获得新的平衡状态，以 n_A' 的转速恒速运行；当外界扰动消失负载转矩由 T_L' 复原为 T_L 时，因为 $T_A' = T_L' > T_L$，故系统将加速，随着转速上升电磁转矩减小，在转速升至 n_A 时 $T_A = T_L$，系统恢复到原平衡状态 A 点工作，所以 A 点为系统的稳定运行点。

在图 2-9b 情况下，A 点虽然也是平衡状态，系统也以 n_A 的转速恒速运行，但是当负载特性由 T_L 变成 T'_L 时，由于 $T_A < T'_L$，系统将开始减速。随着 n 的下降，电磁转矩 T 也相应减小，促使转速加速下降直至 $n=0$。显然系统在扰动作用下不能获得新的平衡状态，因而无法正常工作，所以图 2-9b 中的 A 点不是稳定运行点。

由此可见，$T=T_L$ 只是系统稳定运行的必要条件。

二、稳定运行的充要条件

系统稳定运行的充要条件是：系统在某种外界扰动下离开原来的平衡状态，在新的条件下获得新的平衡；或当扰动消失后系统能自动恢复到原来的平衡状态。满足上述要求，系统就是稳定的，否则系统就是不稳定的。

图 2-10 所示为他励直流电动机拖动一泵类负载运行的情况，两条机械特性曲线交于 A 点，并在转速 n_A 下稳定运行。在某种干扰下使转速变化了一个增量 Δn 时，T 与 T_L 都将产生对应的增量 ΔT 与 ΔT_L。当干扰使转速的增量为正值，转速增加到 $n=n+\Delta n$，对应此转速，$T=T_1$，增量为 $-\Delta T$；$T_L=T_{L1}$，增量为 $+\Delta T_L$。干扰消失后，由于惯性原因，n 不能突变，则 $T_1-T_{L1}<0$，使 $dn/dt<0$，导致系统减速，直到转速重新降回到 n_A，T 与 T_L 恢复到 $T=T_L$ 时，系统又在 A 点稳定运行了。当干扰使转速的增量为负值，转速减小到 $n=n-\Delta n$，对应此转速，$T=T_2$，增量为 $+\Delta T$；$T_L=T_{L2}$，增量为 $-\Delta T_L$。干扰消失后，由于 $T_2-T_{L2}>0$，使 $dn/dt>0$，导致系统加速，直到 $n=n_A$，$T=T_L$，系统又恢复到 A 点稳定运行。

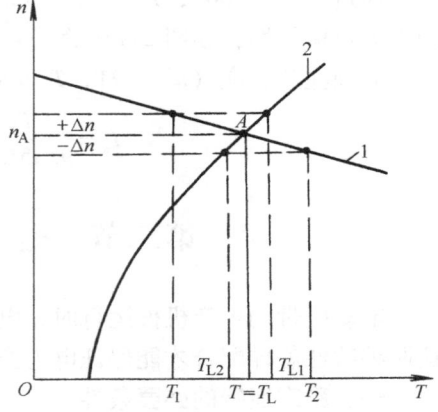

图 2-10 稳定运行充分条件的判定
1—电动机的机械特性　2—鼓风机的机械特性

从上面分析可知，A 点为稳定运行点。从而可得出稳定运行的充要条件为：在该点附近

$$\frac{\Delta T}{\Delta n} < \frac{\Delta T_L}{\Delta n} \quad \text{或写为} \quad \frac{dT}{dn} < \frac{dT_L}{dn}$$

综合上述分析，对于一个电力拖动系统，稳定运行的充分必要条件是：

1) 电动机的机械特性与负载转矩特性必须有交点，在交点处 $T=T_L$；

2) 在交点附近应有 $\dfrac{dT}{dn} < \dfrac{dT_L}{dn}$。

第三节　他励直流电动机的起动

前面介绍了他励直流电动机的机械特性和计算方法，从本节起将介绍电力拖动的一些具体问题——起动、制动和调速，以及过渡过程的计算。

电动机的起动和制动特性是衡量电动机运行性能的一项重要指标。特别是有些生产机械，例如可逆轧钢机、高炉进料的卷扬机和龙门刨床等，经常进行正反转，拖动这些生产机械的电动机也就需要频繁地起动和制动。因此了解和掌握电动机的起动及制动特性，是正确选择起动和制动方法的基础。

一、他励直流电动机的起动

电动机接通电源后,转速从 $n=0$ 上升到稳定负载转速 n_L 的过程称为起动过程或称起动。

电动机起动时,应当先给电动机的励磁绕组通入额定励磁电流,以便在气隙中建立额定磁通,然后才能接通电枢回路。

把他励直流电动机的电枢绕组直接接到额定电压的电源上,这种起动方法称为直接起动。

起动时,要求电动机有足够大的起动转矩 T_{st} 拖动负载转动起来,起动转矩就是电动机在起动瞬间($n=0$)所产生的电磁转矩,也称堵转转矩,其计算公式为

$$T_{st} = C_T \Phi_N I_{st}$$

式中,I_{st} 称为起动电流,它是 $n=0$ 时的电枢电流,也称堵转电流。

假如采用直接起动,那么起动电流和起动转矩有多大?会产生什么后果?

起动开始瞬间,由于机械惯性的影响,电动机转速 $n=0$,$E_a=0$,这时起动电流为 $I_{st} = U_N/R_a$,因电枢电阻 R_a 数值很小,因此,I_{st} 很大,可达额定电流的(10~20)倍。这样大的起动电流可能产生如下后果:①大电流使电枢绕组受到过大的电磁力,易损坏绕组;②使换向困难,主要是在换向器表面产生火花及环火,烧坏电刷与换向器;③过大的起动电流还会产生过大的起动转矩 T_{st},从而使传动机构受到很大的冲击力,加速过快,易损坏传动变速机构;④过大的起动电流会引起电网电压的波动,影响电网上其他用户的正常用电。

因此一般情况下,不允许直流电动机在额定电压下直接起动,要采取措施限制起动电流 I_{st}。在设计直流电动机时,电枢绕组允许通过的短时过载电流为额定电流的 1.5~2 倍,因此,在限制起动电流时,应将其值限制在 $(1.5~2)I_N$ 范围内。由 $I_{st} = U_N/R_a$ 可知,限制起动电流的措施有两个:一是降低电源电压,二是加大电枢回路电阻。因此直流电动机起动方法有减压起动和电枢串电阻起动两种。

二、降低电源电压起动

图 2-11 是降低电源电压起动时的接线图。电动机的电枢由可调直流电源供电。起动时,需先将励磁绕组接通电源,并将励磁电流调到额定值,然后从低到高调节电枢回路的电压。

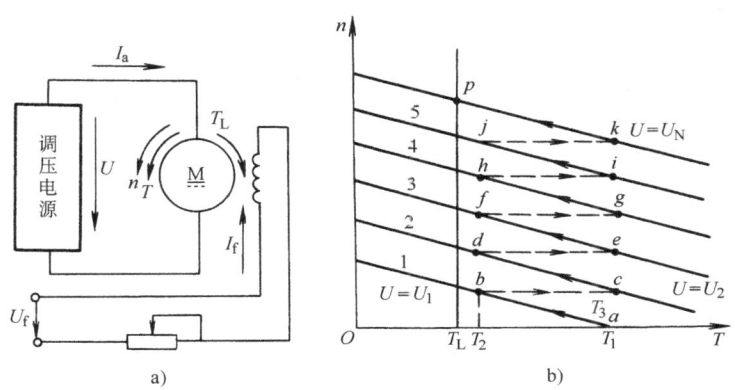

图 2-11 降低电源电压起动时的接线及机械特性
a) 接线图 b) 减压起动时的机械特性

在起动瞬间:电流 I_{st} 通常限制在 $(1.5~2)I_N$ 内,因此起动时最低电源电压为 $U_1 =$

$(1.5 \sim 2) I_N R_a$，此时电动机的电磁转矩大于负载转矩，电动机开始旋转。随着转速 n 升高，E_a 也逐渐增大，电枢电流 $I_a = (U - E_a)/R_a$ 相应减小，此时电压 U 必须不断升高（手动调节或自动调节），并且使 I_a 保持在 $(1.5 \sim 2) I_N$ 范围内，直至电压升到额定电压 U_N，电动机进入稳定运行状态，起动过程结束。

减压起动方法在起动过程中，平滑性好，能量损耗小，易于实现自动控制，但需要一套可调的直流电源，增加了初投资。

三、电枢回路串电阻分级起动

电压 $U = U_N$ 不变，在电枢回路中串接电阻 R_{st}，可以达到限制起动电流的目的，R_{st} 称为起动电阻。为了把起动电流限制在最大允许值 I_{max} 以内，电枢回路中应串入的电阻值为

$$R_{st} = \frac{U_N}{I_{max}} - R_a \quad (2\text{-}15)$$

起动后，如果仍然串接着 R_{st}，则系统只能在较低转速下运行。为了得到额定转速，必须切除 R_{st}，使电动机回到固有特性上工作。但如果把 R_{st} 一次全部切除，还会产生过大的电流冲击，为保证在起动过程中电枢电流不超过最大允许值，只能切除 R_{st} 的一部分，使系统先工作在某一中间的人为特性上，待转速升高后再切除一部分电阻，如此逐步切除，直到 R_{st} 全部被切除为止。这种起动方法称为串电阻分级起动。

下面以三级起动为例，说明分级起动过程和各级起动电阻的计算。

1. 起动过程

图 2-12 所示为三级起动时线路原理图和特性曲线。起动电阻分为三段，即 R_{st1}、R_{st2} 和 R_{st3}，它们分别与接触器的触头 KM1、KM2 和 KM3 并联。控制这些接触器，使其触头依次闭合，就可以实现分级起动，起动过程如下：

起动开始瞬间，KM1、KM2 和 KM3 都断开，电枢回路的总电阻 $R_3 = R_a + R_{st1} + R_{st2} + R_{st3}$，转速 $n = 0$，运行点在图 2-12b 中的 a 点，起动电流为 I_1（即 $I_1 = I_{max} = I_K$），对应 I_1 产生的起动转矩为 T_1，由于 $T_1 > T_L$，$dn/dt > 0$，电动机开始起动，转速沿着 ab 特性曲线变化，随着转速上升，电流及转矩逐渐减小，产生的加速度也逐渐减小，如继续加速就要延缓起动

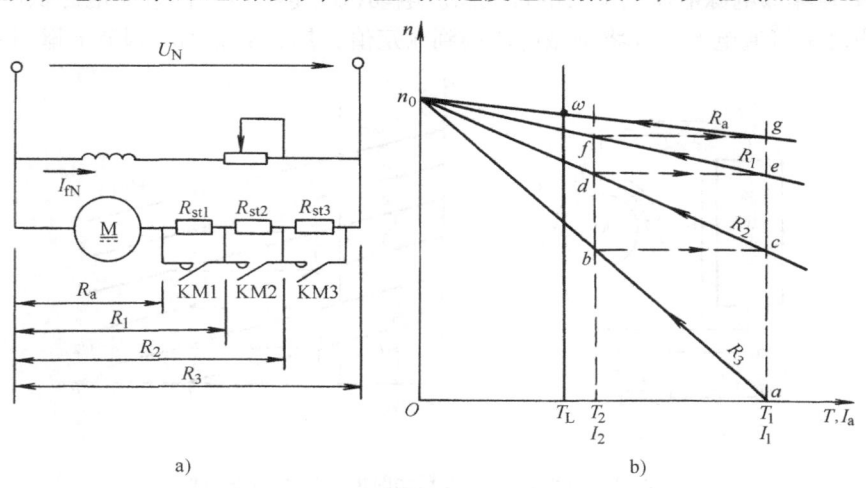

图 2-12 电枢串电阻三级起动的接线图及机械特性
a）接线图 b）机械特性及起动过程

过程。因此，为了缩短起动时间，到达图中的 b 点时，控制电路使触点 KM3 及时闭合，电阻 R_{st3} 被切除，b 点的电流被称为切换电流，这时电枢回路总电阻变为 $R_2 = R_a + R_{st1} + R_{st2}$，机械特性曲线变为直线 cdn_0。切除电阻瞬间，由于机械惯性的作用，转速 n 不能突变，电势 E_a 也保持不变，则引起电枢电流突增，如果电阻设计恰当，可使电流从 I_2 突增到 I_1，运行点从 b 过渡到 c 点。电动机又获得了与 a 点相同的加速度，此后电动机又沿着直线 cd 加速，同理，当电动机加速到 d 点时，电流又下降到 I_2，此刻闭合 KM2，切除第二段电阻 R_{st2}，电枢总电阻变为 $R_1 = R_a + R_{st1}$，机械特性曲线变为直线 efn_0，运行点从 d 点过渡到 e 点，电枢电流又从 I_2 突增到 I_1，电动机沿 ef 段升速，当转速升高到 f 点时，闭合 KM1，切除最后一段电阻 R_{st1}，运行点从 f 点过渡到固有机械特性上的 g 点，电流再一次增加到 I_1。此后电动机在固有特性上升速，直到 ω 点，$T = T_L$，电动机稳定运行，起动过程结束。

2. 起动电阻的计算

在分级起动过程中，I_1（或 T_1）和 I_2（或 T_2）选多大合适？采用几级起动合理？各段电阻的阻值应为多少？选择和计算的依据是什么？

I_1 的选择：为了满足快速起动的要求，T_1 越大越好，但考虑电动机的过载能力，一般选

$$I_1 = I_{max} = (1.5 \sim 2) I_N \quad 或 \quad T_1 = (1.5 \sim 2) T_N$$

I_2 的选择：首先要保证电动机能带动负载，即 $T_2 > T_L$，并且加速转矩（$T_2 - T_L$）不能太小，否则，加速慢，延缓起动过程。又不能太大，T_2 大虽然能满足快速起动要求，但起动级数要增多。一般选

$$I_2 = (1.1 \sim 1.2) I_N \quad 或 \quad T_2 = (1.1 \sim 1.2) T_N$$

也可以选 $\quad I_2 = (1.1 \sim 1.2) I_{Lmax} \quad 或 \quad T_2 = (1.1 \sim 1.2) T_{Lmax}$

起动级数 m 的选择：为满足快速起动的要求，级数应该多，级数多可使平均起动转矩大，起动快，同时起动平滑性好，但级数越多，所用设备越多，线路越复杂，可靠性下降。一般选

$$m = 2 \sim 4 \text{ 级}$$

各级起动电阻的计算：计算各级起动电阻时，以起动过程中最大起动电流 I_1 及切换电流 I_2 不变为原则。在切换起动电阻瞬间，电动机的转速不能突变，所以在图 2-12b 中 b、c 两点，有 $n_b = n_c$，$E_b = E_c$，因此在 b 点

$$I_2 = \frac{U_N - E_b}{R_3}$$

在 c 点

$$I_1 = \frac{U_N - E_c}{R_2}$$

两式相除得

$$\frac{I_1}{I_2} = \frac{R_3}{R_2}$$

同理，从 d 点到 e 点时可得

$$\frac{I_1}{I_2} = \frac{R_2}{R_1}$$

在 f、g 两点可得

$$\frac{I_1}{I_2} = \frac{R_1}{R_a}$$

令 $I_1/I_2 = \gamma$（起动电流比），则可得

$$\gamma = \frac{I_1}{I_2} = \frac{R_3}{R_2} = \frac{R_2}{R_1} = \frac{R_1}{R_a}$$

于是

$$\left.\begin{array}{l} R_1 = \gamma R_a \\ R_2 = \gamma R_1 = \gamma^2 R_a \\ R_3 = \gamma R_2 = \gamma^3 R_a \end{array}\right\} \quad (2\text{-}16)$$

如有 m 级则

$$R_m = \gamma^m R_a$$

由式（2-16）可得

$$\gamma = \sqrt[m]{\frac{R_m}{R_a}} \tag{2-17}$$

式中，R_m 为最大起动电阻，$R_m = U_N/I_1$。

如已知 γ，可用下式求取 m

$$m = \frac{\lg \dfrac{R_m}{R_a}}{\lg \gamma} \tag{2-18}$$

由式（2-16）可得每级分段电阻值

$$\left.\begin{array}{l} R_{st1} = R_1 - R_a \\ R_{st2} = R_2 - R_1 \\ R_{st3} = R_3 - R_2 \\ \cdots\cdots \\ R_{stm} = R_m - R_{m-1} \end{array}\right\} \quad (2\text{-}19)$$

计算起动电阻时可能有下列两种情况：

（1）起动级数 m 未定　此时应先初步选定 I_1（或 T_1）及 I_2（或 T_2），即初选 γ 值，然后用式（2-18）求出 m；若 m 为分数值，则取稍大于计算值的整数，再把此 m 值代入式（2-17），求出新的 γ 值，将此 γ 值代入式（2-16），可算出各级起动总电阻；γ 值代入式（2-19），可算出各级分段电阻。

（2）起动级数 m 已定　这时只要先选定 I_1（或 T_1）的数值，算出 $R_m = U_N/I_1$，再将 R_m 和 m 的数值代入式（2-17），算出 γ 值，按式（2-16），可算出各级起动总电阻；按式（2-19），可算出各级分段电阻。

第四节　他励直流电动机的制动

所谓制动，就是使拖动系统从某一稳定转速很快减速停车（如可逆轧机），或是为了限制电动机转速的升高（如起重机下放重物时、电车下坡等），使其在某一转速下稳定运行，以确保设备和人身安全。

制动的方法有以下几种：机械制动、电气制动和自由停车。而电气制动方法又分为：能耗制动、反接制动和回馈制动三种。

电动机在运行时，如果切断电枢电源，系统的转速就会慢慢地降下来，最后停车。这种制动方法一般称为自由停车。这种制动是靠摩擦转矩实现的，所需时间较长。机械制动是采用机械抱闸进行制动，这种制动虽然可以加快制动过程，但闸皮磨损严重，增加了维修工作量。所以对需要频繁快速起动、制动和反转的生产机械，一般都不采用这两种制动方法，而采用电气制动的方法，即由电动机本身产生一个与转动方向相反的电磁转矩（即制动转矩）来实现制动。

电气制动的优点：制动转矩大，制动时间短，便于控制，容易实现自动化。

下面分别讨论各种电气制动的物理过程、机械特性及制动电阻计算等问题。

一、能耗制动

1. 制动原理

在图 2-13a 中，开关 QS 合向上方时，电动机运行于电动状态。电枢电流 I_a 的方向与电动势 E_a 的方向相反，转矩 T 与转速 n 方向相同。电动机工作在图 2-13b 中的 A 点。制动时，保持励磁不变，把开关 QS 合向下方，使电动机脱离电源，同时电枢接到制动电阻 R_n 上。

制动开始瞬间，由于机械惯性的影响，转速 n 仍保持与原电动机运行状态相同的方向和大小，E_a 的方向与大小亦与电动状态时相同，显然，因 $U=0$，则

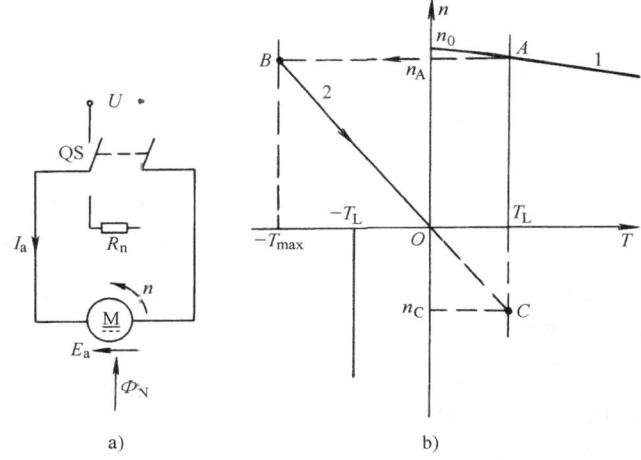

图 2-13 能耗制动过程
a）原理图 b）机械特性

$$I_a = -\frac{E_a}{R_a + R_n}$$

电枢电流为负值，说明其方向与电动状态的正方向相反，转矩 T 也与电动状态相反，因此 T 与 n 方向相反，T 为制动转矩，电动机工作在制动状态，使系统较快地减速。当 $n=0$ 时，$E_a=0$，$I_a=0$，$T=0$，制动过程结束。

能量关系：$P_1 = UI_a = 0$，表明电动机与电源没有能量交换，电磁功率 $P_M = E_a I_a \approx T\Omega < 0$，表明电动机要从负载处吸收机械功率，而 $P_1 = P_M + P_{Cu}$，则电枢回路的铜损耗 $P_{Cu} = I_a^2(R_a + R_n) = -P_M = |P_M|$，表明电动机从负载处吸收机械功率后，扣除空载损耗功率，其余的全部消耗在电枢回路的电阻上，因此称之为能耗制动。其功率流程图如图 2-14 所示。

2. 机械特性及制动电阻计算

把 $U=0$、$R = R_a + R_n$ 代入式（2-4），便可得到能耗制动的机械特性方程式

$$n = -\frac{R_a + R_n}{C_e C_T \Phi_N^2} T \qquad (2\text{-}20)$$

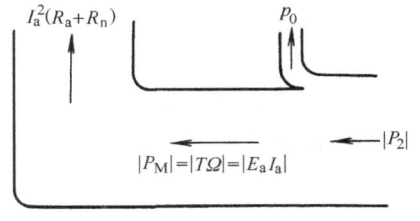

图 2-14 能耗制动过程
的功率流程图

对应的机械特性曲线是一条通过坐标原点的直线，如图 2-13b 所示。

如果制动前电动机在固有机械特性的 A 点稳定运行。开始制动瞬间，转速 n_A 不能突变，电动机从工作点 A 过渡到能耗制动机械特性的 B 点上。因 B 点电磁转矩 $T_B < 0$，拖动系统在

转矩$(-T_B-T_L)$的作用下迅速减速，运行点沿特性下降，制动转矩逐渐减小，直到原点，电磁转矩及转速都降到零，拖动系统停止运转。

制动电阻R_n愈小，机械特性愈平，T_B的绝对值愈大，制动就愈快，但R_n又不宜太小，否则电枢电流I_B和T_B将超过允许值，如果将制动开始时的I_B限制在最大允许值I_{max}，这时电枢回路外串电阻的最小值为

$$R_n = -\frac{E_a}{I_{max}} - R_a \tag{2-21}$$

式中，E_a为制动开始时电动机的电枢电动势；I_{max}为制动开始时最大允许电流，应代入负值。

能耗制动时，若电动机拖动的是位能负载，当电动机减速到原点时，由于$n=0$，$T=0$，在位能负载作用下：$T-T_L<0$，电动机会继续减速，也就是开始反转。电动机的运行点沿着机械特性曲线2从$0\to C$，C点处$T=T_L$，系统稳定运行于C点，恒速下放重物。

在C点：电磁转矩$T>0$，转速$n<0$，T与n方向相反，T为制动性转矩，这种稳态运行状态称为能耗制动运行。能耗制动运行时电枢回路串入的制动电阻不同，运行速度就不同，改变制动电阻R_n的大小，可获得不同的下放速度。

例 2-2 一台他励直流电动机的铭牌数据如下：$P_N=40kW$，$U_N=220V$，$I_N=210A$，$n_N=1000r/min$，电枢内阻$R_a=0.07\Omega$。试求：

（1）在额定负载下进行能耗制动，欲使制动电流等于$2I_N$时，电枢应外接多大电阻？
（2）求出它的机械特性方程式。
（3）如果电枢直接短接，制动电流应多大？
（4）当电动机拖动位能负载，$T_L=0.8T_N$，要求在能耗制动中以$800r/min$的稳定转速下放重物，求电枢回路中应串接的电阻值。

解 （1）额定负载时，电动机电动势

$$E_{aN} = U_N - I_N R_a = (220 - 210 \times 0.07)V = 205.3V$$

按要求

$$I_{max} = -2I_N = -2 \times 210A = -420A$$

能耗制动时，电枢应外接电阻

$$R_n = -\frac{E_a}{I_{max}} - R_a = \left(-\frac{205.3}{-420} - 0.07\right)\Omega = 0.419\Omega$$

（2）机械特性方程式

$$C_e\Phi_N = \frac{E_{aN}}{n_N} = \frac{205.3}{1000}V/r\cdot min^{-1} = 0.2053V/r\cdot min^{-1}$$

$$C_T\Phi_N = 9.55C_e\Phi_N = 9.55 \times 0.2053V/r\cdot min^{-1} = 1.96V/r\cdot min^{-1}$$

所以机械特性方程式为

$$n = -\frac{R_a+R_n}{C_eC_T\Phi_N^2}T = -\frac{0.07+0.419}{0.2053\times 1.96}T = -1.215T$$

（3）如果电枢直接短接，则制动电流为

$$I_a = -\frac{E_a}{R_a} = -\frac{205.3}{0.07}A = -2933A$$

此电流约为额定电流的14倍，由此可见能耗制动时，不许直接将电枢短接，必须接入一定数值的制动电阻。

（4）当 $T_L = 0.8T_N$ 时，电机稳定下放重物时电枢电流为

$$I_a = \frac{T}{C_T \Phi_N} = \frac{T_L}{C_T \Phi_N} = \frac{0.8T_N}{C_T \Phi_N} = 0.8I_N = 0.8 \times 210\text{A} = 168\text{A}$$

有关数据代入能耗制动机械特性方程式得

$$-800 = -\frac{0.07 + R_n}{0.2053} \times 168$$

$$R_n = 0.9\Omega$$

二、反接制动

反接制动时，电压 U 与电枢电动势 E_a 变为同方向。所以实现反接制动有两种方法，即转速反向的反接制动和电压反接的反接制动。

1. 转速反向的反接制动

（1）制动原理 这种制动方法一般发生在拖动位能性负载由提升重物转为下放重物的情况下，其原理和机械特性如图 2-15 所示。

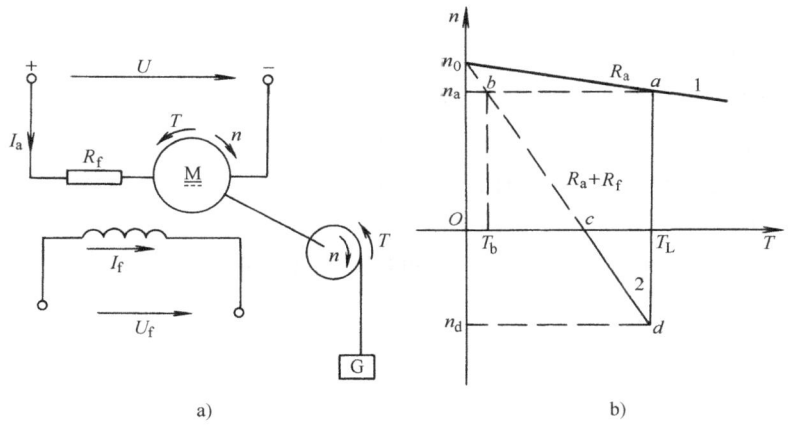

图 2-15 转速反向的反接制动线路图及机械特性
a）原理图 b）机械特性

电动机在提升重物 G 时，运行在电动状态下机械特性 a 点上，转速为 n_a，负载转矩为 T_L，电磁转矩 $T_a = T_L$。如果电动机电源方向保持不变，在电枢回路中串入足够大的电阻 R_f，使机械特性由曲线 1 变为曲线 2。在串入电阻 R_f 瞬间，转速不能突变，电枢电流和转矩突然减小，工作点由 a 点突变到对应的人为机械特性 b 点上，这时由于 $T_b < T_L$，电动机减速到 c 点：$n = 0$，重物停止提升，电动状态减速过程结束。

在 c 点，电磁转矩 $T_c < T_L$，则在位能负载转矩 T_L 的拖动下，电动机将反向加速，开始下放重物，机械特性进入第四象限。这时电磁转矩 T 方向没有改变，但转速 n 改变了方向，T 与 n 方向相反，T 为制动转矩。电动机运行在制动状态。由于转速 n 反向，电动势 E_a 也反向，电枢电流为

$$I_a = \frac{U - (-E_a)}{R_a + R_f} = \frac{U + E_a}{R_a + R_f} \tag{2-22}$$

即电动机过 c 点后，I_a 和 T 的方向仍为正，但电磁转矩 T 仍小于 T_L，电动机继续反向加速，使 E_a 值增大，I_a 与 T 也相应增加，直到 d 点，$T_c = T_L$，电动机以恒定的转速 n_d 下放重物。

转速反向的反接制动发生在 cd 段，电动势 E_a 的方向变成与 U 同方向，其能量关系：$P_1 = U_N I_a > 0$，表明电动机仍从电源吸收电功率，$P_M = E_a I_a < 0$，表明电动机要从位能负载处吸收机械功率并转换成了电功率，电枢回路的铜损耗 $P_{cu} = I_a^2(R_a + R_f) = P_1 - P_M = P_1 + |P_M|$，表明从电源吸收的功率和从负载处吸收的机械功率都消耗在电阻 $R_a + R_f$ 上，并转换成热量散发掉。其功率流程图如图 2-16 所示。

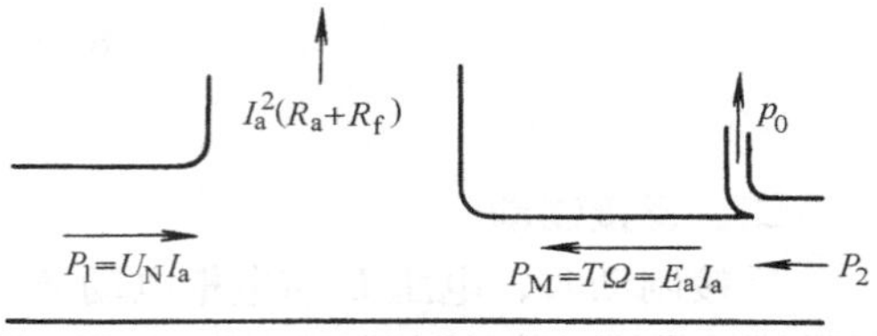

（2）机械特性　转速反向的反接制动状态，只是电枢回路串入了大电阻 R_f，其他条件都没有变。所以其机械特性方程式与电动状态下电枢回路串电阻的人为特性方程式相同

$$n = n_0 - \frac{R_a + R_f}{C_e C_T \Phi_N^2} T \tag{2-23}$$

图 2-16　转速反向反接制动过程中功率流程图

注意，此时因 R_f 很大，$\frac{R_a + R_f}{C_e C_T \Phi_N^2} T > n_0$，故 n 为负值，特性位于第四象限，如图 2-15b 中人为机械特性上的 cd 段，显而易见，制动电阻 R_f 越大，稳定下放重物的速度也越大。

2. 电压反接的反接制动

（1）制动原理　图 2-17a 为电压反接的反接制动原理图。当双向刀闸合向上方时，电动机工作在电动状态，稳定运行在机械特性曲线 1 的 a 点上，如图 2-17b 所示。当把双向刀闸合向下方时，即把电源电压 U_N 反向接到电动机电枢两端，U_N 与反电动势 E_a 方向一致，此时几乎有近两倍的额定电压加到电枢回路两端，由于电枢电阻 R_a 很小，将会产生很大的反向电流。为了限制过大的电流，电压反接的同时，在电枢回路中串入了反接制动电阻 R_f。

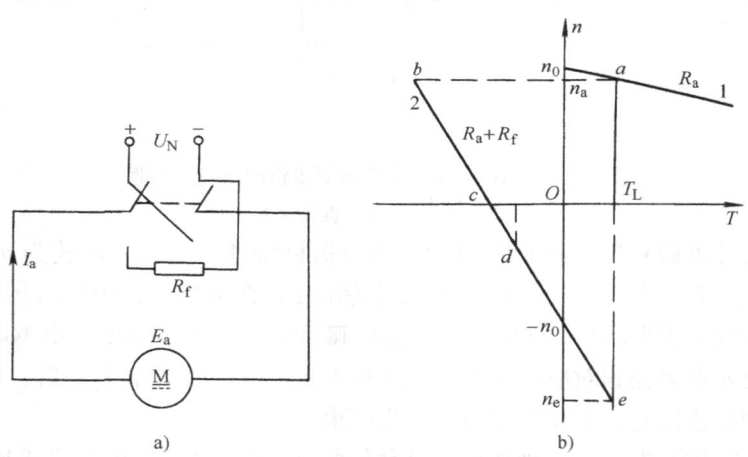

图 2-17　电压反接制动的原理图及机械特性
a) 原理图　b) 机械特性

电压反接瞬间，转速 n 不能突变，工作点从 a 点过渡到电压反接的人为特性曲线 2 的 b 点上，此时 $U = -U_N$，这样，电枢电流为

$$I_a = \frac{-U_N - E_a}{R_a + R_f} = -\frac{U_N + E_a}{R_a + R_f} \tag{2-24}$$

I_a 变为负值，电磁转矩 T_b 也变为负值，T 与 n 反向，成为制动转矩，电动机工作在制动状态。在（$-T_b - T_L$）的共同作用下，电动机转速迅速下降，沿直线 2 变化，到 c 点，

$n=0$，制动状态结束。

（2）机械特性及制动电阻的计算　电压反接制动的特点是 U_N 反向，$\Phi = \Phi_N$，$R = R_a + R_f$。故理想空载转速为 $\dfrac{-U_N}{C_e\Phi_N} = -n_0$，其机械特性方程式为

$$n = -n_0 - \frac{R_a + R_f}{C_e C_T \Phi_N^2}T \tag{2-25}$$

式中，T 应以负值代入。n 为正值，机械特性曲线位于第二象限，见图 2-17b 中 bc 段。电压反接制动到达 c 点时：$n=0$，电磁转矩 T 为负值，此时：

1）如果要求停车，就必须马上断开电源，并施加机械抱闸。

2）如果负载是反抗性负载，当 $|T_c| > |T_L|$ 时，$(-T_c + T_L) < 0$，使 $\dfrac{d(-n)}{dt} > 0$，电动机将反向起动，并加速到 d 点稳定运行（$-T_d = -T_L$）。这时，电动机工作在反向电动状态。

3）如果负载是位能性负载，无论 $|T_c|$ 多大，都有 $(-T_c - T_L) < 0$，$\dfrac{d(-n)}{dt} > 0$，在位能负载和 T_c 的共同作用下，电动机都将反向加速，并且加速到 e 点稳定运行。这时，电动机工作在回馈制动状态。如图 2-17b 所示。

为了保证反接制动最大电流不超过 $2I_N$，则应使 $R_a + R_f \geqslant \dfrac{U_N + E_a}{2I_N} \approx \dfrac{2U_N}{2I_N} = \dfrac{U_N}{I_N}$

$$R_f \geqslant \frac{U_N}{I_N} - R_a \tag{2-26}$$

电压反接制动其能量转换关系与转速反向反接制动时相同，读者可自行分析。

三、回馈制动

当电动机转速高于理想空载转速，即 $n > n_0$ 时，$E_a > U$，迫使电枢电流 I_a 改变方向，I_a 由电枢流向电源，$UI_a < 0$，电动机处于发电状态，向电源馈送电功率 UI_a，因 I_a 反向，电磁转矩 T 也改变方向，使 T 与 n 反向，T 为制动转矩。像这样，电动机既工作在制动状态，又向电源回馈能量，这种工作状态称为回馈制动。回馈制动有正向回馈制动和反向回馈制动。

1. 正向回馈制动

如图 2-18 所示，电动机原来在固有机械特性曲线 1 的 A 点上稳定运行，转速为 n_A。因调速突然把电源电压降到 U_1 时，理想空载转速由 n_0 降到 n_{01}，则电动机的人为机械特性向下平移，变为曲线 2。在降低电压瞬间，n_A 不能突变，工作点将从 A 点过渡到人为机械特性曲线 2 的 B 点上。由于 $n_A > n_{01}$，所以 $E_a > U_1$，电枢电流将改变方向，$I_a < 0$，电磁转矩 $T < 0$，T 与 n 的方向相反，成为制动转矩，功率 $U_1 I_a$、$E_a I_a$ 都为负值，表示此时电动机作发电机运行，电动机进入回馈制动状态。在 T 与 T_L 作用下，电动机减速，运行点沿机械特性 2 变化。至 C 点，$n = n_{01}$，$E_a = U_1$，I_a 及 T 均降到零，回馈制动结束。此后，系统在负载转矩 T_L 的作用下

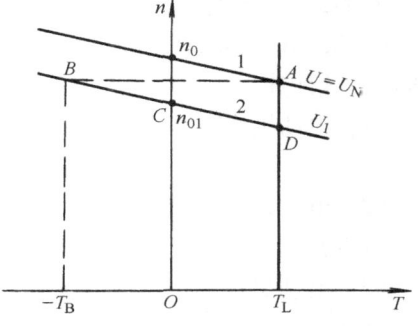

图 2-18　降低电源电压的回馈制动

继续减速,电动机的运行点进入第 I 象限,$n < n_{01}$,$E_a < U_1$,I_a 及 T 均变为正,电动机又恢复为正向电动状态,但由于 $T < T_L$,n 将继续下降,直到 D 点,$T = T_L$,$n = n_D$,电动机稳定运行。

2. 反向回馈制动

电动机带位能性负载下放重物时,若采用电压反接制动,则电动机将进入反向回馈制动状态,见图 2-17b。

前面曾介绍过,电压反接制动到 c 点时,$n = 0$,电磁转矩 T_c 为负值,如图 2-17b 所示。此时如果电动机拖动的是位能性负载,无论 $|T_c|$ 多大,在位能负载和 T_c 的共同作用下,使电动机反向加速,这时 T 与 n 同方向,均为负,电动机运行于反向电动状态,直到 $n = -n_0$,$T = 0$,反向电动状态结束。但在位能负载转矩 T_L 作用下,电动机仍继续反向加速,电动机进入第 IV 象限,出现 $|-n| > |-n_0|$ 的情况,此时,$|-E_a| > |-U_N|$,电动机向电网回送能量,电枢电流改变了方向,$I_a > 0$,电磁转矩 T 也变为正,与 $-n$ 的方向相反,成为制动转矩,电动机的运行状态变为回馈制动状态。随着 $|-n|$ 增加,电磁转矩 T 不断增大,制动作用不断加强,直到 e 点,$T = T_L$,电动机稳定运行,重物以恒定的转速 n_e 下放。

综上所述,在电动机拖动位能负载进行电压反接制动,直到稳定运行的全过程中,电动机要经过电压反接制动、反向电动和回馈制动三种运行状态。

值得注意的是,电动机带位能性负载采用电压反接制动下放重物,当进入回馈制动状态稳定运行时,由于电枢回路中所串电阻 R_f 很大(为了限制反接瞬间制动电流),下放重物的转速很高,$|-n_e| > |-n_0|$。为了避免重物下放的速度过高,一般是在反向起动到 $|-n|$ 接近 $|-n_0|$ 时,切除制动电阻 R_f,使电动机回到固有特性上运行,如图 2-19 所示。这样,电动机进入回馈状态时,电枢回路中由于没有外串电阻,可以使 g 点的转速低于 e 点的转速。即使这样,电动机的转速 $|-n_g|$ 仍高于 $|-n_0|$,所以反向回馈制动方法仅仅在下放轻的物体或者空载时才采用。

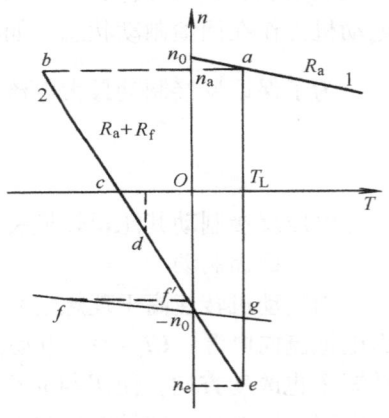

图 2-19 反向回馈制动机械特性

例 2-3 一台他励直流电动机的铭牌数据为 $P_N = 22\text{kW}$,$U_N = 220\text{V}$,$I_N = 115\text{A}$,$n_N = 1500\text{r/min}$,$R_a = 0.1\Omega$,最大允许电流 $I_{amax} \leq 2I_N$,原在固有特性上运行,负载转矩 $T_L = 0.9T_N$,试计算:

(1)电动机拖动反抗性恒转矩负载,采用能耗制动停车,电枢回路应串入的最小电阻为多少?

(2)电动机拖动反抗性恒转矩负载,采用电源反接制动停车,电枢回路应串入的最小电阻为多少?

(3)电动机拖动位能性恒转矩负载,例如起重机。当传动机构的损耗转矩 $\Delta T = 0.1T_N$,要求电动机以 $n = -200\text{r/min}$ 恒速下放重物,采用能耗制动运行,电枢回路应串入多大电阻?该电阻上消耗的功率是多少?

(4) 电动机拖动同一位能性负载，电动机以 $n = -1000\text{r/min}$ 恒速下放重物，采用转速反向的反接制动，电枢回路应串入多大电阻？该电阻上消耗的功率是多少？

(5) 电动机拖动同一位能性负载，采用反向回馈制动下放重物，稳定下放时电枢回路中不串电阻，电动机的转速是多少？

解 先求 $C_e\Phi_N$、n_0 及 Δn_N

$$C_e\Phi_N = \frac{U_N - I_N R_a}{n_N} = \frac{220 - 115 \times 0.1}{1500}\text{V/r} \cdot \text{min}^{-1} = 0.139\text{V/r} \cdot \text{min}^{-1}$$

$$n_0 = \frac{U_N}{C_e\Phi_N} = \frac{220}{0.139}\text{r/min} = 1583\text{r/min}$$

$$\Delta n_N = n_0 - n_N = (1583 - 1500)\text{r/min} = 83\text{r/min}$$

电动机稳定运行时，电磁转矩等于负载转矩，即

$$T = T_L = 0.9T_N = 0.9 \times 9.55 C_e\Phi_N I_N = 0.9 \times 9.55 \times 0.139 \times 115\text{N}\cdot\text{m} = 137.4\text{N}\cdot\text{m}$$

(1) 能耗制动停车，电枢应串电阻的计算

能耗制动前，电动机稳定运行的转速为

$$n = \frac{U_N}{C_e\Phi_N} - \frac{R_a}{9.55(C_e\Phi_N)^2}T = \left(\frac{220}{0.139} - \frac{0.1}{9.55 \times 0.139^2} \times 137.4\right)\text{r/min} = 1508\text{r/min}$$

$$E_a = C_e\Phi_N n = 0.139 \times 1508\text{V} = 209.6\text{V}$$

能耗制动时，$0 = E_a + I_a(R_a + R_n)$，应串电阻 R_n 为

$$R_n = -\frac{E_a}{I_{a\max}} - R_a = \left(-\frac{209.6}{-2 \times 115} - 0.1\right)\Omega = 0.811\Omega$$

(2) 电源反接制动停车，电枢回路应串入电阻的计算

$$-U_N = E_a + I_a(R_a + R_f)$$

$$R_f = \frac{-U_N - E_a}{I_{\max}} - R_a = \left[\frac{-(220 + 209.6)}{-2 \times 115} - 0.1\right]\Omega = 1.768\Omega$$

(3) 能耗制动运行时，电枢回路应串入电阻及消耗功率的计算

采用能耗制动下放重物时，电源电压 $U_N = 0$，负载转矩变为

$$T_{L2} = T_{L1} - 2\Delta T = 0.9T_N - 2 \times 0.1T_N = 0.7T_N$$

稳定下放重物时，$T = T_{L2}$，此时电枢电流为

$$I_a = \frac{T_{L2}}{C_T\Phi_N} = \frac{0.7T_N}{C_T\Phi_N} = 0.7I_N = 0.7 \times 115\text{A} = 80.5\text{A}$$

对应转速为 -200r/min 时的电枢电势 E_a

$$E_a = C_e\Phi_N n = 0.139 \times (-200)\text{V} = -27.8\text{V}$$

电枢回路中应串入的电阻值

$$R_n = -\frac{E_a}{I_a} - R_a = \left(-\frac{-27.8}{80.5} - 0.1\right)\Omega = 0.245\Omega$$

R_n 电阻上消耗的功率为

$$P_R = I_a^2 R_n = 80.5^2 \times 0.245\text{W} = 1588\text{W}$$

(4) 转速反向的反接制动运行时，电枢回路应串入电阻及消耗功率的计算

转速反向的反接制动运行时，电压方向没有改变，电枢电流仍为 $0.7I_N$，对应转速为 -1000r/min 时的电枢电动势 E_a 为

$$E_a = C_e \Phi_N n = 0.139 \times (-1000) \text{ V} = -139\text{V}$$

电枢回路中应串入的电阻 R_C 为

$$R_C = \frac{U_N - E_a}{I_a} - R_a = \left[\frac{220 - (-139)}{80.5} - 0.1\right]\Omega = 4.36\Omega$$

R_C 电阻上消耗的功率为

$$P_R = I_a^2 R_C = 80.5^2 \times 4.36\text{W} = 28254\text{W} = 28.254\text{kW}$$

（5）反向回馈制动运行时，电动机转速的计算

反向回馈制动下放重物时，电枢电流仍为 $0.7I_N$，外串电阻 $R_C = 0$，电压反向。

$$n = \frac{-U_N - I_a R_a}{C_e \Phi_N} = \frac{-220 - 80.5 \times 0.1}{0.139}\text{r/min} = -1641\text{r/min}$$

第五节 直流电动机电力拖动系统的动态特性

以电机拖动系统的运动方程式为基础，应用数学解析方法，研究直流电机拖动的动态过程，掌握其动态特性。

一、电机拖动系统动态过程的基本概念

1. 动态过程的基本概念

电力拖动系统并不是总处在一种稳定状态下运行，从运动方程式可知，当 $T = T_L$ 时，$dn/dt = 0$，则 $n = 0$ 或 $n = $ 常数，此时系统为稳定运行；如果人为地改变电机参数（如 R、U …）等，或在生产过程中负载转矩发生变化，出现 $T \neq T_L$ 时，$dn/dt \neq 0$，n 将发生变化，系统将加速或减速运行，此时系统为动态运行，系统将从一个稳定工作状态过渡到另一个稳定工作状态，这样的动态运行过程称为过渡过程，即所谓的动态过程。

在动态过程中，拖动系统的各个物理量（n、T、I_a 及 P）均随时间在变化，描述其变化规律的 $n = f(t)$、$T = f(t)$、$I_a = f(t)$ 和 $P = f(t)$ 称为电机拖动系统的动态特性。

电机拖动系统的过渡过程分为两种：一种是机械的过渡过程，它只考虑系统的机械惯性对各参量变化过程的影响，而对影响较小的电磁惯性忽略不计；另一种是电气—机械的过渡过程，它同时考虑机械特性和电磁惯性的影响。

2. 研究动态过程的目的

不同的生产机械或同一生产机械在不同的生产工艺条件下，对其拖动系统的动态过程有着不同的要求。某些要求快速可逆运转的生产机械，如可逆式轧钢机、轧钢机的辅助机械、龙门刨床的工作台等，它们都要求起动、加速、制动和反转等过渡过程尽量快，以缩短生产周期中的非生产时间，从而提高生产率；造纸机、印刷机等生产机械要求其加速度的大小有一定的限制；高楼乘客电梯、矿井提升机械、地铁电车等生产机械则要求有较小的加速度和减速度。

为了满足上述各种各样的要求，必须研究和分析动态过程，掌握在过渡过程中，系统各个物理量随时间变化的规律，过渡过程时间的长短，过渡过程的品质受哪些因素的影响等。在掌握系统各参数变化规律的基础上，才有可能设法缩短过渡过程的时间，探讨减小动态过

程损耗的途径，正确选择电动机的容量，为设计电力拖动系统自动控制电路，正确选用控制电器提供必要的理论依据，为进一步设计出完善的电机控制系统打下基础。

二、他励直流电动机的动态特性

在研究动态特性时，由于多数情况下，机械惯性的影响远大于电磁惯性的影响，为简化分析，略去电磁惯性的影响，只考虑机械惯性对过渡过程的影响，同时，假设在过渡过程中：

(1) 电源电压 U 恒定不变；
(2) 磁通 Φ 恒定不变；
(3) 负载转矩 T_L 保持常数不变。

电力拖动系统的过渡过程是两个稳定状态之间的过程，这一过程在机械特性曲线上就是电动机的运行点从过渡过程的起始点开始，沿着电动机的机械特性曲线向稳态点变化的过程。起始点是机械特性上的一个点，对应着过渡过程开始瞬间的转速；稳态点是过渡过程结束后的工作点。如图 2-20 所示，曲线 1 为他励直流电动机任意一条机械特性，曲线 2 为恒转矩负载的机械特性。在图中，A 点为起始点，其转速为 n_{qs}，电磁转矩 $T = T_{qs}$；B 点为稳态点，其转速为 n_L，电磁转矩 $T = T_L$。下面分析沿着曲线从 A 点到 B 点的动态特性。

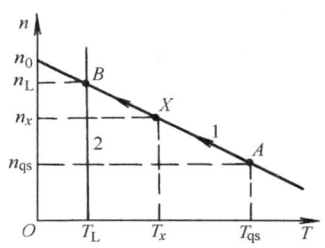

图 2-20 机械特性上 $A \rightarrow B$ 的过渡过程

1. 转速 n 的变化规律 $n = f(t)$

已知电力拖动系统的运动方程式为

$$T - T_L = \frac{GD^2}{375}\frac{dn}{dt}$$

他励电动机的机械方程式为

$$n = n_0 - \beta T$$

以上两式都表达了系统中电动机的电磁转矩与转速的关系，将前式代入后式，得

$$n = n_0 - \beta\left(T_L + \frac{GD^2}{375}\frac{dn}{dt}\right) = n_0 - \beta T_L - \beta\frac{GD^2}{375}\frac{dn}{dt}$$

式中，$n_0 - \beta T_L$ 就是过渡过程结束后电动机转速的稳态值 n_L，令 $T_m = \beta\frac{GD^2}{375}$，因此上式可写成

$$n = n_L - T_m\frac{dn}{dt}$$

即

$$T_m\frac{dn}{dt} + n = n_L \tag{2-27}$$

式中，n_L 为稳态点的转速；T_m 为机电时间常数（s），$T_m = \beta\frac{GD^2}{375} = \frac{GD^2}{375}\frac{R}{C_e C_T \Phi^2}$；$R$ 为电枢回路总电阻。

用分离变量法求式（2-27）微分方程通解

$$n - n_L = -T_m\frac{dn}{dt}$$

$$\frac{dn}{n - n_L} = \frac{-dt}{T_m}$$

上式两边积分得

$$\ln(n - n_L) = -\frac{t}{T_m} + C$$

则
$$n - n_L = e^{-t/T_m + C} = Ke^{-t/T_m} \tag{2-28}$$

式中，K、C 均为常数，由初始条件决定。

将初始条件 $t = 0$，$n = n_{qs}$ 代入式（2-28）得
$$K = n_{qs} - n_L$$

于是式（2-28）可写成
$$n = n_L + (n_{qs} - n_L)e^{-t/T_m} \tag{2-29}$$

式（2-29）即为过渡过程中转速 n 随时间 t 变化的一般公式。由式可见，过渡过程中转速 n 从起始值 n_{qs} 开始，按指数曲线规律变化至过渡过程结束的稳态值 n_L，如图 2-21a 所示。

2. 转矩 T 的变化规律 $T = f(t)$

从图 2-20 所示机械特性，可得 T 与 n 的对应关系为
$$\left. \begin{array}{l} n = n_0 - \beta T \\ n_L = n_0 - \beta T_L \\ n_{qs} = n_0 - \beta T_{qs} \end{array} \right\} \tag{2-30}$$

把式（2-30）代入式（2-29），整理后得 $T = f(t)$ 表达式为
$$T = T_L + (T_{qs} - T_L)e^{-t/T_m} \tag{2-31}$$

式（2-31）即为过渡过程中电磁转矩 T 随时间 t 变化的一般公式。由式可见，电磁转矩从起始值 T_{qs} 开始按指数规律变化到稳态值 T_L，如图 2-21b 所示。

3. 电枢电流 I_a 的变化规律 $I_a = f(t)$

由转矩基本表达式得
$$\left. \begin{array}{l} T = C_T \Phi I_a \\ T_L = C_T \Phi I_L \\ T_{qs} = C_T \Phi I_{qs} \end{array} \right\} \tag{2-32}$$

把式（2-32）代入式（2-31）中，整理后得 $I_a = f(t)$ 表达式为
$$I_a = I_L + (I_{qs} - I_L)e^{-t/T_m} \tag{2-33}$$

式（2-33）即为过渡过程中电枢电流 I_a 随时间 t 变化的一般公式。由式可见，电枢电流从起始值 I_{qs} 开始按指数规律变化到稳态值 I_L，如图 2-21c 所示。

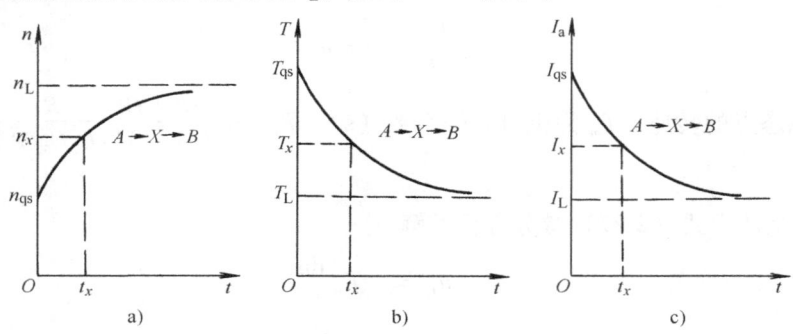

图 2-21 过渡过程曲线
a) $n = f(t)$ b) $T = f(t)$ c) $I_a = f(t)$

4. 过渡过程时间

从起始值到稳态值，理论上讲需要时间 $t=\infty$，但实际上当 $t=(3\sim4)T_\mathrm{m}$ 时，各量已达到 95%~98% 的稳态值，这时就可以认为动态过程已经结束。因此，工程上普遍认为过渡过程时间为 $4T_\mathrm{m}$，即 T_m 决定过渡过程时间的长短。

在工程设计中，有时需要计算过渡过程中各量达到某一数值时所经历的时间。比如图 2-21 中需求出 $n=n_x$ 所需的时间 t_x，这时 X 点对应的转速为 n_x，转矩为 T_x，电枢电流为 I_x。计算 t_x 时，若已知 $n=f(t)$ 及 X 点的转速 n_x，可以通过式（2-29）计算 t_x。把 X 点数值代入式（2-29）：

$$n_x = n_\mathrm{L} + (n_\mathrm{qs} - n_\mathrm{L})\mathrm{e}^{-t_x/T_\mathrm{m}}$$

$$\frac{n_x - n_\mathrm{L}}{n_\mathrm{qs} - n_\mathrm{L}} = \mathrm{e}^{-t_x/T_\mathrm{m}} = \frac{1}{\mathrm{e}^{\frac{t_x}{T_\mathrm{m}}}}$$

则

$$t_x = T_\mathrm{m} \ln\frac{n_\mathrm{qs} - n_\mathrm{L}}{n_x - n_\mathrm{L}} \tag{2-34}$$

若已知 $T=f(t)$ 及 X 点的转矩 T_x，则 t_x 的计算公式可用同样的方法推得

$$t_x = T_\mathrm{m} \ln\frac{T_\mathrm{qs} - T_\mathrm{L}}{T_x - T_\mathrm{L}} \tag{2-35}$$

当然，若已知 $I_\mathrm{a}=f(t)$ 及 X 点的电流 I_x，则 t_x 的计算公式也可用同样的方法推得

$$t_x = T_\mathrm{m} \ln\frac{I_\mathrm{qs} - I_\mathrm{L}}{I_x - I_\mathrm{L}} \tag{2-36}$$

式（2-34）、式（2-35）及式（2-36）可用于计算过渡过程进行到某一阶段所需的时间。

上面所求的三个动态过程方程式一般式（即式（2-29）、式（2-31）、式（2-33）），不仅适用于起动过程，也适用于制动过程、调速及负载突变等所有在一条机械特性上变化的各种过渡过程。在应用上述各公式时，主要应掌握三个要素：初始值、稳态值与机电时间常数，只要确定了这三个要素，并注意它们的正负号，代入相应的公式，即可确定各量的数学表达式并绘出其变化曲线。

三、他励直流电动机起动过程的动态特性

1. 起动过程的动态特性

图 2-22a 为他励直流电动机电枢串电阻起动时的机械特性，图中 S 点是起动过程的初始点，其转矩 $T=T_\mathrm{S}$，电流 $I=I_\mathrm{S}$，转速 $n=0$；A 点是起动过程结束的稳态点，其转矩为 $T=T_\mathrm{L}$，$I=I_\mathrm{L}$，$n=n_\mathrm{A}$。把 S 点与 A 点的具体数据代入式（2-29）、式（2-31）和式（2-33），即可得到该过渡过程中，$n=f(t)$、$T=f(t)$ 和 $I_\mathrm{a}=f(t)$ 的数学表达式，即

$$n = n_\mathrm{A} - n_\mathrm{A}\mathrm{e}^{-t/T_\mathrm{m}} \tag{2-37}$$

$$T = T_\mathrm{L} + (T_\mathrm{S} - T_\mathrm{L})\mathrm{e}^{-t/T_\mathrm{m}} \tag{2-38}$$

$$I_\mathrm{a} = I_\mathrm{L} + (I_\mathrm{S} - I_\mathrm{L})\mathrm{e}^{-t/T_\mathrm{m}} \tag{2-39}$$

式中，$T_\mathrm{m} = \frac{GD^2}{375}\frac{R_\mathrm{a}+R_\mathrm{C}}{C_\mathrm{e}C_\mathrm{T}\Phi^2}$，（$R_\mathrm{C}$ 为电枢中串接的电阻）

相应的过渡过程曲线如图 2-22b、c 所示。

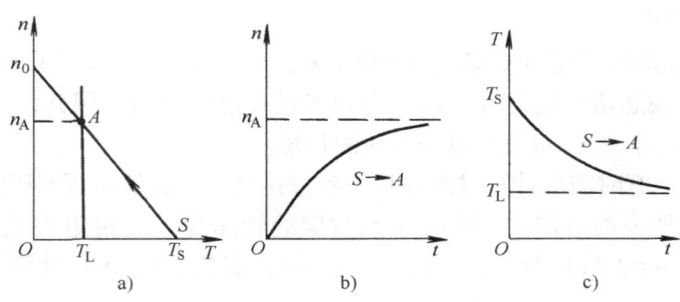

图 2-22 起动时的过渡过程
a) 机械特性 b) $n=f(t)$ 曲线 c) $T=f(t)$ 曲线

2. 机电时间常数 T_m 的物理意义

从上面的分析可以看出，机电时间常数 T_m 是决定过渡过程时间的重要因素，它与系统的飞轮矩 GD^2 及电枢回路总电阻 R_a+R_C 成正比，而与电机磁通 Φ 的二次方成反比。也就是说，T_m 既与系统的机械量有关，也与其电气参量有关，故称为机电时间常数。

下面从几何意义上分析 T_m 的物理意义。

将式（2-37）对 n 进行微分可得

$$\frac{dn}{dt} = \frac{n_A}{T_m}e^{-t/T_m} \qquad (2\text{-}40)$$

式（2-40）表征了起动过程中加速度随时间变化的规律，由式可知，加速度也是按指数规律衰减，在 $t=0$ 时，其加速度为最大。将 $t=0$ 代入上式，即可求得起动初始时的加速度为

$$\left.\frac{dn}{dt}\right|_{t=0} = \frac{n_A}{T_m}$$

由上式可知，如果电动机的转速一直按 $t=0$ 处的加速度直线上升（即等加速度上升），则达到稳态转速 n_A 所需的时间就是 T_m，这就是 T_m 的物理意义，如图 2-23 所示。

3. 缩短过渡过程的方法

在生产实践中，有时为了满足生产工艺要求，提高产量，需要缩短系统的过渡过程。通过前面对过渡过程时间的计算及对 T_m 物理意义的分析可知，缩短过渡过程时间的方法有二：

（1）减小机电时间常数 T_m　减小 T_m 的主要方法是减小系统的总飞轮矩 GD^2。由式（1-10）可知，系统的总飞轮矩主要是电动机的飞轮矩 GD_d^2，因此减小 GD^2 的方法有：

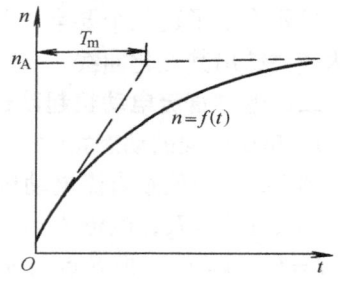

图 2-23 机电时间常数的物理意义

1) 选用专门设计制造的小惯量电动机，其特点是电枢细长，GD^2 小；

2) 采用双电动机拖动，即用两台容量为系统所需总容量的 1/2 的电动机，同轴硬连接后共同拖动负载，因为容量小的电动机直径小，采用两台电动机硬轴连接，相当于缩小直径，加长电枢，所以可减小飞轮矩。

（2）改善起动电流的波形　由 T_m 的物理意义可知，如果能保持 $t=0$ 时的加速度 $\dfrac{dn}{dt}$ 数值

不变，转速由 n_{qs} 升到稳态转速 n_L 所需时间即为机电时间常数 T_m。但从前面分析又知，$I_a = f(t)$ 是按指数规律衰减的，导致 dn/dt 也是按指数规律衰减。如能设法保持 $I_a = f(t) = $ 常数，即可以保持 $dn/dt = $ 常数的理想情况，如图 2-24 所示，则起动过程时间就由 $4T_m$ 减小为 T_m。

4. 动态特性和机械特性的关系

从上面求得的起动过程中的动态特性 $n = f(t)$ 和 $T = f(t)$ 可以看出，电机拖动系统的机械特性和动态特性之间存在着对应的关系，如图 2-22 所示。动态特性 $n = f(t)$ 曲线起始点 $n = 0$ 和稳定点 $n = n_A$，正好对应着机械特性上转速的两个稳态工作点 S 和 A 的坐标。动态特性 $T = f(t)$ 曲线也是如此。这就是说，动态特性的起始点和稳定点的参数值，恰好是机械特性上两个稳定点的坐标。所以在分析计算各种工作状态的动态特性曲线时，其起始点、稳定点的坐标值，可以从机械特性上比较方便地找出，而且还能确定其正负号。

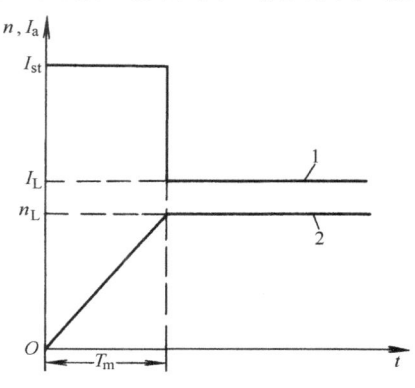

图 2-24 理想起动时 $I_a = f(t)$ 和 $n = f(t)$ 曲线

综上所述，机械特性和动态特性存在着对应关系，那么从 $n = f(t)$ 和 $T = f(t)$ 曲线上消去同时起作用的时间变量 t，就可获得机械特性 $n = f(T)$ 曲线。这就是说，机械特性表征同一时间下电流（或转矩）和转速间的关系，而动态特性则表征了它们随时间变化的规律。

四、他励直流电动机制动过程的动态特性

在第四节中，详细地分析了他励直流电动机的几种制动运转状态，讨论了其制动运行时的物理过程及机械特性。在这里，将进一步分析制动运行时的动态特性。

1. 位能性恒转矩负载下能耗制动的动态特性

他励直流电动机拖动位能性恒转矩负载进行能耗制动时的机械特性如图 2-25a 所示，其中曲线 1 为电动机的固有机械特性，曲线 2 为能耗制动的机械特性，曲线 3 为位能性负载的机械特性。

根据能耗制动的物理过程和机械特性可知，能耗制动过程的起始点为 B 点，系统是以 n_B 和 $-T_B$ 等参数进入过渡过程的，最终的稳定点为 C 点，系统最后将以 n_C 和 T_L 等参数稳定运转。据此即可确定 $n = f(t)$ 的起始值 n_B，稳态值为 $-n_C$。而 $T = f(t)$ 的起始值为 $-T_B$，稳态值为 T_L，代入式 (2-29)、式 (2-31)，得到

$$\left. \begin{array}{l} n = -n_C + (n_B + n_C) e^{-\frac{t}{T_m}} \\ T = T_L + (-T_B - T_L) e^{-\frac{t}{T_m}} \end{array} \right\} \quad (2\text{-}41)$$

根据式 (2-41)，即可绘出动态特性曲线 $n = f(t)$ 和 $T = f(t)$，如图 2-25b、c 所示。

如果能耗制动只用于停车，那么从 B 点开始，制动到 O 点 $n = 0$ 时，应采用机械闸将电动机制动住。这时过渡过程为 $B \to O$，C 点为虚稳定点。

2. 反抗性恒转矩负载下能耗制动的动态特性

他励直流电动机拖动反抗性恒转矩负载进行能耗制动时的机械特性如图 2-26a 所示，其中曲线 1 为电动机的固有机械特性，曲线 2 为能耗制动的机械特性，曲线 3 和 4 是反抗性负载的机械特性。

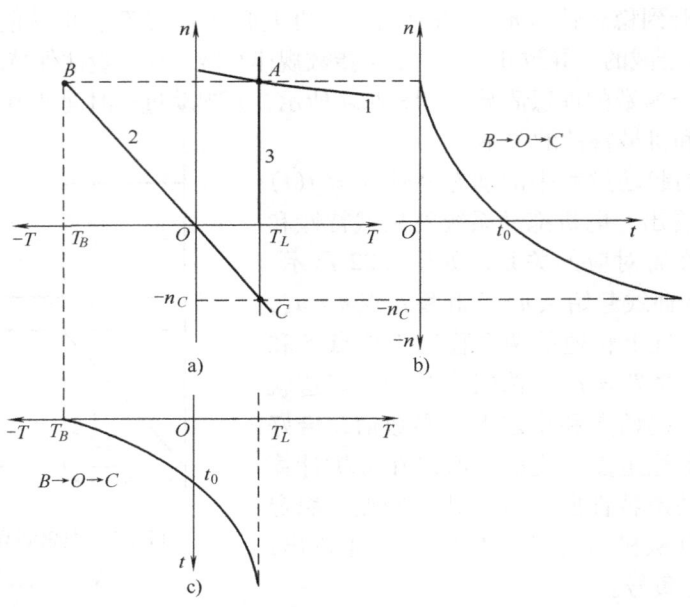

图 2-25 位能性负载下能耗制动的过渡过程曲线

根据能耗制动的物理过程和机械特性可知，能耗制动过程的起始点为 B 点，到坐标原点 O 时，$n=0$，$T=0$，过渡过程结束。由于反抗性恒转矩负载在 $n=0$ 时要发生突变，$n \geqslant 0$ 时为 T_L，$n \leqslant 0$ 时为 $-T_L$，这与推导过渡过程一般式时 T_L = 常数的假定条件不符，所以式（2-29）、式（2-31）、式（2-33）等已不适用。在这种情况下，为了计算过渡过程，可假想负载机械特性延长到第Ⅳ象限，使它与电动机的能耗制动机械特性相交于 C 点，如图 2-26a 中的虚线所示。这就是说，假如在 O 点负载转矩不发生突变，仍为 T_L，那么，过渡过程就将从初始点 B 经过中间点 O 一直进行到稳定点 C，这与电动机拖动位能性恒转矩负载进行能耗制动的情况完全一样，计算公式也与式（2-41）相同。

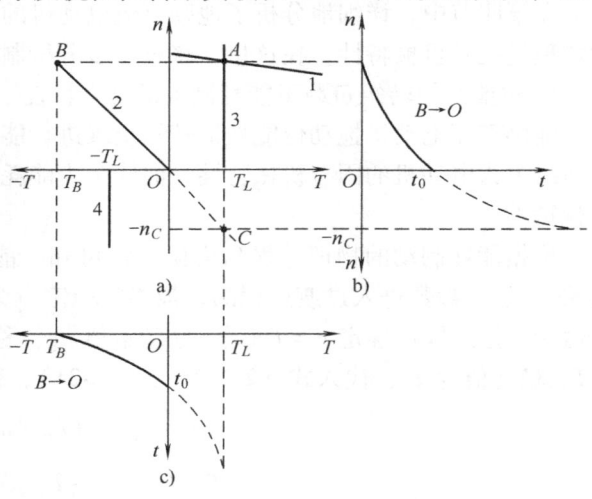

图 2-26 反抗性负载下能耗制动的过渡过程曲线

但实际的能耗制动停车过渡过程仅是从 B 到 O 的这一段，到 O 点时，$n=0$，$T=0$，因负载转矩突变，过渡过程中断了，并非是一个完整的过渡过程，所以对能耗制动停车的过渡过程来说，式（2-41）仅在 $n \geqslant 0$ 及 $T \leqslant 0$ 的范围内才适用。从 $O \to C$ 这段过渡过程并未实现，是假想的结果，因此把 C 点称为虚稳定点。据此，拖动反抗性恒转矩负载进行能耗制动停车的过渡过程可表示为

$$\left.\begin{array}{l}n = -n_C + (n_B + n_C)\,e^{-\frac{t}{T_m}} \quad (n \geq 0) \\ T = T_L + (-T_B - T_L)\,e^{-\frac{t}{T_m}} \quad (T \leq 0)\end{array}\right\} \quad (2\text{-}42)$$

根据式（2-42），即可绘出动态特性曲线 $n=f(t)$ 和 $T=f(t)$，如图 2-26b、c 的实线所示。由于 $O \to C$ 这段过渡过程实际并未实现，所以在图中这段过渡过程曲线用虚线表示。

在 $n=f(t)$ 曲线上 $n=0$ 的点，其时间坐标 t_0 就是能耗制动所用的停车时间。把初始点 B、稳定点 C、终了点 O 的转速值代入式（2-34），可得到制动时间为

$$t_0 = T_m \ln \frac{n_B - n_C}{-n_C} \quad (2\text{-}43)$$

也可以根据 $T=f(t)$ 曲线求出 t_0，即当 $t_x = t_0$ 时，$T=0$，由式（2-35）得到

$$t_0 = T_m \ln \frac{T_B - T_L}{-T_L} \quad (2\text{-}44)$$

在利用以上公式计算 t_0 时，式中的 n_C 及 T_B 应带负号。

3. 反抗性恒转矩负载下电压反接制动过程的动态特性

他励直流电动机拖动反抗性恒转矩负载进行反接制动时的机械特性如图 2-27a 所示。其中曲线 1 为电动机的固有机械特性，曲线 2 为电动机反接制动机械特性，曲线 3 为 $n \geq 0$ 时的负载机械特性，曲线 4 为 $n \leq 0$ 时负载的机械特性。

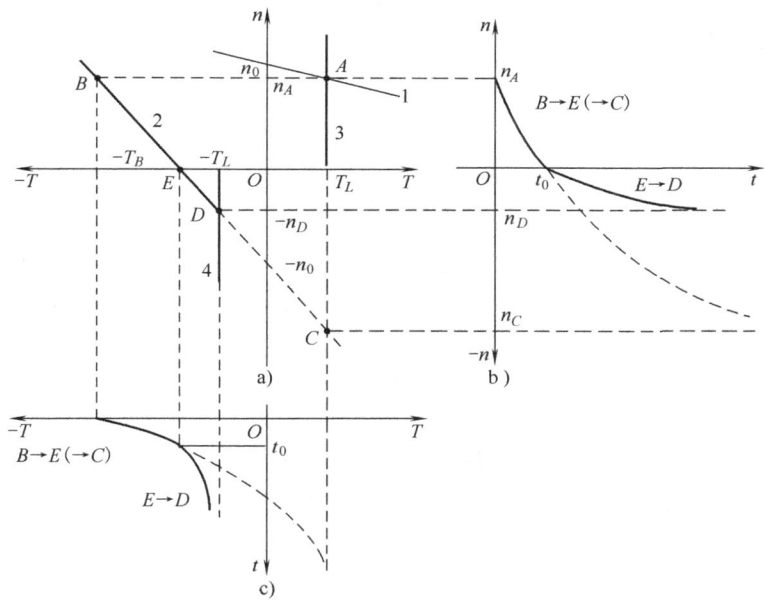

图 2-27 反抗性恒转矩负载下反接制动的过渡过程曲线

如果反接制动只用于停车而不需要反转，则过渡过程为 $B \to E$ 这一段，当过渡过程进行到 E 点 $n=0$ 时，应立即断电抱闸。

在反接制动停车 $B \to E$ 这一段过渡过程中，B 点为起始点，E 点为终了点，C 点为虚稳态点，起始值 n_B，稳态值为 $-n_C$。而 $T=f(t)$ 的起始值为 $-T_B$，稳态值为 T_L，代入到式（2-29）及式（2-31），得到反抗性恒转矩负载进行反接制动停车的过渡过程为

$$\left.\begin{aligned} n &= -n_\mathrm{C} + (n_\mathrm{B} + n_\mathrm{C})\,\mathrm{e}^{-\frac{t}{T_\mathrm{m}}} \quad (n \geqslant 0) \\ T &= T_\mathrm{L} + (-T_\mathrm{B} - T_\mathrm{L})\,\mathrm{e}^{-\frac{t}{T_\mathrm{m}}} \quad (T \leqslant 0) \end{aligned}\right\} \tag{2-45}$$

根据式 (2-45),即可绘出动态特性曲线 $n = f(t)$ 和 $T = f(t)$,如图 2-27b、c 中 $B \to E$ 段实线所示。从 E 点到虚稳态点 C 这段虚线并未实现。

制动到 $n = 0$ 的时间 t_0 为

$$t_0 = T_\mathrm{m}\ln\frac{n_\mathrm{B} - n_\mathrm{C}}{-n_\mathrm{C}}$$

或

$$t_0 = T_\mathrm{m}\ln\frac{T_\mathrm{B} - T_\mathrm{L}}{T_\mathrm{E} - T_\mathrm{L}}$$

计算时,n_C、T_B 和 T_E 均应带负号。

如果反接制动是用于电动机反转,这时应分成两段计算过渡过程。

第一段为 $B \to E$,计算方法与反接制动停车时相同。

第二段从 E 点开始,电动机反向起动,最后在 D 点稳定运行。这段过渡过程的 E 点为起始点,D 点为实际的稳态点,其转速的起始值为 0,稳态值为 $-n_\mathrm{D}$。而 $T = f(t)$ 的起始值为 $-T_\mathrm{E}$,稳态值为 $-T_\mathrm{L}$,在转速制动到零后,由于电动机的机械特性没有改变,特性斜率未变,因而系统的机电时间常数 T_m 也不变。代入到式 (2-29) 及式 (2-31),得到反抗性恒转矩负载进行反向起动的过渡过程为

$$\left.\begin{aligned} n &= -n_\mathrm{D}(1 - \mathrm{e}^{-\frac{t}{T_\mathrm{m}}}) \\ T &= -T_\mathrm{L} + (-T_\mathrm{E} + T_\mathrm{L})\,\mathrm{e}^{-\frac{t}{T_\mathrm{m}}} \end{aligned}\right\} \tag{2-46}$$

式中,时间 t 的起点为 t_0。过渡过程曲线 $n = f(t)$ 和 $T = f(t)$ 如图 2-27b、c 中 $E \to D$ 这一段。

通过上述分析可知,电动机拖动反抗性恒转矩负载进行反接制动时,如果制动到 $n = 0$ 时不断电抱闸,电动机将进入反向运转状态,实现由正转到反转的稳定运行,其过渡过程曲线由 $B \to E$ 及 $E \to D$ 这两段曲线组成。

电动机由正转到反转的过渡过程所经历的时间为:反接制动停车时间 t_0 加上反向起动时间 $4T_\mathrm{m}$。

4. 位能性恒转矩负载下电压反接制动过程的动态特性

他励直流电动机拖动位能性恒转矩负载反接制动的机械特性如图 2-28a 所示。其中曲线 1 为电动机的固有机械特性,曲线 2 为反接制动的机械特性,曲线 3 为位能性负载的机械特性。

根据电压反接制动的物理过程和机械特性可知,反接制动过程的起始点为 B 点,系统是以 n_B 和 $-T_\mathrm{B}$ 等参数进入过渡过程的,经过反向电动状态,然后进入反向回馈制动状态,最终的稳定点为 C 点,系统最后将以 n_C 和 T_L 等参数稳定运转。据此即可确定 $n = f(t)$ 的起始值 n_B,稳态值为 $-n_\mathrm{C}$。而 $T = f(t)$ 的起始值为 $-T_\mathrm{B}$,稳态值为 T_L,代入到式 (2-29) 及式 (2-31),得到

$$\left.\begin{aligned} n &= -n_\mathrm{C} + (n_\mathrm{B} + n_\mathrm{C})\,\mathrm{e}^{-\frac{t}{T_\mathrm{m}}} \\ T &= T_\mathrm{L} + (-T_\mathrm{B} - T_\mathrm{L})\,\mathrm{e}^{-\frac{t}{T_\mathrm{m}}} \end{aligned}\right\} \tag{2-47}$$

根据式（2-47），即可绘出动态特性曲线 $n=f(t)$ 和 $T=f(t)$，如图 2-28b、c 所示。

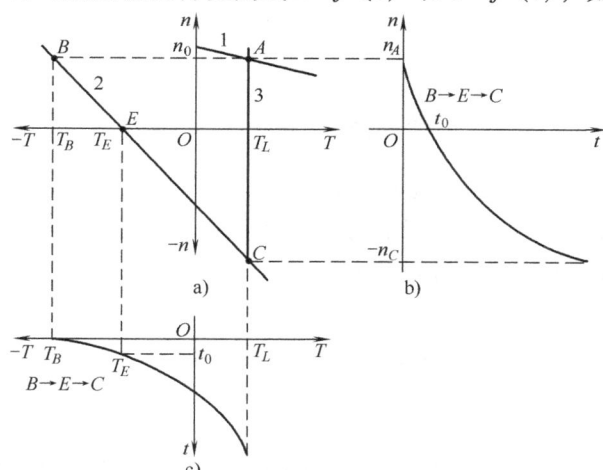

图 2-28　位能性恒转矩负载下反接制动的过渡过程曲线

如果反接制动只用于停车，那么从 B 点开始，制动到 E 点 $n=0$ 时，应立即断电抱闸，这时过渡过程为 $B→E$ 这一段，C 点为虚稳态点，它与前述拖动反抗性负载反接制动停车的过渡过程是相同的。其动态特性 $n=f(t)$ 及 $T=f(t)$ 与式（2-45）相同，$n=f(t)$ 及 $T=f(t)$ 曲线分别为图 2-28b、c 中的 $B→E$ 这一段。

第六节　他励直流电动机的调速

在现代工业生产中，有大量的生产机械（如机床、起重机、轧钢机、纺织机和造纸机等）要求在不同情况下用不同的速度工作，以提高生产效率和保证产品质量，这就要求采用一定的方法来改变生产机械的工作速度，通常称为调速。

调速可用机械方法和电气方法，在生产中应用较多的是电气调速，即通过人为地改变电动机参数的方法，使电力拖动系统运行于不同的人为特性上，从而在相同的负载下，得到不同的运行速度。

请注意，电气调速和由于负载变化使电动机在同一条特性上发生的转速变化绝然不同。

一、调速指标

电动机的调速性能，常用下列指标来衡量：

1. 调速范围

调速范围是指电动机在额定负载时所能达到的最高转速 n_{max} 与最低转速 n_{min} 之比，用系数 D 表示，即

$$D=\frac{n_{max}}{n_{min}} \tag{2-48}$$

不同的生产机械对调速范围的要求不同，例如车床 $D=20\sim120$，龙门刨床 $D=10\sim40$，轧钢机 $D=3\sim120$，造纸机 $D=1\sim20$ 等。

由式（2-48）可知，要扩大调速范围 D，必须提高 n_{max} 和降低 n_{min}，但 n_{max} 受到电动机的机械强度和换向条件的限制，n_{min} 受到相对稳定性的限制。

2. 调速的静差率

调速的静差率是指在同一条机械特性上，额定负载时的转速降 Δn 与理想空载转速 n_0 之比，用百分数表示为

$$\delta\% = \frac{\Delta n}{n_0} \times 100\% = \frac{n_0 - n}{n_0} \times 100\% \quad (2\text{-}49)$$

显然，电动机的机械特性愈硬，Δn 越小，静差率就愈小，转速的相对稳定性就愈好。

各种生产机械在调速时，对静差率的要求是不同的，例如普通车床要求 $\delta\% \leq 30\%$，龙门刨床 $\delta\% \leq 10\%$，高精度的造纸机要求 $\delta\% \leq 0.1\%$。

3. 调速的平滑性

调速的平滑性是指相邻两级转速之比，用系数 φ 表示为

$$\varphi = \frac{n_i}{n_{i-1}} \quad (2\text{-}50)$$

φ 值越接近于1，调速平滑性越好。在一定的范围内，调速的级数越多，则调速的平滑性越好，不同的生产机械对调速的平滑性要求不同。例如龙门刨床要求基本上近似无级调速。

4. 调速的经济性

调速的经济性是指调速设备的初投资、运行效率及维修费用等。

5. 调速时的容许输出

容许输出是指电动机在得到充分利用的情况下，调速过程中所能输出的功率和转矩。

在电动机稳定运行时，实际输出的功率和转矩由负载的需求来决定，故应使调速方法适应负载的要求。

例 2-4 一台他励直流电动机，铭牌数据为 $P_N = 60\text{kW}$，$U_N = 220\text{V}$，$I_a = 350\text{A}$，$n_N = 1000\text{r/min}$，$R_a = 0.037\Omega$，生产机械要求的静差率 $\delta \leq 20\%$，调速范围 $D = 4$，最高转速 $n_{\max} = 1000\text{r/min}$，试问采用哪种调速方法能满足要求？

解 计算电动机的 $C_e\Phi_N$

$$C_e\Phi_N = \frac{U_N - I_N R_a}{n_N} = \frac{220 - 350 \times 0.037}{1000}\text{V/r} \cdot \min^{-1} = 0.207\text{V/r} \cdot \min^{-1}$$

计算理想空载转速

$$n_0 = \frac{U_N}{C_e\Phi_N} = \frac{220}{0.207}\text{r/min} = 1063\text{r/min}$$

由于 $n_{\max} = n_N$，所以调速时只能从 n_N 向下调速，故有两种方法可供选择：

(1) 电枢串电阻调速　电枢串电阻调速时，n_0 保持不变，静差率 $\delta = \frac{n_0 - n}{n_0}$，若想保持 $\delta \leq 20\%$，则

最低转速　　$n_{\min} = n_0(1-\delta) = 1063 \times (1-0.2)\text{r/min} = 850\text{r/min}$

调速范围　　$D = \frac{n_{\max}}{n_{\min}} = \frac{1000}{850} = 1.176$

由此可知，采用电枢串电阻调速方法不能满足 $D = 4$ 的要求。

(2) 降压调速　降压调速时，理想空载转速发生变化，额定转速降不变

$$\Delta n_N = n_0 - n_N = (1063 - 1000) \text{ r/min} = 63 \text{r/min}$$

若想保持 $\delta \leq 20\%$，则最低理想空载转速为

$$n_{0\min} = \frac{\Delta n_N}{\delta} = \frac{63}{0.2} \text{r/min} = 315 \text{r/min}$$

对应的最低转速 $n_{\min} = n_{0\min} - \Delta n_N = (315 - 63) \text{ r/min} = 252 \text{r/min}$

此时调速范围 $D = \frac{n_{\max}}{n_{\min}} = \frac{1000}{252} = 3.968 \approx 4$

由此可知，采用降压调速方法可满足调速性能指标的要求。

二、调速的方法

已知他励直流电动机机械特性的一般公式为

$$n = \frac{U}{C_e \Phi} - \frac{R_a - R_C}{C_e C_T \Phi^2} T$$

由公式可看出，人为地改变外加电枢电压 U、电枢回路外串电阻 R_C 以及主磁通 Φ，都可以在相同的负载下，得到不同的转速 n。因此，他励直流电动机的调速方法有降压调速、串电阻调速和弱磁调速三种。不难看出，这三种调速方法正好与三种人为特性一一对应。下面对这三种调速方法分别进行讨论。

1. 电枢串电阻调速

他励直流电动机保持电源电压和主磁通为额定值，在电枢回路中串入不同阻值时，可以得到如图 2-29 所示的一簇人为机械特性。它们与负载机械特性的交点，即工作点，都是稳定的，电动机在这些工作点上运行时，可以得到不同的转速。外串电阻 R_C 的阻值越大，机械特性的斜率就越大，电动机的转速也越低。

在额定负载下，电枢串电阻调速时能达到的最高转速是额定转速（$R_C = 0$ 时），所以其调速方向应由额定转速向下调节。

电枢串电阻调速时，如果负载转矩 T_L 为常数，那么，当电动机在不同的转速下稳定运行时，由于电磁转矩都与负载转矩相等，因此电枢电流

$$I_a = \frac{T}{C_T \Phi_N} = \frac{T_L}{C_T \Phi_N} = \text{常数}$$

即 I_a 与 n 无关。若 $T_L = T_N$，则 I_a 将保持额定值 I_N 不变。

电枢串电阻调速时，外串电阻 R_C 上要消耗电功率 $I_a^2 R_C$，使调速系统的效率降低。调速系统的效率可用系统输出的机械功率 P_2 与输入的电功率 P_1 之比的百分数表示。当电动机的负载转矩 $T_L = T_N$ 时，$I_a = I_N$，$P_1 = U_N I_N =$ 常数。忽略电动机的空载损耗 p_0，则 $P_2 = P_M = E_a I_N$。这时，调速系统的效率为

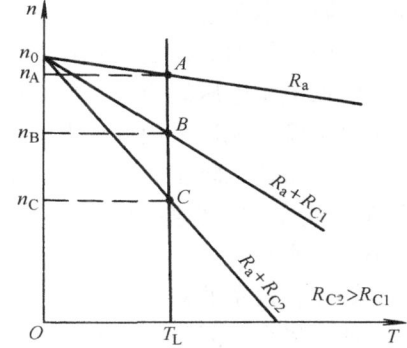

图 2-29 电枢串电阻调速时的机械特性

$$\eta_R = \frac{P_2}{P_1} \times 100\% = \frac{E_a I_N}{U_N I_N} \times 100\% = \frac{n}{n_0} \times 100\%$$

可见，调速系统的效率将随 n 的降低成正比的下降。当把转速调到 $0.5n_0$ 时，输入功率将有一半损耗在 $R_a + R_C$ 上，所以这是一种耗能的调速方法。

电枢串电阻调速的人为机械特性，是一簇通过理想空载点的直线，串入的调速电阻越大，机械特性越软。这样，在低速下运行时，负载稍有变化，就会引起转速发生较大的变化，因此低速时转速的稳定性较差。

外串电阻 R_C 只能分段调节，所以这种调速方法不能实现无级调速。

综上所述，串电阻调速的优点是：设备简单，初投资少。

缺点：①属于有级调速，且级数有限，平滑性差；②轻载时，调速范围小；③低速时，η 低，电能损耗大；④低速运行时，转速的稳定性差。

适合场合：用于各种对调速性能要求不高的设备上。

2. 降低电源电压调速

保持他励直流电动机的磁通为额定值，电枢回路不串电阻，若将电源电压降低为 U_1、U_2、U_3 等不同数值时，则可得到与固有机械特性曲线相互平行的人为机械特性曲线，如图 2-30 所示。当电动机拖动恒转矩 T_L，电源电压为额定值时，工作点为 A，电动机的转速为 n_A；电源电压降到 U_1 时，工作点为 B，电动机的转速为 n_B；电源电压降到 U_2 时，工作点为 C，电动机的转速为 n_C，……。电源电压越低，转速也越低，因此降低电源电压调速是从额定转速向下调节。

降低电源电压调速时，$\Phi = \Phi_N$ 是不变的，若电动机拖动恒转矩负载，那么系统在不同的转速下稳定运行时，电磁转矩 $T = T_L =$ 常数，电枢电流为

$$I_a = \frac{T_L}{C_T \Phi_N} = 常数$$

如果 $T = T_L$，则 $I_a = I_N$ 不变，与转速无关。调速系统的铜损耗 $I_N^2 R_a$ 也与转速无关，而且数值较小，所以降低电源电压调速效率高。

当电源电压为不同值时，机械特性曲线的斜率都与固有机械特性曲线斜率相等，特性较硬，当降低电源电压在低速下运行时，转速随负载变化的幅度较小。与电枢回路串电阻调速方法比较，转速的稳定性要好得多。

降低电源电压调速需要独立可调的直流电源。可采用他励直流发电机或晶闸管整流器作为供电电源。无论采用哪种方法，输出的直流电压都是连续可调的，能实现无级调速。

综上所述，降压调速的优点是：①电源电压能连续调节，调速的平滑性好，可达到无级调速；②无论是高速还是低速，机械特性硬度不变，因此低速时稳定性好；③低速时电能损耗小，效率高。

缺点：设备的初投资大。

适用场合：因降压调速是一种性能优越的调速方法，广泛应用于对调速性能要求较高的设备上。

3. 减弱磁通调速

保持他励直流电动机的电源电压为额定值，电枢回路不外串电阻，在电动机励磁电路中串接可调电阻，改变励磁电流，即可改变磁通。通常改变磁通只能在额定磁通下减弱磁通，所以这种调速方法只能在额定转速以上调速。

他励直流电动机拖动恒转矩负载减弱磁通升速过程，可用图 2-31 所示的机械特性来说明。设电动机拖动恒转矩负载稳定运行在固有机械特性上的 A 点，转速为 n_A。当电动机励磁从 Φ_N 降到 Φ_1 时，弱磁瞬间转速 n_A 不能突变，而电枢电动势 $E_a = C_e \Phi n_A$ 因 Φ 下降而减

小，电枢电流 $I_a = (U_N - E_a)/R_a$ 增大。由于 R_a 较小，E_a 稍有变化就能使 I_a 增加很多。电磁转矩 $T = 9.55 C_e \Phi I_a$，此时虽然 Φ 减小了，但它减小的幅度小，而 I_a 增加的幅度大，所以电磁转矩总的来说是增加了。增大后的电磁转矩为图 2-31 中的 T'，$T' - T_L > 0$，电动机开始升速。随着转速升高，E_a 增大，I_a 及 T 下降，直到 B 点，$T = T_L$，系统达到新的平衡，电动机在 B 点稳定运行，转速 $n = n_B > n_A$。

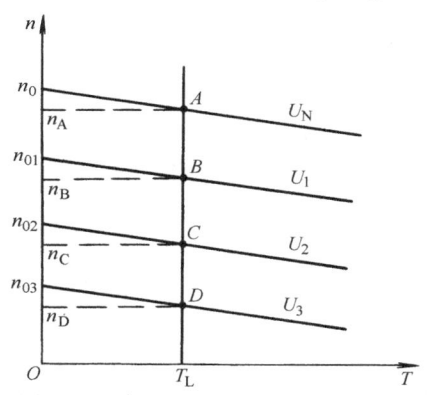

图 2-30 降低电源电压时的机械特性

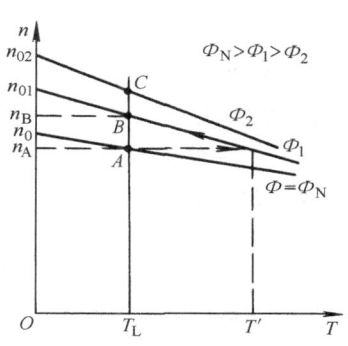

图 2-31 弱磁调速时机械特性

这里需要注意的是：虽然弱磁前后电磁转矩不变，但弱磁后在 B 点运行时，因磁通减小，电枢电流将与磁通成反比增大。

弱磁调速方法的优点：①在电流较小的励磁电路中进行调节、控制方便，功率损耗小；②用于调速的变阻器功率小，可以较平滑地调节转速，实现无级调速。

缺点是：调速范围较小。由于弱磁调速只能升速，而 n_{max} 受电动机本身换向条件和机械强度的限制，一般只能调到额定转速的 1.2~1.5 倍，特殊设计的调磁电动机，可调到 3~$4n_N$。

在实际生产中，通常把降压调速和弱磁调速配合起来使用，以电动机的额定转速作为基速，在基速以下调压，在基速以上调磁，以实现双向调速，扩大调节范围。

例 2-5 一台他励直流电动机，铭牌数据为 $P_N = 22\text{kW}$，$U_N = 220\text{V}$，$I_a = 115\text{A}$，$n_N = 1500\text{r/min}$，$R_a = 0.1\Omega$，该电动机拖动额定负载运行，要求把转速降低到 1000r/min，不计电动机的空载转矩 T_0，试计算：

(1) 用电枢串电阻调速时需串入的电阻值，这时的静差率是多少？

(2) 用降压调速时需把电源电压降低到多少伏？此时的静差率是多少？

(3) 上述两种情况下拖动系统输入的电功率和输出的机械功率是多少？

解 先计算 $C_e \Phi_N$、n_0 及 Δn_N

$$C_e \Phi_N = \frac{U_N - I_N R_a}{n_N} = \frac{220 - 115 \times 0.1}{1500} \text{V/r} \cdot \text{min}^{-1} = 0.139 \text{V/r} \cdot \text{min}^{-1}$$

$$n_0 = \frac{U_N}{C_e \Phi_N} = \frac{220}{0.139} \text{r/min} = 1583 \text{r/min}$$

$$\Delta n_N = n_0 - n_N = (1583 - 1500) \text{r/min} = 83 \text{r/min}$$

(1) 电枢串电阻调速

拖动额定负载运行时　$T = T_L = T_N$，$n_{min} = 1000 \text{r/min}$

由电压平衡方程式
$$n = \frac{U_N - (R_a + R_n)I_N}{C_e \Phi_N}$$

可知串入的电阻
$$R_n = \frac{U_N - C_e \Phi_N n_{min}}{I_N} - R_a = \left(\frac{220 - 0.139 \times 1000}{115} - 0.1\right)\Omega = 0.604\Omega$$

静差率 $\delta = \dfrac{n_0 - n_{min}}{n_0} \times 100\% = \dfrac{1583 - 1000}{1583} \times 100\% = 36.8\%$

（2）降压调速

降压时最低转速 $n_{min} = 1000\text{r/min}$，$I_a = I_N$，则电源电压最低为
$$U_1 = C_e \Phi_N n_{min} + R_a I_N = (0.139 \times 1000 + 0.1 \times 115)\text{V} = 150.5\text{V}$$

此时，理想空载转速
$$n_{01} = \frac{U_1}{C_e \Phi_N} = \frac{150.5}{0.139}\text{r/min} = 1083\text{r/min}$$

转速降 $\Delta n = \Delta n_N$，则静差率
$$\delta = \frac{\Delta n}{n_{01}} \times 100\% = \frac{83}{1083} \times 100\% = 7.7\%$$

（3）输入、输出功率的计算

串电阻调速时系统输入的电功率
$$P_1 = U_N I_N = (220 \times 115)\text{W} = 25300\text{W} = 25.3\text{kW}$$

输出转矩
$$T_2 = T_N = 9550 \frac{P_N}{n_N} = 9550 \times \frac{22}{1500}\text{N} \cdot \text{m} = 140.1\text{N} \cdot \text{m}$$

电枢串电阻调速与降低电压调速时系统输出的机械功率相同，即
$$P_2 = \frac{T_2 n}{9550} = \frac{140.1 \times 1000}{9550}\text{kW} = 14.67\text{kW}$$

降压调速时系统输入的电功率
$$P_1 = U_1 I_N = 150.5 \times 115\text{W} = 17308\text{W} = 17.31\text{kW}$$

三、调速时电动机的容许输出与调速方式的选择

1. 电动机的允许输出

电动机的允许输出是指在不同的转速下，电动机长期工作所能输出的最大转矩和功率。允许输出的大小主要取决于电动机的发热程度，而发热又主要取决于电枢电流 I_a。在调速范围内，如果电动机在不同的转速下，电流都不超过额定值 I_N，那么电动机就不会因过热而烧毁，电动机就可以长时间运行。因此额定电流是电动机能够长期工作的最大限值。如在不同的转速下，电动机都能保持电流为额定值 I_N，则称电动机得到充分利用，且可安全运行。

2. 调速方式

当采用电枢串电阻调速和降低电枢电压调速时，因为磁通 $\Phi = \Phi_N$ 保持不变，如果在不同的转速时，维持电枢电流 $I_a = I_N$，则电动机允许输出的转矩为 $T_{cy} = C_T \Phi_N I_N = T_N =$ 常数。由此可见，这两种调速方法在整个调速范围内，不论转速等于多少，电动机允许输出的转矩都为一恒值，因此称为恒转矩调速方式，而允许的输出功率 $P_2 = T_{cy}\Omega = T_N \dfrac{2\pi n}{60} = \dfrac{T_N}{9.55}n$，则

与转速成正比。

当采用弱磁调速时,磁通 Φ 是变化的,因为 $\Phi = \dfrac{U_N - I_a R_a}{C_e n}$,$T_{cy} = C_T \Phi I_a$,若在调速过程中保持 $I_a = I_N$,显然允许输出转矩 T_{cy} 与转速 n 成反比,即 $T_{cy} = \dfrac{c}{n}$,c 为比例常数。而输出功率 $P_2 = T_{cy} \Omega = \dfrac{c}{n} \times \dfrac{2\pi n}{60} = k$,即为一恒定值。可见弱磁调速时的允许输出功率为常数,故称为恒功率调速方式。

3. 调速方式的选择

电动机的允许输出转矩和允许输出功率,仅仅表示电动机的可利用限度,并不代表电动机的实际输出,电动机的实际输出是由负载来决定的。负载有三种类型:恒转矩负载、恒功率负载、通风机型负载。每种类型的负载,在不同转速下所需要的转矩和电流是不同的(见第一章的负载转矩特性)。所以要根据电动机所拖动负载的性质来选择调速方式,达到合理使用电动机的目的。

(1)电动机拖动恒转矩负载 这时,宜采用恒转矩调速方式,并选择电动机的额定转矩 $T_N = T_L$,额定转速 n_N 等于生产机械所要求的最高转速 n_{max}。那么,当电动机在不同转速下运行时,电枢电流和电磁转矩都等于额定值,不仅电动机得到了合理使用,也满足了负载的恒转矩要求。像这样的配合关系称为匹配。如图 2-32a 所示。

假如这时采用恒功率调速方式,这种调速方式下,电动机允许输出转矩 T_{cy} 是与转速 n 成反比,为了使电动机在最高转速 n_{max} 和最低转速 n_{min} 之间的任何转速下都能长期可靠运行,应使最小的 T_{cy}(最高转速下的输出转矩)等于负载转矩,如图 2-32c 所示。而在 $n < n_{max}$ 的其他各处,$T_L < T_{cy}$,即电枢电流都小于额定值,电动机得不到充分利用,所以这种配合不恰当。

(2)电动机拖动恒功率负载 这时,宜采用恒功率调速方式,并选择电动机的额定功率 $P_N = P_L$,恒功率调速方式是指弱磁调速,是从额定转速往上调速,因此选电动机的额定转速 n_N 等于生产机械要求的最低转速 n_{min}。那么,在输出功率一定的条件下(因 P_L = 常数),输出转矩 $T = P_L / \Omega$,与 n 成反比,因磁通 Φ 与转速 n 也成反比,因此 T 与 Φ 成正比的变化。这样在调速范围内,电枢电流可始终保持为额定值,电动机得到了充分利用,如图 2-32b 所示。

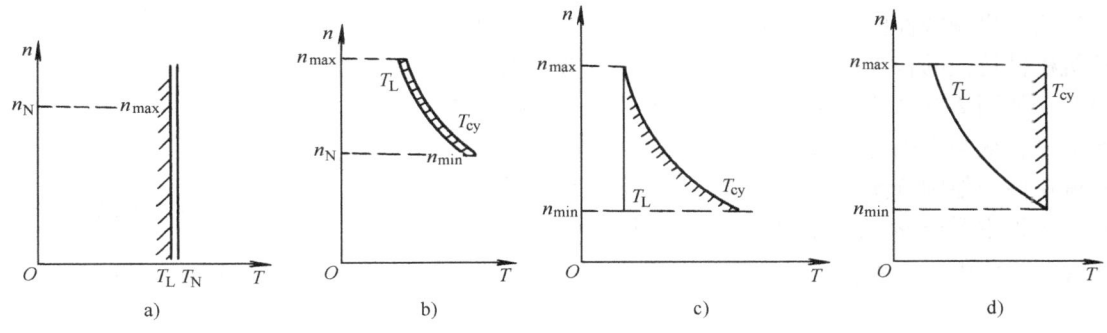

图 2-32 调速方式与负载的配合

假如这时采用恒转矩调速方式,这种调速方式下,T_{cy} 是常数,为了使电动机在最高转速 n_{max} 和最低转速 n_{min} 之间的任何转速下都能长期可靠运行,必须使 T_{cy} 等于最大的负载转矩

（最低转速时的负载转矩），如图 2-32d 所示。而在 $n > n_{\min}$ 的其他各处，$T_L < T_{ey}$，即电枢电流都小于额定值，电动机得不到充分利用，所以这种配合也不恰当。

对于通风机型负载，两种调速方式都不能和它很好地匹配。相比之下，采用恒转矩调速方式，所造成的浪费要小一些。

如果有些生产机械的负载特性在较低转速范围内具有近似恒转矩的特性，而在较高的转速范围内具有近似恒功率的特性，这时可以在转速 n_N 以下采用降低电枢电压或电枢回路串电阻调速方式，在转速 n_N 以上采用减弱磁通调速方式，从而得到较好的配合关系。

上述结论虽然是针对他励直流电动机得出的，但对其他类型电动机的调速问题同样适用。

第七节 串励直流电动机的电力拖动

串励直流电动机的原理图如图 2-33 所示，其励磁绕组与电枢串联，励磁电流也就是电枢电流，因此他的主磁通 Φ 是电枢电流 I_a 的函数。这是串励电动机最基本的特点。这个特点使串励直流电动机的运行性能有别于他励直流电动机。

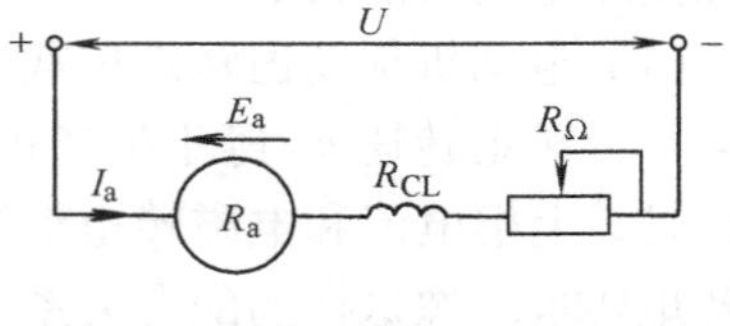

一、串励直流电动机的机械特性

由图 2-33 可以列出串励直流电动机的电枢回路电压平衡方程式

图 2-33 串励直流电动机的电路图

$$U = E_a + I_a (R_a + R_{CL} + R_\Omega)$$

考虑到 $E_a = C_e\Phi n$、$T = C_T\Phi I_a$，则可求出和他励直流电动机形式相同的机械特性方程式

$$n = \frac{U}{C_e\Phi} - \frac{R_a + R_{CL} + R_\Omega}{C_e C_T \Phi^2} T \tag{2-51}$$

注意，式中主磁通 Φ 不是常数，而是电枢电流 I_a 的函数。它们之间的关系就是电动机磁路的磁化曲线，如图 2-34 所示。因此转速 n 也是转矩 T 的非线性函数。在工程实践中，大多根据电动机制造厂产品样本给出的通用曲线 $n = f(T)$ 和 $T = f(I_a)$，采用图解法绘制机械特性曲线。但是，为了定性分析串励直流电动机机械特性的特点，可以用两条直线来近似地表示磁化曲线，如图 2-34 中的线段 OA 和 AB 所示。当电枢电流 $I_a > I_b$ 时，认为主磁通 Φ 保持不变，即 $\Phi = $ 常数。这段的机械特性和他励直流电动机一样，是一条直线。当 $I_a < I_b$ 时，认为主磁通 Φ 与电枢电流 I_a 成正比，即 $\Phi = KI_a$。在

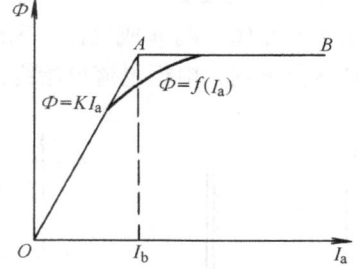

图 2-34 串励直流电动机磁化曲线

式（2-51）中，考虑在 $I_a < I_b$ 的范围内 Φ 与 I_a 的线性关系和 $T = C_T\Phi I_a = C_T K I_a^2$，于是有

$$n = \frac{U}{C_e K I_a} - \frac{R_a + R_{CL} + R_\Omega}{C_e K} \tag{2-52}$$

将 $I_a = \sqrt{T/C_T K}$ 代入式（2-52）中，得

$$n = \frac{\sqrt{C_\mathrm{T}K}U}{C_\mathrm{e}K\sqrt{T}} - \frac{R_\mathrm{a} + R_\mathrm{CL} + R_\Omega}{C_\mathrm{e}K} \tag{2-53}$$

式（2-53）即为磁路不饱和时，串励直流电动机机械特性方程式。

由此式可以绘制出串励直流电动机磁路未饱和时的机械特性，如图 2-35 中曲线①所示。图中的 T_b 点相当于图 2-34 中的 I_b 点。当负载较大即转矩 T、电枢电流 I_a 较大时，磁路饱和。机械特性是直线，如图中曲线②所示。

由两段特性组成的机械特性是当外加电压 $U = U_\mathrm{N}$，外串电阻 $R_\Omega = 0$ 时的固有特性，即图中 2-36a 中的曲线 1。

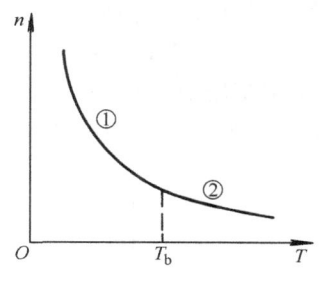

图 2-35　串励直流电动机的机械特性

由机械特性的分析可看出，串励直流电动机主要特点：

1）固有特性是一条非线性的软特性。当负载小时，电动机转速会自动升高很多，从而提高生产机械的运行效率。

2）不允许轻载或空载运行。从式（2-53）看出，$T = 0$ 时，$n = \infty$，即理想空载转速为无穷大。实际上，当空载时，即使 $T = 0$、$I_\mathrm{a} = 0$，还有剩磁 Φ_0 存在，所以 $n_0 = U/C_\mathrm{e}\Phi_0$ 为有限值，但是它很高，一般会到 $(5 \sim 6)n_\mathrm{N}$，这么高的转速将造成电动机与所带设备的损坏。所以串励直流电动机在固有特性上不允许空载或轻载运行。

3）过载能力强，起动性能好。由于 $T = C_\mathrm{T}\Phi I_\mathrm{a} = C_\mathrm{T}KI_\mathrm{a}^2$，所以在相同的最大电流下，产生的转矩比他励直流电动机产生的转矩大得多。换言之，因为当负载增大时，电枢电流和磁通都增大，所以电枢电流稍有增大，电动机转矩就可以与负载转矩相平衡。因此尽管负载增大很多，电枢电流的增加却比他励直流电动机小得多，不会因负载增大而使电动机过载。同理，在相同的起动电流下，产生的起动转矩也比他励直流电动机起动转矩大得多。

由于串励直流电动机具有以上几个主要特点，所以起重运输机械和电气牵引装置多采用串励直流电动机拖动。

二、串励直流电动机的起动与调速

因串励电动机的励磁电流等于电枢电流，使串励电动机的起动性能好于他励电动机，在相同的起动电流下，串励直流电动机能有较大的起动转矩。但是起动时为了限制起动电流仍然需要接入起动电阻。起动过程与他励电动机相似，但因为串励电动机的机械特性通常不是直线，所以起动电阻的计算一般不能用解析法，宜采用图解法。

串励电动机的调速方法与并（他）励一样，也可以通过电枢串电阻、改变磁通和改变电压来调速。

在电枢回路中串入电阻 R_Ω 时，可得其人为机械特性，如图 2-36a 中的曲线 2 所示。串接电阻越大，特性

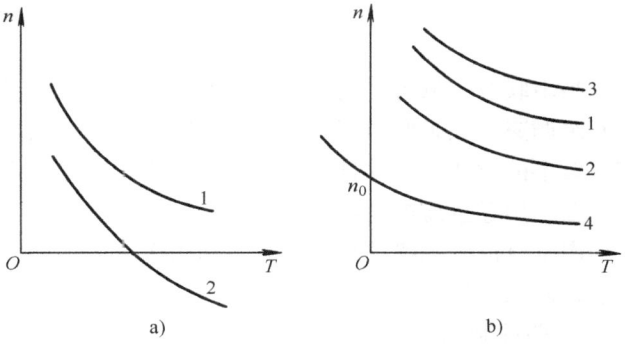

图 2-36　串励直流电动机的人为机械特性曲线
a) 电枢回路串电阻的人为机械特性
b) 降低电源电压和分路电阻的人为机械特性

越软。串电阻调速方法与并（他）励电动机基本相同，这里不再详细分析。

在串励电动机中要改变串励磁场的磁通达到调速的目的，可在电枢绕组两端并联调节电阻（称为电枢分路）来增大串励绕组电流，其人为机械特性曲线位于固有机械特性曲线下方，如图 2-36b 中曲线 4 所示。也可以在串励绕组两端并联调节电阻（称为励磁分路）来减小串励绕组电流，其人为机械特性曲线位于固有机械特性曲线上方，如图 2-36b 中曲线 3 所示。串励电动机改变磁通调速接线图如图 2-37 所示。

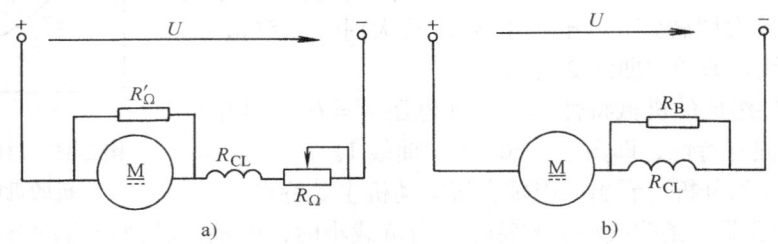

图 2-37　串励电动机改变磁通调速
a）电枢分路　b）励磁分路

改变电压调速是指电枢回路不串电阻，只降低电枢回路的外加电压 U，其人为机械特性如图 2-36b 中曲线 2 所示。

改变电压调速时，一般选用两台容量较小的电动机来代替一台大容量电动机，两台电动机同轴连接，共同拖动一个生产机械。这两台电动机可以串联接到电源上，也可以并联接在电源上，如图 2-38 所示。

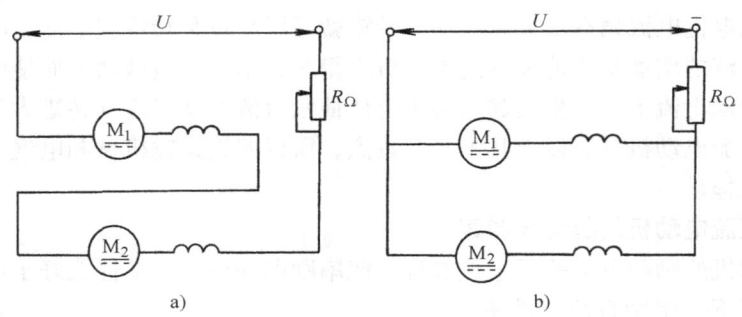

图 2-38　两台电动机串并联的调速接线图
a）串联　b）并联

当串联时，每台电动机所承受的电压只有并联时的一半，转速也就降低一半，这就得到了两级调速，如果要得到更多的调速级，可以在电枢中串入调节电阻，改变电阻值，就可以获得较多的调速级。这种调速方法，广泛应用在电力牵引车中。

三、串励直流电动机的制动

串励直流电动机的理想空载转速为无穷大，所以它不可能有回馈制动运转状态，只能进行能耗制动和反接制动。

1. 能耗制动

串励电动机的能耗制动可采用两种方式：自励式和他励式。

他励式能耗制动时，只把电枢脱离电源并通过外接制动电阻形成闭路，而把串励绕组接到电源上。由于串励绕组的电阻很小，必须在励磁回路中接入限流电阻。这时电动机成为一台他励发电机,而产生制动转矩,其特性及制动过程与他励直流电动机的能耗制动一样。

自励式能耗制动是把电枢和串励绕组在脱离电源后,一起接到制动电阻上,依靠电动机内剩磁自励,建立电势成为串励发电机,因而产生制动转矩,使电动机停转。为了保证电动机能自励,在进行自励式能耗制动接线时,必须注意要保持励磁电流的方向和制动前相同,否则不能产生制动转矩。

自励式能耗制动,开始时制动转矩较大,随着转速下降,电枢电势和电流也下降,同时磁通也减小,使制动转矩下降很快,制动效果减弱,所以制动时间长,制动不平稳。由于自励式能耗制动不需要电源,因此主要用于事故制动。

他励式能耗制动效果好,应用较广泛。

2. 反接制动

串励电动机的反接制动也有两种:转速反向的反接制动和电压反接的反接制动。

采用转速反向的反接制动时,只需在电枢回路内串入一较大的电阻。其制动的物理过程和他励电动机相同,也是用于下放位能性负载。

采用电压反接的反接制动时,需在电枢回路内串入电阻,同时将电枢两端接线头的位置对调。这样可使励磁绕组中电流的方向与制动前一样,而加在电枢两端的电压与制动前相比已经反向。其制动的物理过程和他励电动机相同。

第八节 复励直流电动机的机械特性

复励直流电动机有两个励磁绕组,一个是串励绕组 WSE,另一个是并励绕组 WSH,其线路原理图如图 2-39 所示。当两绕组的励磁磁动势方向相同时,为积复励直流电动机;当两绕组的励磁磁动势方向相反时,为差复励直流电动机。由于差复励的串励磁动势起去磁作用,其机械特性可能上翘,运行不易稳定,故一般都采用积复励直流电动机。

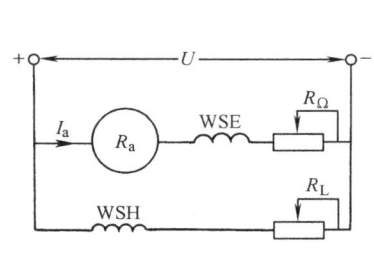

图 2-39 复励直流电动机的原理图

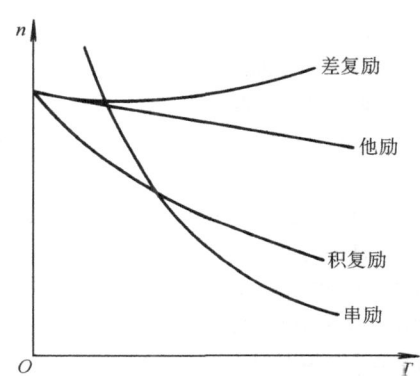

图 2-40 复励直流电动机的机械特性

积复励直流电动机的机械特性介于他励直流电动机和串励直流电动机之间。当并励绕组磁动势起主要作用时,机械特性近于他励直流电动机的机械特性;当串励绕组磁动势起主要作用时,机械特性近于串励直流电动机的机械特性。但是,由于有并励绕组,所以它的机械特性与纵轴有交点，即具有理想空载转速 n_0。因为当电枢电流等于零时，串励绕组产生的磁通为零，而并励绕组产生的磁通 Φ_{WSH} 不为零，因此，理想空载转速 $n_0 = U/C_e\Phi_{WSH}$。又因有串励绕组产生的磁通存在，所以积复励直流电动机的机械特性也是非线性的，且比他励直流电动机的机械特性软，其固有特性如图2-40所示。

反向电动状态和电压反接制动状态时，为了保持串励绕组磁动势与并励绕组磁动势方向一致，一般只改变电枢两端的接线，使电枢进行反接；保持串励绕组的接线不变，使串励绕组中的电流方向不变。

复励电动机有反接制动、能耗制动、回馈制动三种制动方式。为了避免在回馈制动和能耗制动状态下，由于电枢电流反向而使串励绕组产生去磁作用，以至减弱磁通 Φ，影响制动效果，一般在进行回馈制动和能耗制动时，将串励绕组短接，这样复励电动机的回馈制动和能耗制动时的机械特性就与他励直流电动机的机械特性完全相同了，其制动的物理过程也相同，不再介绍。

思考题与习题

2-1 什么叫人为机械特性？从物理概念上说明为什么电枢外串电阻越大，机械特性越软？

2-2 为什么降低电源电压的人为机械特性曲线是互相平行的？为什么减弱气隙每极磁通后机械特性会变软？

2-3 什么是电力拖动系统的稳定运行？能够稳定运行的充分必要条件是什么？

2-4 他励直流电动机稳定运行时，电枢电流的大小由什么决定？改变电枢回路电阻或改变电源电压的大小时，能否改变电枢电流的大小？

2-5 他励直流电动机为什么不能直接起动？直接起动会引起什么不良后果？

2-6 起动他励直流电动机前励磁绕阻断线，没发现就起动了，下面两种情况会引起什么后果？（1）空载起动；（2）负载起动，$T_L = T_N$。

2-7 电动机在电动状态和制动状态下运行时机械特性位于哪个象限？

2-8 能耗制动过程和能耗制动运行有何异同点？

2-9 电压反接制动与电动势反接制动有何异同点？

2-10 他励直流电动机有哪几种调速方法？各有什么特点？

2-11 静差率与机械特性的硬度有何区别？

2-12 调速范围与静差率有什么关系？为什么要同时提出才有意义？

2-13 什么叫恒转矩调速方式和恒功率调速方式？他励直流电动机的三种调速方法各属于哪种调速方式？

2-14 电动机的调速方式为什么要与负载性质匹配？不匹配时有什么问题？

2-15 是否可以说他励直流电动机拖动的负载只要转矩不超过额定值，不论采用哪一种调速方法，电动机都可以长期运行而不致过热损坏？

2-16 一台他励直流电动机，铭牌数据为 $P_N = 60\text{kW}$，$U_N = 220\text{V}$，$I_N = 305\text{A}$，$n_N = 1000\text{r/min}$，试求：

（1）固有机械特性并画在坐标纸上。

（2）$T = 0.75T_N$ 时的转速。

（3）转速 $n = 1100\text{r/min}$ 时的电枢电流。

2-17 电动机的数据同上题，试计算并画出下列机械特性：

（1）电枢回路总电阻为 $0.5R_N$ 时的人为机械特性。

（2）电枢回路总电阻为 $2R_N$ 的人为机械特性。

(3) 电源电压为 $0.5U_N$，电枢回路不串电阻时的人为机械特性。

(4) 电源电压为 U_N，电枢不串电阻，$\Phi = 0.5\Phi_N$ 时的人为机械特性。

注：$R_N = U_N/I_N$ 称为额定电阻，它相当于电动机额定运行时从电枢两端看进去的等效电阻。

2-18 Z2—71 型他励直流电动机，$P_N = 7.5\text{kW}$，$U_N = 110\text{V}$，$I_N = 85.2\text{A}$，$n_N = 750\text{r/min}$，$R_a = 0.129\Omega$。采用电枢串电阻分三级起动，最大起动电流为 $2I_N$，试计算各级起动电阻值。

2-19 一台他励直流电动机，$P_N = 7.5\text{kW}$，$U_N = 220\text{V}$，$I_N = 41\text{A}$，$n_N = 1500\text{r/min}$，$R_a = 0.376\Omega$，拖动恒转矩负载运行，$T = T_N$。当把电源电压降到 $U = 180\text{V}$ 时，问：

(1) 降低电源电压瞬间电动机的电枢电流及电磁转矩是多少？

(2) 稳定运行时转速是多少？

2-20 题 2-19 中的电动机拖动恒转矩负载运行，$T = T_N$，若把磁通减小到 $\Phi = 0.8\Phi_N$。计算稳定运行时电动机的转速是多少？电动机能否长期运行？为什么？

2-21 他励直流电动机的数据为 $P_N = 13\text{kW}$，$U_N = 220\text{V}$，$I_N = 68.7\text{A}$，$n_N = 1500\text{r/min}$，$R_a = 0.224\Omega$。采用电枢串电阻调速，要求 $\delta_{max} = 30\%$，求：

(1) 电动机拖动额定负载时的最低转速。

(2) 调速范围。

(3) 电枢需串入的电阻值。

(4) 拖动额定负载在最低转速下运行时电动机电枢回路输入的功率，输出功率（忽略 T_0）及外串电阻上消耗的功率。

2-22 题 2-21 中的电动机，如果采用降低电源电压调速，要求 $\delta_{max} = 30\%$，求：

(1) 电动机拖动额定负载运行时的最低转速。

(2) 调速范围。

(3) 电源电压需调到的最低数值。

(4) 电动机拖动额定负载运行在最低转速时，从电源输入的功率及输出功率（不计 T_0）。

2-23 他励直流电动机 $P_N = 29\text{kW}$，$U_N = 440\text{V}$，$I_N = 76\text{A}$，$n_N = 1000\text{r/min}$，$R_a = 0.376\Omega$，采用降低电源电压及弱磁调速，要求最低理想空载转速 $n_{0min} = 250\text{r/min}$，最高理想空载转速 $n_{0max} = 1500\text{r/min}$，试求：

(1) $T = T_N$ 时的最低转速及此时的静差率。

(2) 拖动恒功率负载 $P_2 = P_N$ 时的最高转速。

(3) 调速范围。

2-24 一台他励直流电动机 $P_N = 3\text{kW}$，$U_N = 110\text{V}$，$I_N = 35.2\text{A}$，$n_N = 750\text{r/min}$，$R_a = 0.35\Omega$。电动机原工作在额定电动状态下，已知最大允许电枢电流为 $I_{amax} = 2I_N$，试问：

(1) 采用能耗制动停车，电枢中应串入多大电阻？

(2) 采用电压反接制动停车，电枢中应串入多大电阻？

(3) 两种制动方法在制动到 $n = 0$ 时，电磁转矩各是多大？

(4) 要使电动机以 -500r/min 的转速下放位能负载，$T_L = T_N$，采用能耗制动运行时电枢应串入多大电阻？

2-25 一台他励直流电动机，$P_N = 13\text{kW}$，$U_N = 220\text{V}$，$I_N = 68.7\text{A}$，$n_N = 1500\text{r/min}$，$R_a = 0.195\Omega$，拖动一台起重机的提升机构。已知重物的负载转矩 $T_L = T_N$，为了不用机械闸而由电动机的电磁转矩把重物吊在空中不动，问此时电枢回路中应串入多大电阻？

2-26 他励直流电动机的技术数据为 $P_N = 29\text{kW}$，$U_N = 440\text{V}$，$I_N = 76\text{A}$，$n_N = 1000\text{r/min}$，$R_a = 0.377\Omega$，$I_{amax} = 1.8I_N$，$T_L = T_N$。问电动机拖动位能负载以 -500r/min 的转速下放重物时可能工作在什么状态？每种运行状态电枢回路中应串入多大电阻（不计传动机构中的损耗转矩和电动机的空载转矩）？要求画出相应的机械特性，标出从稳态提升重物到以 500r/min 速度下放重物的转换过程。

2-27 电动机的数据同题 2-26，拖动一辆电车，摩擦负载转矩 $T_{L1} = 0.8T_N$，下坡时位能负载转矩 $T_{L2} = $

$1.2T_N$，问：

(1) 电车下坡时在位能负载转矩作用下电动机的运行状态将发生什么变化？

(2) 分别求出电枢不串电阻及电枢串有 0.5Ω 电阻时电动机的稳定转速。

2-28　一台他励直流电动机的数据与题 2-26 相同，拖动起重机的提升机构，不计传动机构的损耗转矩和电动机的空载转矩，求：

(1) 电动机在反向回馈制动状态时下放重物，$I_a = 60A$，电枢回路不串电阻，求电动机的转速及转矩各为多少？回馈到电源的功率多大？

(2) 采用电动势反接制动下放同一重物，要求转速 $n = -850 \text{r/min}$，问电枢回路中应串入多大电阻？电枢回路从电源吸收的功率是多大？电枢外串电阻上消耗的功率是多少？

(3) 采用能耗制动运行下放同一重物，要求转速 $n = -300 \text{r/min}$，问电枢回路中应串入的电阻值为多少？该电阻上消耗的功率为多少？

2-29　设题 2-26 中的电动机原工作在固有特性上，$T = 0.8T_N$，如果把电源电压突然降到 400V，求：

(1) 降压瞬间电动机产生的电磁转矩 $T = ?$ 画出机械特性曲线并说明电动机工作状态的变化。

(2) 电动机最后的稳定转速为多少？

2-30　Z2—52 型他励直流电动机，$P_N = 4\text{kW}$，$U_N = 220\text{V}$，$I_N = 22.3\text{A}$，$n_N = 1000\text{r/min}$，$R_a = 0.91\Omega$。$T_L = T_N$，为了使电动机停转，采用电压反接制动，已知电枢回路串入的制动电阻 $R_c = 9\Omega$，求：

(1) 制动开始时电动机产生的电磁转矩。

(2) 制动结束时电动机所发出的电磁转矩。

(3) 如果是反抗性负载，在制动到 $n = 0$ 时不切断电源，不用机械闸制动，电动机能否反转？为什么？

2-31　他励直流电动机的数据为 $P_N = 17\text{kW}$，$U_N = 110\text{V}$，$I_N = 185\text{A}$，$n_N = 1000\text{r/min}$，$R_a = 0.035\Omega$，$GD_R^2 = 30\text{N} \cdot \text{m}^2$，拖动恒转矩负载运行，$T_L = 0.85T_N$，采用能耗制动或反接制动停车，最大允许电枢电流为 $1.8I_N$。求两种停车方法的停车时间是多少（取系统总飞轮矩 $GD^2 = 1.25GD_R^2$）？

第三章 三相异步电动机的电力拖动

三相异步电动机结构简单，造价低廉，维修方便，用途十分广泛。本章主要讨论三相异步电动机的机械特性以及起动、制动、调速和四象限运行实例。

第一节 三相异步电动机的机械特性

三相异步电动机的机械特性是指当定子电压、频率以及绕组参数都固定时，电动机的转速 n 与电磁转矩 T 的关系 $n=f(T)$。由于电动机的转差率 s 与转速 n 之间存在线性关系 $s=1-\dfrac{n}{n_1}$，三相异步电动机的机械特性也常用 $T=f(s)$ 的形式表示，其表达式可以有三种形式，分别是物理表达式、参数表达式和实用表达式，现分别介绍如下。

一、机械特性的物理表达式

由电机学可知：电磁转矩
$$T=\frac{pP_M}{\omega_1} \tag{3-1}$$

式中，p 为极对数；ω_1 为定子角频率，$\omega_1=2\pi f_1$；P_M 为电磁功率，有两种表达式，即

$$P_M = m_1 E_2' I_2' \cos\theta_2 \tag{3-2}$$

$$P_M = m_1 I_2'^2 \frac{r_2'}{s} \tag{3-3}$$

$$\cos\theta_2 = \frac{\dfrac{r_2'}{s}}{\sqrt{\left(\dfrac{r_2'}{s}\right)^2 + x_2'^2}} \tag{3-4}$$

其中，r_2' 和 x_2' 分别是折算到定子侧的转子电阻和漏电抗，$\cos\theta_2$ 是转子侧的功率因数。

将式(3-2)代入式(3-1)，并考虑到 $E_2' = E_1 = \sqrt{2}\pi f_1 N_1 k_{w1} \Phi_m$，得

$$T = \frac{m_1 p}{\sqrt{2}} N_1 k_{w1} \Phi_m I_2' \cos\theta_2 = C_T \Phi_m I_2' \cos\theta_2 \tag{3-5}$$

式中，C_T 为转矩常数，$C_T = \dfrac{m_1 p}{\sqrt{2}} N_1 k_{w1}$；$N_1$ 为定子绕组每相串联匝数；k_{w1} 为基波绕组系数。

式(3-5)表明，三相异步电动机的电磁转矩 T 是由磁通 Φ_m 与转子电流的有功分量 $I_2'\cos\theta_2$ 相互作用产生的。在物理上，这三个量必须遵循左手定则，三者互相垂直，因此这一表达式又称为物理表达式。该表达式在形式上与直流电动机的转矩表达式 $T=C_T\Phi_m I_a$ 很相似，反映了异步电动机电磁转矩产生的物理本质，适用于对异步电动机机械特性做定性分析，但物理表达式不能直接反映异步电动机转矩与电动机参数之间的关系，更没有转速与转矩之间的关系，因此必须推导出机械特性的参数表达式。

二、机械特性的参数表达式

1. 参数表达式的推导

图 3-1 为异步电动机的 T 形等效电路，略去励磁电流，由图可得

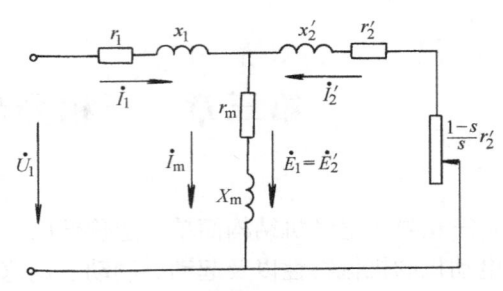

图 3-1 异步电动机的 T 形等效电路

$$I_1 = I_2' = \frac{U_1}{\sqrt{\left(r_1 + \frac{r_2'}{s}\right)^2 + (x_1 + x_2')^2}} \tag{3-6}$$

将此式与式（3-3）代入到式（3-1）中，得

$$T = \frac{m_1 p}{\omega_1} U_1^2 \frac{\frac{r_2'}{s}}{\left(r_1 + \frac{r_2'}{s}\right)^2 + (x_1 + x_2')^2} \tag{3-7}$$

式（3-7）表明，三相异步电动机的电磁转矩与定子电源电压 U_1、电源频率 f_1、电动机定、转子参数 r_1、x_1、r_2'、x_2' 及转差率 s 之间的关系，对于一台已经制造好的电动机，其定、转子参数 r_1、x_1、r_2'、x_2' 及极对数 p、相数 m_1 均不变，若 U_1、f_1 也不变，则 $T=f(s)$ 或 $T=f(n)$ 称为机械特性的参数表达式，将其绘制成机械特性曲线如图 3-2 所示，图中第 Ⅰ 象限部分 $0<n<n_1$，$T>0$，电动机处于电动运行状态，第 Ⅱ 象限部分 $n>n_1$，$T<0$，电动机处于发电回馈状态。

2. 机械特性曲线分析

在机械特性第 Ⅰ 象限，有几个点值得关注：

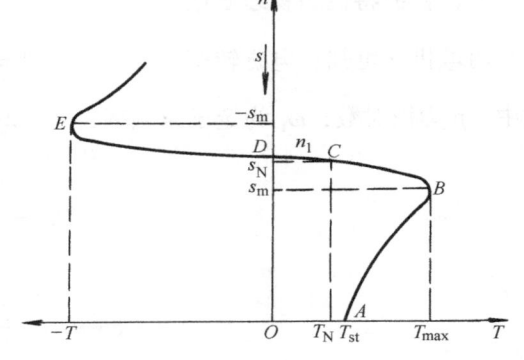

图 3-2 异步电动机的机械特性

（1）起动点 A 该点 $n=0$，即 $s=1$，对应电磁转矩为起动转矩 T_{st}，它是异步电动机接通电源开始起动时的电磁转矩。

令 $s=1$ 并代入式（3-7），得

$$T_{st} = \frac{m_1 p}{\omega_1} U_1^2 \frac{r_2'}{(r_1 + r_2')^2 + (x_1 + x_2')^2} \tag{3-8}$$

式（3-8）表明，T_{st} 与电源和电动机参数有关，与电动机所带负载无关。对于三相绕线转子异步电动机来说，转子电路能串接附加电阻（即加大 r_2'），在一定范围内可以增大 T_{st}，从而改善起动性能；对于笼型转子异步电动机，则不能通过此方法增加 T_{st}，即当 U_1 额定时，T_{st} 是一个恒值。此时，T_{st} 与 T_N 的比值称为起动转矩倍数 K_T。

即

$$K_T = \frac{T_{st}}{T_N} \tag{3-9}$$

K_T 是三相笼型异步电动机的一个参数，它反映了电动机的起动能力。显然，当 $T_{st} > T_L$

时，电动机才能转动起来。额定负载下，只有 $K_T>1$ 的笼型异步电动机才能起动。一般电动机 K_T 范围在 0.9~1.3 之间，起重、冶金机械专用的笼型电动机 K_T 可达 3.0。

(2) 最大转矩点 B B 点对应的电磁转矩为最大电磁转矩 $T_{\max}$，对应的转差率为 s_m，称为临界转差率。将式（3-7）对 s 求导，并令 $\dfrac{\mathrm{d}T}{\mathrm{d}s}=0$，可求出

$$s_m = \pm \frac{r_2'}{\sqrt{r_1^2+(x_1+x_2')^2}} \tag{3-10}$$

将式（3-10）代入式（3-7），可得最大电磁转矩 $T_{\max}$ 为

$$T_{\max} = \pm \frac{m_1 p}{\omega_1} U_1^2 \frac{1}{2[\pm r_1+\sqrt{r_1^2+(x_1+x_2')^2}]} \tag{3-11}$$

上两式中，"+"号对应于电动状态，"-"号对应于发电状态。通常 $r_1 \ll (x_1+x_2')$，此时式（3-10）和式（3-11）可近似变为

$$s_m \approx \pm \frac{r_2'}{x_1+x_2'} \tag{3-12}$$

$$T_{\max} \approx \pm \frac{m_1 p}{\omega_1} U_1^2 \frac{1}{2(x_1+x_2')} \tag{3-13}$$

由式（3-12）和式（3-13）可得出如下结论：

1) 当电动机参数及电源频率 f_1 不变时，$T_{\max}$ 与 U_1^2 成正比，s_m 与 U_1 无关。

2) $T_{\max}$ 与 r_2' 无关，s_m 则与 r_2' 成正比。当改变 r_2' 时，$T_{\max}$ 不变，s_m 则随着 r_2' 变化而变化，也就是说当转子串接不同电阻时，可以使发生最大电磁转矩的转速发生改变，这一性质是针对绕线转子异步电动机而言的。

3) 当电源电压和频率不变时，s_m 和 $T_{\max}$ 都近似地与 x_1+x_2' 成反比。

最大电磁转矩 $T_{\max}$ 与额定转矩 T_N 的比值，称为电动机的过载倍数，用 λ_T 来表示，即

$$\lambda_T = \frac{T_{\max}}{T_N} \tag{3-14}$$

一般情况下，$\lambda_T=1.6$~2.2，起重冶金用的三相异步电动机，$\lambda_T=2.2$~2.8。λ_T 是异步电动机很重要的参数，它反映了电动机短时过载的极限。

(3) 额定运行点 C C 点的电磁转矩和转速均为额定值，用 T_N 和 n_N 表示，对应转差率为额定转差率 s_N。对于某一台三相异步电动机来说，其额定运行点是一定的。

(4) 同步转速点 D D 点称为同步转速点，D 点对应电磁转矩 $T=0$，$n=n_1=\dfrac{60f_1}{p}$，$s=0$。这一点又称为理想空载点。

三、实用表达式

上述参数表达式，对分析电磁转矩 T 与电机参数之间的关系是非常有用的。但是，在电机产品目录中，电机参数 r_1、x_1、r_2'、x_2' 是查不到的，因此，用参数表达式来绘制机械特性或进行分析计算很不方便，为此必须导出机械特性的实用表达式。

在电动运行状态下，将式（3-7）除以式（3-11），可得

$$\frac{T}{T_{\max}} = \frac{2r_2'(r_1 + \sqrt{r_1^2 + (x_1 + x_2')^2})}{s\left[\left(r_1 + \frac{r_2'}{s}\right)^2 + (x_1 + x_2')^2\right]} \tag{3-15}$$

由式（3-10）可得

$$\sqrt{r_1^2 + (x_1 + x_2')^2} = \frac{r_2'}{s_m} \tag{3-16}$$

将式（3-16）代入式（3-15）可得

$$\frac{T}{T_{\max}} = \frac{2r_2'\left(r_1 + \frac{r_2'}{s_m}\right)}{s\left[\left(\frac{r_2'}{s_m}\right)^2 + \left(\frac{r_2'}{s}\right)^2 + \frac{2r_1 r_2'}{s}\right]} = \frac{2\left(1 + r_1 \frac{s_m}{r_2'}\right)}{\frac{s}{s_m} + \frac{s_m}{s} + 2\frac{r_1 s_m}{r_2'}} \tag{3-17}$$

如忽略 r_1，得

$$T = \frac{2T_{\max}}{\frac{s}{s_m} + \frac{s_m}{s}} \tag{3-18}$$

式 (3-18) 就是三相异步电动机机械特性的实用表达式，$T_{\max}$ 和 s_m 可由异步电动机的产品手册中的数据求出。现介绍求 $T_{\max}$ 及 s_m 的方法：

由式（3-14）可知 $\qquad T_{\max} = \lambda_T T_N \tag{3-19}$

式中 $\qquad T_N = 9550 \dfrac{P_N}{n_N} \tag{3-20}$

式（3-19）和式（3-20）中的 λ_T、P_N、n_N 均可由产品手册查出，从而求出 $T_{\max}$。

如果已知机械特性上某点的转矩 T（如 T_N）和对应的转差率 s（如 s_N），代入式（3-18）可得

$$s_m = s_N(\lambda_T \pm \sqrt{\lambda_T^2 - 1}) \tag{3-21}$$

式中 $\qquad s_N = \dfrac{n_1 - n_N}{n_1} \tag{3-22}$

由于 $s_m > s_N$，式（3-21）中取"+"号，而 n_1 和 n_N 可以由产品手册算出或给出，从而代入式（3-21）求 s_m。

有了机械特性的实用表达式，只要给出一系列的 s 值，就可以画出 T-s 曲线。式（3-18）还可以进行机械特性的其他计算，其应用极为广泛。

当三相异步电动机在额定负载下运行时，转差率 s 很小，约在 0.02～0.05 之间，则 $\dfrac{s}{s_m} \ll \dfrac{s_m}{s}$，在式（3-18）中，如忽略 $\dfrac{s}{s_m}$，可得

$$T = \frac{2T_{\max}}{s_m} s \tag{3-23}$$

由式（3-23）可见，当 $T_{\max}$ 与 s_m 已知时，T 与 s 成正比，机械特性是一条直线，该式称为机械特性的近似计算公式，但此式只能用在 $s_N > s > 0$ 范围内，式中 $s_m = 2\lambda_T s_N$。

例 3-1 一台三相异步电动机额定值如下：$P_N = 30\text{kW}$，$U_N = 380\text{V}$，$n_N = 725\text{r/min}$，过载能力 $\lambda_T = 2.2$。求：

(1) 电动机机械特性的实用表达式;
(2) 电动机能否带动额定负载起动。

解

(1) 额定转差率

$$s_N = \frac{n_1 - n_N}{n_1} = \frac{750 - 725}{750} = 0.033$$

额定转矩

$$T_N = 9550 \frac{P_N}{n_N} = 9550 \times \frac{30}{725} \text{N·m} = 395 \text{N·m}$$

最大转矩

$$T_{max} = \lambda_T T_N = 2.2 \times 395 \text{N·m} = 869 \text{N·m}$$

临界转差率

$$s_m = s_N(\lambda_T + \sqrt{\lambda_T^2 - 1}) = 0.137$$

机械特性的实用表达式

$$T = \frac{2T_{max}}{\frac{s}{s_m} + \frac{s_m}{s}} = \frac{2 \times 869}{\frac{s}{0.137} + \frac{0.137}{s}} = \frac{1738}{\frac{s}{0.137} + \frac{0.137}{s}}$$

(2) 电动机开始起动时, $s = 1$ 代入实用表达式得

$$T_{st} = \frac{1738}{\frac{1}{0.137} + \frac{0.137}{1}} \text{N·m} = 234 \text{N·m}$$

因为 $T_{st} < T_N$,故电动机不能带额定负载起动。

第二节 三相异步电动机的固有机械特性与人为机械特性

一、固有机械特性

三相异步电动机的固有机械特性是指三相异步电动机定子电压和频率为额定值,按规定的接线方式接线,定子及转子电路中不外接电阻(电抗)时获得的机械特性曲线 $T = f(s)$,图3-3 为三相异步电动机的固有机械特性,曲线1为气隙磁场按正方向旋转时的固有机械特性,曲线2为气隙磁场反向旋转时的固有机械特性。气隙磁场的旋转方向取决于定子电压的相序。

二、人为机械特性

三相异步电动机的人为机械特性是指人为地改变电源参数或电动机参数而得到的机械特性。由机械特性的参数表达式(3-7)可知,可以改变的参数有定子电源电压 U_1、电源频率 f_1、极对数 p、定、转子电路电阻或电抗等,所以三相异步电动机的人为机械特性种类很多,这里介绍三种常见的人为机械特性。

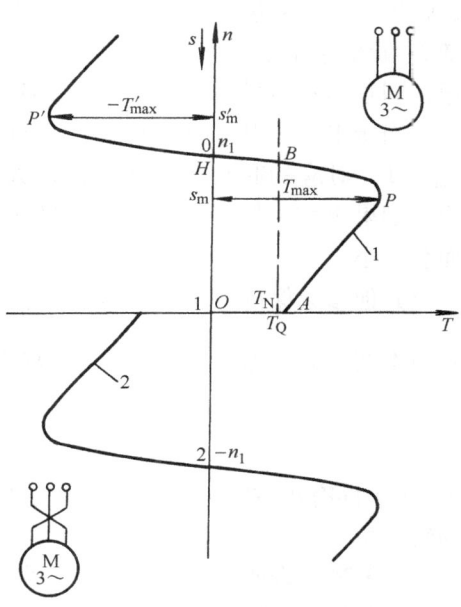

图3-3 三相异步电动机的固有机械特性

1. 降低定子电压的人为机械特性

当定子电压 U_1 降低时，由式（3-13）可见，T_{max} 与 U_1^2 成正比降低；由式（3-8）可见，T_{st} 与 U_1^2 成正比降低；由式（3-12）可见，s_m 与 U_1 无关，而同步速 n_1 与 U_1 无关，保持不变。因此可见降低电压的人为机械特性是一组通过同步转速点的曲线簇。图 3-4 给出了 $U_1 = U_N$ 时的固有特性和 $U_1 = 0.8U_N$ 及 $U_1 = 0.5U_N$ 时的人为机械特性。

现分析一下降低电压 U_1 对电动机运行的影响。如果电动机原在额定电压下运行，若降低 U_1，则使电动机转速降低，转差率 s 增大，转子电流将随转子电动势 $E_{2s} = sE_2$ 的增大而增大，从而引起定子电流增大。若电流超过额定值，则导致电动机过载，电动机长期欠电压过载运行，势必造成电动机过热，缩短电动机的使用寿命。另外，定子电压下降过多，可能出现最大转矩小于负载转矩，将迫使电动机停转。如图 3-4 中 $U_1 = 0.5U_N$ 时的情况。

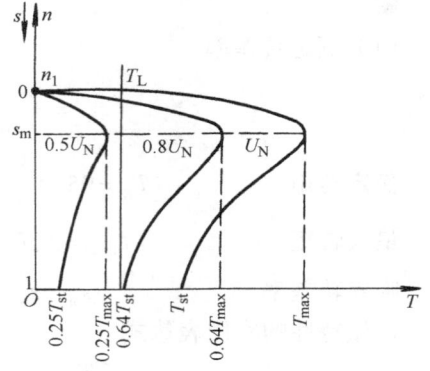

图 3-4 异步电动机降压时的人为特性

2. 转子电路中串对称电阻时的人为机械特性

这种人为机械特性仅适用于绕线转子异步电动机，在绕线转子异步电动机转子电路内串入对称三相电阻 R_s，如图 3-5a 所示，转子电路串入电阻后，由式（3-12）、式（3-13）及式（3-8）可知，同步速 n_1 不变，最大电磁转矩 T_{max} 也不变，临界转差率 s_m 随 R_s 增大而增大，T_{st} 也随 R_s 增大而增大，人为机械特性是一组通过同步转速点的曲线簇。如图 3-5b 所示。当所串的电阻为图中 R_{s3} 时，正好使 $s_{m3} = 1$，对应的起动转矩将达到最大转矩，如果再增大转子电阻，起动转矩反而会减小。

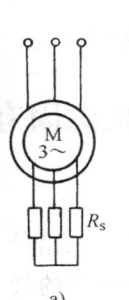
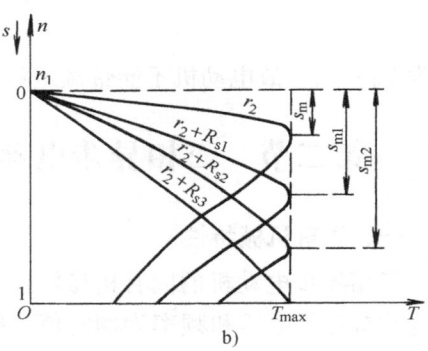

图 3-5 绕线转子异步电动机
转子电路串接对称电阻
a) 电路图 b) 人为机械特性

当其他参数保持不变，仅在转子电路中串接对称电阻 R_s 时，根据式（3-7），要保持电磁转矩不变，只有保持 $\dfrac{r_2'}{s} = \dfrac{r_2' + R_s'}{s'}$ 为常数才行，即

$$\frac{s'}{s} = \frac{r_2' + R_s'}{r_2'} = \frac{r_2 + R_s}{r_2} \tag{3-24}$$

式中，s 为固有机械特性上电磁转矩为 T_L 时的转差率；s' 为在同一电磁转矩下人为机械特性上的转差率。

式（3-24）表明，当转子串接对称电阻时，若保持电磁转矩不变，则串接电阻后电动机的转差率与转子电路中的电阻成正比地增加，这一规律称为三相异步电动机转差率的比例推移，如果取最大转矩，则按比例推移规律有

$$\frac{s_m'}{s_m} = \frac{r_2 + R_s}{r_2} \tag{3-25}$$

式中，s_m 为固有机械特性上电磁转矩为 T_L 时的临界转差率；s_m' 为在同一电磁转矩下人为机械特性上的临界转差率。

由式（3-25）可得出转子回路外串电阻

$$R_s = \left(\frac{s_m'}{s_m} - 1\right)r_2 \tag{3-26}$$

3. 定子回路串接电阻（电抗）的人为机械特性

三相异步电动机定子串对称电阻或对称电抗器时，见图 3-6。图 a 是串对称电抗的电路图，由式（3-12）、式（3-13）及式（3-8）可知，n_1 不变，T_{max}、T_{st}、s_m 随电阻或电抗增大而减小，机械特性如图 3-6b 所示。定子电路串接电阻或电抗一般用于三相笼型异步电动机的减压起动，以限制起动电流。

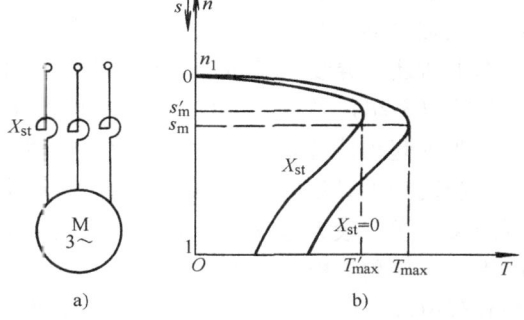

图 3-6 异步电动机定子电路串接对称电抗
a) 电路图 b) 人为机械特性

除了这三种人为机械特性外，还有改变电源频率、改变极对数的人为机械特性，将在调速一节中予以介绍。

第三节 三相异步电动机的起动

三相异步电动机的起动是指电动机接通电源后，从静止状态加速到某一稳定转速的过程。电动机在起动的瞬间，因为转子转速 $n=0$，转差率 $s=1$，所以在转子导体上产生的感应电动势和感应电流是最大的，定子电流也最大，可达到额定值的 $4 \sim 7$ 倍，即

$$\frac{I_{1st}}{I_N} = 4 \sim 7 \tag{3-27}$$

异步电动机起动时，过大的起动电流将产生不良影响，主要有两个方面：
1) 产生较大的线路压降使电网电压波动过大，影响电网上其他用电设备的正常运行；
2) 对那些惯性较大、起动时间较长或较频繁起动的电动机来说，过大的起动电流会使电动机绕组绝缘过热而老化，缩短电动机的使用寿命。

因此，对异步电动机起动性能有如下要求：
1) 具有足够大的起动转矩 T_{st}，以保证生产机械能够正常地起动；
2) 在保证一定大小的起动转矩的前提下，电动机的起动电流 I_{1st} 越小越好；
3) 起动设备力求结构简单，运行可靠，操作方便；
4) 起动过程的能量损耗越小越好，起动时间 t_{st} 越短越好。

以上起动性能中最主要的要求是在起动电流比较小的情况下得到较大的起动转矩，因为起动转矩小会延长起动时间。

一、异步电动机的固有起动特性

如果电动机不采取措施直接接入电源起动,称为直接起动,这时的起动特性称为固有起动特性,主要指标有起动电流和起动转矩。起动电流 I_{1st} 可根据图 3-1 计算。略去励磁电流,令 $s=1$ 得

$$I_{1st} = \frac{U_1}{\sqrt{(r_1+r_2')^2+(x_1+x_2')^2}} \tag{3-28}$$

虽然起动电流大,但起动转矩却不大,起动转矩 $T_{st}=(0.9\sim1.3)T_N$。这是因为起动时功率因数 $\cos\theta_2$ 很低,大约在 0.2 左右;另一方面,I_{1st} 大,定子漏阻抗压降大,电动势 E_1 减小,主磁通 Φ_m 要相应减小,由机械特性的参数表达式 $T=C_T\Phi_m I_2'\cos\theta_2$ 可知起动转矩并不大。综上所述,异步电动机的固有起动特性并不理想。

从式(3-28)及式(3-8)可见,如适当增加转子电阻,可以减小起动电流,增大起动转矩,改善起动特性。在绕线转子异步电动机的转子回路中能够通过集电环接入附加电阻,因此,绕线转子异步电动机的起动特性比笼型异步电动机的起动特性要好,在既要求限制起动电流又要求有较大起动转矩的场合,通常采用绕线转子异步电动机。笼型异步电动机转子回路无法外接附加电阻,考虑到运行效率,转子电阻也不能太大。为了改善起动性能又保留笼型异步电动机的结构优点,可以采用特殊结构形式的转子,深槽式和双笼型异步电动机就是具有这种特殊结构的笼型异步电动机。

二、笼型异步电动机的起动

三相笼型异步电动机有直接起动与减压起动两种起动方法。

1. 直接起动

直接起动也称全压起动,笼型异步电动机全压起动的优点是起动设备和操作最简单,缺点是起动电流大,因此只允许在额定功率 $P_N \leq 7.5\text{kW}$ 的小容量电动机中使用。但是所谓小容量也是相对的,如果电网容量大,能符合下式要求者,也能进行直接起动

$$\frac{I_{1st}}{I_N} \leq \frac{1}{4}\left[3+\frac{电源总容量(\text{kV}\cdot\text{A})}{起动电动机容量(\text{kW})}\right] \tag{3-29}$$

式中,$K_I=\frac{I_{1st}}{I_N}$ 称为笼型异步电动机的起动电流倍数,其值可根据电动机的型号和规格从手册中查得。

2. 减压起动

如果不能满足式(3-29)的要求,为了限制起动电流,只有采用减压起动办法,但从式(3-7)中可看出,T 与 U_1^2 成正比,U_1 降低,T 也跟着降低,因此,减压起动方法只适用于空载或轻载起动的场合。下面介绍常用的三种减压起动方法。

(1)定子电路串电阻(电抗器)减压起动 电动机起动过程中,在定子电路中串电阻或电抗器,起动电流在电阻或电抗器上将产生压降,从而降低了电动机定子绕组上的电压,减小了起动电流。

1)起动过程。定子串接电阻起动的原理电路图如图 3-7 所示。

图中 Q 是主开关,起隔离电源的作用,起动时把转换开关 QC 投向"起动"侧,此时起动电阻 R_{st} 接入定子电路,然后合上主开关 Q,电动机开始起动,待转速接近稳定转速,把 QC 转换到"运行"侧,电源电压直接加到定子绕组上,电动机起动结束。

如将图 3-7 中定子电路中串接的起动电阻 R_{st} 换为起动电抗 x_{st}，就是定子电路串电抗器起动原理图，其工作过程和串电阻起动一样，只不过定子串电阻起动能耗较大，所以只能在小容量电动机中采用，容量较大的电动机多采用串电抗器起动。

2）起动电流和起动转矩。设加在定子绕组上的电压为 U_1'，并令

$$\alpha = \frac{U_N}{U_1'}$$

在式（3-28）中，令 $\sqrt{(r_1+r_2')^2+(x_1+x_2')^2}=\sqrt{r_k^2+x_k^2}=z_k$

直接起动时

$$I_{1st}=\frac{U_N}{z_k}$$

减压起动时

$$I_{1st}'=\frac{U_1'}{z_k}=\frac{U_N}{\alpha z_k}=\frac{I_{1st}}{\alpha}$$

由式（3-8）可得

$$T_{st}'=\frac{T_{st}}{\alpha^2}$$

式中，r_k 为每相的短路电阻，$r_k=r_1+r_2'$；x_k 为每相的短路电抗，$x_k=x_1+x_2'$。

由上可知，减压后，起动电流降低到全压时的 $\frac{1}{\alpha}$，起动转矩降到全压时的 $\frac{1}{\alpha^2}$。

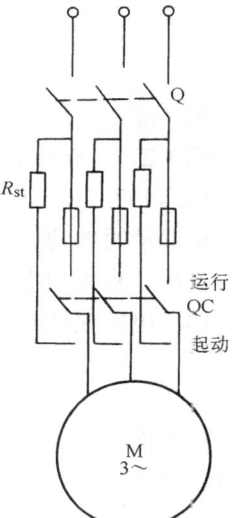

图 3-7 笼型异步电动机定子串电阻减压起动原理图

3）起动电阻或电抗的计算。设起动时，定子绕组串入的电阻为 R_{st}

则

$$\frac{U_N}{I_{1st}'}=\sqrt{(R_{st}+r_k)^2+x_k^2}$$

将 $I_{1st}'=\frac{I_{1st}}{\alpha}$ 代入上式，$\sqrt{(R_{st}+r_k)^2+x_k^2}=\alpha\frac{U_N}{I_{1st}}=\alpha\sqrt{r_k^2+x_k^2}$

化简后可得

$$R_{st}=\sqrt{\alpha^2 r_k^2+(\alpha^2-1)x_k^2}-r_k$$

如定子串电抗起动，则 x_{st} 的计算公式为

$$x_{st}=\sqrt{\alpha^2 x_k^2+(\alpha^2-1)r_k^2}-x_k$$

最后还应校核起动转矩 T_{st}'，应使之满足以下关系：

$$T_{st}'=\frac{T_{st}}{\alpha^2}\geqslant 1.1T_{Lst}$$

式中，T_{Lst} 为起动时的负载转矩，如不满足，则应考虑选用其他起动方法。

4）r_k 和 x_k 的估算。从上可知，要计算 R_{st} 或 x_{st}，应预先知道电动机的短路参数 r_k 和 x_k。r_k 和 x_k 可根据电动机的铭牌值上给定的额定线电压和线电流估算。

当定子 Y 联结时

$$z_k=\frac{U_{1N}}{\sqrt{3}I_{1st}}=\frac{U_{1N}}{\sqrt{3}K_1 I_{1N}}$$

当定子 △ 联结时

$$z_k = \frac{U_{1N}}{I_{1st}/\sqrt{3}} = \frac{\sqrt{3}U_{1N}}{K_I I_{1N}}$$

设电动机直接起动时的功率因数为 $\cos\varphi_{st}$，则

$$r_k = z_k \cos\varphi_{st}$$

$$x_k = z_k \sin\varphi_{st} = z_k \sqrt{1 - \cos^2\varphi_{st}}$$

按一般电动机的功率因数值，可认为 $\cos\varphi_{st} = 0.25 \sim 0.4$。

例 3-2 一台三相笼型异步电动机，$P_N = 75\text{kW}$，$U_N = 380\text{V}$，$n_N = 1470\text{r/min}$，定子△联结，$I_{1N} = 137.5\text{A}$，过载倍数 $\lambda_T = 2.2$，起动电流倍数 $K_I = 6.5$，起动转矩倍数 $K_T = 1.0$，电动机直接起动时的功率因数为 $\cos\varphi_{st} = 0.3$，电源容量为 1000kV·A，若空载起动采用定子串电阻的方法，求每相串入的电阻最少应是多大？

解 电源允许电动机直接起动的条件是

$$K_I' = \frac{I_{1st}}{I_{1N}} \leqslant \frac{1}{4}\left[3 + \frac{\text{电源总容量}}{\text{电动机容量}}\right] = \frac{1}{4}\left[3 + \frac{1000}{75}\right] \approx 4$$

从上面可知，电源允许该电动机的起动电流倍数 $K_I' = I_{1st}/I_{1N} = 4$，而电动机直接起动的电流倍数 $K_I = I_{1st}/I_{1N} = 6.5$。定子串电阻减压满足起动电流条件时，对应的 α 为

$$\alpha = \frac{I_{1st}}{I_{1st}'} = \frac{K_I}{K_I'} = \frac{6.5}{4} = 1.625$$

短路阻抗

$$z_k = \frac{U_{1N}}{I_{1st}/\sqrt{3}} = \frac{\sqrt{3}U_{1N}}{K_I I_{1N}} = \frac{\sqrt{3} \times 380}{6.5 \times 137.5}\Omega = 0.736\Omega$$

短路电阻

$$r_k = z_k \cos\varphi_{st} = 0.736 \times 0.3\Omega = 0.221\Omega$$

短路电抗

$$x_k = z_k \sqrt{1 - \cos^2\varphi_{st}} = 0.736 \times \sqrt{1 - 0.3^2}\Omega = 0.702\Omega$$

每相串入电阻为

$$R_{st} = \sqrt{\alpha^2 r_k^2 + (\alpha^2 - 1)x_k^2} - r_k = \sqrt{1.625^2 \times 0.221^2 + (1.625^2 - 1) \times 0.702^2}\Omega - 0.221\Omega$$

$$= 0.748\Omega$$

（2）自耦变压器减压起动　自耦变压器减压起动是利用自耦变压器来降低加在电动机定子绕组上的电压以减小起动电流。

1）起动过程。图 3-8 为自耦变压器减压起动原理电路图。

QC 是转换开关，起动时把 QC 投到"起动"侧，这时自耦变压器一次绕组加的是电源电压，二次侧电压加在定子绕组上，二次侧电压仅为一次侧电压的一部分，电动机开始减压起动，等转速接近稳定值时，将 QC 投向"运行"侧，切除自耦变压器，电动机全压运行，起动结束。

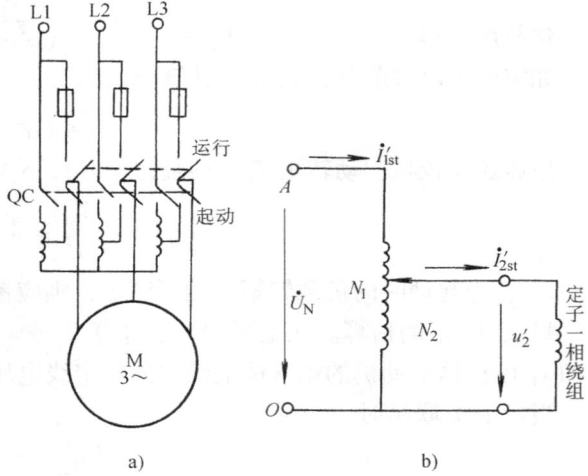

图 3-8　异步电动机自耦变压器减压起动原理电路图
a）接线图　b）自耦变压器一相电路

2)起动电流和起动转矩。自耦变压器减压起动时,其一相电路如图 3-8b 所示,设自耦变压器的电压比为 K_a,由电机学可知

$$U_2' = \frac{U_N}{K_a}$$

由图 3-8b 可见

$$I_{2st}' = K_a I_{1st}'$$

I_{1st}' 为由电网供给的起动电流

$$I_{1st}' = \frac{I_{2st}'}{K_a} = \frac{U_2'}{K_a z_k} = \frac{U_N}{K_a^2 z_k} = \frac{I_{1st}}{K_a^2}$$

式中,I_{1st} 为额定电压下直接起动时的起动电流。

起动转矩与加在定子绕组上的电压平方成正比,因此

$$T_{st}' = \frac{T_{st}}{K_a^2}$$

上式表明,采用自耦变压器减压起动与全压起动相比较,电压降低到全压的 $1/K_a$,起动电流和起动转矩都降低到全压起动时的 $1/K_a^2$。与定子串电阻或电抗的起动方法比较,在同样的起动电流下,采用自耦变压器减压起动时,电动机可产生较大的起动转矩,故这种减压起动可带较大的负载。

自耦变压器起动适用于容量较大的低压电动机作减压起动。由于这种方法可获得较大的起动转矩,加上自耦变压器二次侧一般有三个抽头,可以根据允许的起动电流和所需的起动转矩选用,故这种起动方法在 10kW 以上的三相笼型异步电动机中得到广泛应用。其缺点是起动设备体积较大,初投资大,需维护检修。

常用的起动用自耦变压器有 QJ_2 和 QJ_3 两种系列。QJ_2 型的三个抽头分别为电源电压的 55%、64% 和 73%;QJ_3 型的为 40%、60% 和 80%。自耦变压器容量的选择与电动机的容量、起动时间和连续起动次数有关。

(3)Y—△起动 Y—△起动也是一种常用的减压起动方法,采用这种方法的异步电动机,在正常运行时是接成三角形的,而且每相绕组引出两个出线端,三相就应引出六个出线端,待转速接近稳定时再改接成△形。

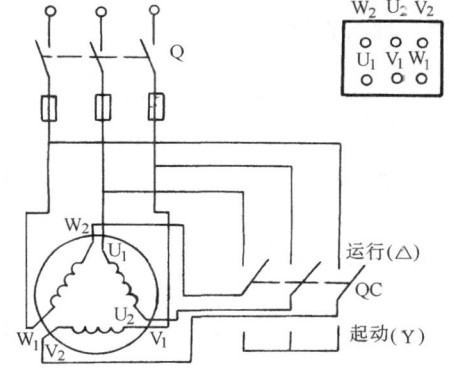

图 3-9 异步电动机 Y—△起动原理电路图

1)起动过程。图 3-9 为 Y—△起动时的原理电路图。

起动时,将转换开关 QC 投到"起动"侧,再将总开关 Q 合上,定子绕组连接成 Y 形,每相电压为 $U_N/\sqrt{3}$,实现减压起动,等转速接近稳定值时,将 QC 投向运行侧,定子绕组侧接成△形,每相电压为 U_N,起动结束。

2)起动电流和起动转矩。如图 3-10 所示,设△联结时电网供给的起动电流为

$$I_{1st} = \sqrt{3}\frac{U_N}{z_k}$$

Y 联结时电网供给的起动电流为

$$I_{1\text{st}}' = \frac{U_\text{N}}{\sqrt{3}z_\text{k}}$$

$$\frac{I_{1\text{st}}'}{I_{1\text{st}}} = \frac{1}{3}, \frac{T_\text{st}'}{T_\text{st}} = \frac{1}{3}$$

由此表明，用 Y—△减压起动时，起动电流和起动转矩都降为直接起动时的 1/3。

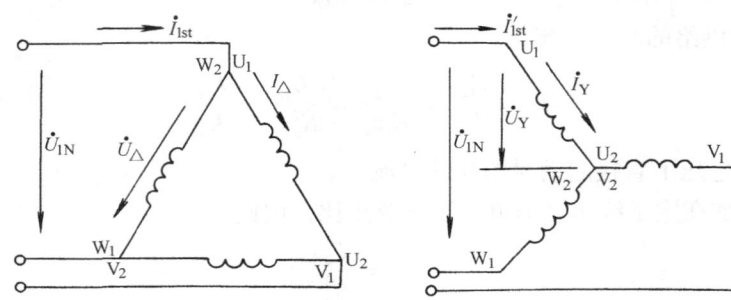

图 3-10 Y 形和△形联结时的电压和电流

Y—△起动的优点是起动电流小，起动设备简单，价格便宜，操作方便，适合 4～30kW 的电动机。缺点：一是只适用于正常运行为△联结的电动机；二是由于起动转矩减小到直接起动时的 1/3，故只适用于空载或轻载起动；三是这种起动方法的电动机定子绕组必须引出 6 个出线端，这对于高电压电动机有一定的困难，所以 Y—△起动只限于 500V 以下的低压电动机上。

（4）减压起动方法比较　表 3-1 列出了上述三种减压起动方法的主要数据，为便于说明问题，现将直接起动也列于表内。

表 3-1　几种减压起动方法的比较

起动方法	U_1'/U_N	I_{1n}'/I_{1n}	T_n'/T_n	优 缺 点
直接起动	1	1	1	起动最简单，但起动电流大，起动转矩小，只适用于小容量轻载起动
串电阻或电抗起动	$\frac{1}{\alpha}$	$\frac{1}{\alpha}$	$\frac{1}{\alpha^2}$	起动设备较简单，起动转矩较小，适用于轻载起动
自耦变压器起动	$\frac{1}{K_\text{a}}$	$\frac{1}{K_\text{a}^2}$	$\frac{1}{K_\text{a}^2}$	起动转矩较大，有三种抽头可选，起动设备较复杂，可带较大负载起动
Y—△起动	$\frac{1}{\sqrt{3}}$	$\frac{1}{3}$	$\frac{1}{3}$	起动设备简单，起动转矩较小，适用于轻载起动，只适用于△联结的电动机

表中 U_1'/U_N、$I_{1\text{st}}'/I_{1\text{st}}$ 和 T_st'/T_st 分别为起动电压、起动电流和起动转矩的相对值。U_1'/U_N 表示减压起动加在定子一相绕组上的电压与直接起动时加在定子的额定相电压之比；$I_{1\text{st}}'/I_{1\text{st}}$ 表示减压起动时电网向电动机提供的线电流与直接起动时的线电流之比；T_st'/T_st 为减压起动时电动机产生的起动转矩与直接起动时起动转矩之比。

例 3-3　一台三相笼型异步电动机，铭牌数据与例 3-2 相同。拟带半载起动，电源容量为 1000kV·A，选择适当的起动方法。

解　（1）直接起动　电源允许电动机直接起动的条件是

$$K'_I = \frac{I_{1st}}{I_{1N}} \leq \frac{1}{4}\left[3 + \frac{电源总容量}{电动机容量}\right] = \frac{1}{4}\left[3 + \frac{1000}{75}\right] \approx 4$$

因 $K_I = 6.5 > 4$，故该电动机不能采用直接起动法起动。

(2) 半载 指50%额定负载转矩，尚属轻载，拟用减压起动。

1) 定子串电抗（电阻）起动：从例3-2可知，当 $\alpha = 1.625$ 时对应的起动转矩为 T'_{st}

$$T'_{st} = \frac{1}{\alpha^2}T_{st} = \frac{1}{\alpha^2}K_T T_N = \frac{1}{(1.625)^2} \times 1 \times T_N = 0.38 T_N$$

取 $\alpha = 1.625$，虽满足了电源对起动电流的要求，但因 $T'_{st} = 0.38T_N < 0.5T_N$，起动转矩不能满足要求，故不能用定子串电抗（或电阻）的起动方法。

2) Y—△起动

$$I'_{1st} = \frac{1}{3}I_{1st} = \frac{1}{3}K_I I_{1N} = \frac{1}{3} \times 6.5 I_{1N} = 2.17 I_{1N} < 4I_{1N}$$

$$T'_{st} = \frac{1}{3}T_{st} = \frac{1}{3}K_T T_N = \frac{1}{3} \times 1 \times T_N = 0.33 T_N < 0.5 T_N$$

同样，起动电流可满足起动要求，而起动转矩不满足，故不能用Y—△起动法。

3) 自耦变压器起动：设选用QJ$_2$系列，其电压抽头为55%、64%、73%。
如选用64%一档抽头时，电压比 $K_a = 1/0.64 = 1.56$，则

$$I'_{1st} = \frac{1}{K_a^2}I_{1st} = \left(\frac{1}{1.56}\right)^2 \times 6.5I_{1N} = 2.67I_{1N} < 4I_{1N}$$

$$T'_{st} = \frac{1}{K_a^2}T_{st} = \left(\frac{1}{1.56}\right)^2 \times 1 \times T_N = 0.41 T_N < T_{Lst} = 0.5T_N$$

起动转矩不能满足要求。

如选用73%一档时，电压比 $K_a = \frac{1}{0.73} = 1.37$

$$I'_{1st} = \left(\frac{1}{1.37}\right)^2 \times 6.5I_{1N} = 3.46I_{1N} < 4I_{1N}$$

$$T'_{st} = \left(\frac{1}{1.37}\right)^2 \times 1T_N = 0.53T_N > T_{Lst} = 0.5T_N$$

根据计算结果，可以选用电压抽头为73%的自耦变压器减压起动。

三、特种笼型异步电动机的起动

普通笼型异步电动机起动电流大，但起动转矩并不大，其起动性能较差。根据式（3-28）和式（3-8）可知，在起动时增大转子电阻，可以减小起动电流、增大起动转矩，但在起动结束后电动机正常运行时，又希望转子电阻小些以减少转子铜耗，提高电动机效率。怎样才能使笼型异步电动机起动时具有较大的转子电阻，而在正常运行时转子电阻又能自动减小？人们研制了多种电动机，其中以深槽式和双笼型异步电动机性能最佳。

1. 深槽式笼型异步电动机

这种电动机的转子槽形深而窄，通常槽深与槽宽之比为10~12，如图3-11a所示。当转子导条中通过电流时，与导条底部相交链的漏磁通比槽口部分相交链的漏磁通要多得多，如果将转子导条看成是由许多导体单元并联而成，则越靠近槽底的导体单元的漏电抗越大，而

越接近槽口部分的导体单元的漏电抗越小。电动机起动时，$n=0$，$s=1$，转子电流频率$f_2 = sf_1 = f_1$达到最大，转子漏电抗很大，远远大于转子电阻值，因此各导体单元中电流的分配将由漏电抗决定。在气隙中磁通感应的电动势相同的情况下，导条中靠近槽底部的电流密度很小，而靠近槽口处的则较大，沿槽高的电流密度分布如图3-11b所示。从图中可看出，大部分电流将集中到导条的上部，形成电流的集肤效应。电流集中到导条的上部，相当于导条的有效截面积减小，使转子有效电阻增大，减小了起动电流，增加了起动转矩。

当起动完毕电动机正常运行时，转子频率仅有1~2Hz，转子

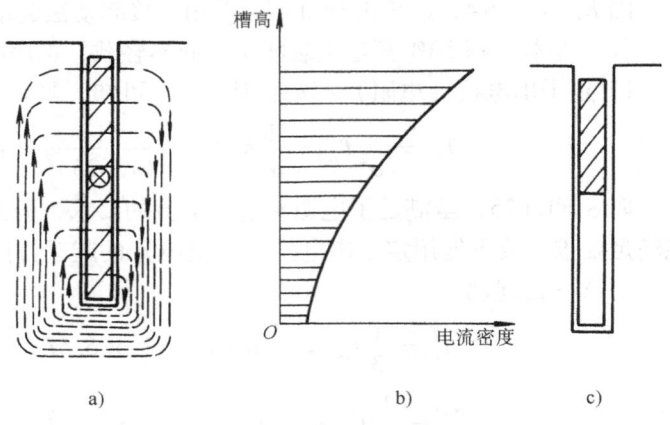

图3-11 深槽笼型转子异步电动机
a) 槽漏磁分布 b) 导条内电流密度分布 c) 导条有效截面

漏抗很小，远远小于转子电阻，因此各导体单元中电流的分配将由电阻决定，由于各导体单元电阻相等，导体中电流将均匀分布，集肤效应基本消失，转子电阻自动减小到最小值，从而满足了电动机正常运行时减小转子铜耗、提高电动机效率的要求。

深槽式感应电动机由于转子槽形较深，正常工作时转子漏抗比一般笼型电动机要大，因此深槽式电动机的额定功率因数和最大转矩比普通笼型电动机稍低。

2. 双笼型异步电动机

双笼型感应电动机转子有2套绕组，如图3-12a所示的外笼1和内笼2，从图可看出这两套绕组有各自的端环，两笼由一个狭长的缝隙连接起来，当转子导条中通过电流时，可知与内笼相链的漏磁通比与外笼相链的漏磁通要多得多，即内笼的漏电抗比外笼的大得多，外笼截面积较小，用电阻系数较大的黄铜或青铜材料制成，电阻较大，而内笼截面积较大，用电阻系数小的纯铜制成，电阻较小。

起动时，转子电流频率较高，转子漏电抗远大于电阻。内笼、外笼的电流分配主要由漏电抗决定，由于内笼漏电抗比外笼大得多，电流主要从外笼流过，因此起动时外笼起主要作用。由于外笼电阻较大，可以产生较大的起动转矩，所以外笼也被称为起动笼。对应的机械特性如图3-12b曲线1所示；正常运行时，转子电流频率很低，转子漏电抗远小于电阻，内外笼的电流分配由电阻决定，内笼电阻小，电流大部分从内笼流过，产生正常工作时的电磁转矩，所以把内笼称为运行笼。其对应的机械特性如图3-12b曲线2所示。

由此可见，双笼型异步电动机的机械特性应是曲线1和曲线2的合成，如图中曲线3所示。从图可见，双笼型异步电动机起动转矩大，并且改变内、外笼的参数就可以得到不同的机械特性曲线，以满足不同负载的要求。

与深槽式笼型异步电动机一样，双笼型异步电动机的功率因数和过载能力较低，而且工艺复杂，成本较高。因此一般只用于小容量重载起动的场合。

四、三相绕线转子异步电动机的起动

比起笼型异步电动机来，三相绕线转子异步电动机起动性能较好，适合于中、大容量异

步电动机重载起动。绕线转子异步电动机的起动有转子串频敏变阻器起动和转子串电阻分级起动两种方法。

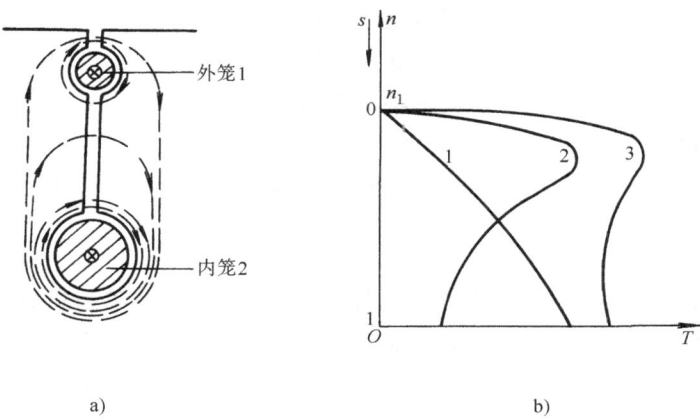

图 3-12 双笼型异步电动机
a) 槽漏磁 b) 机械特性

1. 转子串频敏变阻器起动

所谓频敏变阻器，实质是一个铁损耗很大的三相电抗器，它的铁心是由较厚的钢板叠制成的，三个绕组分别绕在三个铁心柱上，并作星形联结，然后接到转子集电环上，如图 3-13a 所示。当绕组内通过交流电时，铁心内产生铁耗，频敏变阻器一相的等效电路如图 3-13b 所示。r_1 为频敏变阻器绕组的电阻，x_m 为绕组的励磁电抗，r_m 为反映铁耗的等效电阻，因频敏变阻器铁心较厚，故铁耗较大，r_m 值较一般电抗器大。

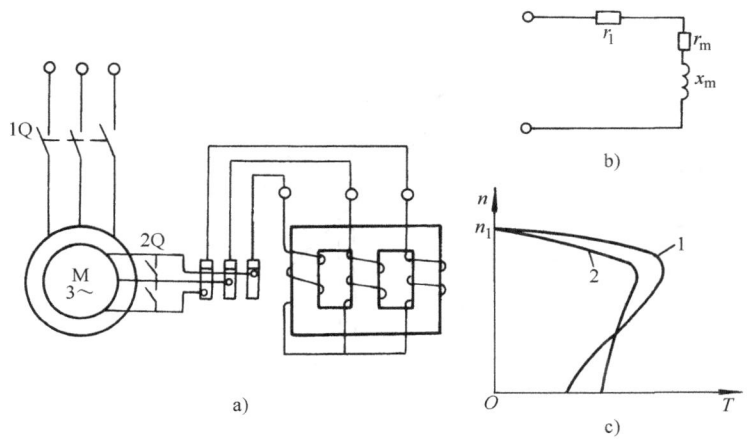

图 3-13 三相绕线转子异步电动机转子串频敏变阻器的起动
a) 电路图 b) 频敏变阻器等效电路 c) 机械特性

转子串频敏变阻器起动电路原理如图 3-13a 所示。起动时，开关 2Q 断开，转子串入频敏变阻器，当开关 1Q 闭合时，电动机接通电源开始起动，起动瞬间，$s=1$，$f_2 = sf_1 = f_1$，频敏变阻器的铁心中与频率平方成正比的涡流损耗较大，即铁耗大，反映铁耗大小的等效电阻 r_m 大，这相当于转子回路中串入一个很大的电阻，从而使起动电流减小，起动转矩增大。在起动过程中，随着转速上升，转差率 s 不断减小，f_2 逐渐降低，频敏变阻器的铁耗逐渐减小,r_m也随之减小,这相当于在起动过程中逐渐平滑地减小转子回路中串入的电阻。起动结束后2Q闭合,切除频敏变频器,转子电路直接短路。因为频敏变阻器的等效电阻r_m是随频率f_2的变化而自动变化的,因此称为频敏变阻器,它相当于一种无触点的变阻器,在起动过程中,它能自动、无级地减小电阻,如果参数选择适当,可以在起动过程中保持转矩近似不变,使起动过程平稳、快速。这时电动机的机械特性如图3-13c中曲线2所示,曲线1为电动机的固有机械特性。

绕线转子串频敏变阻器起动,具有结构简单、价格便宜、运行可靠、维护方便等多种优点,目前已得到广泛应用。

2. 转子串接电阻分级起动

绕线转子异步电动机起动时,转子回路串入适当电阻,既能限制起动电流又能增大起动转矩。为了在起动过程中始终获得较大的加速转矩,并使起动过程比较平滑,转子回路中串电阻应是多级的。在起动过程中逐段地切除,这与直流电动机电枢串电阻起动类似,称为多级起动。转子所串电阻有对称电阻和不对称电阻两种情况,串对称电阻是指起动过程中同时切除三相电阻,以保持起动过程中三相电阻始终是对称的,而后者是指起动时转子每相所串电阻分为大、中和小三种,每次切除时只将最大那一相电阻切除一段,并使这一相剩余的电阻变为最小,按此规律切除起动电阻,最后一级的两段电阻同时切除。在起动级数相同时,串不对称电阻起动时所用的开关元件和电阻器大约是串对称电阻时的1/3。由于这种控制方式比较经济、简单,故广泛应用于起重和冶金机械上,但是起动电阻计算比较复杂。下面只介绍转子串对称电阻的起动过程和起动电阻的计算。

图3-14所示为绕线转子异步电动机转子串接对称电阻分级起动的电路原理图及对应三级起动时的机械特性。

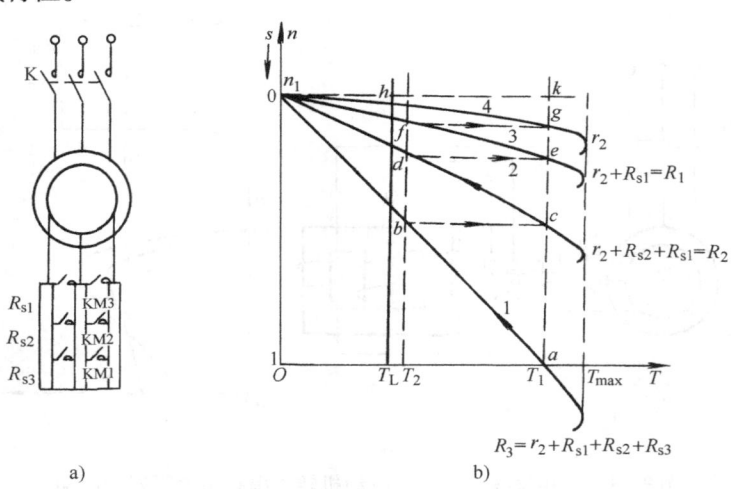

图3-14 三相绕线转子异步电动机转子串电阻分级起动
a) 接线图 b) 机械特性

(1) 起动过程 起动开始时,接触器触点K闭合,KM1、KM2、KM3断开,定子绕组接三相电源,转子绕组串入全部起动电阻R_{s1}、R_{s2}、R_{s3},转子回路总电阻为$R_3 = r_2 + R_{s1} + R_{s2} + R_{s3}$,对应的机械特性如图3-14b曲线1所示。起动瞬间,转速$n=0$,$T=T_1$,由于$T_1 > T_L$,电动机沿曲线1从a点开始加速。随着n上升,T减小,当减到T_2时,接触器触点 KM1 闭合，R_{s3} 被切除，转子回路总电阻变为 $R_2 = r_2 + R_{s1} + R_{s2}$，对应的机械特性曲线如图 3-14b 曲线 2 所示。切除电阻瞬间，由于转速不能改变，电动机运行点由 b 点跳变到 c 点，T 由 T_2 跃升到 T_1，电动机的 n 和 T 从 c 点沿曲线 2 变化，到达 d 点时，T 又从 T_1 减小到 T_2，这时 KM2 闭合，切除 R_{s2}，转子回路总电阻变为 $R_1 = r_2 + R_{s1}$，对应的机械特性曲线如图 3-14b 曲线 3 所示。电动机运行点由 d 点跳变到 e 点，n 和 T 从 e 点沿曲线 3 变化，到达 f 点时 KM3 闭合，切除 R_{s1}，转子绕组直接短接，电动机运行点由 f 点跳变到曲线 4 上的 g 点。之后，电动机沿着曲线 4，即固有机械特性变化，转速上升到负载点 h 后稳定运行，起动过程结束。

(2) 起动电阻的计算 根据式 (3-23)，$n = $ 常数，即 $s = $ 常数时，转矩 T 与 s_m 成反比，即 $T = 2T_{max} s/s_m \propto 1/s_m$，而 $s_m \propto R$，故在一定转速下，电磁转矩 T 的大小与转子电路的总电阻成反比，即

$$T \propto 1/R \tag{3-30}$$

这是计算起动电阻的依据。

在图 3-14 中，特性 4 与特性 3 相对应的转子电阻为 r_2 和 R_1，根据 g 和 f 两点的转速相等，由式 (3-30) 得

$$\frac{T_1}{T_2} = \frac{R_1}{r_2}$$

对于 d，e 两点，得

$$\frac{T_1}{T_2} = \frac{R_2}{R_1}$$

对于三级起动，显然可得

$$\frac{R_3}{R_2} = \frac{R_2}{R_1} = \frac{R_1}{r_2} = \frac{T_1}{T_2} = \gamma$$

式中，γ 为起动转矩比，即相邻两级起动总电阻之比。

已知转子每相电阻 r_2 和起动转矩比 γ 时，各级总电阻为

$$R_1 = \gamma r_2$$
$$R_2 = \gamma R_1 = \gamma^2 r_2$$
$$R_3 = \gamma R_2 = \gamma^3 r_2$$

在一般情况下，当起动级数为 m 时，则最大起动总电阻为

$$R_m = \gamma^m r_2$$

以下确定 γ 和 m：

在图 3-14 中，特性 4 和特性 1 在 $T = T_1$ 时，由于 T 一定时，$s_m \propto R$，故 $s \propto R$，由此可得

$$\frac{R_3}{r_2} = \frac{s_a}{s_g} = \frac{1}{s_g} \tag{3-31}$$

从固有特性曲线 4 和直线 $n_1 k$ 构成的相似三角形可得

$$\frac{T_1}{T_N} = \frac{s_g}{s_N}$$

$$s_g = \frac{s_N T_1}{T_N}$$

由此代入式 (3-31) 得

$$\frac{R_3}{r_2} = \frac{T_N}{s_N T_1}$$

如推广到一般情况，$R_m = \gamma^m r_2$ 代入上式可得

$$\gamma^m = \frac{T_N}{s_N T_1}$$

所以
$$\gamma = \sqrt[m]{\frac{T_N}{s_N T_1}} \tag{3-32}$$

如起动级数 m 未知时，将上式两边求对数

$$m = \frac{\lg\left(\frac{T_N}{s_N T_1}\right)}{\lg \gamma} \tag{3-33}$$

至此可归纳出计算起动电阻的步骤：

1）当起动级数 m 已知时

①预选 T_1，计算 γ；

②验算 T_2，$T_2 = T_1/\gamma$ 是否满足 $T_2 \geq (1.1 - 1.2)T_L$，如不满足，则应重选较大的 T_1 值或增加级数 m，重新计算 γ；

③计算 r_2，$r_2 = s_N E_{2N}/(\sqrt{3} I_{2N})$，用 r_2 和 γ 计算各级电阻值。式中 E_{2N} 为转子额定电动势，可在电动机铭牌上查得，这个值即为定子加额定电压转子开路时两集电环间的电压；I_{2N} 为转子额定电流。

2）当起动级数 m 未知时

①预选 T_1 和 T_2，求 γ；

②用式（3-33）计算 m，取接近的整数，再修正 γ 和 T_2；

③计算 r_2，由 r_2 和 γ 值计算各级电阻值。至于起动电阻每段的电阻值，可由相邻两级总电阻值相减求得

$$\begin{aligned} R_{sm} &= R_m - R_{m-1} \\ R_{s(m-1)} &= R_{m-1} - R_{m-2} \\ &\vdots \\ R_{s2} &= R_2 - R_1 \\ R_{s1} &= R_1 - r_2 \end{aligned} \tag{3-34}$$

例 3-4 某生产机械用绕线转子异步电动机的部分技术数据为 $P_N = 60\text{kW}$，$U_N = 380\text{V}$，$I_{2N} = 166\text{A}$，$n_N = 577\text{r/min}$，$E_{2N} = 253\text{V}$，$\lambda_T = 2.9$。如果负载转矩 $T_L = 0.85 T_N$，试求三级起动电阻值。

解 （1）
$$s_N = \frac{n_1 - n_N}{n_1} = \frac{600 - 577}{600} = 0.038$$

起动最大转矩 T_1 一般取为 $T_1 \leq 0.85 T_{max}$

$$T_1 \leq 0.85 T_{max} = 0.85 \times 2.9 T_N = 2.47 T_N$$

预选 $T_1 = 2.4 T_N$

$$\gamma = \sqrt[m]{\frac{T_N}{s_N T_1}} = \sqrt[3]{\frac{T_N}{0.038 \times 2.4 T_N}} = 2.22$$

(2) 验算 T_2，T_2 一般取为 $T_2 \geqslant (1.1 \sim 1.2) T_N$

$$T_2 = \frac{T_1}{\gamma} = \frac{2.4T_N}{2.22} = 1.08T_N > 1.2T_L = 1.02T_N$$

满足要求。

(3) 计算各段电阻值

$$r_2 = \frac{s_N E_{2N}}{\sqrt{3} I_{2N}} = \frac{0.038 \times 253}{1.732 \times 166}\Omega = 0.033\Omega$$

各级总电阻值：

$$R_1 = \gamma r_2 = 2.22 \times 0.033\Omega = 0.073\Omega$$
$$R_2 = \gamma^2 r_2 = 2.22^2 \times 0.033\Omega = 0.163\Omega$$
$$R_3 = \gamma^3 r_2 = 2.22^3 \times 0.033\Omega = 0.361\Omega$$

各段电阻值：

$$R_{s1} = R_1 - r_2 = (0.073 - 0.033)\Omega = 0.04\Omega$$
$$R_{s2} = R_2 - R_1 = (0.163 - 0.073)\Omega = 0.09\Omega$$
$$R_{s3} = R_3 - R_2 = (0.361 - 0.163)\Omega = 0.198\Omega$$

每相起动总电阻

$$R_s = R_{s1} + R_{s2} + R_{s3} = (0.04 + 0.09 + 0.198)\Omega = 0.328\Omega$$

五、三相异步电动机电力拖动系统的过渡过程

研究过渡过程的目的是为了缩短过渡时间和减小过渡损耗，以满足不同生产机械对过渡过程的不同要求。三相异步电动机拖动系统的过渡过程和直流电动机拖动系统一样，也有电磁过渡过程和机械过渡过程，但是电磁过渡过程对电动机影响不大，所以这里只研究机械过渡过程。

1. 异步电动机起动时间的计算

以异步电动机空载起动为例，用解析法来推导起动过渡过程时间的计算公式，并由此来分析影响起动时间的因素和找到缩短起动时间的途径。

当 $T_L = 0$ 时，拖动系统的运动方程式变为

$$T = \frac{GD^2}{375} \frac{dn}{dt} \tag{3-35}$$

将异步电动机的机械特性的实用表达式代入式(3-35)中，可得

$$\frac{GD^2}{375} \frac{dn}{dt} = \frac{2T_{max}}{\dfrac{s}{s_m} + \dfrac{s_m}{s}} \tag{3-36}$$

而 $n = (1-s)n_1$，$\dfrac{dn}{dt} = -n_1 \dfrac{ds}{dt}$，代入式(3-36)得

$$-\frac{GD^2}{375} n_1 \frac{ds}{dt} = \frac{2T_{max}}{\dfrac{s}{s_m} + \dfrac{s_m}{s}}$$

$$dt = -\frac{GD^2 n_1}{2 \times 375 T_{max}}\left(\frac{s}{s_m} + \frac{s_m}{s}\right)ds = -\frac{T_m}{2}\left(\frac{s}{s_m} + \frac{s_m}{s}\right)ds \tag{3-37}$$

式中，T_m 是异步电动机拖动系统的机电时间常数，$T_m = \dfrac{GD^2 n_1}{375 T_{max}}$。

将式（3-37）两边积分，求得起动时间为

$$t_{st} = -\frac{T_m}{2}\int_{s_1}^{s_2}\left(\frac{s}{s_m}+\frac{s_m}{s}\right)ds = \frac{T_m}{2}\int_{s_2}^{s_1}\left(\frac{s}{s_m}+\frac{s_m}{s}\right)ds$$

式中，s_1 和 s_2 分别为电动机起动加速时转差率的起始值和终了值。

将上式整理后可得到计算起动时间的一般公式为

$$t_{st} = \frac{T_m}{2}\left[\frac{s_1^2 - s_2^2}{2s_m} + s_m \ln\frac{s_1}{s_2}\right] \tag{3-38}$$

如果空载起动的话，一般认为 s 达到 0.05，起动过程就已结束。将 $s_1 = 1$，$s_2 = 0.05$ 代入，可得

$$t_{st0} = \frac{T_m}{2}\left(\frac{1 - 0.05^2}{2s_m} + s_m \ln\frac{1}{0.05}\right) \approx T_m\left(\frac{1}{4s_m} + 1.5 s_m\right) \tag{3-39}$$

由式（3-38）和式（3-39）可见，当 T_m 一定时，t_{st0} 与 s_m 有关系，而且必然存在一个最佳临界转差率 s_{mj}，它所对应的起动时间最短。

令 $\dfrac{dt_{st0}}{ds_m} = 0$，可得 $s_{mj} = \sqrt{\dfrac{1}{4 \times 1.5}} \approx 0.407$

当 $s_{mj} = 0.407$ 时，空载起动时间最短，图 3-15 给出 s_m 不同值时的三条机械特性。由图可见，当 $s_{mj} = 0.407$ 时的那条机械特性所包围的面积最大（如图中阴影部分所示），所以平均转矩最大，起动时间最短。

由于普通笼型电动机的 s_m 在 0.1~0.15 范围内变化，与 0.407 相差甚远，所以起动时间较长。因而对于那些要经常起动、制动的生产机械来说，为提高生产率，缩短起动时间，常采用高转子电阻的高转差率异步电动机拖动，而绕线转子异步电动机则可通过在转子回路中串电阻的方法来提高 s_m 值，从而缩短起动时间。

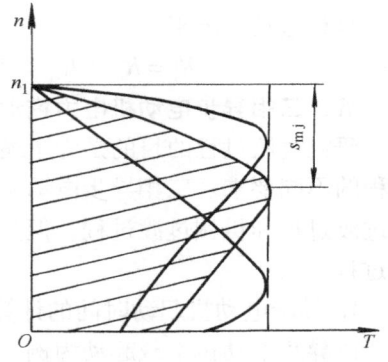

图 3-15 s_m 不同值时的异步电动机机械特性

2. 异步电动机过渡过程的能量损耗

分析能量损耗是要了解在过渡过程中能量损耗与哪些量有关，从而寻求减小能量损耗的办法。异步电动机起动时能量损耗包括铁耗、机械损耗和定、转子铜耗，但铁耗和机械损耗比起铜耗来小得多，所以在分析时只考虑定、转子的铜耗。下面仅对异步电动机空载起动情况进行分析。

定、转子铜耗可用下式求得

$$\Delta W_{st} = \int_0^{t_{st}} m_1 I_1^2 r_1 dt + \int_0^{t_{st}} m_1 I_2'^2 r_2' dt \tag{3-40}$$

如忽略空载电流，则 $I_1 = -I_2'$，代入式（3-40）可得

$$\Delta W_{st} = \int_0^{t_{st}} m_1 I_2'^2 (r_1 + r_2') dt \tag{3-41}$$

由于转子铜耗可表示为 $P_{Cu2} = m_1 I_2'^2 r_2' = s P_M = s T \Omega_1$

式（3-41）可写成

$$\Delta W_{\mathrm{st}} = \int_0^{t_{\mathrm{st}}} sT\Omega_1\left(1 + \frac{r_1}{r_2'}\right)\mathrm{d}t \tag{3-42}$$

空载运行时，$T_L = 0$，拖动系统的运动方程式变为

$$T = J\frac{\mathrm{d}\Omega}{\mathrm{d}t} = J\frac{\mathrm{d}\Omega_1(1-s)}{\mathrm{d}t} = -J\Omega_1\frac{\mathrm{d}s}{\mathrm{d}t} \tag{3-43}$$

将式（3-43）代入式（3-42）中可得

$$\Delta W_{\mathrm{st}} = -\int_{s_1}^{s_2} sJ\Omega_1^2\left(1 + \frac{r_1}{r_2'}\right)\mathrm{d}s = \frac{1}{2}J\Omega_1^2\left(1 + \frac{r_1}{r_2'}\right)(s_1^2 - s_2^2) \tag{3-44}$$

异步电动机空载起动时，$s_1 = 1$，$s_2 \approx 0$，将这两个数值代入式（3-44），可得

$$\Delta W_{\mathrm{st}} = \frac{1}{2}J\Omega_1^2\left(1 + \frac{r_1}{r_2'}\right) \tag{3-45}$$

可见，异步电动机空载起动过程的能量损耗与系统储存的动能和定、转子的电阻有关。如增大转子电阻可以减小起动过程的能量损耗，这是因为加大转子电阻可以限制起动电流、增加起动转矩、缩短起动时间，因此，笼型转子采用高电阻转子，绕线转子串电阻起动，都可以减小起动过程中的能量损耗。

通过以上分析，可知减少异步电动机过渡过程的能量损耗有下列三种方法：

1）减小拖动系统动能的储存量。对于经常起动和制动的电动机，可选用转动惯量较小的专用电动机，如起重冶金工业用异步电动机；也可采用两台一半功率的电动机组成双机拖动系统。

2）降低同步转速 n_1。拖动系统采用多速电动机，起动过程采用变极起动，起动时定子绕组接成多极对数（即 n_1 较低），起动一段时间后换接成少极对数（即 n_1 较高），这样可降低起动过程的能耗。如拖动系统的异步电动机采用变频起动，则加到定子绕组的电源频率由低到高逐渐上升，对应的同步转速 $n_1 = 60f_1/p$ 也由低到高，这样将大大减少起动过程的能耗。

3）提高转子电路的电阻。异步电动机转子电路的电阻增大，可使起动过程中的定子电路能量损耗降低。对于绕线转子异步电动机，起动时可在转子电路串接电阻；对于笼型转子，可采用电阻率高的转子导条，这种电动机不仅可以减少起动过程中的能量损耗，还可以缩短起动过程的时间。

例 3-5 有一台双速笼型异步电动机，$p = 1$ 时，$P_{\mathrm{N1}} = 100\mathrm{kW}$，$n_{\mathrm{N1}} = 2930\mathrm{r/min}$，$\lambda_{\mathrm{T1}} = 2.2$；$p = 2$ 时，$P_{\mathrm{N2}} = 75\mathrm{kW}$，$n_{\mathrm{N2}} = 1460\mathrm{r/min}$，$\lambda_{\mathrm{T2}} = 2.2$，已知拖动系统的转动惯量 $J = 1.47\mathrm{kg \cdot m^2}$，$r_1/r_2' = 1.2$，铁耗和机械损耗可以忽略。试求：

（1）单级起动到最高转速时电动机的能量损耗与起动时间；

（2）分两级起动到最高转速时，电动机的能量损耗与起动时间。

解 （1）单级起动时

1）能耗 ΔW_{st}

$$s_1 = s_{\mathrm{g}} = 1, s_2 = s_{\mathrm{N1}} = \frac{n_{11} - n_{\mathrm{N1}}}{n_{11}} = \frac{3000 - 2930}{3000} = 0.023 \approx 0$$

所以

$$\Delta W_{st1} = \frac{1}{2} J\Omega_1^2 \left(1 + \frac{r_1}{r_2'}\right)(s_1^2 - s_2^2)$$

$$= \frac{1}{2} J\Omega_1^2 \left(1 + \frac{r_1}{r_2'}\right) = \frac{1}{2} \times 1.47 \times \left(\frac{2\pi \times 3000}{60}\right)^2 (1 + 1.2) \text{ J}$$

$$= 159430 \text{ J}$$

2) 起动时间 t_{st1}

$$s_{m1} = s_{N1}[\lambda_{T1} + \sqrt{\lambda_{T1}^2 - 1}] = 0.023 \times 4.15 = 0.096$$

$$T_{max1} = \lambda_{T1} T_{N1} = \left(2.2 \times 9550 \times \frac{100}{2930}\right) \text{N} \cdot \text{m} = 717 \text{N} \cdot \text{m}$$

$$T_{m1} = \frac{GD^2 n_{11}}{375 T_{max1}} = \left(\frac{4 \times 9.8 \times 1.47 \times 3000}{375 \times 717}\right) \text{s} = 0.64 \text{s}$$

$$t_{st1} = \frac{T_{m1}}{2}\left(\frac{s_1^2 - s_2^2}{2s_{m1}} + s_{m1}\ln\frac{s_1}{s_2}\right)$$

$$= \frac{0.64}{2}\left(\frac{1^2 - 0.023^2}{2 \times 0.096} + 0.096\ln\frac{1}{0.023}\right) \text{s} = 1.80 \text{s}$$

（2）两级起动时

1）能耗 ΔW_{st2}

第一级：0~1500r/min

$$s_1 = 1, s_2 = s_{N2} = \frac{n_{12} - n_{N2}}{n_{12}} = \frac{1500 - 1460}{1500} = 0.027 \approx 0$$

$$\Delta W'_{st2} = \frac{1}{2} \times 1.47 \times (1 + 1.2)\left(\frac{2\pi}{60}\right)^2 \times 1500^2(1^2 - 0^2) \text{J} = 39890 \text{J}$$

第二级：1500~3000r/min

$$s_1 = \frac{n_{12} - n_{11}}{n_{12}} = \frac{3000 - 1500}{3000} = 0.5$$

$$s_2 = s_{N2} = 0.023 \approx 0$$

$$\Delta W''_{st2} = \frac{1}{2} \times 1.47(1 + 1.2)\left(\frac{2\pi}{60}\right)^2 \times 3000^2(0.5^2 - 0^2) \text{J} = 39890 \text{J}$$

总的能耗　　$\Delta W_{st2} = \Delta W'_{st2} + \Delta W''_{st2} = (39890 + 39890) \text{J} = 79780 \text{J}$

由此可见，分级起动比单级起动的能耗几乎小一半。

2）起动时间 t_{st2}

第一级：0~1500r/min

$$s_{m2} = s_{N2}[\lambda_{T2} + \sqrt{\lambda_{T2}^2 - 1}] = 0.027 \times 4.15 = 0.112$$

$$T_{max2} = \lambda_{T2}\left(9550\frac{P_{N2}}{n_{N2}}\right) = 2.2 \times \left(9550\frac{75}{1460}\right) \text{N} \cdot \text{m} = 1079 \text{N} \cdot \text{m}$$

$$T_{m2} = \frac{GD^2 n_{12}}{375 T_{max}} = \frac{4 \times 9.8 \times 1.47 \times 1500}{375 \times 1079} \text{s} = 0.214 \text{s}$$

$$t'_{st2} = \frac{T_{m2}}{2}\left[\frac{s_1^2 - s_2^2}{2s_{m2}} + s_{m2}\ln\frac{s_1}{s_2}\right]$$

$$= \frac{0.214}{2}\left[\frac{1^2-0.027^2}{2\times 0.112}+0.112\ln\frac{1}{0.027}\right]s=0.52s$$

第二级：1500~3000r/min 的起动时间为

$$t_{st2}'' = \frac{T_{m1}}{2}\left[\frac{s_1^2-s_2^2}{2s_{m1}}+s_{m1}\ln\frac{s_1}{s_2}\right]$$

$$= \frac{0.64}{2}\left[\frac{0.5^2-0.023^2}{2\times 0.096}+0.096\ln\frac{0.5}{0.023}\right]s=0.5s$$

总的起动时间 $t_{st2}=t_{st2}'+t_{st2}''=$（0.52+0.50）s=1.02s

可见，两级起动比单级起动所需的时间也短一些。

六、三相异步电动机的软起动

三相异步电动机传统减压起动方法的共同特点是在起动过程中加在定子绕组上的电压变化不是连续的，而是瞬时突变的，因而容易造成二次电流冲击。随着控制技术和电力电子器件的不断发展，电动机软起动逐渐代替了传统起动，解决了异步电动机起动过程中的起动电流过高、起动转矩过小等问题。

1. 软起动器工作原理

所谓软起动，是指在起动过程中电动机的转矩变化平滑而不跳跃，即起动过程是平稳的。典型软起动器的主电路是三相晶闸管调压器，原理图如图 3-16 所示。

每一相都是由反并联的两个晶闸管或者是双向晶闸管组成的。控制晶闸管的触发延迟角 α，使被控电动机的输入电压按不同的要求变化，从而实现不同的起动功能。起动时，调节晶闸管的触发延迟角 α，使晶闸管调压电路的输出电压从零开始，按照预设的函数关系逐渐增加，电动机的转矩与定子电压平方成正比。在转矩作用下，电动机开始加速，直到晶闸管全导通，电动机在全电压下运行。

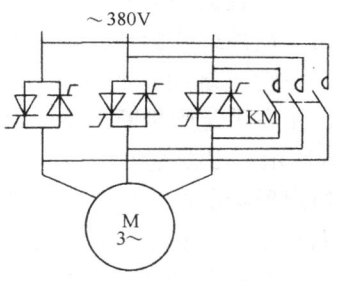

图 3-16 软起动器原理示意图

2. 软起动的类型

（1）限流起动 这种起动方式是采用电流闭环的方式控制电动机，使其起动时的电流为一恒值，起动电流及起动时间均可在一定范围内预先调整。但具有难以确定起动压降，且起动时间较长的缺点，所以主要用于轻载起动。

（2）斜坡电压起动 起动电压由小到大呈斜坡线性上升，它是将传统的减压起动从有级变成了无级。刚起动时，电压迅速上升到与初始转矩相对应的电压，然后依设定的起动时间逐渐上升，直至达到电网额定电压。起动过程中的转矩特性呈抛物线形上升，对拖动系统不利，且起动时间长，有损于电动机。同时，由于不限流，在电动机起动过程中，有时要产生较大的冲击电流使晶闸管损坏，对电网影响较大，所以不常用，主要用于重载起动。

（3）转矩控制起动 在电动机起动过程中，保持电动机的起动转矩按照线性上升的规律进行起动。这种起动方法的优点是起动平滑，能更好地保护拖动系统，延长拖动系统的使用寿命，同时降低电动机起动时对电网的冲击，是最优的起动方式。它的缺点是起动时间稍长。此种起动方式主要用在重载起动。

（4）转矩加突跳控制起动 这种起动与转矩控制起动相仿也是用在重载起动，不同的是在起动的瞬间用突跳转矩克服电动机静转矩，使电动机起动，之后过程与转矩控制相同，让转矩按某一规律平滑上升，这种起动方式也缩短了起动时间。但是，突跳会给电网发送尖脉冲，干扰其他负载，这是应该注意的。

第四节 三相异步电动机的制动

与直流电动机相同，三相异步电动机的制动也是使电动机的电磁转矩 T 与转速 n 反向，成为阻碍运动的转矩，使电动机转速由某一稳定转速迅速降为零的过程或者使电动机产生的转矩与负载转矩相平衡，保持拖动系统的下降速度恒定。

三相异步电动机的制动方法有能耗制动、反接制动、回馈制动三种，本节主要分析和讨论各种制动方法的原理、机械特性及制动过程。

一、能耗制动

1. 制动原理

能耗制动的接线图如图 3-17a 所示。制动时，KM1 断开，定子绕组脱离交流电源，同时 KM2 闭合，定子绕组任意两相通入直流电流 I_-（I_- 叫直流励磁电流），于是在定子绕组中产生一个直流恒定磁场（N 极、S 极）。而转子由于惯性继续旋转，转子切割此直流恒定磁场，在转子绕组中产生感应电动势和感应电流，用右手定则判断出感应电流方向，如图 3-17b 所示。根据左手定则判断出转子绕组电流与恒定磁场所产生的电磁转矩的方向与转速 n 方向相反，为制动性质的转矩，电机进入制动状态。在此制动转矩作用下，转速逐渐下降，当转速 $n=0$ 时，感应电动势、感应电流和制动转矩都为 0，制动过程结束。由于在制动过

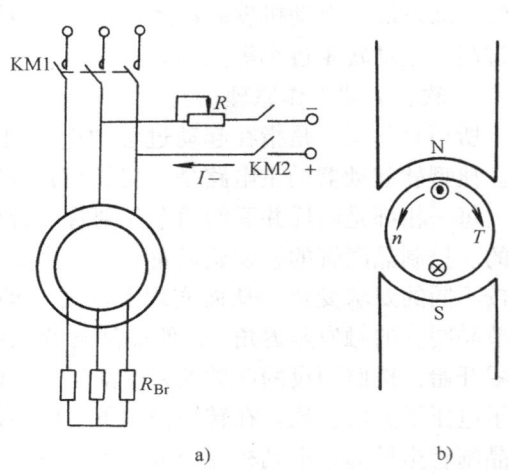

图 3-17 三相异步电动机能耗制动
a) 接线图 b) 制动原理

程中，转子的动能转变为电能消耗在转子回路的电阻上，所以称为能耗制动。

2. 机械特性

三相异步电动机能耗制动的机械特性的推导类似于其固有机械特性的推导，在这里不具体推导，只给出结果。

能耗制动时机械特性表达式

$$T = \frac{m_1 p I_1^2 x_m^2 \dfrac{r_2'}{s_v}}{2\pi f_1 \left[\left(\dfrac{r_2'}{s_v}\right)^2 + (x_m + x_2')^2\right]} \quad (3\text{-}46)$$

式中，s_v 为能耗制动转差率，$s_v = \dfrac{-n}{n_1}$。

根据式（3-46）画出能耗制动时的机械特性如图 3-18 所示，图中曲线 1 为直流电流 I_-，转子串入电阻 $R_{Br} = 0$ 时的特性；曲线 2 为直流 I'_-（$I'_- > I_-$），转子串入电阻 $R_{Br} = 0$ 时的特

性;曲线 3 为直流电流 I_-,转子串入电阻 $R_{Br}\neq 0$ 时的特性。

从这三条曲线可以得出如下结论:

1)当直流励磁一定,随着转子电阻的增加,产生最大制动转矩时的转速增加,但产生的最大转矩值不变,如曲线 1 和曲线 3 所示。

2)转子电阻不变,随着直流励磁电流 I'_- 的增大,产生的最大转矩 T_{max} 增加,但产生最大转矩时的转速 n 不变,如曲线 1 和曲线 2 所示。

3. 制动过程

在图 3-18 中,设电动机原来在电动状态的 A 点稳定运行,制动瞬间,由于转速不能突变,工作点由 A 点跳变到曲线 1 上的 B 点。在 B 点,$T_B<0$,$n>0$,电磁转矩与转

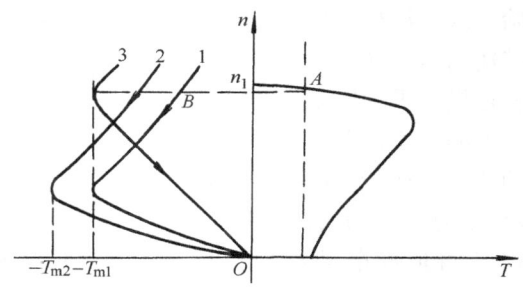

图 3-18 异步电动机能耗制动时的机械特性

速方向相反,电动机进入到制动状态。之后电动机沿着机械特性 1 减速,直到 $n=0$ 时,$T=0$,制动过程结束。如果负载是反抗性恒转矩负载,则电动机将停转,实现快速制动。如果是位能性负载,当制动到 $n=0$ 时,若不立即使用机械闸把电动机转子制动住,那么电动机将在位能性负载转矩的拖动下反转,特性曲线延伸到第Ⅳ象限,直到电磁转矩与负载转矩相平衡时,转速稳定下来。

4. 能耗制动经验公式

对于三相笼型异步电动机,取

$$I_- = (3.5 \sim 5)I_0 \tag{3-47}$$

对于三相绕线转子异步电动机,取

$$I_- = (2 \sim 3)I_0 \tag{3-48}$$

$$R_{Br} = (0.2 \sim 0.4)\frac{E_{2N}}{\sqrt{3}I_{2N}} - r_2 \tag{3-49}$$

式中,I_0 为异步电动机的空载电流;r_2 为转子每相绕组的电阻。

能耗制动是异步电动机常用的一种制动方法,它广泛应用于要求平稳准确停车的场合,也可用于起重机类带位能性负载的机械来限制重物下放的速度,使重物保持匀速下降。改变直流电流 I_- 的大小(通过调节电位器的 R 来改变)或改变转子回路所串电阻值,则可达到目的。

二、反接制动

当异步电动机转子磁场和定子磁场的旋转方向相反时,电动机便处于反接制动状态。反接制动有两种情况:一是保持定子磁场的转向不变,而转子在位能性负载作用下反转,这种情况下的制动称为转子反转的反接制动。二是转子转向不变,将定子电源两相反接,使定子磁场方向改变,这种情况下的制动称为定子两相反接的反接制动。

1. 转子反转的反接制动

(1)制动原理 图 3-19a 为异步电动机转子反转的反接制动原理图,若 KM 闭合时,电动机拖动系统原来运行于固有机械特性 1 上的 A 点,并以转速 n_A 提升重物 G,在第Ⅰ象限,如图 3-19b 所示。

若 KM 断开，转子中串入电阻 R_{Br}，这时异步电机机械特性变为曲线 2（只画出线性段部分）。由于转速不能突变，工作点由 A 点跳变到 B 点，由于在 B 点处 $T_B < T_L$，转速开始下降，沿机械特性 2 下降到转速为零的 C 点，BC 这一段就是提升重物速度逐渐降低直至零的一段，电动机仍处在电动状态下运行。C 点的电磁转矩 T_C 还小于负载转矩 T_L，重物 G 将迫使电动机的转子反向旋转，重物开始下放，直到 D 点，$T_D = T_L$，拖动系统将以转速 n_D 稳定运行，重物下降速度保持稳定。在 CD 这

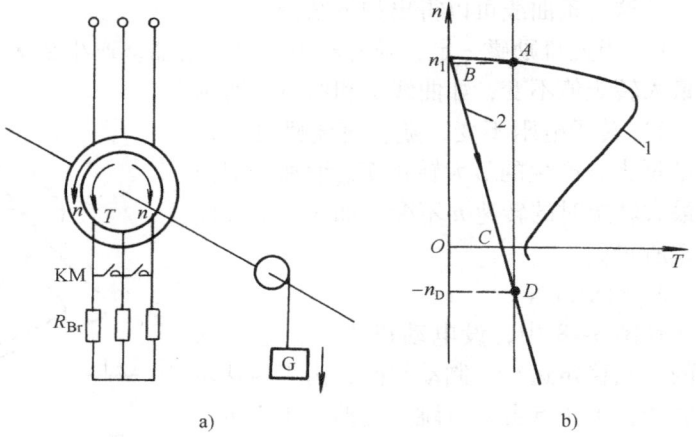

图 3-19 异步电动机转子反转的反接制动
a) 制动原理 b) 机械特性

一段，电动机的电磁转矩与转速方向相反，负载转矩为拖动转矩，拉着电动机反转，而电磁转矩起制动作用，因此这种制动又称为倒拉反接制动，机械特性在第Ⅳ象限。

由此可见，要实现转子反转的反接制动，必须同时具备两个条件：绕线转子异步电动机转子回路串入足够大的电阻和电动机在位能性负载下反拖，可以看出这种制动方式可限制重物的下放速度。另外，这种制动只能用于绕线转子异步电动机。

（2）能量关系 转子反转的反接制动时，转差率 $s = [n_1 - (-n)]/n_1 > 1$，这时从轴上输出的机械功率 $P_\Omega = m_1 I_2'^2 (r_2' + R_{Br}')(1-s)/s$，由于 $s > 1$，显然 $P_\Omega < 0$，说明此时轴上输出是负的，即输入机械功率，这是由位能性负载提供的。

此时的电磁功率 $P_M = m_1 I_2'^2 (r_2' + R_{Br}')/s > 0$，即电磁功率仍由定子侧经气隙传递到转子。这时的转子铜耗：

$$p_{Cu2} = m_1 I_2'^2 (r_2' + R_{Br}') = m_1 I_2'^2 (r_2' + R_{Br}')/s - m_1 I_2'^2 (r_2' + R_{Br}')(1-s)/s = P_M + |P_\Omega|$$

这表明，由位能负载提供的机械功率 P_Ω 和由电源输入的电磁功率 P_M 全部消耗在该电动机转子电路的电阻上。其中一部分消耗在转子绕组本身的电阻上，另一部分则消耗于转子外接的制动电阻 R_{Br} 上。

2. 定子两相反接的反接制动

定子两相反接的反接制动原理图如图 3-20a 所示。

设拖动系统原来运行于正向电动状态，稳定工作点在固有机械特性上的 A 点，现在把定子两相绕组出线端对调，由于定子电压的相序反了，定子旋转磁场方向相反，对应的同步速度变为 $-n_1$，对应的机械特性变为图 3-20b 中的曲线 2，在改变定子电压瞬间，由于转速不能突变，工作点由 A 跳变到 B，B 点对应的电磁转矩是负的，而转速方向未变，电动机进入到制动状态，电动机沿机械特性曲线 2 转速逐渐下降，直到 C 点转速为零，制动结束。对于绕线转子异步电动机来说，为了限制两相反接瞬间电流和增大制动电磁转矩，通常在转子中串入制动电阻 R_{Br}，这时对应的机械特性如图 3-20b 中曲线 3 所示。制动机械特性在第Ⅱ象限（BC 段或 B'C' 段）。

制动过程结束后,由于拖动负载不同,电动机将进入不同的工作状态,如制动目的仅是想快速停车,则在转速接近零时,立即切断电源,否则,机械特性曲线就进入第Ⅲ象限。如果电动机拖动的是反抗性恒转矩负载,而且在 C(C')点的电磁转矩大于负载转矩,则电动机将反向起动到 D(D')点,稳定运行,CD($C'D'$)这一段是电动机的反向电动状态;如果拖动的是位能性恒转矩负载,电动机会在位能性负载作用下,一直反向加速到 E(E')点。E(E')的速度绝对值 $|n_E|$ 大于同步速 n_1,且 DE($D'E'$)段的电磁转矩与转速方向相反,这就是后面要讲的回馈制动。

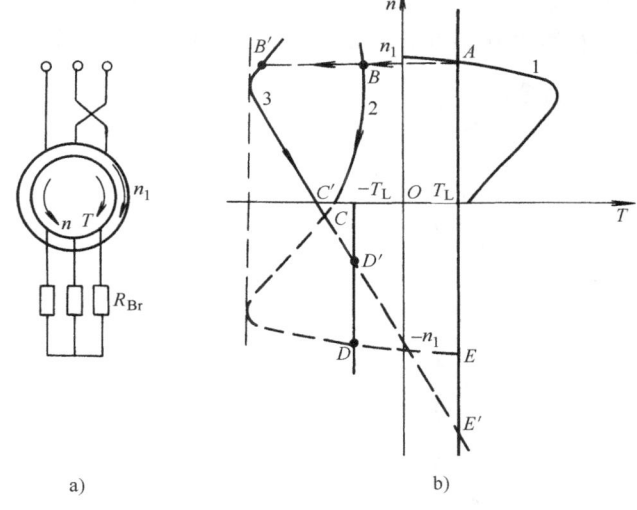

图 3-20 异步电动机定子两相反接的反接制动
a) 制动原理图　b) 机械特性

(2) 能量关系　定子两相反接时,$s = \dfrac{-n_1 - n}{-n_1} > 1$,由此可见,$s > 1$ 是反接制动(转子反转与定子两相反接)的特点,因此能量关系与转子反转的反接制动时相同,总而言之就是拖动系统所储存的动能被电动机吸收,变为轴上输入的机械功率,与由定子传递给转子的电磁功率一起,全部消耗在转子电路的电阻上。定子两相反接制动广泛应用于要求迅速停车和需要反转的生产机械上。

三、回馈制动

1. 回馈制动的概念

如果用一原动机,或者其他转矩(如位能性负载)去拖动异步电动机,使电动机转速高于同步转速,即 $n > n_1$,$s = (n_1 - n)/n_1 < 0$,这时异步电动机的电磁转矩 T 将与转速 n 反向,起制动作用。转子感应电动势 $sE_2 < 0$,转子电流的有功分量

$$I'_{2a} = \frac{E'_2 \dfrac{r'_2}{s}}{\left(\dfrac{r'_2}{s}\right)^2 + x'^2_2} < 0$$

无功分量

$$I'_{2r} = \frac{E'_2 x'_2}{\left(\dfrac{r'_2}{s}\right)^2 + x'^2_2} > 0$$

从上两式可看出,当 $s < 0$ 时,转子电流有功分量改变了方向,而无功分量方向不变。图 3-21、图 3-22 所示为异步电动机在电动状态和回馈制动状态下的相量图。从图中可看出,在电动机运行状态,$s > 0$,$\varphi_1 < \pi/2$,则 $P_1 = m_1 U_1 I_1 \cos\varphi_1 > 0$,说明电动机从电网吸收旦功率,

电磁转矩 T 和 n 同方向,电动机输出机械能。而在回馈制动状态,$\varphi_1 > \pi/2$,$P_1 = m_1 U_1 I_1 \cos\varphi_1 < 0$,说明电动机向电网输送有功功率,电磁转矩 T 和 n 反方向。至于无功功率,无论哪种状态都有 $\sin\varphi > 0$,所以两种运行状态下无功功率都必须由电网供给。

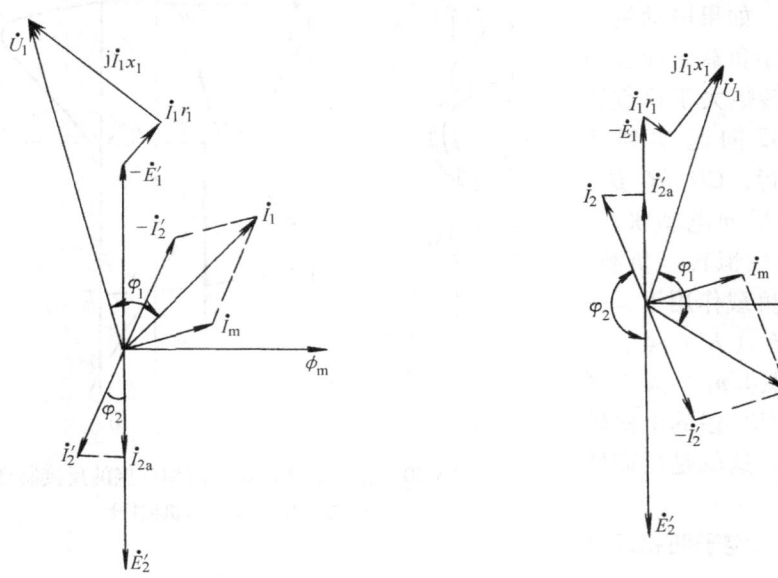

图 3-21 电动状态的相量图　　　　　图 3-22 回馈制动状态的相量图

由分析可知,回馈制动必须满足两个条件:电动机处在制动状态和电动机向电源回馈能量。

在生产实践中,异步电动机的回馈制动有正向回馈制动和反向回馈制动两种。

2. 反向回馈制动

当绕线转子异步电动机拖动位能性负载下放重物时,异步机从提升重物(电动状态 A 点)到下放重物(回馈制动状态 D 点)的过程如下:首先将电动机定子两相反接,这时定子旋转磁场的同步速为 $-n_1$,机械特性如图 3-23b 中曲线 2 所示。由于转速不能突变,工作点由 $A \to B$,电磁转矩 T 为负值,即与转速 n 反向,电动机进入制动状态,使电动机的转速很快降为零(对应 C 点)。在重物负载转矩 T_L 作用下继续沿特性曲线 2 反向加速,最后在 D 点稳定运行。电动机以 $-n_D$ 的转速使重物匀速下放。

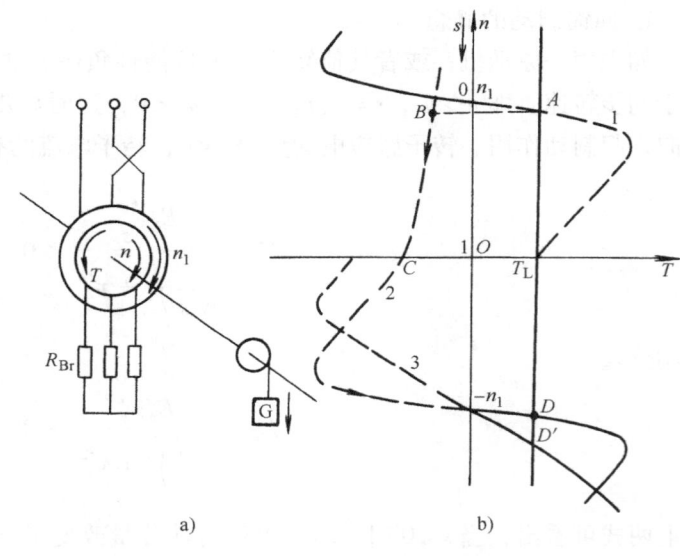

图 3-23 异步电动机回馈制动
a) 制动原理图　b) 机械特性

回馈制动时的机械特性在第Ⅳ象限。如在转子电路中串入制动电阻 R_{Br}，对应特性为图 3-23b 中的曲线 3，回馈制动工作点为 D' 点，制动转速将升高，重物下放速度将增大。为不致因电动机转速太高而造成事故，回馈制动时在转子电路内不允许串入太大的电阻值。

下面分析能量传递关系，电动机在 D 点运行时，$s = [-n_1 - (-n_D)]/(-n_1) < 0$，此时电动机的机械功率 $P_\Omega = m_1 I_2'^2 r_2'(1-s)/s < 0$，电磁功率 $P_M = m_1 I_2'^2 r_2'/s < 0$。这说明电动机从位能性负载处输入机械功率，扣除损耗后转换成电功率回馈给电网。

3. 正向回馈制动

包括变极调速过程中的回馈制动和变频调速时的回馈制动。

（1）变极调速过程中的回馈制动 这种制动情况，可用图 3-24 来说明。假设电动机原来在机械特性曲线 1 上的 A 点稳定运行，当电动机的极对数增加时，其对应的同步转速将降低为 n_1'，机械特性为曲线 2。在变极的瞬间，由于系统的机械惯性，工作点由 A 跳变到 B，对应的电磁转矩为负值，即 T 与转速 n 反向，因为 $n_B > n_1'$，电动机处于回馈制动状态，迫使电动机快速减速，直到

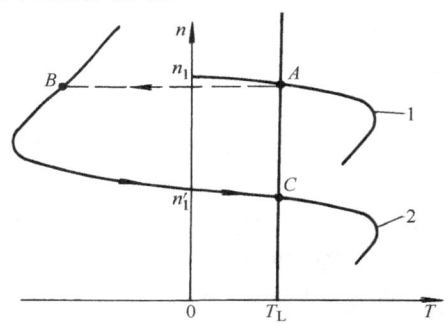

图 3-24 异步电动机在变极或变频时的机械特性

n_1' 点。沿特性曲线 2 的 B 点到 n_1' 点为电动机的回馈制动过程，机械特性在第Ⅱ象限。在这个过程中，电动机不断吸收系统中释放的动能，并转换成电能送到电网。电动机沿特性曲线 2 的 n_1' 点到 C 点为电动状态的减速过程，C 点为拖动系统的最后稳定运行点。

（2）变频调速过程中的回馈制动 异步电动机如果采用改变电源频率的方法调速，当频率降低时，和上述变极调速方法类似，在频率降低瞬间，同步速降低，$n > n_1$，在这种情况下采用回馈制动还是能耗制动，与变频装置的类型有关，这将在后续课程中再作介绍。

以上介绍了三相异步电动机的三种制动方法。为了便于掌握，现将三种制动方法及其能量关系、优缺点以及应用场合作一比较，列于表 3-2 中。

表 3-2 异步电动机各种制动方法的比较

比较	能耗制动	反接制动		回馈制动
		定子两相反接	转子反转	
方法（条件）	断开交流电源的同时在定子两相中通入直流电	突然改变定子电源的相序，使旋转磁场反向	定子按提升方法接通电源，转子串入较大电阻，电动机被重物拖着反转	在某一转矩作用下，使电动机转速超过同步转速，即 $n > n_1$
能量关系	吸收系统储存的动能并转换成电能，消耗在转子电路的电阻上	吸收系统储存的机械能，并转换成电能，连同定子传递给转子的电磁功率一起全部消耗在转子电路的电阻上		轴上输入机械功率并转换成定子的电功率，由定子回馈给电网
优点	制动平稳，便于实现准确停车	制动强烈，停车迅速	能使位能负载以稳定转速下降	能向电网回馈电能，比较经济
缺点	制动较慢，需增设一套直流电源	能量损耗较大，控制较复杂，不易实现准确停车	能量损耗大	在 $n < n_1$ 时不能实现回馈制动

(续)

比较	能耗制动	反接制动		回馈制动
		定子两相反接	转子反转	
应用场合	① 要求平稳、准确停车的场合 ② 限制位能性负载的下降速度	要求迅速停车和要求反转的场合	限制位能性负载的下降速度，并在 $n < n_1$ 的情况下采用	限制位能性负载的下降速度，并在 $n > n_1$ 的情况下采用

第五节 三相异步电动机拖动系统的调速

20世纪60年代以前，异步电动机一般只用于恒速传动，需要调速的场合使用的都是直流电动机。随着电力电子技术和控制技术的发展，使得异步电动机调速得到飞速发展，调速性能不断得到提高，甚至可以达到和直流调速性能相媲美的程度。由于异步电动机比直流电动机具有结构简单、价格低廉、运行可靠及维修方便等优点，其调速正逐步取代直流调速而成为调速市场的主流。

根据三相异步电动机的转速公式 $n = \dfrac{60f_1}{p}(1-s)$ 可知，异步电动机的调速有三种方法：①变转差率调速；②变极调速；③变频调速。

一、变转差率调速

常见的变转差率调速方法有转子电路串电阻调速、改变定子电压调速、串级调速等。

1. 转子电路串电阻调速

（1）调速原理　这种方法适用于绕线转子异步电动机。

绕线转子异步电动机转子回路串入电阻时，同步速 n_1、最大电磁转矩 T_{max} 都不变，而临界转差率 s_m 随外串电阻 R 增大而增大，机械特性如图3-25a所示。当负载转矩 T_L 为恒转矩负载时，转子外串电阻值越大，电动机转速越低，从而实现了异步电动机的调速。

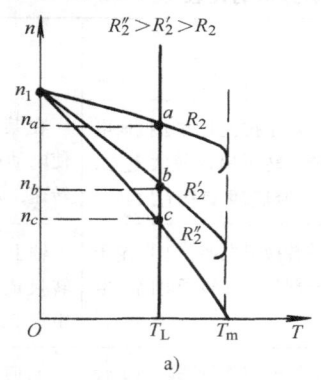
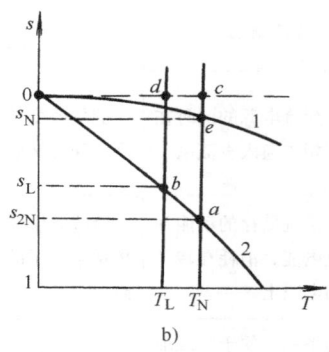

图3-25　绕线转子异步电动机转子串电阻调速
a) 机械特性　b) 转子电阻与转差率的关系

这种调速方法的优点是简单、易于实现、投资小，缺点是低速时损耗很大、运行效率低，同时在低速时，由于机械特性较软，负载变化时静差率较大而使调速范围变小。

绕线转子异步电动机转子串电阻调速主要适用于对调速性能要求不高的生产机械中，如桥式起重机、通风机等。

（2）调速电阻的计算方法　绕线转子异步电动机转子串电阻调速时其调速电阻计算方法和起动电阻的计算方法类同，既可用图解法，也可用解析法。在此着重叙述解析法的计算方法。

由图3-25b可找出转子电阻与一定负载转矩下的运行速度关系。图中曲线1为电动机的固有机械特性曲线，因为在同一负载转矩下转差率s和转子电阻成正比，所以，当$T=T_N$时

$$\frac{s_N}{s_{2N}} = \frac{r_2}{R_s + r_2} \qquad (3-50)$$

式中，R_s为转子中所串入附加电阻；s_{2N}为$T=T_N$时，人为机械特性曲线2所对应的转差率，即图中ca段。

设在任一负载转矩时人为机械特性上转差率为s_L，即图中的db段，因为△oac～△obd，则$oc/od=ca/db$，即$T_N/T_L=s_{2N}/s_L$或$s_{2N}=(T_N/T_L)s_L$，以此式代入式（3-50）中，得

$$R_s = \left(\frac{s_L T_N}{s_N T_L} - 1\right) r_2 \qquad (3-51)$$

因此，只要已知电动机的铭牌数据、负载转矩及所要求的运行转速，即可按式（3-51）计算出所需的调速电阻值。

（3）调速时的容许输出　由式（3-51）可知，当负载转矩T_L等于额定负载转矩T_N时，可将式（3-51）改写成

$$\frac{r_2}{s_N} = \frac{R_2}{s_{2N}} = \frac{nr_2}{ns_N} \qquad (3-52)$$

式中，R_2为调速时转子回路的总电阻，$R_2=R_s+r_2$。

由式（3-52）可知，当负载转矩为恒定时，转子电阻增加n倍，转差率也增加n倍。此式称为转矩的比例推移定理。由异步电动机的等效电路可见，此时电动机的电磁转矩、定转子电流、输入功率、功率因数、电磁功率P_M等值均不变，而转差功率sP_M增大，这部分功率消耗于串入转子的电阻上，因此是一种不经济的调速方法。虽然如此，由于这一方法简单，在中小型异步电动机中仍有应用。

2. 改变定子电压调速

（1）调速原理　当异步电动机定转子参数不变时，在一定的转差率s下，电动机的电磁转矩T与定子电压U_1^2成正比，而临界转差率s_m、同步速n_1与U_1无关，机械特性如图3-26a所示。

如果负载是恒转矩负载（如图3-26a中的曲线2），转差率s的变化范围为$0\sim s_m$，调速范围很小，如果带风机类负载（如图3-26a中的曲线1）运行的话，调速范围可稍大一些。为了能在恒转矩负载下扩大调速范围，并使电动机在较低转速下运行而不致过热，要求电动机转子有较高的电阻值，这种电动机叫做交流力矩电动机。力矩电动机在调压时的机械特性如图3-26b所示，由图可看出，虽然采用高转子电阻的交流力矩电动机可以增大调速范围，但机械特性又变得太软，静差率很大，难以满足生产机械对调速性能的要求，开环控制又难以解决这个矛盾，往往采用转速反馈的闭环控制系统来减小静差率。

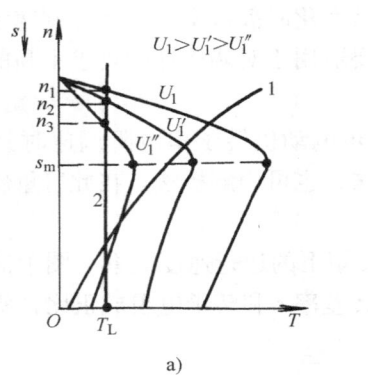
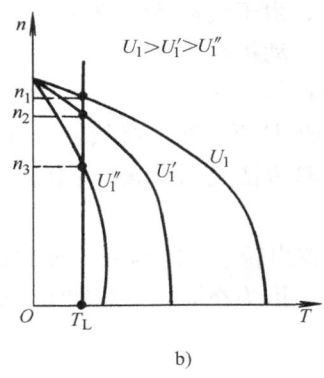

图 3-26 改变定子电压时的机械特性

(2) 调压调速的闭环控制原理 转速负反馈闭环控制的调压调速系统原理如图 3-27 所示。

图 3-27 中，ASR 是转速调节器，GT 是触发装置，TVC 是双向晶闸管交流调压器，TG 是测速发电机。电动机转速 n 由测速发电机检测后反馈一个正比于 n 的电压 U_n，与转速给定信号 U_n^* 比较，得到偏差 $\Delta U_n = U_n^* - U_n$，再经转速调节器 ASR 产生控制电压 U_c 送至触发电路 GT，使 GT 输出晶闸管的控制信号，从而改变双向晶闸管调压器 TVC 的输出电压。

当系统实际转速 n 低于给定数值时，测速发电机输出 U_n 下降，转速调节器的输入 ΔU_n 和输出 U_c 增大，触发延迟角 α 减小，使双向晶闸管调压器输出电压上升，转速升高并稳定在一定数值上。反之，如果电动机转速高于给定数值时，测速发电机输出 U_n 上升，转速调节器的输入 ΔU_n 和输出 U_c 减小，触发延迟角 α 增大，使双向晶闸管调压器输出电压下降，从而使电动机转速下降。这样，只要给定转速 U_n^* 不变，电动机转速也就基本不变。

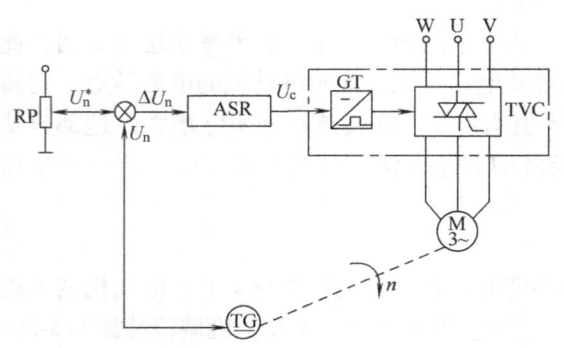

图 3-27 转速闭环反馈控制的调压调速系统

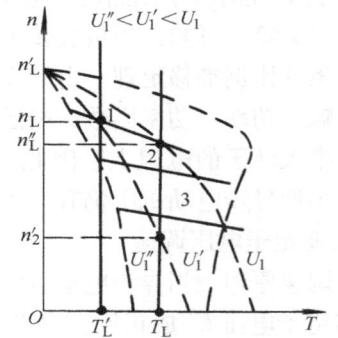

图 3-28 调压调速闭环系统的机械特性

(3) 调速调压闭环控制系统的机械特性 图 3-28 中虚线画出了异步电动机在不同定子电压下的机械特性，这是开环系统的机械特性。设负载转矩为 T_L'，定子电压为 U_1'，电动机的稳定转速为 n_L，当负载转矩增加至 T_L 时，电动机的转速将沿原来的机械特性下降为 n_2'。很显然，转速的降落 $n_L - n_2'$ 很大。倘若将转速闭环以后，当负载增加而引起转速下降时，$\Delta U_n = U_n^* - U_n$ 就会增大，使 ASR 的输出电压 U_c 随即升高，就会使定子电压由原来的 U_1' 升高为 U_1，此时转速为 n_L''，转速降 $n_L - n_L''$ 明显减小。其相应的机械特性变为图 3-28 中实线 1

所示。

通过改变速度给定器的输出电压,从而可得到一组基本平行的特性曲线簇(如实线1、2、3)。可以看出,采用闭环控制以后,机械特性硬度大大提高,静差率大大减小。

(4) 调压调速时的容许输出 由于 $T \propto 3I_2'^2 \dfrac{r_2'}{s}$,为使调速时电动机能充分利用,让 $I_2' = I_{2N}'$,$T \propto \dfrac{1}{s}$,可见这种调速方法既非恒转矩又非恒功率调速。

又由于转差功率 $P_s = sP_M$ 随着转速减小而增加,因此,改变定子电压的调速方法一般适用于高转差笼型转子异步电动机和绕线转子异步电动机中。

二、变极调速

改变定子的极对数,可以改变同步转速 n_1,从而调节转速。要改变定子极对数,可以用在定子铁心槽内嵌放两套不同极对数的三相对称绕组来实现,但这种方法很不经济,通常是利用改变定子绕组接法来改变极对数。由电机学原理可知,只有定转子的极对数相同,电动机才能产生恒定的电磁转矩,才能实现机电能量的转换,因此,在改变定子极数的同时,必须改变转子的极对数,由于笼型异步电动机的转子极对数能自动地跟随定子极对数变化而变化,所以变极调速适用于笼型异步电动机。

1. 变极原理

三相笼型异步电动机定子绕组极对数的改变,是通过改变绕组的接线方式实现的,如图3-29所示。这是一个电动机 A 相定子绕组,由两个线圈组成,这两个线圈头尾相连时,每个线圈中的电流方向都是头进尾出,按照线圈内电流方向可以用右手定则确定磁通方向,即"×"表示磁通穿入纸面,"·"表示磁通穿出纸面,从图3-29a 可看出,定子绕组产生的磁极是四极($2p=4$),如果将两个半相绕组的连接方式改成图3-29b 或图3-29c 的形式,改变半相绕组中的电流方向,根据电流方向,用右手定则定出磁通方向,此时定子绕组具有两个磁极($2p=2$),电动机同步转速增加一倍。由此可见,改变半相绕组的电流方向,就能使极对数减半。另外需要注意的是,当定子绕组的接线方式改变的同时,还需要改变定子绕组的相序,以保证变极调速前后电动机的转向不变。

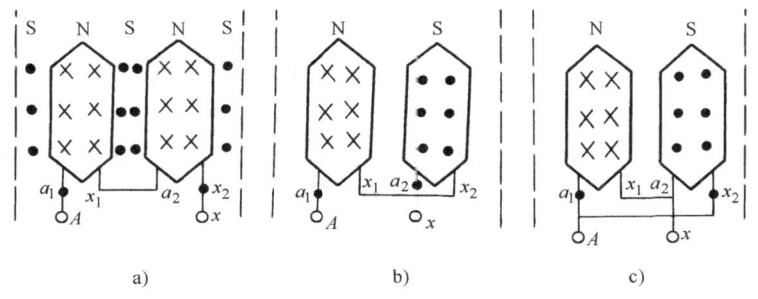

图3-29 改变极对数时一相绕组的改接方法
a) $2p=4$　b) $2p=2$　c) $2p=2$

2. 三种典型的变极接线方式

改变定子绕组接线方式使半相绕组反向,从而实现变极的具体方法很多,这里只分析三种常用的变极接线方式,其中图3-30a 表示由单星形改接成并联的双星形;图3-30b 表示由单星形改接成反向串联的单星形;图3-30c 表示由三角形改接成双星形。由图可见,以上三种接线方式，都是使每相绕组上一半线圈内电流方向改变，因而定子磁场的极对数减少一半。

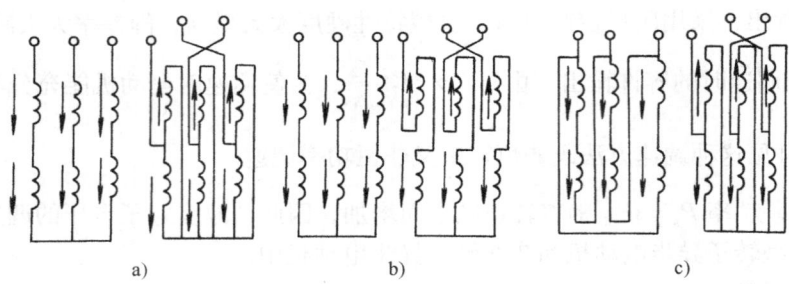

图 3-30　双速电动机常用的变极接线方式
a) Y 联结→YY 联结（$2p→p$）　b) Y 联结→反串 Y 联结（$2p→p$）
c) △联结→YY 联结（$2p→p$）

3. 变极调速时的容许输出

如前所述，调速过程中电动机的容许输出，是指在保持定、转子电流均为额定电流情况下，调速前后电动机轴上输出转矩和输出功率的变化情况。下面将对三种变极方式进行分析。

（1）Y→YY 变换　变极电动机的每相绕组分成两个半相绕组，在中间设有一个抽头，如图 3-31a 所示，Y 联结时，端点 1、2、3 空着不用，端点 4、5、6 接电源，三相绕组另一端连接在一起，形成中性点 O。

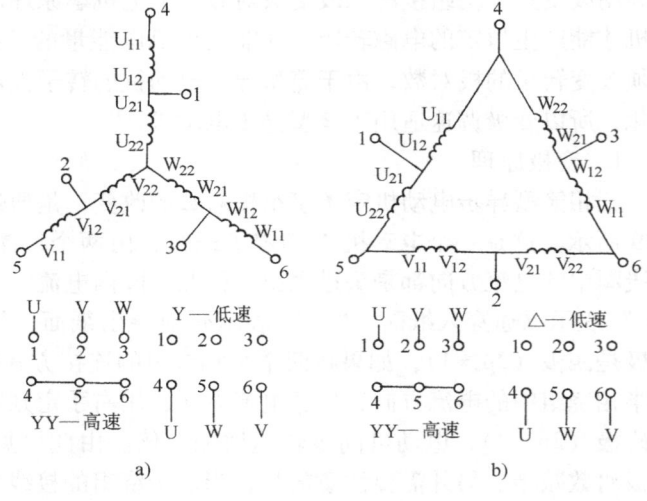

图 3-31　Y→YY，△→YY 实用接线图
a) Y→YY　b) △→YY

改接成 YY 形时，把端点 4、5、6 和中性点短接在一起，端点 1、2、3 接电源，即使两个半相绕组并联，且一个半相绕组中电流反向，于是极对数减少一半。

设外施电压 U_1 不变，且变极前后电动机的功率因数和效率近似相等，则 Y 联结的输出功率和输出转矩

$$\left.\begin{array}{l} P_{2Y} = \sqrt{3}U_L I_L \cos\varphi_Y \eta_Y \\ T_{2Y} = 9550 P_{2Y}/n_Y \end{array}\right\} \tag{3-53}$$

YY 联结的输出功率和输出转矩

$$\left.\begin{array}{l} P_{2YY} = \sqrt{3}U_L (2I_L)\cos\varphi_{YY} \eta_{YY} \\ T_{2YY} = 9550 P_{2YY}/n_{YY} \end{array}\right\} \tag{3-54}$$

式中，U_L 为定子的线电压；I_L 为定子的线电流；$\cos\varphi_Y$ 为 Y 联结时电动机的功率因数；$\cos\varphi_{YY}$ 为 YY 联结时电动机的功率因数；η_Y 为 Y 联结时电动机的运行效率；η_{YY} 为 YY 联结时

电动机的运行效率。

YY 联结时电动机的同步转速 n_{YY} 为 Y 联结时同步转速 n_Y 的 2 倍。

将式（3-53）与式（3-54）相比，得

$$\left. \begin{array}{l} P_{2YY} = 2P_{2Y} \\ T_{2YY} = T_{2Y} \end{array} \right\} \tag{3-55}$$

可见，Y→YY 变换时，电动机转速提高了一倍，输出功率也增加一倍，电动机输出转矩不变，所以，是属于恒转矩调速。

（2）△→YY 变换　如图 3-31b 所示，△联结时，端点 1、2、3 空着，端点 4、5、6 接电源。YY 联结时，端点 1、2、3 接电源，端点 4、5、6 相连，即使一个半相绕组中电流反向，极数减少一半而转速提高一倍。

△联结的输出功率和输出转矩分别为

$$\left. \begin{array}{l} P_{2\triangle} = \sqrt{3}U_L\,(\sqrt{3}I_\varphi)\,\cos\varphi_\triangle \eta_\triangle \\ T_{2\triangle} = 9550P_{2\triangle}/n_\triangle \end{array} \right\} \tag{3-56}$$

式中，I_φ 为定子绕组的相电流；$\cos\varphi_\triangle$ 为△联结时电动机的功率因数；$\eta_\triangle$ 为△联结时电动机的运行效率。

同理，$\cos\varphi_\triangle \approx \cos\varphi_{YY}$，$\eta_\triangle = \eta_{YY}$，$n_{YY} = 2n_\triangle$，将式（3-56）与式（3-54）比较

$$\left. \begin{array}{l} P_{2\triangle} = \dfrac{\sqrt{3}}{2}P_{2YY} = 0.866P_{2YY} \\ T_{2\triangle} = 2 \times \dfrac{\sqrt{3}}{2}T_{2YY} = 1.73T_{2YY} \end{array} \right\} \tag{3-57}$$

由式（3-57）可知，当△→YY 变换时，电动机转速提高一倍，输出功率近似不变，但输出转矩几乎减小一半，所以可认为属于恒功率调速。

（3）顺串 Y—反串 Y 变换　同理可分析，当定子外施电压不变时，这种变换是属于恒功率调速，读者可自行证明。

4. 变极调速电动机的机械特性

异步电动机的最大转矩 T_{max}、临界转差率 s_m 和起动转矩 T_{st} 的表达式为

$$\left. \begin{array}{l} T_{max} = \dfrac{m_1 p U_1^2}{4\pi f_1 \left[r_1 + \sqrt{r_1^2 + (x_1 + x_2')^2} \right]} \\ s_m = \dfrac{r_2'}{\sqrt{r_1^2 + (x_1 + x_2')^2}} \\ T_{st} = \dfrac{m_1 p U_1^2 r_2'}{2\pi f_1 \left[(r_1 + r_2')^2 + (x_1 + x_2')^2 \right]} \end{array} \right\} \tag{3-58}$$

由 Y 形改接成 YY 形联结时，两个半相绕组并联，则定、转子每相绕组的阻抗（r_1、x_1、r_2'、x_2'）为 Y 形联结时的 1/4，相电压 U_1 不变，极对数 p 减少一半，将这些关系代入式（3-58）可得

$$s_{mYY} = s_{mY}$$
$$T_{mYY} = 2T_{mY}$$
$$T_{stYY} = 2T_{stY}$$

则说明 YY 联结时，最大转矩和起动转矩均为 Y 联结时的两倍，电动机过载能力加大一倍，而临界转差率保持不变，其机械特性如图 3-32a 所示。

由 △ 换接成 YY 时，定转子每相绕组阻抗为 △ 联结时的 1/4，极对数减少一半，相电压 $U_{YY} = U_{\triangle}/\sqrt{3}$，将这些关系代入式 (3-58) 中，可得

$$s_{mYY} = s_{m\triangle}$$
$$T_{mYY} = (2/3) T_{m\triangle}$$
$$T_{stYY} = (2/3) T_{st\triangle}$$

则 YY 联结时的最大转矩和起动转矩均为 △ 联结时的 2/3，电动机的过载能力下降，临界转差率不变，机械特性如图 3-32b 所示。

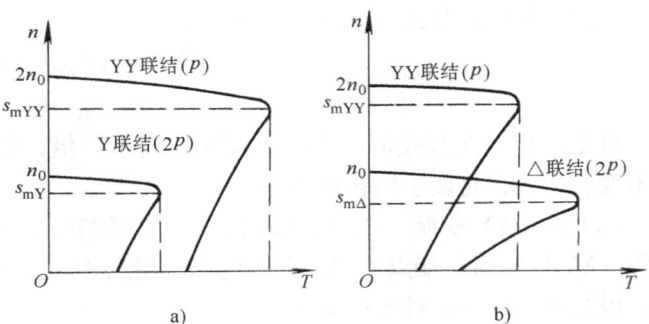

图 3-32 变极调速时的机械特性
a) Y→YY   b) △→YY

综上所述，变极调速具有操作简便，机械特性硬，效率高等优点，且可以获得恒转矩或恒功率调速特性，但是，它仅适用于不要求平滑调速的场合。如在机床设备上，用变极调速作粗调，变换齿轮作细调。

变极调速电动机有双速异步电动机，其极对数成倍改变，如 2/4 极、4/8 极、6/12 极，还有可获得非倍极比及单绕组三速异步电动机，这种电动机一般结构较复杂，成本高。

三、变频调速

由式 $n = 60f_1(1-s)/p$ 可知，当转差率 s 不变时，n 与 f_1 成正比，因此，改变 f_1 可以调速，这种调速方法叫变频调速。

变频调速是所有调速方法中效率最高、性能最好的，所以现在变频调速应用范围很广，已经成为交流调速的发展方向。

1. 变频调速的基本控制方式

三相异步电动机运行时，忽略定子漏阻抗压降

$$U_1 \approx E_1 = 4.44 f_1 N_1 k_{w1} \Phi_m \tag{3-59}$$

异步电动机在调速时，应保持电动机中每极气隙磁通 Φ_m 为额定值不变。如果磁通太弱，没有充分利用电动机的铁心，同样的转子电流下，电磁转矩小，电动机的负载能力下降；如果过分增大磁通，又会引起铁心磁路饱和，从而导致过大的励磁电流，严重时会因绕组过热而损坏电动机，这是不允许的。由式 (3-59) 可知，要想改变 f_1 进行调速，则 U_1 也应同时改变，以维持 Φ_m 近似不变。对此，需要讨论基频以下和基频以上两种情况。

(1) 基频以下变频调速　基频以下调速时，电压和频率之间协调控制的方式有以下三种：

1) 恒 $\dfrac{U_1}{\omega_1}$ 控制。将式 (3-7) 重新整理，并考虑到 $\omega_1 = 2\pi f_1$，得到

$$T = m_1 p \left(\dfrac{U_1}{\omega_1}\right)^2 \dfrac{s\omega_1 r_2'}{(sr_1 + r_2')^2 + s^2\omega_1^2 (L_1 + L_2')^2} \tag{3-60}$$

其机械特性如图 3-33 所示。特点有：

①由于 $n_1 = 60\omega_1/(2\pi p)$，所以同步速 n_1 随运行频率 ω_1 变化。

②不同频率下机械特性相互平行，这是因为电动机带负载以后速度变化为 $\Delta n = sn_1 = \dfrac{60}{2\pi p}s\omega_1$，在 s 很小的机械特性直线段上，根据式（3-60）可以导出

$$s\omega_1 \approx \frac{r_2' T}{m_1 p \left(\dfrac{U_1}{\omega_1}\right)^2} \tag{3-61}$$

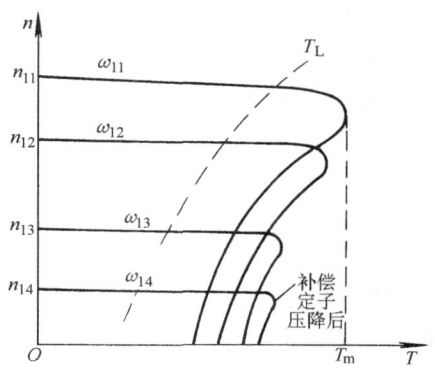

图 3-33 恒 U_1/ω_1 控制变频调速异步电动机机械特性

由此可见，当恒 $\dfrac{U_1}{\omega_1}$ 控制时，同一转矩 T 下，$s\omega_1$ 基本相同，因而不同运行频率下的转速降落 Δn 基本不变。

③最大转矩 T_{max} 随频率降低而减小。

将式（3-11）整理得

$$T_{max} = \frac{\dfrac{m_1 p}{2}\left(\dfrac{U_1}{\omega_1}\right)^2}{\left[\dfrac{r_1}{\omega_1} + \sqrt{\left(\dfrac{r_1}{\omega_1}\right)^2 + (L_1 + L_2')^2}\right]} \tag{3-62}$$

说明恒 $\dfrac{U_1}{\omega_1}$ 控制时，随着运行频率 ω_1 降低，最大转矩 T_{max} 减小。当频率很低时，T_{max} 会变得很小，有可能带不动负载。所以在低频时应采取定子压降补偿，适当提高 U_1，增强电动机的带载能力。

恒 $\dfrac{U_1}{\omega_1}$ 控制方式只适合调速范围不大、最低转速不太低、或负载转矩随转速降低而减小的负载，如负载转矩随转速平方变化的风机、水泵类负载。如图 3-33 中虚线所示。

2）恒 $\dfrac{E_1}{\omega_1}$ 控制。如果在电压—频率协调控制中，恰当地提高电压 U_1 的数值，使它在克服定子漏阻抗压降以后，能维持 $\dfrac{E_1}{\omega_1}$ 为恒值，则由式（3-59）可知，Φ_m 能保持恒定，且由图 3-1 等效电路可以得出

$$I_2' = \frac{E_1}{\sqrt{\left(\dfrac{r_2'}{s}\right)^2 + (\omega_1 L_2')^2}}$$

将此式与式（3-3）代入式（3-1）并整理得

$$T = m_1 p \left(\frac{E_1}{\omega_1}\right)^2 \frac{s\omega_1 r_2'}{r_2'^2 + (s\omega_1 L_2')^2} \tag{3-63}$$

其机械特性如图 3-34 所示。特点有：

①整条特性曲线与恒 U_1/ω_1 控制时性质相似,但对比式(3-63)与式(3-60)时发现,恒 E_1/ω_1 控制分母中含 s 项的参数要小于恒 U_1/ω_1 控制时的含 s 项的参数,可见恒 E_1/ω_1 控制时,s 值要更大一些才会使含 s 项在分母中占主导地位而不能被忽略,因此恒 E_1/ω_1 控制的机械特性,线性段的范围比恒 U_1/ω_1 控制更宽,即调速范围更广。

②对式(3-63)进行求极值运算,可以求得临界转差率和最大转矩分别为

$$s_m = \frac{r_2'}{\omega_1 L_2'} \tag{3-64}$$

$$T_{max} = \frac{m_1 p}{2}\left(\frac{E_1}{\omega_1}\right)^2 \frac{1}{L_2'} \tag{3-65}$$

可以看出,在恒 E_1/ω_1 控制时,任何运行频率下的最大转矩恒定不变,稳定工作特性明显优于恒 U_1/ω_1 控制,这正是采用低频定子压降补偿后恒压频比控制所期望的结果。

3) 恒 $\dfrac{E_r}{\omega_1}$ 控制。如果把电压—频率协调控制中的电压 U_1 再进一步提高,把转子漏抗上的压降也抵消掉,就得到恒 $\dfrac{E_r}{\omega_1}$ 控制,此时可得

$$I_2' = \frac{E_r}{(r_2'/s)} \tag{3-66}$$

将此式与式(3-3)代入式(3-1)可得

$$T = m_1 p \left(\frac{E_r}{\omega_1}\right)^2 \frac{s\omega_1}{r_2'} \tag{3-67}$$

这时的机械特性完全是一条直线,见图3-35。显然,恒 $\dfrac{E_r}{\omega_1}$ 控制的稳态性能最好,可以获得和直流电动机一样的线性机械特性,这正是高性能交流电动机变频调速要求的性能。

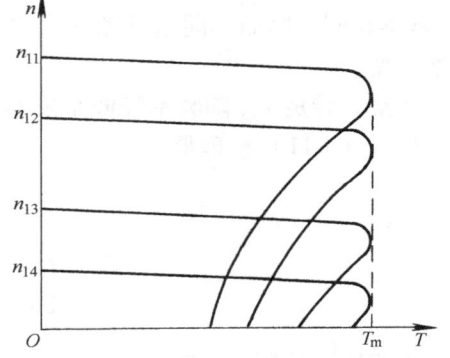

图3-34 恒 E_1/ω_1 控制变频调速异步电动机机械特性

根据式(3-59),当频率恒定时,电动势与磁通成正比,且 E_1 与 Φ_m 相对应,那么,转子全磁通的电动势 E_r 应对应转子全磁通 Φ_r,即

$$E_r = 4.44 f_1 N_1 k_{w1} \Phi_r \tag{3-68}$$

由此可见,只要能按 $\Phi_r =$ 恒值进行控制,就能获得恒 $\dfrac{E_r}{\omega_1}$ 的控制效果,这就是矢量控制系统所遵循的原则。

(2)基频以上变频调速 在基频以上调速时,由于定子电压 U_1 不能超过额定电压 U_N,最多只能保持 $U_1 = U_N$,根据式(3-59),这就迫使 Φ_m 与 f_1 成反比地降低,与直流电动机弱磁升速的情况类似。

由于 $U_1 = U_N$ 不变,式(3-7)及式(3-11)可写成

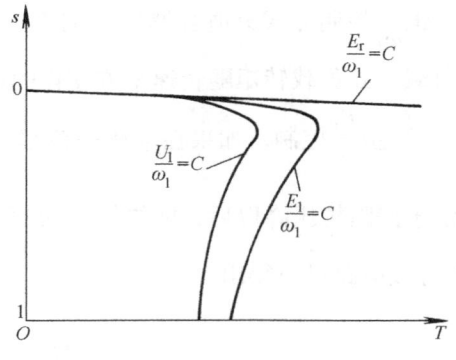

图3-35 不同电压—频率协调控制方式下的机械特性

$$T = m_1 p U_N^2 \frac{sr_2'}{\omega_1 \left[(sr_1 + r_2')^2 + s^2 \omega_1^2 (L_1 + L_2')^2 \right]} \quad (3\text{-}69)$$

$$T_{max} = \frac{m_1 p}{2} U_N^2 \frac{1}{\omega_1 \left[r_1 + \sqrt{r_1^2 + \omega_1^2 (L_1 + L_2')^2} \right]} \quad (3\text{-}70)$$

同步转速表达式与前面一样,由此可见,当角频率 ω_1 提高时,同步转速随之提高,最大转矩减小,机械特性上移,而形状基本不变,如图 3-36 所示。

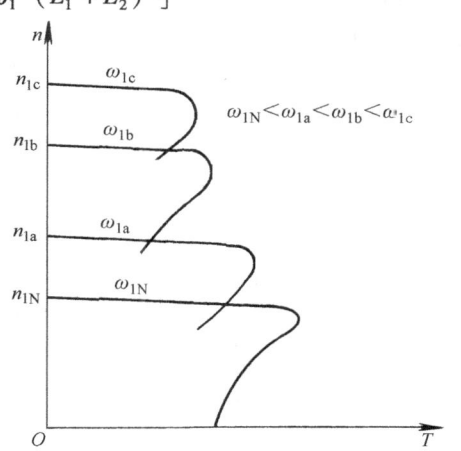

图 3-36 基频以上变频调速异步电动机的机械特性

2. 变频器的基本结构

变频器主电路可分为交-直-交型和交-交型两大类。交-交变频器可将工频交流直接变换成频率、电压均可控制的交流,又称直接式变频器。交-直-交变频器则是先将工频交流整流成直流,然后再把直流变换成频率、电压均可控制的交流,又称间接式变频器。目前常用的变频器是交-直-交型变频器,以下简称通用变频器。除此之外还有高性能专用变频器、高频变频器、单相变频器等。

通用变频器的基本结构如图 3-37 所示。

由图可见,通用变频器由整流电路、中间直流电路、逆变电路、控制电路等几部分构成。

(1) 整流电路 一般的三相变频器整流电路由三相全控整流桥组成。它的主要作用是对工频的外部电源进行整流,并给逆变电路和控制电路提供所需要的直流电源。整流器件可以采用二极管,也可以采用晶闸管,比起晶闸管整流器来,二极管整流器功

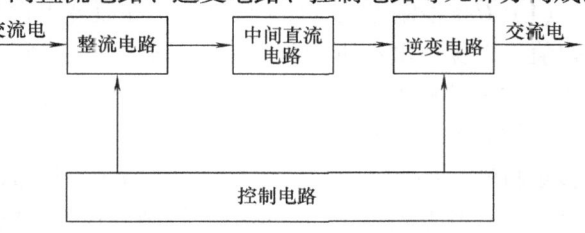

图 3-37 通用变频器的基本结构

率因数较高,成本较低,因此近年来多采用二极管整流电路。

(2) 中间直流电路 中间直流电路的作用是对整流电路的输出进行滤波,以保证逆变电路和控制电源能够得到质量较高的直流电源。当中间直流电路并联大电容时,这种变频器叫电压型变频器。当中间直流电路串联大电感时,这种变频器叫电流型变频器。此外,由于电动机制动的需要,在中间直流电路中有时还包括制动电阻以及其他辅助电路。

(3) 逆变电路 逆变电路是变频器最主要的部分之一,它的主要作用是在控制电路的控制下将直流电源转换为频率和电压都任意可调的交流电源。逆变电路的输出就是变频器的输出,它被用来实现对异步电动机的调速控制。由于整流部分大多采用二极管不可控整流,所以逆变电路多采用 PWM(脉宽调制)控制方式来完成调压和调频的任务。中小容量逆变电路常采用可关断电力电子器件如大功率晶体管(GTR)或绝缘栅双极型晶体管(IGBT)可作为开关器件;大容量逆变电路采用门极可关断晶闸管(GTO 晶闸管)或晶闸管(SCR)作为开关器件。当采用晶闸管(SCR)作为开关器件时,由于晶闸管是半控型器件,自身不能控制关断,需要采用辅助换相电路。

（4）控制电路　控制电路包括主控制电路、信号检测电路、门极（基极）驱动电路、外部接口电路以及保护电路等几个部分，它是交频器的核心部分。控制电路的优劣决定了变频器性能的好坏。控制电路的主要作用是完成对逆变器的开关控制、对整流器的电压控制、通过外部接口电路接收、发送控制信息以及完成各种保护任务等。控制方法可以采用模拟控制或数字控制。控制电路框图如图 3-38 所示。

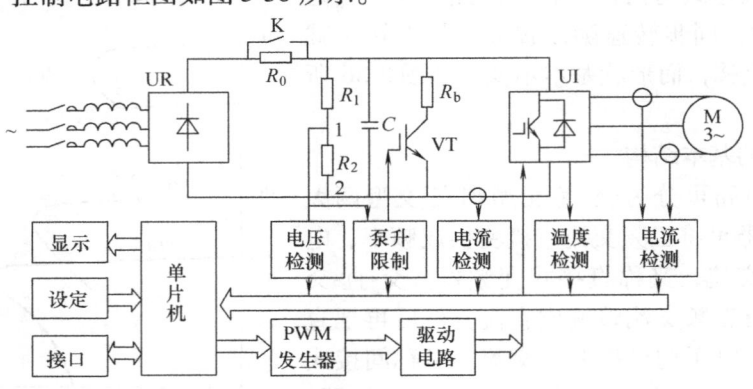

图 3-38　通用变频器原理图

3. 通用变频器的控制方式

通用变频器产品根据用途的不同，通常有 U/f 控制、矢量控制和直接转矩控制三种方式。

（1）U/f 控制方式　U/f 控制是指在改变电源频率进行调速的同时，又要调节电源的电压幅值，以保证电动机的磁通不变。通用型变频器基本上都采用这种控制方式，这就是通用变频器常常被称为 VVVF 变频器的原因。U/f 控制变频器结构非常简单，但是这种变频器采用开环控制方式，不能达到较高的控制性能，而且在低频时，必须进行转矩补偿，以改变低频转矩特性。U/f 控制方式又有线性 U/f 控制方式、带磁通电流控制的线性 U/f 控制方式、多点 U/f 控制方式、抛物线形 U/f 控制方式等，以适应不同负载的需要。

（2）矢量控制方式　异步电动机是一个多变量、强耦合、非线性的时变参数系统，很难直接通过外加信号准确控制电磁转矩，但若以转子磁通这一旋转的空间矢量为参考坐标，利用从静止坐标系到旋转坐标系之间的变换，则可以把定子电流中的励磁电流分量与转矩电流分量变成标量独立开来，分别进行控制。这样，通过坐标变换重建的电动机模型就可等效为一台直流电动机，从而可像直流电动机那样进行快速的转矩和磁通控制，即矢量控制。矢量控制方式有基于转差频率控制的矢量控制方式、无速度传感器的矢量控制方式和有速度传感器的矢量控制方式等。

采用矢量控制方式的通用变频器调速系统，在性能上已经达到和超过了直流电动机控制系统。此外，由于异步电动机具有对环境适应性强、维护简单等许多直流电动机所不具备的优点，在许多需要进行高速、高精度控制的场合中获得了广泛的应用。

（3）直接转矩控制　直接转矩控制也称为"直接自控制"，其思想是以转矩为中心来进行磁链、转矩的综合控制。

直接转矩控制技术是利用空间矢量、定子磁场定向的分析方法，直接在定子坐标系下分析异步电动机的数学模型，计算与控制异步电动机的磁链和转矩。它采用离散的电压状态和近似圆形磁链轨迹的概念,只要知道定子电阻就可以观测出定子磁链。它的控制效果不取决于异步电动机的数学模型是否能够简化,而是取决于转矩的实际状况,它不需要将交流电动机与直流电动机作比较、等效、转化,即不需要模仿直流电动机的控制,且省去了矢量控制中的旋转变换和为解耦而简化异步电动机的数学模型。它的控制结构简单,控制信号处理的物理概念明确,系统的转矩响应迅速而无超调,是一种具有高静、动态性能的交流调速控制方式。目前,该技术已成功应用在电力机车牵引的大功率交流传动系统上。

4. 通用变频器的主要功能

不同厂商变频器的参数、功能特性的表示方式和设置方法各有不同,但其主要功能大同小异。下面对变频器的主要功能进行简要说明:

(1) 转矩提升功能　为了补偿电动机低频运行时的输出转矩,变频器采取了低频时提高定子电压的方法。变频器一般都具有手动转矩提升功能,根据不同的负载设置提升值。有的变频器具有自动转矩补偿功能,可根据负载的类型和大小自动选择最佳特性曲线。

(2) 防失速功能　该功能包括加速过程中的防失速功能、恒速运行过程中的防失速功能和减速过程中的防失速功能三种。

(3) 转矩限定功能　利用转矩限定功能可设定电动机的输出转矩极限值,当电动机的输出转矩达到该限定值时变频器发出报警信号。

(4) 外部信号的起停控制功能　即通过外部信号控制变频器起停的功能,还包括外部异常停止功能。当被驱动机械设备异常时,可利用外部异常停止信号使变频器停止工作。

(5) 频率设定功能　通用变频器和频率设定有关的功能包括:多级转速设定功能,频率上下限设定功能,特定频率回避功能,加减速时间设定功能,禁止加减速功能,指令丢失时的自动运行功能等。

(6) PID 控制功能　变频器的 PID 控制功能是一种对控制量参数进行比例、积分、微分控制的方法,实际使用时可根据需要使用 P 控制、PI 控制和 PID 控制等控制方式。

(7) 通信功能　变频器的通信功能主要由带有显示器和键盘的控制面板,通过模拟和数字输入、输出端子实现通信,采用串行通信接口。

(8) 与保护和故障诊断有关的功能　变频器的保护功能很多,有些保护是通过变频器内部软件和硬件直接完成的,而另外的一些保护需要和外部信号配合完成,或者需要用户根据系统要求对其动作条件进行设定。前者主要是针对变频器本身的保护,如过电流保护、过电压保护、欠电压保护、过热保护等。而后者主要是对电动机以及整个系统的保护等,如电动机的过电流保护、电动机的防失速保护、过转矩保护等。另外,变频器还具有较强的故障诊断功能,对变频器内部各主要部件和电动机等故障进行诊断和保护。变频器在保护跳闸后复位前,将一直显示故障代码,根据故障代码确定故障原因,寻找和解决故障。

5. 变频器的选择

变频器已经在机械、冶金、化工等行业得到了广泛的应用,对于不同的负载,如何选择适用的变频器呢?

(1) 风机和泵类的负载　风机与泵类的负载在过载能力方面要求较低。由于负载转矩与速度的二次方成正比,所以低速运行时负载较轻,且这类负载对转速精度没有什么要求,故选型时通常以价廉为主要原则,可以选择普通功能变频器。

(2) 恒转矩负载　多数负载具有恒转矩特性,但在转速精度及动态性能等方面要求一般不高。例如搅拌机、传送带、厂内运输电车、起重机的平移机构、起重机提升机构和提升机等。选型时可选 u/f 控制方式的变频器，但是最好采用具有恒转矩控制功能的变频器。

（3）要求响应快的系统　所谓响应快是指实际转速对转速指令的变化跟踪快，从负载变动等急剧外界干扰引起的过渡性速度变化中恢复快。要求响应快的典型负载有轧钢机、生产线设备、机床主轴、六角孔压力机等。要使变频器主电路能充分发挥加减速特性，最好选用转差频率控制的变频器。

（4）动态、静态指标要求不高的系统　这类负载一般要求低速时有较硬的机械特性才能满足生产工艺对控制系统的动态、静态指标要求，如果控制系统采用开环控制，可选用具有无速度反馈的矢量控制功能的变频器。

（5）动态、静态指标要求较高的系统　对于调速精度和动态性能指标都有较高要求，以及要求高精度同步运行等场合，可选用带速度反馈的矢量控制或直接转矩控制方式的变频器。

第六节　三相异步电动机的四象限运行

与直流电动机相同，三相异步电动机也有电动和制动两种状态。机械特性分布在四个象限，第 Ⅰ、Ⅲ 象限为电动状态，Ⅱ、Ⅳ 象限为制动状态。本节通过实例来分析异步电动机四个象限的运行状态。

一、笼型异步电动机应用实例

1. 反抗性负载

以拖动运送钢锭的辊道为例。其转矩 T_L 是常数，它总是阻止电动机转动的。图 3-39 曲线 4 和曲线 5 是负载转矩 T_L 的特性；曲线 1、2 和 3 是笼型异步电动机的正转、反转和能耗制动状态的机械特性。

（1）快速正反向转　辊道在快速来回运送钢锭时，对电动机的要求是：正向起动→恒速正转→快速停转→反向起动→恒速反转→快速停转→重新正向起动……。利用图 3-39a 正转特性 1 和反转特性 2 就可满足上述要求，工作点 A 和 B 所对应的转速，即为恒定正转和恒定反转时的转速。

（2）正向转　辊道单方向运送钢锭时对电动机的要求是：正向起动→恒速转动→快速停转。利用图 3-39a 的正转特性 1 和能耗制动特性 3 可满足要求；如要求电动机以更快的速度停转，则可利用正转特性 1 和反

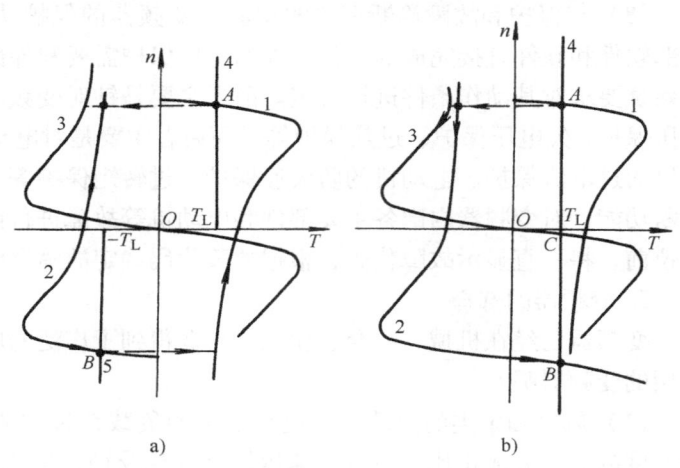

图 3-39　笼型异步电动机的应用实例
a）反抗性负载　b）位能性负载

转特性 2 来实现,为使系统能准确停车,应有自动控制装置配合。

2. 位能性负载

图 3-39b 所示的三条特性曲线和图 3-39a 的相同,曲线 4 为位能性负载转矩特性曲线。

以起重机的提升和下降重物为例。提升重物时,使电动机正转运行,以 A 点转速恒速提升重物。下放重物有两种方法:

1) 如要求高速下放重物,则将电动机定子两相反接,工作点将沿曲线 2,经反接制动、反向电动加速并过负同步转速点后进入回馈制动状态到 B 点,以 B 点转速快速下放重物。

2) 如果要求低速下放重物,可采用能耗制动方法,即将定子绕组改接直流电源。工作点将沿特性曲线 3,经能耗制动过程到坐标原点,转速下降为零,电动机的电磁转矩也等于零,但此时位能性负载转矩将迫使转子反转,提升变成了下放。工作点由第二象限过渡到第四象限,随着下放转速的升高,能耗制动转矩又逐渐加大。直到 C 点,制动转矩等于位能负载转矩,拖动系统将以 C 点的转速恒速运行,重物则以较低的速度下放。

二、绕线转子异步电动机应用实例

1. 反抗性负载

绕线转子异步电动机在拖动反抗性负载时,与笼型异步电动机的情况相似,由于绕线转子异步电动机的转子中可串入附加电阻,故机械特性曲线除固有特性外,还有若干条人为特性曲线,电动机相应的工作点也有若干个,以获得不同的运行速度。

2. 位能性负载

以桥式起重机提升与下放重物的主钩的拖动系统为例。

起重机提升机构的工艺要求是:空钩下放→负载提升→负载下放→空钩提升。"提升"和"下放"时都要求有几级速度,所以只能选用转子可串入电阻的绕线转子异步电动机。从图 3-40a 主电路接线图可知,转子串入四段电阻,对应有四条人为机械特性曲线。曲线 5 为位能负载转矩特性曲线。

(1) 提升重物 提升重物时,电动机始终处于电动状态。在图 3-40b 中表示当负载为 T_L 时逐级提升过程的机械特性。逐级提升过程为 $a \to b \to c \to d \to e \to f \to g \to$(最后稳定运行于)$A$ 点,即以 A 点对应的速度提升重物。b、d、f 各点对应着不同的提升速度。

(2) 下降重物 下降重物时,电动机均处于制动状态。

若下降速度较低,则电动机采用转子反转的反接制动状态。如图 3-40b 中的 B 点,机械特性曲线 1 对应着转子电路串入所有附加电阻时的人为特性。

若要求以较高速度下放重物,电动机通常都采用回馈制动状态工作。如图 3-40b 中的 C 点,其对应的转速超过反

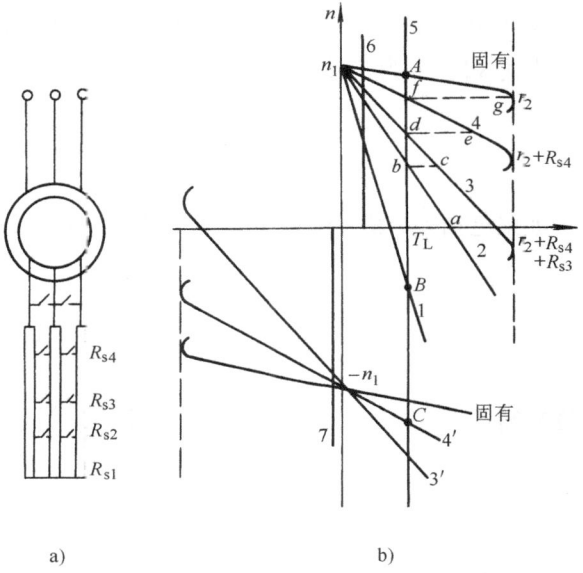

图 3-40 异步电动机拖动主钩时的应用实例
a) 接线图 b) 机械特性

向的同步转速，当转子串入电阻越大，则对应的下降速度越高。C 点是位能负载转矩曲线 5 和反向机械特性曲线 4' 的交点。反向机械特性曲线 4' 与电动机械特性曲线 4 转子中串入的电阻均为 R_{s4}，只不过前者的定子两相作了反接。

（3）空钩升降 起重机的主钩不挂重物，则为空钩。提升空钩与提升重物一样，电动机运行于正向电动状态。下放空钩时，因为系统的摩擦力产生的反抗性转矩大于空钩本身的位能转矩，靠空钩本身不能下放。因此，应使电动机运行于反向电动状态，强迫空钩下放。图 3-40b 中的曲线 6 和 7，分别为空钩提升和空钩下放负载转矩特性曲线。显然提升空钩和下放空钩的运行工作点分别在第一和第三象限。

三、绕线转子异步电动机在各运转状态下转子附加电阻的计算

附加电阻计算的目的，是要决定一个适当值的电阻 R，在绕线转子异步电动机的起动、调速及制动时串入转子电路，以保证获得电动机在各种运转状态下所需要的特性。计算的方法是按已知条件，利用机械特性的实用表达式来计算。

计算时要注意的是：在不同运转状态下方程中各量的正、负符号。

1. 根据铭牌数据计算异步电动机的有关参数

1）额定转差率 $$s_N = \frac{n_1 - n_N}{n_1}$$

2）额定转矩 $$T_N = 9550 \frac{P_N}{n_N}$$

3）固有特性上的临界转差率 $s_m = s_N (\lambda_T + \sqrt{\lambda_T^2 - 1})$

4）转子绕组每相电阻 $$r_2 = \frac{s_N E_{2N}}{\sqrt{3} I_{2N}}$$

2. 计算人为机械特性上的临界转差率 s_m'

转子串附加电阻时，最大转矩与固有特性上的最大转矩 T_{max} 相同，但对应的临界转差率将增大为 s_m'。人为机械特性的实用式应为

$$T = \frac{2T_{max}}{\dfrac{s_m'}{s} + \dfrac{s}{s_m'}} \tag{3-71}$$

如果已知人为机械特性上某点 X 的转差率为 s_x，转矩为 T_x，代入式（3-71）即可求得 s_m'

$$T_x = \frac{2T_{max}}{\dfrac{s_m'}{s_x} + \dfrac{s_x}{s_m'}} = \frac{2\lambda_T T_N}{\dfrac{s_m'}{s_x} + \dfrac{s_x}{s_m'}}$$

整理后得 $$s_m'^2 - \left(\frac{2\lambda_T T_N}{T_x}\right) s_m' s_x + s_x^2 = 0$$

解得 $$s_m' = s_x \left[\frac{\lambda_T T_N}{T_x} \pm \sqrt{\left(\frac{\lambda_T T_N}{T_x}\right)^2 - 1}\right] \tag{3-72}$$

式中，$\lambda_T T_N = T_{max}$，其正负号由机械特性所处的象限决定。

3. 计算转子每相附加电阻 R

由式（3-10）已知，临界转差率与转子电阻成正比，所以

$$\frac{s_{\mathrm{m}}'}{s_{\mathrm{m}}} = \frac{r_2' + R'}{r_2'} = \frac{r_2 + R}{r_2}$$

$$R = r_2\left(\frac{s_{\mathrm{m}}'}{s_{\mathrm{m}}} - 1\right) \tag{3-73}$$

现举例具体说明计算方法。

例 3-6 一台绕线转子异步电动机，其额定数据如下：额定功率 $P_{\mathrm{N}} = 60\mathrm{kW}$，额定转速 $n_{\mathrm{N}} = 577\mathrm{r/min}$，定子和转子额定电流 $I_{1\mathrm{N}} = 133\mathrm{A}$、$I_{2\mathrm{N}} = 160\mathrm{A}$，转子额定电压 $E_{2\mathrm{N}} = 253\mathrm{V}$，过载能力 $\lambda_{\mathrm{T}} = 2.9$，额定运行时的效率和功率因数 $\eta_{\mathrm{N}} = 89\%$、$\cos\phi_{1\mathrm{N}} = 0.77$。

（1）求该电动机的起动转矩 T_{st}；

（2）当该电动机以转速为 200r/min 提升 $T_{\mathrm{L}} = 0.8T_{\mathrm{N}}$ 的重物，则转子中应串入电阻 R_1 为多大？

（3）如带位能性负载 $T_{\mathrm{L}} = T_{\mathrm{N}}$，以转速为 200r/min 下放重物时，应串入电阻 R_2 为多大？

（4）如电动机原来以额定转速稳定运行，为使快速停车，拟用反接制动，要求瞬时制动转矩不超过 $2T_{\mathrm{N}}$，则此时转子电路中串入的电阻 R_3 应多大？

（5）在（4）情况下，如为位能性负载 $T_{\mathrm{L}} = T_{\mathrm{N}}$，要求最大下放重物的转速为 660r/min，则此时转子中串入的电阻 R_4 又为多大？

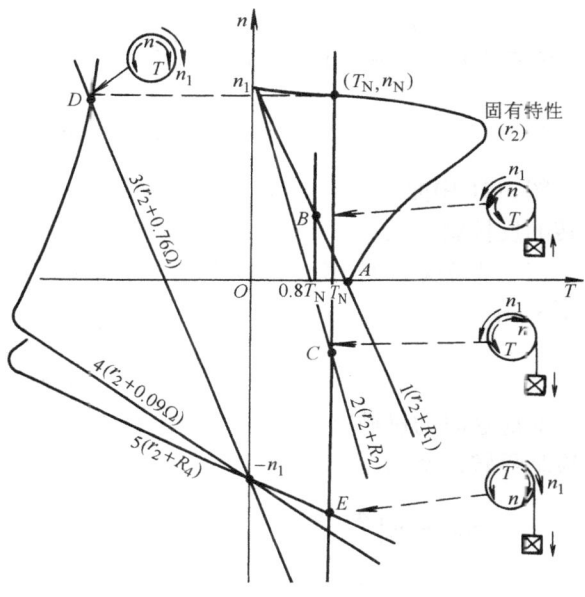

图 3-41 例 3-6 图

解 $s_{\mathrm{N}} = \dfrac{n_1 - n_{\mathrm{N}}}{n_1} = \dfrac{600 - 577}{600} = 0.038$

$T_{\mathrm{N}} = 9550\dfrac{P_{\mathrm{N}}}{n_{\mathrm{N}}} = 9550\dfrac{60}{577}\mathrm{N\cdot m}$

$\quad\ = 993\mathrm{N\cdot m}$

$s_{\mathrm{m}} = s_{\mathrm{N}}(\lambda_{\mathrm{T}} + \sqrt{\lambda_{\mathrm{T}}^2 - 1})$

$\quad\ = 0.038(2.9 + \sqrt{2.9^2 - 1})$

$\quad\ = 0.215$

$$r_2 = \frac{s_{\mathrm{N}} E_{2\mathrm{N}}}{\sqrt{3} I_{2\mathrm{N}}} = \frac{0.038 \times 253}{\sqrt{3} \times 160}\Omega = 0.035\Omega$$

（1）起动时 $s = 1$，在固有机械特性上对应的起动转矩 T_{st} 为

$$T_{\mathrm{st}} = \frac{2T_{\max}}{\dfrac{s}{s_{\mathrm{m}}} + \dfrac{s_{\mathrm{m}}}{s}} = \frac{2\lambda_{\mathrm{T}} T_{\mathrm{N}}}{\dfrac{1}{s_{\mathrm{m}}} + \dfrac{s_{\mathrm{m}}}{1}} = \frac{2 \times 2.9 \times 993}{\dfrac{1}{0.215} + \dfrac{0.215}{1}}\mathrm{N\cdot m} = 1183\mathrm{N\cdot m}$$

图 3-41 固有特性上的 A 点即为起动点。

（2）设该情况下的转差率为 s_1，$s_1 = \dfrac{600 - 200}{600} = 0.667$。电动机工作于人为机械特性上，其临界转差率 $s_{\mathrm{m}1}$ 为

$$s_{m1} = s_1\left[\frac{\lambda_T T_N}{T_L} \pm \sqrt{\left(\frac{\lambda_T T_N}{T_L}\right)^2 - 1}\right]$$

$$= 0.667\left[\frac{2.9T_N}{0.8T_N} \pm \sqrt{\left(\frac{2.9T_N}{0.8T_N}\right)^2 - 1}\right] = 4.76 \text{ 或 } 0.10$$

因为 s_{m1} 应大于 s_1，故 $s_{m1} = 0.10$，应舍去；对于 $s_{m1} = 4.76$，转子串入附加电阻为

$$R_1 = \left(\frac{s_{m1}}{s_m} - 1\right)r_2 = \left(\frac{4.76}{0.215} - 1\right) \times 0.035\Omega = 0.74\Omega$$

图 3-41 曲线 1 为对应的人为机械特性，B 点为对应的稳定运行点，电动机处于正向电动状态。

（3）这时转差率 $s_2 = \dfrac{600 - (-200)}{600} = 1.33$，对应该情况下人为机械特性的临界转差率 s_{m2} 为

$$s_{m2} = s_2\left[\frac{\lambda_T T_N}{T_L} \pm \sqrt{\left(\frac{\lambda_T T_N}{T_L}\right)^2 - 1}\right] = 1.33[2.9 \pm \sqrt{2.9^2 - 1}] = 7.47 \text{ 或 } 0.24(\text{应舍去})$$

$$R_2 = r_2\left(\frac{s_{m2}}{s_m} - 1\right) = 0.035\left(\frac{7.47}{0.215} - 1\right)\Omega = 1.2\Omega$$

图 3-41 中曲线 2 为对应的人为机械特性，其上 C 点为稳定运行点，电动机运行于转子反转的反接制动状态。

（4）此为定子两相反接制动，这时同步转速反向，设 $n_1 = -600\text{r/min}$，根据题意其转差率 s_3 为

$$s_3 = \frac{-600 - (577)}{-600} = 1.96$$

对应这时的机械特性的最大转矩 $T_{max} = -\lambda_T T_N$，制动瞬时的电磁转矩 $T = -2T_N$，所以对应临界转差率 s_{m3} 为

$$s_{m3} = s_3\left[\frac{\lambda_T T_N}{T} \pm \sqrt{\left(\frac{\lambda_T T_N}{T}\right)^2 - 1}\right] = 1.96\left[\frac{-2.9T_N}{-2T_N} \pm \sqrt{\left(\frac{-2.9T_N}{-2T_N}\right)^2 - 1}\right]$$

$$= 1.96(1.45 \pm 1.05) = 4.9 \text{ 或 } 0.78$$

当 $s_{m3} = 4.9$ 时，$R_3 = 0.035\left(\dfrac{4.9}{0.215} - 1\right)\Omega = 0.76\Omega$

当 $s_{m3} = 0.78$ 时，$R_3 = 0.035\left(\dfrac{0.78}{0.215} - 1\right)\Omega = 0.09\Omega$

曲线 3 和曲线 4 分别为转子串入电阻 0.76Ω 和 0.09Ω 时的人为机械特性。它们的交点 D 即为反接制动的开始点。

（5）反向回馈制动是一种高于同步转速的稳定运行，故 $n = -660\text{r/min}$，其转差率 $s_4 = [-600 - (-660)]/(-600) = -0.1$，其临界转差率 s_{m4} 为

$$s_{m4} = s_4\left[\frac{\lambda_T T_N}{T_L} \pm \sqrt{\left(\frac{\lambda_T T_N}{T_L}\right)^2 - 1}\right]$$

$$= (-0.1)[2.9 \pm \sqrt{2.9^2 - 1}]$$

$$= -0.56 \text{ 或 } -0.02(\text{应舍去})$$

$$R_4 = r_2\left(\frac{s_{m4}}{s_m} - 1\right) = 0.035\left(\frac{-0.56}{-0.215} - 1\right)\Omega = 0.056\Omega$$

这里应注意的是，回馈制动状态固有机械特性的临界转差率应为负值，故 $s_m = -0.215$ 代入。

图 3-41 中曲线 5 为电动机转子串入 0.056Ω 电阻时的人为机械特性，其上 E 点为电动机运行于回馈制动状态。

上述几种情况的机械特性和各运行状态的工作点示于图 3-41 中。

思考题与习题

3-1 何谓三相异步电动机的固有机械特性和人为机械特性？

3-2 三相笼型异步电动机的起动电流一般为额定电流的 4~7 倍，为什么起动转矩只有额定转矩的 0.8~1.2 倍？

3-3 三相笼型异步电动机的起动方法有哪几种？各有何优缺点？各适用于什么条件？

3-4 Y 系列三相异步电动机额定电压 380V，3kW 以下者为 Y 联结，4kW 以上者为 △ 联结。试问哪一种情况可以采用 Y-△ 减压起动？为什么？

3-5 双笼式和深槽式异步电动机与一般笼型异步电动机相比有何优缺点？为什么？

3-6 三相绕线转子异步电动机有哪几种起动方法？为什么绕线转子异步电动机的转子串频敏变阻器可以得到"挖土机机械特性"，而串一个固定电阻却得不到？

3-7 绕线转子异步电动机转子电路串入适当电阻，为什么起动电流减小而起动转矩反而增大？如串入的电阻太大，起动转矩为什么会减小？若串入电抗器，是否也会这样？

3-8 为使异步电动机快速停车，可采用哪几种制动方法？如何改变制动的强弱？试用机械特性说明其制动过程。

3-9 当异步电动机拖动位能性负载时，为了限制负载下降时的速度，可采用哪几种制动方法？如何改变制动运行的速度？其能量转换关系有何不同？

3-10 异步电动机有哪几种制动运转状态？每种状态下的转差率及能量转换关系有什么不同？

3-11 异步电动机在哪些情况下可能进入回馈制动状态？它能否像直流电动机那样，通过降低电源电压进入回馈制动状态？为什么？

3-12 影响异步电动机起动时间的因素是什么？如何缩短起动时间？起动时能量损耗与哪些因素有关？如何减少起动过程中的能量损耗？

3-13 绕线转子异步电动机转子突然串入电阻后电动机降速的电磁过程是怎样的？如负载转矩 T_L 为常数，当系统达到稳定时转子电流是否会变化？为什么？

3-14 在绕线转子异步电动机转子电路中串接电抗器能否改变转速？这时的机械特性有何不同？

3-15 绕线转子异步电动机转子串电阻调速时，为什么它的机械特性变软？为什么轻载时其转速变化不大？

3-16 为什么调压调速不适用于普通笼型异步电动机而适宜用于特殊笼型异步电动机或绕线转子异步电动机？

3-17 为什么调压调速必须采用闭环调速系统？

3-18 怎样实现变极调速？变极调速时为什么同时要改变定子电源的相序？

3-19 如采用多速电动机配合调压调速来扩大平滑调速的范围，应采取哪种变极电动机较合理（△-YY 还是 Y-YY），为什么？

3-20 变频调速时，为什么需要定子电压随频率按一定的规律变化？试举例说明。

3-21 分析讨论以下几种异步电动机变频调速控制方式的机械特性及优点

(1) 恒电压频率比（$U_1/f_1 = C$）控制；
(2) 恒气隙电动势频率比（$E_1/f_1 = C$）控制；
(3) 恒转子电动势频率比（$E_r/f_1 = C$）控制。

3-22 保持恒气隙电动势频率比控制中，低频空载时可能会发生什么问题？如何解决。

3-23 填写下表中的空格

电源	转速 /(r/min)	转差率 s	n_1 /(r/min)	运行状态	极数	输入功率 P_1	电磁功率 P
正序	1450		1500			+	+
正序	1150				6		
正序		1.8	750				
	500			反接制动过程	10		
负序		0.05	500				
		−0.05		反向回馈制动运行	4		

3-24 一台三相绕线转子异步电动机，已知：$P_N = 75$kW，$n_N = 720$r/min，$I_{1N} = 148$A，$\eta_N = 90.5\%$，$\cos\varphi_{1N} = 0.85$，$\lambda_T = 2.4$，$E_{2N} = 213$V，$I_{2N} = 220$A。试求：

(1) 电动机的临界转差率 s_m 和最大转矩 T_{max}；
(2) 用实用表达式计算并绘制固有机械特性。

3-25 一台笼型异步电动机额定数据为：$U_{1N} = 380$V，$I_{1N} = 20$A，$n_N = 1450$r/min，$K_I = 7$，$K_T = 1.4$，$\lambda_T = 2$。试求：

(1) 若要保证满载起动，电网电压不得低于多少伏？
(2) 如用 Y-△ 起动，起动电流为多少？能否带半载起动？
(3) 如用自耦变压器在半载下起动，起动电流为多少？并确定此时的变比 k_a 为多少？

3-26 某台绕线转子异步电动机的数据为：$P_N = 11$kW，$n_N = 715$r/min，$E_{2N} = 163$V，$I_{2N} = 47.2$A，起动最大转矩与额定转矩之比 $T_1/T_N = 1.8$，负载转矩 $T_L = 98$N·m。求三级起动时的每级起动电阻值。

3-27 一台三相六极绕线转子异步电动机，$U_{1N} = 380$V，$n_N = 950$r/min，$f_1 = 50$Hz，定子和转子绕组均为 Y 接法，且定子和转子（折算）的电阻、电抗值分别为 $r_1 = 2\Omega$，$x_1 = 3\Omega$，$r_2' = 1.5\Omega$，$x_2' = 4\Omega$。

(1) 转子电路串电阻起动，为使起动转矩等于最大转矩，转子每相串入的电阻值应为多少（折算到定子侧）？
(2) 转子电路串电阻调速，为使额定输出转矩时的转速调到 600r/min，求应串入的电阻值（折算到定子侧）。

3-28 三相笼型异步电动机的额定数据为：$P_N = 40$kW，$U_{1N} = 380$V，$I_{1N} = 75.1$A，$n_N = 1470$r/min，$\lambda_T = 2$，定子△联结；拖动系统的飞轮矩 $GD^2 = 29.4$N·m^2，电动机空载起动，求：

(1) 全电压起动时的起动时间；
(2) 采用 Y-△ 减压起动时的起动时间。

3-29 采用题 3-24 中的电动机数据。试求：

(1) 用该电动机带动位能负载，如下放负载时要求转速 $n = 300$r/min，负载转矩等于额定转矩，转子每相应串入多大电阻？
(2) 电动机在额定状态下运转，为了停车，采用反接制动，若要求制动转矩在起始时为 $2T_N$，则转子每相串接的电阻值为多少？

3-30 某异步电动机，$U_N = 380$V，定子△联结，$n_N = 1460$r/min，$\lambda_T = 2$，设 $T_L = T_N =$ 常数。问：

(1) 是否可以用降低电压的办法使转速 $n = 1100$r/min？为什么？
(2) 如采用降压调速，转速最低只能调到多少？
(3) 当电压降到多少时，可以使 $n = 1300$r/min？

第三章 三相异步电动机的电力拖动

3-31 某绕线转子异步电动机额定值 $P_N = 55\text{kW}$，$U_{1N} = 380\text{V}$，$I_{1N} = 121.1\text{A}$，$n_N = 580\text{r/min}$，$E_{2N} = 212\text{V}$，$I_{2N} = 159\text{A}$，$\lambda_T = 2.3$；电动机带一个 $T_L = 0.9T_N$ 的位能负载，当负载下降时，电动机处于回馈制动状态。试求：

（1）转子中未串电阻时电动机的转速；

（2）当转子中串入 0.4Ω 的电阻时电动机的转速；

（3）为快速停车，采用定子两相反接的反接制动，转子中串入 0.4Ω，则电动机刚进入制动状态时的制动转矩（设制动前电动机工作在 520r/min 的电动状态）。

3-32 一台笼型异步电动机，$P_N = 7.5\text{kW}$，$U_{1N} = 380\text{V}$，$I_{1N} = 15.4\text{A}$，$n_N = 1440\text{r/min}$，$\lambda_T = 2.2$。该电动机拖动一正反转的生产机械。设电网电压为额定值，正转时电动机带额定负载运行，现采用定子两相反接使电动机制动，然后进入反转，反转时电动机空载，空载转矩为 $0.1T_N$。试利用机械特性的近似公式计算：

（1）反接瞬间的制动转矩；

（2）反转后的稳定转速；

（3）画出正、反转时的机械特性及负载转矩特性，并标明电动机运行点的变化过程。

3-33 一台绕线转子异步电动机带动一桥式起重机的主钩，已知：$P_N = 60\text{kW}$，$n_N = 577\text{r/min}$，$I_{1N} = 133\text{A}$，$I_{2N} = 160\text{A}$，$E_{2N} = 253\text{V}$，$\lambda_T = 2.9$，$\cos\varphi_{1N} = 0.77$，$\eta_N = 89\%$。

（1）设电动机转子转 35.4 转，则主钩上升 1m。如要求额定负载时，重物以 8m/min 的速度上升，求电动机转子电路应串入的电阻值；

（2）为消除起重机各机构齿轮间的间隙，使起动时减小机械冲击，转子电路设有预备级电阻。设计时要求串接预备级电阻后，电动机起动转矩为额定转矩的 40%，求预备级电阻值；

（3）预备级电阻一般也作为反接制动用电阻，用以在反接制动状态下下放重物。如下放时电动机负载转矩 $T_L = 0.8T_N$，求电动机在下放负载时的转速；

（4）如果电动机在回馈制动状态下下放重物，转子串接电阻为 0.06Ω，设重物 $T_L = 0.8T_N$，求此时电动机的转速。

3-34 一台双速笼型异步电动机，$p = 2$ 时，$P_{N1} = 40\text{kW}$，$n_{N1} = 1450\text{r/min}$，$\lambda_{T1} = 2$；$p = 1$ 时，$P_{N2} = 55\text{kW}$，$n_{N2} = 2920\text{r/min}$，$\lambda_{T2} = 2$，已知拖动系统的 $GD^2 = 44.3\text{N}\cdot\text{m}^2$，$r_1/r_2' = 1.5$，电动机空载。试求：

（1）一级起动到最高转速时电动机的能量损耗；

（2）两级起动到最高转速时电动机的能量损耗；

（3）由最高转速逐级制动，试计算电动机的能量损耗。第一级制动（由 $n_{12} \rightarrow n_{11}$）用回馈制动，第二级制动（由 $n_{11} \rightarrow 0$）用能耗制动。

3-35 有一台四极绕线转子异步电动机，其额定数据为：$P_N = 30\text{kW}$，$U_N = 380\text{V}$，$n_N = 720\text{r/min}$，$r_1 = 0.143\Omega$，$r_2' = 0.134\Omega$，定转子绕组接法均为 Y 接法。现要求在额定负载时，转速降到 500r/min，试求：

（1）每相绕组中应串入多大电阻？

（2）此时转子电流及电磁功率的数值是否发生变化？

3-36 某一笼型异步电动机，$P_N = 11\text{kW}$，$U_N = 380\text{V}$，$f_N = 50\text{Hz}$，$n_N = 1460\text{r/min}$，$\lambda_T = 2$，如采用变频调速，当负载转矩 $T_L = 0.8T_N$ 时，要使 $n_N = 1000\text{r/min}$，则 f_1 及 U_1 应调节到多少？

3-37 某台异步电动机 $U_N = 380\text{V}$，$n_N = 1450\text{r/min}$，$\lambda_T = 2$，定子 △ 联结，设 $T_L = T_N = $ 常量，试求：

（1）是否可以用降低电压方法使 $n_N = 1100\text{r/min}$ 时运行？

（2）如采用降低电压调速，转速最低可以调到多少？

（3）如采用变频调速，使 $n_N = 1100\text{r/min}$ 运行，此时 f_1 及 u_1 应作如何变化？

3-38 某台四极绕线转子异步电动机，$P_N = 28\text{kW}$，转子绕组 Y 联结，其两端测出电阻值为 0.32Ω，在额定负载运行时，转子短路电流为 50A，如此时需运行在 1200r/min 时，转子回路中要串入多大附加电阻（假定负载性质为通风机，且认为空载损耗 $\Delta p_0 \approx 1\% P_N$）。

第四章 同步电动机的电力拖动

同步电动机的转速和定子旋转磁场的转速相等，即 $n_1 = 60f_1/p$，只要电源频率保持恒定，同步电动机的转速就绝对不变，很多生产机械利用了同步电动机转速恒定这一特点。另外同步电动机还有一个突出的优点，就是可以控制励磁来调节它的功率因数，可使功率因数高到 1.0，在一个工厂中只需要少数几台大容量恒转速的设备（例如水泵，风机，压缩机等）采用同步电动机，就足以改善全厂的功率因数。特别是近年来，由于变频调速技术的发展，一方面使同步电动机可以用变频的方法调速，另一方面解决了同步电动机的起动问题以及重载时的振荡和失步问题，从而使同步电动机的应用领域变得十分广泛。本章主要讨论同步电动机的起动问题，简单介绍其调速。

第一节 同步电动机的起动

同步电动机起动困难是长久以来限制它广泛应用的一个原因。同步电动机仅在同步转速时才能产生恒定的同步电磁转矩，起动时，若把定子直接投入电网，转子加上直流励磁，则定子旋转磁场以同步转速旋转，而转子磁场静止不动，定、转子磁场之间具有相对运动，所以作用在转子上的电磁转矩快速地正、负交变，平均转矩为零，电动机不能自行起动。上述情况可用图4-1 来说明。为了清晰起见，图中仅标出 A 相电流。设在起动初瞬间，定子电流和转子磁场的方向如图 4-1a 所示，则按左手定则，定子导体上将受到一个由右向左的转矩，定子不动，就相当于转子上受到一个自左向右的转矩，但因转子有转动惯量，对于这一转矩尚不能立即响应，可是在半

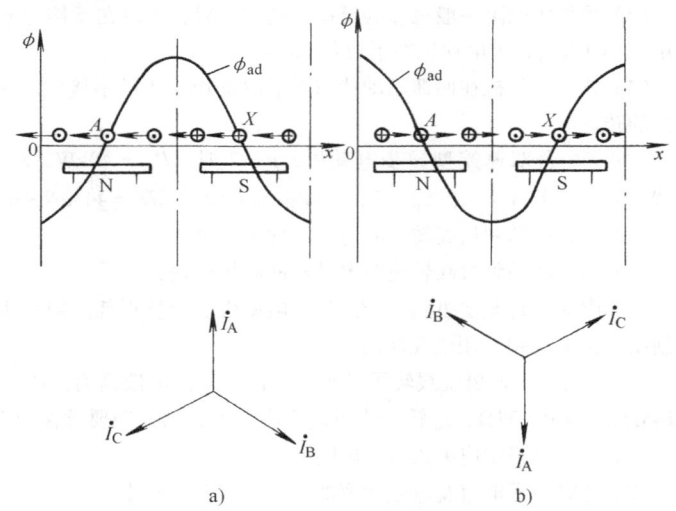

图 4-1 相隔半周同步电动机的定子电流、
转子磁场和转矩间的关系

个周期以后（即 1/100s 以后），定子电流方向已反向，如图 4-1b 所示，转子上就将受到一个由右向左的转矩，如此变化不已，可见转子上受到的平均转矩为零。故同步电动机不能起动。因此，要把同步电动机起动起来，必须借助于其他方法。

一、异步起动法

异步起动法是同步电动机常用的一种起动方法。它是借助于在同步电动机转子上装置阻尼绕组的方法来获得起动转矩。阻尼绕组和异步电动机的笼型绕组相似，只是它装在转子磁

极的极靴上，两极之间的空隙处没有装阻尼条，是一个不完整的笼型绕组，有时就称同步电动机的阻尼绕组为起动绕组。

异步起动时的原理线路图如图 4-2 所示。起动方法如下：

第一步，把同步电动机的励磁绕组经过一个电阻短接，电阻的阻值约为励磁绕组本身电阻值的 10 倍左右。

第二步，将同步电动机定子绕组接通电源，这时同步电动机由于起动绕组的作用，产生异步转矩而起动，一般它的转速将达到同步转速的 95% 左右。根据电动机的容量，负载的性质，电源的情况等条件，可采取全压起动或降压方法起动。

第三步，将励磁绕组与直流电源接通，这时转子上增加了一个转差频率的交变转矩，转子磁场与定子磁场间的相互吸引力便把转子拉住，使它跟着定子磁场以同步转速旋转，即所谓牵入同步，故同步电动机异步起动过程可以分为两个阶段：①异步起动至接近同步速度；②牵入同步。

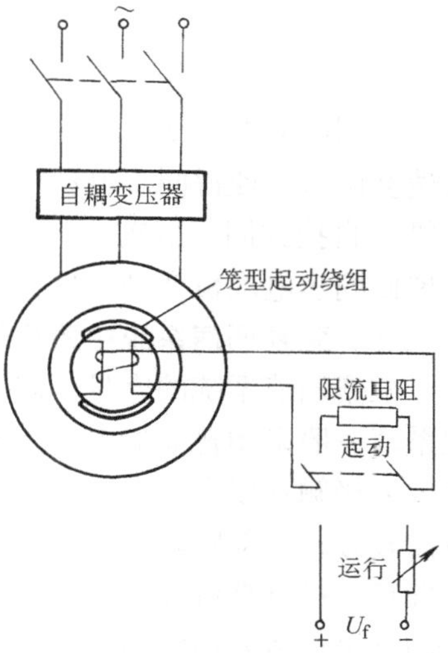

图 4-2 同步电动机异步起动时的线路图

异步起动时励磁绕组不能开路，否则定子旋转磁场会在匝数较多的励磁绕组中感应出高电压，易使励磁绕组击穿或引起人身事故。但也不能直接短路，否则励磁绕组（相当于一个单相绕组）中的感应电流与气隙磁场相互作用，会产生显著的单轴转矩，使合成电磁转矩在 $0.5n_1$ 附近产生明显的下凹，从而使电动机的转速停止在 $0.5n_1$ 附近不能继续上升，这就是在第一步中励磁绕组要经过一个电阻短接的原因所在。图 4-3 给出了考虑单轴转矩时同步电动机异步起动时的转矩曲线。

二、辅助电动机起动

同步电动机也可以用辅助电动机拖动而起动，此时通常选用与同步电动机极数相同的异步电动机（容量为主机的 10% ~ 15%）作为辅助电动机，当辅助电动机把主机拖动到同步转速时，再用自整步法把主机投入电网。这种起动方法投资大、占地面积大，不适合带负载起动，所以用得不多。

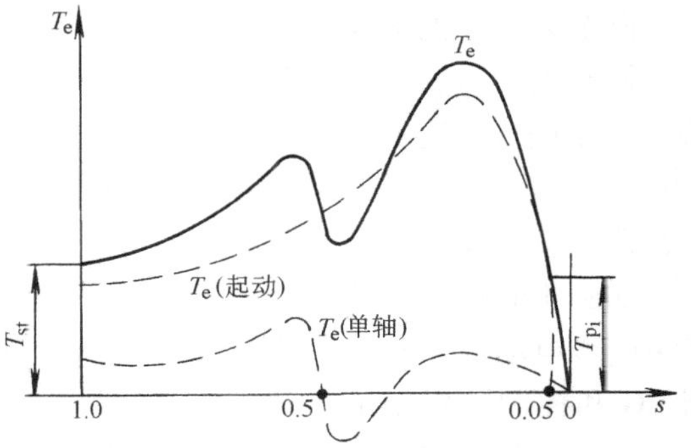

三、变频起动

同步电动机也可以采用变频起动。这是

图 4-3 同步电动机异步起动时的转矩曲线

一种性能较好的起动方法，起动电流小，对电网冲击小，但要求有一个专门的变频电源。起动时，同步电动机的转子加上励磁，把变频装置的输出频率调得很低，使同步电动机投入电源后定子的旋转磁场转得很慢，这样依靠定转子旋转磁场之间相互作用所产生的同步电磁转矩，即可使同步电动机开始转动，并在很低的转速下运转，然后逐步提高电源的频率，使定子旋转磁场和转子的转速逐步加快，一直到额定转速为止。当电动机投入电网后变频电源即被切除。因此可以用一台变频电源分时起动多台同步电动机，并且由于变频电源只在起动短时应用，所以它的容量也可以较小。目前有些容量达数万千瓦的高速同步电动机就专门配上变频装置作为软起动设备。

第二节 同步电动机的调速

采用电力电子变频装置可以实现电压频率的协调控制,从而可以方便地对同步电动机进行速度调节,使得同步电动机的应用领域变得十分广阔,功率覆盖范围从瓦级的无刷直流电动机(自控式同步电动机)到万千瓦级的大型同步电动机。近年来永磁同步电动机的迅速发展使同步电动机变频调速技术的应用越来越广泛。

一、变频调速系统中应用的同步电动机

根据调速系统的容量不同,所用同步电动机在结构形式上有所不同。对于大中容量的调速系统一般采用普通的电励磁型式结构,通过电刷和集电环将励磁电流引入转子。如果希望做成无接触式以利维修,则中小容量电动机可以采用爪极式结构。容量较大的电动机采用无刷励磁方式,即励磁电流是利用旋转变压器把交流电引入转子,然后经过装在电动机转子上的旋转二极管整流装置变成直流,供给电动机的励磁绕组。对于小型调速装置,特别是多机传动系统,多采用结构更为简单的磁阻式和永磁式同步电动机。永磁同步电动机的磁极结构形式随永磁材料性能的不同和应用领域的差异,具有多种方案,读者可查阅有关资料。

二、同步电动机变频调速控制方式

同步电动机变频调速系统分为他控式和自控式两类。他控式变频调速系统,利用同步电动机转速与气隙旋转磁场严格的同步关系,通过改变变频装置的输出频率实现对同步电动机调速。

他控式变频调速系统中所用的变频装置是独立的,其输出频率直接由速度给定信号决定,属于转速开环控制系统。由于这种系统没有解决同步电动机的失步、震荡等问题,所以在实际需要调速的场合很少使用。

同步电动机变频调速系统一般采用自控式运行。自控式变频调速系统是通过调节电动机输入电压进行调速的,变频装置的输出频率直接受同步电动机自身转速的控制。每当电动机转过一对磁极,控制变频器的输出电流正好变化一周期,电流周期始终与转子保持同步,不会出现失步现象。

如图4-4所示,同步电动机变频调速系统由同步电动机MS、变频器、转子位置检测器BG和控制装置组成。其中,控制装置的作用主要是分析转子磁极位置检测器的信号,判断转子的真实位置和转速,按一定的控制策略产生控制信号,控制变频器输出的频率、幅值和相位,从而达到同步跟踪转子转速的目的。

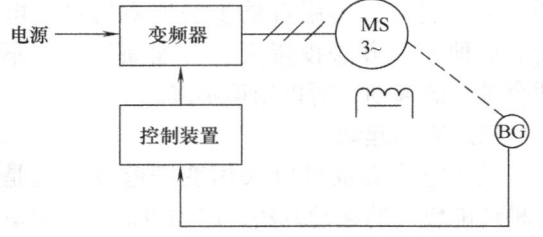

图4-4 自控式同步电动机调速系统结构原理图

常见的自控式同步电动机调速系统可分为三种:

1. 交-直-交电压型同步电动机调速系统

交-直-交电压型同步电动机调速系统主电路由二极管不可控整流器、滤波电容、PWM控制的逆变器和同步电动机组成。逆变器元件可以采用GTO、IGBT、MOS管等,此类型的

变频器常与小容量的永磁同步电动机组合成永磁同步电动机伺服系统。由于永磁同步电动机采用自控式,其原理和直流电动机伺服系统相似,但无电刷,故把它称为无刷直流电动机系统。

该系统的特点有:
1) 调速范围宽;
2) 永磁同步电动机转子没有损耗,系统效率高;
3) 可采用矢量控制或直接转矩控制等高性能的控制理论使调速系统性能得到很大的提高;
4) 由于永磁同步电动机减小磁通很难,所以不适合基频以上的恒功率调速。

2. 交-直-交电流型同步电动机调速系统

交-直-交电流型同步电动机调速系统主电路由整流器、平波电抗器、逆变器和同步电动机组成。整流器和逆变器采用的都是晶闸管。变频器输出电流的幅值由整流器中晶闸管的触发延迟角 α 控制,而输出频率根据转子磁极位置检测器信号由逆变器控制。由于逆变器中晶闸管的换相方式是负载换相,所以这种系统又称为交-直-交电流型负载换相同步电动机调速系统。又由于该调速方式类似于直流电动机,其转子磁极位置检测器和逆变器代替了直流电动机的换向器和电刷的功能,所以这种系统也被称为无换向器电动机。

该系统的特点有:
1) 能实现无级调速,并能实现四象限运行;
2) 低速时换相困难,转矩脉动大,运行性能差;
3) 逆变器采用负载换相,使用的晶闸管少,控制方便。但负载换相要求电动机工作在超前功率因数下,导致变频器容量大,调速系统过载能力低。

3. 交-交变频同步电动机调速系统

交-交变频同步电动机调速系统主电路中的变频器每一相都是由正、反两组反并联的晶闸管组成。正、反两组按一定周期相互切换工作,就会输出电压和频率都可变化的交流电。

该系统的特点有:
1) 变频器由 36 只晶闸管组成,结构复杂;
2) 变频器输出的最高频率≤(1/3~1/2)电源频率,当电源频率为 50Hz 时,变频器输出最高频率不超过 20Hz,同步电动机只能在低频下运行;
3) 采用电源电压换相,同步电动机可在高功率因数下运行,电动机的过载能力较大。

第五章 电力拖动系统中电动机的选择

在电力拖动系统中，为生产机械选配电动机，首先应满足生产机械的要求，例如对工作环境、工作制、起动、制动、减速或调速以及功率的要求。依据这些要求，合理地选择电动机的类型、运行方式、额定转速及额定功率，使电动机在高效率、低损耗的状态下可靠地运行，以达到节能和提高综合经济效益的目的。

为了达到这个目的，正确选择电动机的额定功率十分重要。如果额定功率选小了，电动机经常在过载状态下运行，会使它因过热而过早地损坏，还有可能承受不了冲击负载或造成起动困难。额定功率选的过大也不合理，此时不仅增加了设备投资，而且由于电动机经常在欠载运行，其效率及功率因数等性能指标变差，浪费了电能，增加了供电设备的容量，使综合经济效益下降。

确定电动机额定功率时，要考虑电动机的发热、允许过载能力与起动能力等因素，一般情况下，以发热问题最重要。所以我们首先要研究电动机的发热和冷却的一般规律，然后再根据负载运行的不同情况选择电动机的容量。

第一节 电动机发热和冷却规律

电动机工作时有些部件产生热量（如绕组、铁心、轴承等），有些部分则不产生热量（如机座、绝缘材料、轴等），它们的热容量不同，传热系数也不同，各部件的热量传到周围介质中去的方式与路径也各不相同。在研究电动机发热时，如果把这些因素都加以考虑，将使问题变得十分复杂。为方便分析，同时又保证所得到的结论基本符合工程实际，特作如下假定：

1) 电动机为一个均匀物体，各部分的温度相同，并具有恒定的表面传热系数和热容量；
2) 电动机长期运行，负载不变，总损耗不变；
3) 周围环境温度不变。

一、电动机的发热过程

电动机在运行过程中，随着能量的相互转换总是有一定能量损失，这些能量损耗转变为热能使电动机的温度升高。电动机温度比环境温度高出的值称为温升。当电动机的温度高于周围环境温度时，电动机就要向周围散热；温升越高、散热越快。当单位时间内产生的热量与单位时间内散发到周围介质中的热量相等时，电动机的温度不再升高，达到了所谓的热稳定状态，此时的温升为稳定温升τ_w，其大小决定于电动机的负载。

设单位时间内电动机损耗所产生的热量为Q，则在dt时间内产生的热量为Qdt，Q的单位为Cal/s（$1Cal \approx 4.2J$，后同）。Qdt这部分热量，一部分被电动机吸收，使电动机温度升高，用Q_1表示这部分热量；另一部分是电动机向周围介质散发出的热量，用Q_2表示。

$$Q_1 = Cd\tau \tag{5-1}$$

式中，C为电动机的热容量，即电动机温度升高1°C所需的热量（Cal/°C）；$d\tau$为电动机在

dt 时间内温升的增量。

$$Q_2 = A\tau \mathrm{d}t \tag{5-2}$$

式中，A 为电动机的表面传热系数，即电动机的温度高出环境温度 1°C 时，单位时间内向周围介质散发出去的热量（Cal/°C·s）；τ 为电动机的温升（°C）。

根据能量守恒原理，在任何时间内电动机产生的热量总是等于电动机本身温度升高所吸收的热量与散发到周围环境中去的热量之和。即

$$Q\mathrm{d}t = C\mathrm{d}\tau + A\tau\mathrm{d}t \tag{5-3}$$

这就是热平衡方程式。整理后得到

$$\tau + \frac{C}{A}\frac{\mathrm{d}\tau}{\mathrm{d}t} = \frac{Q}{A}$$

令

$$\frac{C}{A} = T_\mathrm{H}, \quad \frac{Q}{A} = \tau_\mathrm{w}$$

式中，T_H 为发热时间常数（s）；τ_w 为稳态温升。

上式可写成

$$\tau + T_\mathrm{H}\frac{\mathrm{d}\tau}{\mathrm{d}t} = \tau_\mathrm{w} \tag{5-4}$$

这是一阶常系数非齐次线性微分方程。当初始条件为 $t=0$，$\tau = \tau_0$ 时，其特解为

$$\tau = \tau_\mathrm{w} + (\tau_0 - \tau_\mathrm{w})\mathrm{e}^{-t/T_\mathrm{H}} \tag{5-5}$$

式中，τ_0 为 $t=0$ 时的温升，即电动机初始温升。

若 $t=0$ 时，$\tau_0 = 0$，则式 (5-5) 可写为

$$\tau = \tau_\mathrm{w}(1 - \mathrm{e}^{-t/T_\mathrm{H}}) \tag{5-6}$$

式 (5-5) 及式 (5-6) 为电动机的温升曲线方程式。电动机的发热过程如图 5-1 曲线 1、2 所示。

由温升曲线可以看出：发热过程开始时，由于温升小，散发出去的热量较少，大部分热量被电动机所吸收，所以温升上升较快。其后随着温升的升高，散发的热量逐渐增加，电动机吸收的热量则逐渐减少，使温升的变化缓慢了。当发热量与散热量相等时，电动机的温升不再升高，达到一稳定值 τ_w。

由电动机温升变化的规律可知，只要电动机的稳定温升 τ_w 不超过绝缘材料的最高允许温升 τ_max，电动机就能长期可靠地运行。因此，$\tau \leq \tau_\mathrm{max}$ 是校验电动机发热的主要依据。

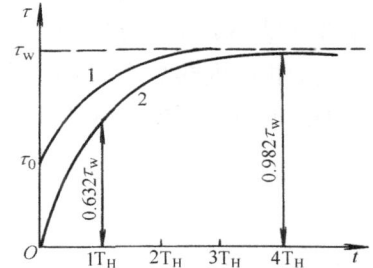

图 5-1 电动机发热过程的温升曲线

电动机的稳定温升 $\tau_\mathrm{w} = Q/A$，由于 Q 与电动机的损耗功率 Δp 成正比，当电动机的负载增大时，Δp 随之增大，因而 Q 增加。若表面传热系数 A 不变，则 τ_w 将随负载的增加而升高。如果电动机的负载恒定，那么，Δp 及 Q 都是常数，这时 τ_w 与 A 成反比关系，设法改善散热条件，使 A 增大，即可降低 τ_w。

当 $t = 4T_\mathrm{H}$ 时，温升不再升高，趋于稳定值 τ_w，因此，可以认为电动机发热过程已经结

束,所以发热过渡过程时间的长短决定于发热时间常数 T_H。

二、电动机的冷却过程

公式 (5-5) 也适用于电动机冷却情况。冷却过程可分成两种情况讨论。

1. 电动机负载减小时的冷却过程

负载运行的电动机,如果减小它的负载,其内部的损耗 Δp 减小,产生的热量 Q 也随之减少,原来的热平衡状态被破坏,变成了发热少于散热,电动机的温度就要下降,温升降低,单位时间内散出的热量 $A\tau$ 逐渐减少。直到重新达到 $Q = A\tau$ (即发热等于散热) 时,温升不再变化,电动机达到了一个新的稳定状态,我们把温升下降的过程称为冷却。

仿照发热过程对温升曲线方程的推导,可得出冷却过程的温升曲线方程

$$\tau = \tau'_w + (\tau'_0 - \tau'_w) e^{-t/T'_H} \tag{5-7}$$

式中,τ'_0 为冷却开始时电动机的初始温升;τ'_w 为电动机新的稳定温升,$\tau'_w = \dfrac{Q'}{A}$;T'_H 为冷却时间常数,在负载减小时,冷却时间常数 T'_H 与发热时间常数 T_H 相等。

冷却过程的温升曲线如图 5-2 中曲线 1 所示。

2. 电动机脱离电源时的冷却过程

电动机脱离电源后,电动机的损耗为零,不再产生热量,电动机的温升逐渐下降,直到与周围环境温度相同为止。此时,稳定温升 $\tau'_w = 0$,因此

$$\tau = \tau'_0 e^{-t/T'_H} \tag{5-8}$$

此时冷却过程的温升曲线如图 5-2 中曲线 2 所示。

对于他冷式电动机,此时冷却时间常数 T'_H 仍与发热时间常数 T_H 相等。

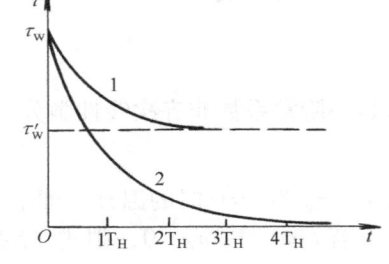

图 5-2 电动机冷却过程的温升曲线

对风扇自冷式电动机,电动机断电后,装在电动机轴上的风扇停转,冷却条件恶化,散热系数 A 减小为 A',使冷却时间常数加大到 T'_H。一般 T'_H 可达 $(2 \sim 3) T_H$。

电动机的发热与冷却情况不仅与其所拖动的负载有关,而且还与负载持续工作时间的长短有关。所以,还要对电动机的工作方式进行分析。

第二节 电动机工作方式的分类

电动机的带负载运行情况可能是多种多样的,例如空载、满载和停机等,其持续的时间和顺序也有所不同。电动机的温升不仅依赖于负载的大小,而且与负载持续的时间有关。同一台电动机,如果运行时间长短不同,电动机能够输出的功率也不同,所产生的温升也就不同。为了便于电动机的系列生产和用户的选择使用,按发热观点,将电动机分成三种工作方式或称三种工作制。

一、连续工作制(或称长期工作制)

电动机连续工作时间很长,工作时间 $t_g > (3 \sim 4) T_H$,可达几小时,甚至几昼夜,在工作时间内,电动机的温升可以达到稳定值 τ_w。其典型负载图 $P = f(t)$ 及温升曲线 $\tau = f(t)$ 如图 5-3 所示。

通风机、水泵、纺织机和造纸机等生产机械使用的电动机都属于连续工作制电动机。

二、短时工作制

电动机工作时间较短，$t_g < (3\sim 4)T_H$，在工作时间内，电动机的温升达不到稳定值 τ_w。而停歇时间 t_0 很长，$t_0 > (3\sim 4)T'_H$，电动机的温升可以降到零，短时工作制电动机的负载图和温升曲线如图5-4所示。

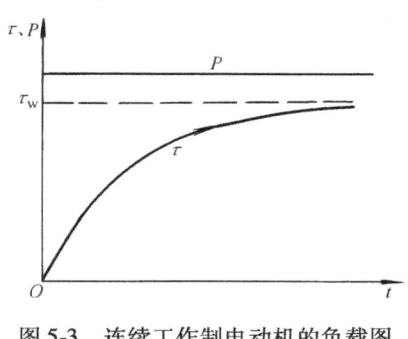

图5-3 连续工作制电动机的负载图与温升曲线

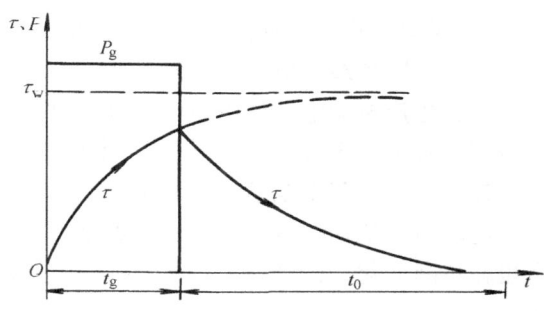

图5-4 短时工作制电动机的负载图与温升曲线

我国规定的短时工作制的标准时间为 15min、30min、60min、90min 四种。

属于这种工作制的电动机，有水闸闸门、车床的夹紧装置、转炉倾动机构的拖动电动机等。

三、断续周期工作制（重复短时工作制）

在这种工作制下，电动机的工作时间 t_g 和停歇时间 t_0 轮流交替，两段时间都较短，$t_g < (3\sim 4)T_H$，$t_0 < (3\sim 4)T'_H$。在 t_g 期间，电动机温升达不到稳定值，而在 t_0 期间电动机温升也降不到零。这样经过一个周期时间（$t_g + t_0$），温升有所上升，经过若干个周期后，温升在最高温升 τ_{max} 和最低温升 τ_{min} 之间波动，达到周期性变化的稳定状态。其负载图和温升曲线如图5-5所示。按国标规定，周期时间 $t_g + t_0 \leqslant 10\mathrm{min}$。

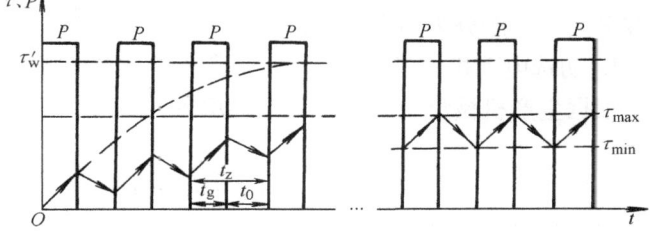

图5-5 断续周期工作制电动机的负载图与温升曲线

在断续周期工作制中，负载工作时间与整个周期之比称为负载持续率，用 $ZC\%$ 表示。

$$ZC\% = \frac{t_g}{t_g + t_0} \times 100\% \tag{5-9}$$

我国规定的负载持续率有 15%、25%、40%、60% 四种，起重机、电梯和轧钢机辅助机械等使用的电动机均属于这种工作制。

电动机的工作方式不同，其发热和温升情况就不同，因此，从发热观点选择电动机容量的方法也就不同。

第三节 连续工作制下电动机容量的选择

连续工作制下电动机的负载基本上可分成两大类，即

1）恒定负载：负载长时间不变或变化不大。

2）变动负载：负载长期施加，但大小变化。其变化具有周期性。

一、恒定负载下电动机容量选择

这类生产机械电动机容量的选择非常简单，只要根据负载的功率 P_L，在产品目录中选一台额定容量等于或略大于 P_L，且转速合适的电动机就可。

二、变动负载下电动机容量选择

电动机在变动负载下运行的特点是：输出功率不断地变化，因而电动机内部的损耗及温升也在不断变化，但经过一段时间后，电动机的温升达到一种稳定波动状态。如图 5-6 所示。

显然，在此情况下，如按最大负载功率选择电动机容量，电动机将不能充分利用；而按最小负载功率选择，电动机要过载，会引起电动机温升过高。可以推知，电动机容量只能在最大负载和最小负载之间适当选择，因此，变动负载下电动机容量选择比较复杂，一般分为两个步骤：

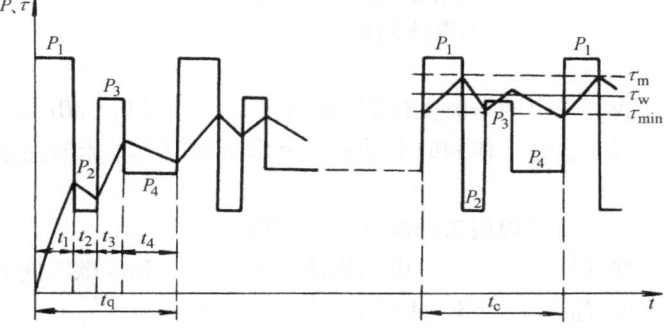

图 5-6 变动负载下连续工作制电动机的负载图及温升曲线

1. 初选电动机容量

根据生产机械负载图求出其平均功率

$$P_j = \frac{P_1 t_1 + P_2 t_2 + \cdots + P_n t_n}{t_1 + t_2 + \cdots + t_n} = \frac{\sum_{i=1}^{n} P_i t_i}{\sum_{i=1}^{n} t_i} \tag{5-10}$$

式中，P_1、P_2、$\cdots$、P_n 为各段负载的功率；t_1、t_2、$\cdots$、t_n 为各段负载的持续时间。

然后按下式求出初选电动机的容量

$$P_N = (1.1 \sim 1.6) P_j \tag{5-11}$$

对于系数的选用，应根据负载变动的情况确定。大负载所占的分量多时，选较大的系数。

2. 校验电动机的容量

校验电动机容量时，首先要校验电动机的发热，然后校验过载能力，必要时校验起动能力。

用上面平均功率法初选了电动机容量，虽然在理论上是合理的，但它没有考虑到电动机在过渡过程中可变损耗与电流平方成比例，尤其在负载变化较大时，可变损耗变化大，这要影响到电动机的温升。因此，要进行电动机的发热校验。

进行发热校验,一般采用下述几种方法进行校验。

(1) 平均损耗法 按式(5-11)初选好电动机功率以后,根据该电动机的额定数据按下式计算出电动机的额定损耗功率

$$\Delta p_N = \frac{P_N}{\eta_N} - P_N \tag{5-12}$$

然后,根据生产机械负载图上的各段功率,从预选电动机的效率曲线上查出各段功率所对应的效率,按下式求出每一段负载的损耗

$$\Delta p_i = \frac{P_i}{\eta_i} - P_i$$

电动机在一个工作周期的平均损耗为

$$\Delta p_{pj} = \frac{\Delta p_1 t_1 + \Delta p_2 t_2 + \cdots + \Delta p_n t_n}{t_1 + t_2 + \cdots + t_n} = \frac{\sum_{i=1}^{n} \Delta p_i t_i}{\sum_{i=1}^{n} t_i} \tag{5-13}$$

由于电动机的发热是由其内部损耗所决定,所以电动机损耗的大小直接反映了电动机的温升情况。将上式计算出的平均损耗与电动机的额定损耗相比较,应该满足

$$\Delta p_N \geqslant \Delta p_{pj} \tag{5-14}$$

则预选电动机的发热校验通过。若 $\Delta p_N < \Delta p_{pj}$,则表明实际发热比预选电动机允许的发热大,即电动机容量选小了,应再选大点的电动机,重新进行发热校验;如果 $\Delta p_N \gg \Delta p_{pj}$,则表明电动机选得太大,应重选一台小些的电动机再进行发热校验,直到满足式(5-14)为止。

发热校验合适后,还应当校验它的过载能力。要求负载图中最大转矩 $T_{Lm} \leqslant$ 电动机产生的最大电磁转矩 T_m。对于交流异步电动机,考虑到电网电压可能发生波动,要求

$$T_{Lm} \leqslant 0.85^2 \lambda T_m = 0.72 \lambda T_m \tag{5-15}$$

如果过载能力不能满足,就应当按过载能力来选择容量较大的电动机。

当选用笼型异步电动机时,还要校验它的起动能力。

用平均损耗法对电动机进行热校验比较准确,并能应用于任何一种电动机。但是这种方法在使用中要求预知初选电动机的效率曲线,并求出各段负载下电动机的损耗。计算过程比较麻烦,而且有时不易得到电动机的效率曲线。

因此,在工程上常采用精确度稍差,但很方便的等效法来校验电动机的容量。

(2) 等效电流法 等效电流法的原则是用一个恒值的等效电流 I_{dx} 来代替实际变动的负载电流,而两者在电动机中产生的损耗相等,即发热相同。

电动机的损耗是由不变损耗与可变损耗即铜耗组成。变动负载下第 i 段的损耗可以写成

$$\Delta p_i = p_{0i} + p_{Cui} = p_{0i} + I_i^2 r \tag{5-16}$$

式中,p_{0i} 为第 i 段损耗中的不变损耗;p_{Cui} 为第 i 段损耗中的铜损耗。

电动机总的平均损耗用等效电流 I_{dx} 来表示即为

$$\Delta p_{pj} = p_0 + I_{dx}^2 r \tag{5-17}$$

将式(5-17)与式(5-16)所表示的 Δp_{pj} 和 Δp_i 之值代入式(5-13)可得

$$p_0 + I_{dx}^2 r = \frac{\sum_{i=1}^{n}(p_{0i} + I_i^2 r)t_i}{\sum_{i=1}^{n} t_i} = \frac{p_0 \sum_{i=1}^{n} t_i + r \sum_{i=1}^{n} I_i^2 t_i}{\sum_{i=1}^{n} t_i} = p_0 + r \frac{\sum_{i=1}^{n} I_i^2 t_i}{\sum_{i=1}^{n} t_i}$$

由于不变损耗 p_0 与负载无关，且认为电动机绕组电阻 r 近似不变，于是得等效电流

$$I_{dx} = \sqrt{\frac{I_1^2 t_1 + I_2^2 t_2 + I_3^2 t_3 + \cdots + I_n^2 t_n}{t_1 + t_2 + t_3 + \cdots + t_n}} = \sqrt{\frac{\sum_{i=1}^{n} I_i^2 t_i}{\sum_{i=1}^{n} t_i}} \tag{5-18}$$

求出等效电流以后，将等效电流与初选电动机的额定电流比较，应该满足

$$I_N \geqslant I_{dx} \tag{5-19}$$

则发热校验通过，所选电动机合适，否则应重选电动机。

从上面分析可以看到，在 I_{dx} 的推导过程中，认为不变损耗 p_0 和电阻 r 是不变的，这对一般电动机是适用的，而对于深槽式和双笼式异步电动机，在起动和制动时，其转子电阻 r 变化很大，所以不能用等效电流法校验发热，此时必须改用平均损耗法。

（3）等效转矩法　实际应用中，有时已知的不是负载电流图，而是转矩图，此时应使用等效转矩法。

等效转矩法是由等效电流法推导出来的。当电动机转矩与电流成正比时（直流电动机励磁不变、异步电动机电源电压与 $\cos\varphi_2$ 不变时），可用等效转矩 T_{dx} 来代替等效电流 I_{dx}，则式（5-18）可改写成等效转矩公式

$$T_{dx} = \sqrt{\frac{T_1^2 t_1 + T_2^2 t_2 + T_3^2 t_3 + \cdots + T_n^2 t_n}{t_1 + t_2 + t_3 + \cdots + t_n}} = \sqrt{\frac{\sum_{i=1}^{n} T_i^2 t_i}{\sum_{i=1}^{n} t_i}} \tag{5-20}$$

如果计算出等效转矩 $T_{dx} \leqslant T_N$，则发热校验通过，所选电动机合适，否则应重选电动机。

（4）等效功率法　如果已知的是负载功率图，当电动机的转速基本不变时，因 $P = Tn/9550$，P 与 T 成正比，由等效转矩引出等效功率的公式

$$P_{dx} = \sqrt{\frac{P_1^2 t_1 + P_2^2 t_2 + P_3^2 t_3 + \cdots + P_n^2 t_n}{t_1 + t_2 + t_3 + \cdots + t_n}} = \sqrt{\frac{\sum_{i=1}^{n} P_i^2 t_i}{\sum_{i=1}^{n} t_i}} \tag{5-21}$$

如果计算出等效功率 $P_{dx} \leqslant P_N$，则发热校验通过，所选电动机合适，否则应重选电动机。

注意，在应用等效电流法、等效转矩法、等效功率法进行发热校验合适后，还必须校验电动机的过载能力。

第四节　短时工作制下电动机容量的选择

短时工作制的负载，应选用专用的短时工作制电动机。在没有专用电动机的情况下，也

可以选用连续工作制电动机。

一、直接选用短时工作制电动机

电动机制造厂专门为短时工作制的生产机械设计制造了短时工作制电动机,其时间规格有：15min、30min、60min、90min 四种。

当工作时间接近上述标准时间时,可以按生产机械的功率、工作时间及转速的要求,由产品目录上直接选取。

如果短时工作制负载也是一种变动负载,则应先算出其等效的负载功率,然后初选电动机,最后校验电动机的过载能力。

有时,生产机械的工作时间不一定恰好符合上述四种标准工作时间,即实际工作时间 t_{sj} 与标准短时工作时间 t_g 不相同,这时,应进行功率折算,即把实际工作时间 t_{sj} 下算出的功率 P_{sj},换算为在标准工作时间 t_g 下所需的功率 P_g,再按 P_g 的大小选择合适规格的电动机。

换算的原则是两种情况下发热相同即损耗相等。假设在 t_{sj} 下损耗为 Δp_{sj},在 t_g 下损耗为 Δp_g,两者均由不变损耗和可变损耗两部分组成,且不变损耗相同。则有

$$(p_0 + p_{csj})t_{sj} = (p_0 + p_{cug})t_g$$

因为

$$p_{csj}/p_{cug} = I_{sj}^2/I_g^2 = P_{sj}^2/P_g^2$$

则可写出

$$[p_0 + p_{cug}(P_{sj}/P_g)^2]t_{sj} = (p_0 + p_{cug})t_g$$

令在标准工作时间 t_g 下不变损耗与可变损耗的比值为 $k = p_0/p_{cug}$,代入上式得

$$[k + (P_{sj}/P_g)^2]t_{sj} = (k+1)t_g$$

解出 P_g 与 P_{sj} 的关系为

$$P_g = \frac{P_{sj}}{\sqrt{t_g/t_{sj} + k(t_g/t_{sj} - 1)}} \tag{5-22}$$

当 t_{sj} 与 t_g 相差不大时,可将 $k(t_g/t_{sj} - 1)$ 忽略不计,因而得到功率换算公式为

$$P_g \approx P_{sj}\sqrt{t_{sj}/t_g} \tag{5-23}$$

换算时,应选取与 t_{sj} 最相近的 t_g 值代入上式。

计算出 P_g 后,按 P_g 所对应的 t_g,预选电动机的额定功率 $P_N \geq P_g$,则发热校验通过。

当没有合适的短时工作制电动机时,可采用专为断续周期性工作制设计的电动机来代替。短时工作时间与负载持续率 ZC% 之间的换算关系,可近视的认为：30min 相当于 ZC% = 15%；60min 相当于 ZC% = 25%；90min 相当于 ZC% = 40%。

二、选用连续工作制电动机

在前面已经讲过短时工作制下电动机的功率负载图及温升曲线如图 5-7 所示,P_g 为短时负载功率,t_g 为工作时间。

如果选择一台连续工作制电动机,使 $P_N \geq P_g$,那么,电动机要工作（3~4）T 时间后才会达到最高允许温升 τ_{max},温升曲线为图 5-7 曲线 1。显然,t =

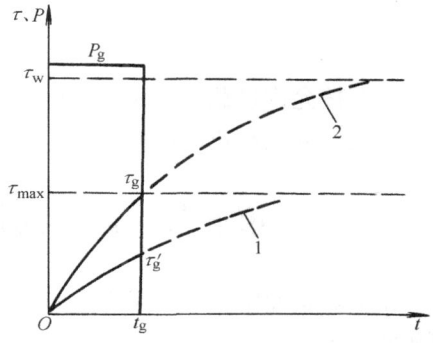

图 5-7 短时工作制功率负载图及温升曲线

t_g 时，温升 τ'_g 低于 τ_{max}，电动机在发热上没有被充分利用。

为此，可选用一台容量较小的电动机，使 $P_N < P_g$，让电动机在工作时间内过载运行（如长期过载运行，则稳定温升 τ_w 会超过 τ_{max}，温升曲线为图中曲线2）。这时，如能在 $t = t_g$ 时，使温升 $\tau_g = \tau_{max}$。则电动机在发热上正好得到充分利用。

可见，选择 P_N 的依据为：在短时工作时间 t_g 内，电动机过载运行所达到的温升恰好等于电动机所允许的最高温升，即 $\tau_g = \tau_{max}$。

$$\tau_g = \tau_w(1 - e^{-t_g/T}) = \frac{\Delta p_g}{A}(1 - e^{-t_g/T}) \tag{5-24}$$

$$\tau_{max} = \frac{\Delta p_N}{A}$$

式中，Δp_g 是功率为 P_g 时的功率损耗；Δp_N 是功率为 P_N 时的功率损耗。因此有

$$\frac{\Delta p_g}{A}(1 - e^{-t_g/T}) = \frac{\Delta p_N}{A} \tag{5-25}$$

令 $k = p_0/p_{cuN}$，得

$$\Delta p_N = p_0 + p_{cuN} = (k+1)p_{cuN}$$
$$\Delta p_g = p_0 + p_{cug} = (k + p_{cug}/p_{cuN})p_{cuN} = (k + P_g^2/P_N^2)p_{cuN}$$

将 Δp_g、Δp_N 代入式(5-25)，解出 P_N 与 P_g 的关系，得

$$P_N = P_g \sqrt{\frac{1 - e^{-t_g/T}}{1 + ke^{-t_g/T}}} \tag{5-26}$$

式（5-26）是按发热条件为短时工作负载选择连续工作制电动机时其额定功率的计算公式。

按发热条件选择电动机额定功率后，还需校验电动机过载能力和起动能力。

设电动机工作时的实际过载倍数为 $\lambda' = P_g/P_N$，电动机允许的过载倍数为 λ，当

$$\lambda' < \lambda$$

则过载能力通过。否则，说明电动机的过载能力通不过，此时，应按电动机允许的过载倍数来选择电动机的额定功率，即

$$P_N \geq \frac{P_g}{\lambda} \tag{5-27}$$

一般按允许过载倍数选择的电动机，发热肯定可以通过，所以不必再进行发热校验。

最后校验电动机的起动能力。

第五节　断续周期工作制下电动机容量的选择

在工业企业中，特别是在冶金企业中，许多生产机械是在断续周期性工作制下工作的，按标准规定，断续周期性工作的每个周期不超过 10min，其中包括起动、运行、制动和停歇各阶段。普通形式的电动机往往难以胜任这样频繁的起动、制动工作，因此，专为它设计了断续周期工作制的电动机。这类电动机的共同特点是：起动和过载能力强、惯性小（飞轮

力矩小)、机械强度大、绝缘材料等级高。

标准负载持续率 $ZC\%$ 有 15%、25%、40%、60% 四种。同一台电动机,在不同 $ZC\%$ 下,其额定输出功率不同,$ZC\%$ 越小,额定功率就越大,即

$$P_{15\%} > P_{25\%} > P_{40\%} > P_{60\%}$$

断续周期工作制电动机功率选择的步骤与连续工作制变动负载下的功率选择是相似的。要经过预选电动机和校验等步骤,一般情况下,应根据生产机械的负载持续率来预选电动机。

如果生产机械的实际负载持续率 $ZC_{sj}\%$ 与标准持续率 $ZC\%$ 相同或相近,平均负载功率和转速也已知,便可以从产品目录中直接选取,最后校验。

如果实际负载持续率 $ZC_{sj}\%$ 与标准持续率 $ZC\%$ 不同,就需要把实际负载持续率 $ZC_{sj}\%$ 下的实际功率 P_{sj} 换算成标准 $ZC\%$ 下的负载功率 P_g,然后再预选电动机容量和校验发热。

换算的原则是实际负载持续率 $ZC_{sj}\%$ 下与标准持续率 $ZC\%$ 下损耗相等,即发热相同。

$$(p_0 + p_{csj})ZC_{sj}\% = (p_0 + p_{cug})ZC\%$$

将 $k = p_0/p_{cug}$ 代入上式,可得

$$[k + (p_{csj}/p_{cug})]ZC_{sj}\% = (k+1)ZC\%$$

考虑到 $p_{csj}/p_{cug} = P_{sj}^2/P_g^2$,由上式可解出 P_g 与 P_{sj} 的关系为

$$P_g = \frac{P_{sj}}{\sqrt{ZC\%/ZC_{sj}\% + k(ZC\%/ZC_{sj}\% - 1)}} \tag{5-28}$$

当 $ZC_{sj}\%$ 与 $ZC\%$ 相差不大时,可将 $k(ZC\%/ZC_{sj}\% - 1)$ 忽略不计,因而得到功率换算公式为

$$P_g \approx P_{sj}\sqrt{ZC_{sj}\%/ZC\%} \tag{5-29}$$

换算时,应选取与 $ZC_{sj}\%$ 最相近的 $ZC\%$ 值代入上式。

计算出 P_g 后,按 P_g 所对应的 $ZC\%$,预选电动机的额定功率 $P_N \geq P_g$,则发热校验通过。

如果 $ZC_{sj}\% < 10\%$,按短时工作制处理,应选用短时工作制电动机。

如果 $ZC_{sj}\% > 70\%$,按连续工作制处理,应选用连续工作制电动机。

第六节 电动机容量选择的工程方法

前面介绍的电动机容量选择的原则和基本方法,是以发热理论为基础,物理概念清楚明确,从而对影响电动机容量的因素有了一个明确的认识。但是,这种选择电动机容量的方法比较繁杂,它必须根据生产机械的负载图,预选电动机后,作出电动机的负载图,然后用平均损耗法或等效值法,校验电动机的发热。如果预选的电动机不合适,还得重复前面的全过程,计算过程比较复杂,计算工作量也大;对于一些变动负载,要作出其负载图往往存在许多困难。

正因为如此,人们在工程实践中,总结出了某些生产机械的电动机容量选择的实用方法,这些方法比较简便,而且在工程实践上也是可行的。当然,这些方法都有一定的局限性。常用的电动机容量选择的工程方法有统计分析法和类比法。

一、统计分析法

统计分析法就是针对目前国内外同类型设备所选用的电动机容量进行统计和分析，在统计和分析的基础上，找出该类生产机械的拖动电动机容量与生产机械主要参数之间的关系，再根据实际情况得出相应的计算公式。

目前，在国内机床制造业，一些主要机床采用的统计分析公式如下：

1. 卧式车床

$$P_N = 36.5 D^{1.54}$$

式中，P_N 为主拖动电动机的容量（kW）；D 为工件的最大直径（m）。

2. 立式车床

$$P_N = 20 D^{0.88}$$

式中，D 为工件的最大直径（m）。

3. 摇臂钻床

$$P_N = 0.0646 D^{1.19}$$

式中，D 为工件的钻孔直径（mm）。

4. 外圆磨床

$$P_N = 0.1 KB$$

式中，B 为砂轮宽度（mm）；K 为考虑砂轮主轴采用不同轴承时的系数，当采用滚动轴承时 $K = 0.8 \sim 1.1$，若采用滑动轴承时 $K = 1.0 \sim 1.3$。

5. 卧式镗床

$$P_N = 0.004 D^{1.7}$$

式中，D 为镗杆直径（mm）。

6. 龙门铣床

$$P_N = \frac{1}{166} B^{1.15}$$

式中，B 为工作台宽度（mm）。

例如，我国 C660 车床加工工件的最大直径为 1250 mm，按统计分析法计算主拖动电动机的容量应为 $P_N = 36.5 \times 1.25 \text{kW} = 52 \text{ kW}$，而实际应用 $P_N = 60 \text{ kW}$，二者相近。实践证明，选用的电动机能满足生产要求。

二、类比法

所谓类比法，就是根据生产工艺给出的功率，计算出所需要的电动机容量，预选某一容量的电动机。然后与经过长期运行考验的、同类型或相近的生产机械所采用的电动机容量进行比较，再考虑不同工作条件等因素，最后确定新的生产机械所选用的电动机容量。

第七节　电动机种类、额定电压、额定转速及外部结构形式的选择

电动机的选择，除确定电动机的额定功率外，还需要根据生产机械的技术要求、运行地点的环境、供电电源及传动机构的情况，合理地选择电动机的类型、外部结构形式、额定电压和额定转速。

一、电动机种类的选择

选择电动机类型的原则是在满足生产机械对过载能力、起动能力、调速性能指标及运行状态等各方面要求的前提下，优先选用结构简单、运行可靠、维修方便和价格便宜的电动机。

中国普遍采用的动力电源是三相交流电源，因此，最简单、经济的办法是选择三相或单相异步电动机来驱动机械负载。

笼型异步电动机，由于结构简单、运行可靠、维修方便和价格便宜等特点，广泛应用于国民经济和日常的各个领域，是生产量最大、应用面最广的电动机。但起动和调速性能差，功率因数低。在不要求调速，对起动性能无过高要求的一般生产机械中，如机床、水泵、通风机、家用电器和仪器仪表等都广泛采用笼型异步电动机。

对于要求高起动转矩的生产机械，如空气压缩机、皮带运输机、纺织机等，可采用深槽式或双笼型异步电动机。

对于要求有级调速的生产机械，如电梯及某些机床，可采用多速笼型异步电动机。

绕线转子异步电动机通过转子回路串电阻，可限制起动电流，提高起动、制动转矩，实现调速。对于起动、制动比较频繁，要求起动、制动转矩大，但对调速性能要求不高、调速范围不宽的生产机械，如起重机、矿井提升机、电梯、锻压机等，可采用绕线转子异步电动机。

同步电动机在运行时，可以对电网进行无功补偿，提高功率因数。当生产机械的功率较大而对调速又无要求时，如球磨机、破碎机、矿用通风机、空气压缩机等，可采用同步电动机。

对于要求调速范围宽、调速平滑、对拖动系统过渡过程有特殊要求的生产机械，如高精度数控机床、龙门刨床、造纸机、印染机等，可选用调速性能优良的他励直流电动机。

目前交流电动机变频调速技术发展很快，高性能的交流电动机变频调速系统的技术指标已达到直流电动机调速系统的水平。随着交流调速技术的不断发展，笼型异步电动机将大量用在要求无级调速的生产机械上。因此，当生产机械对起动、制动及调速有特殊要求时，应进行经济技术比较，以便合理地选择电动机的类型及调速方法。

二、电动机额定电压的选择

电动机额定电压选择的原则应与供电电网或电源电压一致。

一般工厂企业低压电网为380V，因此，中小型异步电动机都是低压的，额定电压为380V/220V（Y/△联结），或220V/380V（△/Y联结）及380V/660V（△/Y联结）三种。

当电动机功率较大时，额定电压提高到3000V、6000V甚至达10000V。统称高压电动机。

一般情况下，电动机额定功率 P_N < 100kW，选用380V；P_N < 200kW，选用380V或3000V；$P_N \geqslant$ 200kW，选用6000V；P_N > 1000kW，选用10kV。

直流电动机的额定电压一般为110V、220V、440V，大功率电动机可提高到600V、800V、甚至1000V。

当直流电动机由晶闸管整流电源供电时，则应根据不同的整流形式选取相应的电压等级。

三、电动机额定转速的选择

电动机额定转速选择是否合理，关系到电动机的价格和拖动系统的运行效率。甚至关系到生产机械的生产率。因为额定功率相同的电动机，额定转速越高，电动机的体积越小，重量和成本也就越低，因此选用高速电动机比较经济。但由于生产机械的转速有一定的要求，电动机转速越高，传动机构的传动比就越大，导致传动机构复杂，传动效率降低。所以选择电动机的额定转速时，要兼顾传动机构，并从以下几个方面综合考虑。

对很少起动、制动或反转的长期工作制的电动机，应从设备的初投资、占地面积和维修费等方面考虑，就几个不同的额定转速进行比较，最后确定电动机的额定转速。

如果电动机经常工作于起动、制动及反转状态，过渡过程的持续时间对生产率影响较大，此时主要根据过渡过程持续时间最短为条件来选择电动机的额定转速。

如果电动机经常工作于起动、制动及反转状态，但过渡过程的持续时间对生产率影响不大，此时除应考虑初投资外，还要根据过渡过程中能量损耗最小为条件来选择传动比和电动机的额定转速。

四、电动机外部结构形式的选择

电动机的安装形式有卧式和立式两种。一般情况下用卧式，特殊情况用立式。

电动机的外壳防护形式有开启式、防护式、封闭式及防爆式几种。

开启式电动机，在定子两侧与端盖上都有很大的通风口，这种电动机价格便宜、散热条件好，但容易进灰尘、水滴、铁屑等，只能在清洁、干燥的环境中使用。

防护式电动机在机座下面有通风口，散热好，能防止水滴、铁屑等从上方落入电动机内，但不能防止灰尘和潮气侵入，所以，一般在比较干燥、灰尘不多、较清洁的环境中使用。

封闭式电动机有自扇冷式、他扇冷式和密闭式三种。前两种型式的电动机是机座及端盖上均无通风孔，外部空气不能进入电动机内部。可用在潮湿、有腐蚀性气体、灰尘多、易受风雨侵蚀等较恶劣的环境中使用；密闭式电动机，外部的气体、液体都不能进入电动机内部。一般用于在液体中工作的机械，如潜水泵电动机等。

防爆式电动机适用于有易燃、易爆气体的场所，如油库、煤气站、加油站及矿井等场所。

思考题与习题

5-1 电力拖动系统中电动机的选择主要包括哪些内容？

5-2 确定电动机额定功率时主要应考虑哪些因素？

5-3 电动机的额定功率选得过大和不足时会引起什么后果？

5-4 电动机的温度、温升及环境温度三者之间有什么关系？

5-5 电动机的温升按什么规律变化？两台同样的电动机，在下列条件下拖动负载运行时，它们的起始温升、稳定温升是否相同？发热时间常数是否相同？

(1) 相同的负载，但一台环境温度为一般室温，另一台为高温环境；

(2) 相同的负载，相同的环境，一台原来没运行，一台是运行刚停下后又接着运行；

(3) 同一个环境下，一台半载，另一台满载；

(4) 同一个房间内，一台自然冷却，一台用冷风吹，都是满载运行。

5-6 电动机有几种工作制？是怎样划分的？其发热的特点是什么？

第五章　电力拖动系统中电动机的选择

5-7　同一台电动机，如果不考虑机械强度问题或换向问题等，在下列条件下拖动负载运行时，为充分利用电动机，它的输出功率是否一样？哪个大？哪个小？
（1）自然冷却，环境温度为 40°C；
（2）强迫通风，环境温度为 40°C；
（3）自然冷却，高温环境。

5-8　为什么说电动机运行时的稳定温升取决于负载的大小？

5-9　连续工作变化负载下，电动机容量选择的一般步骤是什么？

5-10　用平均损耗法校验电动机发热的依据是什么？请指出等效电流法、等效转矩法、等效功率法的共同点和不同点，以及它们各自的适用条件？

5-11　一台连续工作方式的电动机额定功率为 P_N，如果在短时工作方式下运行其额定功率该怎样变化？

5-12　什么是负载持续率？试比较普通三相笼型异步电动机 $ZC\% = 15\%$、$P_N = 30\text{kW}$ 与 $ZC\% = 40\%$、$P_N = 20\text{kW}$ 的电动机，哪一台实际功率大？

5-13　选择正确答案：
（1）电动机若周期性地工作 15min、停歇 85min，则工作方式应属于
A. 断续周期工作方式，$ZC\% = 15\%$　　　　B. 连续工作方式
C. 短时工作方式
（2）电动机若周期性地额定负载运行 5min、空载运行 5min，则工作方式属于
A. 断续周期工作方式，$ZC\% = 50\%$　　　　B. 连续工作方式
C. 短时工作方式
（3）连续工作方式的三相绕线转子异步电动机运行于短时工作方式时，若工作时间极短（$t_g < 0.4T_N$），选择其额定功率主要考虑：
A. 电动机的发热与温升　　　　B. 过载能力与起动能力
C. 过载能力　　　　D. 起动能力

5-14　一台 35kW、工作时限为 30min 的短时工作电动机突然发生故障。现有一台 20kW 连续工作制电动机，已知其发热时间常数 $T_H = 90\text{min}$，不变损耗与额定可变损耗比 $k = 0.7$，短时过载能力 $\lambda = 2$。这台电动机能否临时代用？

5-15　需要一台电动机来拖动工作时间 $t_g = 5\text{min}$ 的短时工作负载，负载功率 $P_L = 18\text{kW}$，空载起动。现有两台笼型异步电动机可供选用，它们是：
（1）$P_N = 10\text{kW}$，$n_N = 1460\text{r/min}$，$\lambda_m = 2.1$，起动转矩倍数 $k_T = 1.2$；
（2）$P_N = 14\text{kW}$，$n_N = 1460\text{r/min}$，$\lambda_m = 1.8$，起动转矩倍数 $k_T = 1.2$。
如果温升都无问题，试校验起动能力和过载能力，以确定哪一台电动机可以使用。（校验时考虑到电网电压可能降低 10%）

5-16　用发热校验方法选择电动机容量的主要缺点是什么？为什么在生产实践中大都采用统计分析法和类比法？

5-17　一台车床能加工的工件最大直径为 20cm，用统计分析法试推算该车床主拖动电动机的功率为多大？

第二篇 电器及其控制

第六章 常用低压电器

第一节 概　　述

电器是根据外界特定的信号和要求，自动或手动地接通与断开电路，断续或连续地改变电路参数，实现对电路或非电对象的切换、控制、保护、检测和调节用的电气设备。按我国现行标准规定，低压电器通常是指工作在交流 1200V 或直流 1500V 以下的电器。采用电磁原理构成的低压电器元件，称为电磁式低压电器；采用集成电路或电子元件构成的低压电器元件，称为电子式低压电器；采用现代控制原理构成的低压电器元件或装置，称为自动化电器、智能化电器或可通信电器。

一、低压电器的作用、分类

在由低压供电系统和用电设备等组成的电路中，低压电器起控制、调节、转换、通断和保护作用。

低压电器的用途十分广泛，无论是工矿企业、农林牧副渔和交通运输业，还是国防军事部门，都需要大量的各种各样的低压电器。低压电器品种繁多、功能多样、结构各异。

低压电器的分类方法很多，常用的分类方法有：

1. 按用途分类

（1）控制电器　主要用于电力拖动、自动控制系统和用电设备中，它控制设备使其达到预期的工作状态。属于这一类的电器有接触器、继电器、起动器和主令电器等。

（2）配电电器　主要用于配电系统中，它对电路及设备进行保护以及通断、转换电源或负载。属于这一类的电器有刀开关、转换开关、熔断器和低压断路器等。

（3）执行电器　主要用于完成某种动作或传送功能。属于这一类的电器有电磁铁、电磁离合器等。

2. 按应用场合分类

（1）一般用途低压电器　也称为基本系列低压电器，在正常工作条件下工作。这类电器用于电力系统冶金企业、机器制造工业以及其他工业的配电系统、电力拖动系统及自动控制系统中。其他各类低压电器一般是在此类低压电器的基础上派生出来的。

（2）矿用低压电器　具有防爆功能，适用于含煤尘及甲烷等爆炸性气体的环境。

（3）化工用低压电器　具有防腐蚀功能，适用于有腐蚀性气体和粉尘的场所。

（4）船用低压电器　具有耐颠簸、振动和冲击功能，能在很大的倾斜条件下工作，而且耐潮湿，能抵抗盐雾和霉菌的侵蚀。

（5）牵引低压电器　常用于电力机车，其工作环境温度较高，能耐倾斜、振动和冲击。

(6) 航空低压电器　能在任何位置上可靠地工作，耐冲击和振动，而且体积小、重量轻。

3. 按操作方式分类

可分为手动电器和自动电器。手动电器属于非自动切换的开关电器，包括按钮、刀开关、转换开关、行程开关和主令电器等。自动电器有接触器、继电器和断路器等。操作方式有人力操作、人力储能操作、电磁铁操作、电动机操作和空气压缩操作等。

4. 按使用系统分类

（1）自动控制电力拖动系统用电器　有接触器、起动器和控制继电器等。对这类电器的主要技术要求是有一定的通断能力、操作频率高、电气和机械寿命长等。

（2）电力系统用电器　有断路器、熔断器等，对这类电器的主要技术要求是通断能力强、限流效应好、电动稳定性高和保护性能完善等。

（3）自动化通信系统用电器　有微型继电器和晶体管逻辑元件等。对这类电器的主要技术要求是动作时间快、灵敏度高和抗干扰能力强等。

5. 按电器执行功能分类

（1）有触点电器　电器通断电路的执行功能由触点来实现。

（2）无触点电器　电器通断电路的执行功能根据输出信号的逻辑电平来实现。

（3）混合电器　有触点和无触点结合的电器。

6. 按电力拖动自动控制系统用电器分类

（1）接触器　有交流接触器、直流接触器、晶闸管接触器和智能接触器等类型。

（2）继电器　有电压继电器、时间继电器、中间继电器、热继电器、速度继电器和固态继电器等类型。

（3）主令电器　有按钮、微动开关、接近开关、行程开关和主令控制器等类型。

（4）执行电器　有电磁铁、电磁离合器、电磁抱闸和电磁阀等类型。

（5）熔断器　有插入式熔断器、螺旋式熔断器和快速熔断器等类型。

（6）成套电器　主要有低压控制屏（柜）、低压配电屏（柜）、动力配电箱（柜）和照明配电箱（柜）等四大类。

（7）低压断路器　有万能框架式低压断路器、装置式低压断路器和智能化断路器等类型。

（8）刀开关、转换开关　有单极、双极和三极等类型。

二、低压电器的应用

在电力拖动控制系统中，低压电器主要用于对电动机进行控制、调节和保护。在低压配电电路或动力装置中，低压电器主要用于对电路和设备进行保护以及通断、转换电源或负载。

图6-1所示为一工矿企业的典型配电线路，线路上设

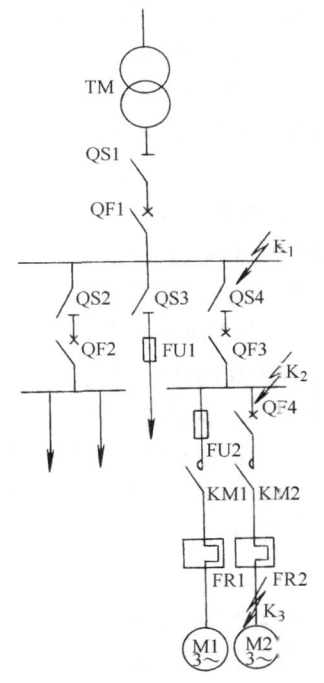

图6-1　工矿企业典型配电线路
TM—配电变压器　QF—低压断路器
QS—刀开关　FU—熔断器
KM—接触器　FR—热继电器
M1、M2—电动机

置了各种低压电器。这个线路分为三个区间：降压变压器至中央配电盘母线的线路称为主线路；中央配电盘母线至车间动力配电盘母线的线路称为分支线路；车间动力配电盘母线至负载的线路称为馈电线路。在这三个区间中各装置了一些低压电器。主线路上装有刀开关 QS1 和断路器 QF1，分支线路上也装有刀开关 QS2、QS3、QS4 和断路器 QF2、QF3。刀开关用于维修线路时隔离电源，以保证维修工作安全进行；断路器是一种多功能保护电器，当线路出现过载、短路、失电压或欠电压故障时，能自动分断故障线路，也可以用于不频繁地接通和分断电力线路。馈电线路中装有接触器 KM1、KM2，热继电器 FR1、FR2 和熔断器 FU2。接触器用于正常工作条件下频繁地接通和分断线路，但不能分断短路电流；熔断器用于对线路进行短路保护；热继电器用于对电动机进行过载保护。由此可见，不同的低压电器在线路中所承担的任务是不同的。

三、低压电器额定工作制及正常工作条件

1. 额定工作制

正常情况下，电器的额定工作制有：

（1）8h 工作制　电器的导电电路通以一稳定电流（对有触点的电器，其触点保持闭合；具有操作线圈的电器必须通电），通电时间足够长以达到热平衡，但超过 8h 必须分断。

（2）不间断工作制（又称长期工作制）　没有空载期的工作制，电器的载流回路通以稳定电流，而且通电时间超过 8h 也不分断。

（3）短时工作制　有载时间与空载时间互相交替，且前者比后者短的工作制，其通电时间不足以使电器达到热平衡，而两次通电时间间隔却足以使电器温度恢复到环境温度。

（4）断续周期工作制（又称反复短时工作制）　有载时间与空载时间循环交替，且有一定比值。由于循环周期很短，所以电器不能达到热平衡。

2. 正常工作条件

1）周围空气温度为 $-5 \sim +40°C$（有外壳的电器，是指外壳周围的空气温度），24h 内其平均值不超过 $+35°C$。

2）安装地点的海拔不超过 2000m。

3）安装地点的空气最高温度为 $+40°C$ 时，其相对湿度不超过 50%，在较低的温度时，允许有较高的相对湿度，最湿月平均最低温度不超过 $+25°C$，该月的月平均最大相对湿度不超过 90%。对由于温度变化而发生在产品上的凝露情况，必须采取措施。

4）用来确定电气间隙和爬电距离的微观环境污染等级可分为四级：

污染等级 1：无污染或仅有干燥的非导电性的污染。

污染等级 2：一般情况仅有非导电性污染，但必须考虑到偶然由于凝露造成短暂的导电性。

污染等级 3：有导电性污染，或由于预期的凝露使干燥的非导电性污染变为导电性的。

污染等级 4：造成持久性的导电性污染。例如由于导电尘埃或雨雪所造成的污染。

工业用电器一般选取用于污染等级为 3 级的环境，家用和类似用途电器一般选取用于污染等级为 2 级的环境。

四、低压电器的发展

1. 低压电器的发展概况

我国低压电器是从 20 世纪 50 年代开始起步的，至今已有 60 多年的历史，其间经历了

全面仿苏、自行设计、更新换代、技术引进、跟踪国外新产品和自主研发等几个时期，在设计水平、生产品种、生产总量、新技术应用及检测技术等方面取得了巨大的成就。目前已经形成了较完善的体系，就产品的规格、性能、生产能力来看，基本上满足了我国国民经济发展的需要。

20世纪60年代至70年代是我国低压电器产业的形成阶段。我国在模仿苏联的基础上，设计开发出第一代统一设计的低压电器，以CJ10、DZ10、DW10等产品为代表，约29个系列。第一代低压电器的结构尺寸大，材料消耗多，性能指标不理想，品种规格不齐全。

1978—1990年，我国更新换代和引进国外先进技术，制造了第二代产品，以CJ20、DZ20、DW15等产品为代表，共有56个系列。第二代低压电器产品技术指标明显提高，其保护特性较完善，产品体积缩小，结构上适应成套装置要求，成为此后很长一段时间内我国低压电器的支柱产品。

1990—2005年，我国自行开发试制了智能化的第三代产品，以DW40、DW45、DZ40、S系列等产品为代表，共有10多个系列。第三代低压电器性能优良、工作可靠、体积小，具有电子化、智能化、组合化、模块化和多功能化等特点，总体技术性能达到或接近20世纪80年代末、90年代初国际水平。第三代产品较第二代产品有三个突出的特点：高性能、小型化和智能化。通过不断改进完善以及十多年的推广与应用，第三代产品目前已成为我国低压电器市场的主导产品。

进入21世纪以后，我国开始第四代低压电器的研发与推广。上海电器科学研究所（集团）有限公司从2005年开始联合低压电器行业8家优秀企业研发了我国第一批第四代低压电器产品：新一代智能化万能断路器，新一代高性能、小型化塑壳断路器，新一代小型化、电子化控制与保护开关电器，新型带选择性保护小型断路器。第四代低压电器除了继承第三代产品的特性外，还深化了智能的特性，此外还具有高性能、多功能、小型化、高可靠、绿色环保、节能与节材等显著特点。第四代低压电器的总体水平达到当前国际先进水平，部分技术指标达到国际领先水平。更为可喜的是，第四代产品研发与设计基本摆脱了以仿制为主的模式，开创了我国低压电器自主创新设计的新时代，是我国低压电器发展史上一个新的里程碑，在中高端市场有着十分广阔的前景。

2. 低压电器的发展展望

低压电器的发展，取决于国民经济的发展和现代工业自动化发展的需要，以及新技术、新工艺、新材料的研究与应用，目前我国的低压电器将进一步朝着高性能、高可靠性、小型化、数模化、模块化、组合化、电子化、智能化、可通信及零部件通用化方向发展。

（1）第四代低压电器成为主流　从2010年开始，我国第四代低压电器逐步投放市场，行业总体水平已经跃上新的台阶。根据市场需求还将对部分第三代产品进行二次开发，以进一步提高性价比，同时实现产品差异化，提高产品市场竞争力。值得一提的是，开发新产品应借鉴国外先进经验，国外知名公司在开发新产品时，对高性能和经济型两者兼顾，以满足不同层次市场需要。据此，我国新一代产品应在派生第三代产品或开发第四代产品时同时发展经济型产品。

第四代低压电器是具有高科技含量的产品，不是能够简单复制的产品，这些产品的技术都拥有大量的知识产权。第四代低压电器将带动低压电器新技术与产品的应用，引领发展方向，也将加速整个低压电器行业的更新换代。加速我国第四代低压电器的研发与推广是行业今后一个时期的工作重点。

（2）低压电器的质量标准　随着低压电器产品的更新换代，标准体系也将逐步完善，未来低压电器将主要朝着智能化方向发展。市场需要高性能、智能化的低压电器，并要求产品具有保护、监测、试验、自诊断及显示等功能；带有通信接口，能与多种开放式现场总线进行双向通信，实现可通信、网络化；进行可靠性设计，产品生产过程进行可靠性控制、可靠性出厂检验等，特别强调电子器件的可靠性及电磁兼容性；满足环保节能要求，逐步发展"绿色"产品，包括产品材料选用、制造过程及使用过程对环境的影响、能源的有效利用。

顺应发展趋势，迫切需要研究以下四种技术标准：能够涵盖最新产品综合性能，包括技术性能、使用性能、维护性能的技术标准；产品通信及产品性能与通信要求有机结合的标准，以使产品具有较好的互操作性；制定相关产品的可靠性和试验方法标准，以提高产品可靠性及产品质量，加大同国外产品竞争的能力；制定系列环境意识设计标准和低压电器的能效标准，指导并规范企业生产制造节能环保的"绿色电器"。

（3）智能电网兴起推动低压电器发展　随着我国建设智能电网任务的提出，智能电网用户端电器设备已成为智能电网的重要组成部分。智能电网用户端电器设备可以作为低压电器的扩展与延伸产品。研究方向主要有：①用户端智能配电系统；②用户端电能管理系统；③智能楼宇控制系统；④智能电网用户端平台。

风力发电与太阳能光伏发电系统是未来智能电网重要组成部分，新能源系统的特定环境，如环境温度、振动、雷击，光伏发电直流系统过电流保护等，都对低压电器提出了新的要求。另外还涉及以下一系列关键技术：①分布式新能源系统控制与保护技术；②电能双向传输系统过电流保护技术；③电能双向传输带来的电能计量技术；④分布式新能源系统过电压保护技术。新能源的快速发展为低压电器产业智能化提供了发展契机，低压电器向光伏发电逆变器、新能源控制与保护系统、分布式能源、储能设备及直流开关电器设备等领域扩展，并能提供整体解决方案，这一领域是低压电器行业新的重要经济增长点。

（4）数字化、网络化、智能化和连接化　新技术的应用给低压电器的发展注入了新的活力，在一个"万物相联、万物智能"的时代，可能引发低压电器的一场新"革命"。互联网、物联网、智能家居等技术的发展，最终将实现各种不同维度的事物"终极相联"，实现万物组织、万物互联、万物智能和万物思维；并且通过集体意识、集体架构的全面集成与融合，进而成为影响现代人类社会高效运转的中枢神经系统。

低压电器在这场革命中居主要作用，将起到万物连接器的作用，能够把各个万物孤岛和每一个人接入到统一的生态体系。为了实现低压电器与网络的连接，一般采用三种方案：第一种是开发新型接口电器，连接于网络和传统低压电器元件之间；第二种是在传统的产品上派生或增加计算机联网接口功能；第三种是直接开发带有计算机接口和通信功能的新型电器。对可通信电器的基本要求包括：带有通信接口，通信规约标准化，可以直接挂在总线上，符合相关低压电器标准及有关 EMC 要求。

（5）从低压向中高压转变　未来 5~10 年，低压电器产业将实现从低压向中高压转变、模拟产品向数字产品转变、产品销售向工程成套转变、中低端向中高端转变、集中度大提升的趋势。

随着大型负载设备的增加和用电量的增加，为降低线路损耗，不少国家在矿山、石油、化工等行业大力推广660V电压，国际电工技术委员会也大力推荐660V、1 000V为工业通用电压。中国在矿山工业中已经大量使用660V电压。将来低压电器还将进一步提高额定电压，从而取代原来的"中压电器"。德国曼海姆会议也同意将低压水平提高到2 000V。

第二节 常用低压电器的基本问题

低压电器的基本结构由电磁机构和触点系统组成。

一、电磁机构

电磁机构是电磁式电器的感测元件，它将电磁能转换为机械能，从而带动触点动作。

1. 电磁机构的结构形式

电磁机构由电磁线圈（吸引线圈）、铁心及衔铁三部分组成。根据由铁心和衔铁构成的磁路形状及衔铁运动方式的不同，以及线圈接入电路的方式不同，电磁机构可分成多种形式。

（1）按衔铁的运动方式分

1）衔铁绕棱角转动拍合式。衔铁绕磁轭的棱角而转动，磨损较小，铁心一般用电工软铁制成，适用于直流接触器和继电器。如图6-2a和图6-2b所示。

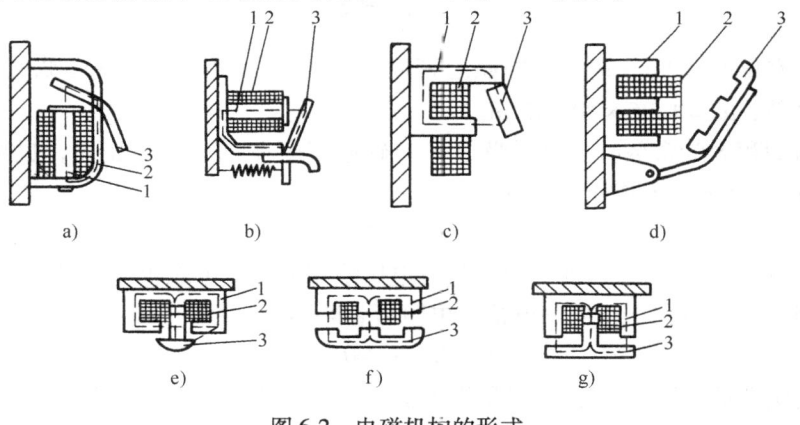

图6-2 电磁机构的形式
1—铁心 2—线圈 3—衔铁

2）衔铁绕轴转动拍合式。衔铁绕轴转动，铁心一般用硅钢片叠成，适用于较大容量的交流接触器。如图6-2c和图6-2d所示。

3）衔铁直线运动直动式。衔铁在线圈内作直线运动，较多用于中小容量交流接触器和继电器中。如图6-2e、图6-2f和图6-2g所示。

（2）按磁路形状分 电磁机构可分为U形（如图6-2a、图6-2b、图6-2c所示）和E形（如图6-2d、图6-2e、图6-2f和图6-2g所示）。

（3）按线圈的连接方式分

1）串联电磁机构。电磁机构的线圈串联于电路中，如图6-3a所示。按电路的电流种类可分为直流串联电磁机构和交流串联电磁机构。

串联电磁机构的衔铁动作与否取决于线圈中电流的大小。这种接入方式的线圈又称为电流线圈，它的特点是匝数少，线径较粗。具有这种电磁机构的电器都属于电流型电器。

2）并联电磁机构。电磁机构的线圈并接于电路中，如图6-3b所示。按电路的电流种类可分为直流并联电磁机构和交流并联电磁机构。

并联电磁机构的衔铁动作与否取决于线圈两端电压的大小，这种接入方式的线圈又称为电压线圈，它的特点是匝数多，线径较细。具有这种电磁机构的电器都属于电压型电器。

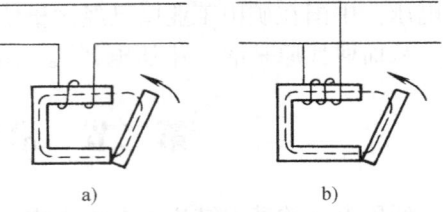

图6-3 电磁机构中线圈的连接方式
a）串联电磁机构 b）并联电磁机构

（4）按电磁线圈的种类分 电磁线圈可分为直流线圈和交流线圈两种。

2. 电磁机构的特性

电磁机构的工作特性常用吸力特性和反力特性来表示。吸力特性是指电磁机构使衔铁吸合的力与气隙的关系。反力特性是指电磁机构使衔铁释放（复位）的力与气隙的关系。

（1）吸力特性 电磁机构的吸力特性随电磁线圈电流种类（交流或直流）、线圈连接方式（串联或并联）的不同而不同。其近似计算公式为

$$F = \frac{1}{2\mu_0}B^2 S \tag{6-1}$$

式中，F 为电磁吸力（N）；B 为气隙磁通密度（T）；S 为吸力处的铁心截面积（m^2）；μ_0 为空气导磁系数，$\mu_0 = 1.25 \times 10^{-6} H/m$。

当铁心截面积 S 为常数时，电磁吸力 F 与磁通密度 B 的平方成正比，也可认为电磁吸力 F 与气隙磁通 Φ 的平方成正比，即

$$F \propto \Phi^2 \tag{6-2}$$

1）交流电磁机构的吸力特性。对于具有电压线圈的交流电磁机构，设外加电压 U 不变，电磁线圈的阻抗主要取决于线圈的电抗，电阻可忽略不计，则

$$U \approx E = 4.44fN\Phi \tag{6-3}$$

式中，U 为线圈外加电压；E 为线圈感应电势；f 为电压频率；N 为线圈匝数；Φ 为气隙磁通。

当频率 f、匝数 N 和外加电压 U 都为常数时，磁通 Φ 也为常数。由式（6-2）知电磁吸力 F 也为常数，说明电磁吸力 F 与气隙 δ 大小无关。实际上，考虑到漏磁通的影响，吸力 F 随气隙 δ 的减小略有增加。

虽然电磁机构的气隙磁通 Φ 近似不变，但气隙磁阻随气隙长度 δ 而变化，根据磁路定律

$$\Phi = \frac{IN}{R_m} = \frac{IN}{\frac{\delta}{\mu_0 S}} = \frac{(IN)(\mu_0 S)}{\delta} \tag{6-4}$$

可知，交流电磁线圈的电流 I 与气隙 δ 成正比。

图6-4所示为电磁机构的吸力特性。

通常，U形交流电磁机构在线圈通电而衔铁尚未吸合时，电流可达到吸合后额定电流的5~6倍；E形电磁机构则可达到额定电流的10~15倍。如果衔铁卡住不能吸合，或者频繁

动作,线圈可能因为过电流而烧毁。所以在可靠性要求高或操作频繁的场合,一般不采用交流电磁机构。

2)直流电磁机构的吸力特性。对于具有电压线圈的直流电磁机构,因外加电压和线圈电阻不变,则流过线圈的电流为常数,即电流与气隙大小无关。由式(6-4)和式(6-2)可知,此时

$$F \propto \Phi^2 \propto (1/\delta)^2 \tag{6-5}$$

由式(6-5)可知,直流电磁机构的电磁吸力 F 与气隙 δ 的平方成反比。其电磁吸力特性为二次曲线,如图6-5所示。它表明衔铁闭合前后电磁吸力变化很大,气隙越小,电磁吸力越大。由于电磁线圈的电流不变,所以直流电磁机构适用于动作频繁的场合,且吸合后电磁吸力较大,工作可靠性好。

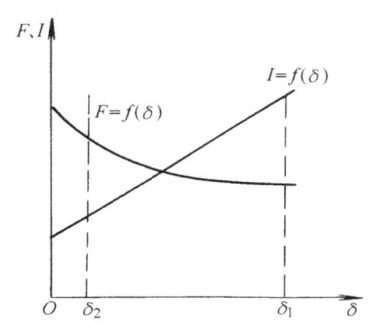

图6-4 交流电磁机构的吸力特性

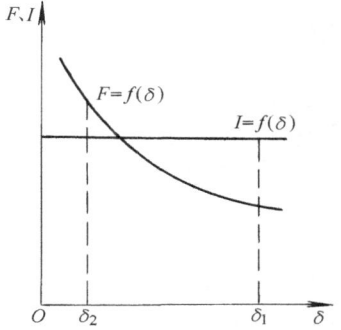

图6-5 直流电磁机构的吸力特性

但是,当直流电磁机构的电磁线圈断电时,由于磁通急剧变化,因而在线圈中会感应很大的反电动势,其值可达线圈额定电压的10~20倍,很容易使线圈因过电压而损坏。为了减小此反电动势,一般在电磁线圈上并联一个放电回路,如图6-6所示。这样,当线圈断电时,放电电路使原先储存于磁场中的能量消耗在电阻上,而不致产生过电压。通常放电电阻的阻值取线圈直流电阻的6~8倍。

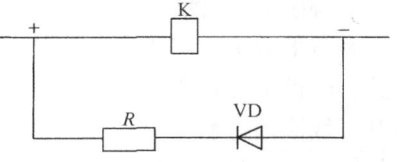

图6-6 直流线圈的放电回路

(2)反力特性 为了使衔铁在线圈断电后能恢复到原来打开位置,在电磁式电器中都装有释放弹簧。电磁机构的反力包括释放弹簧的反力、触点弹簧的反力以及运动部件的重力,反力特性曲线如图6-7所示曲线3。

图中,δ_1 为起始位置,δ_2 为动、静触点接触时的位置。在 $\delta_1 \sim \delta_2$ 区域内,释放弹簧在起作用,随着气隙的减小,反力逐渐增大;到达 δ_2 位置,动、静触点开始接触,触点弹簧的初压力作用于衔铁上,使反力骤增,曲线突变;其后,在 $\delta_2 \sim 0$ 区域内,释放弹簧与触点弹簧同时起作用,随着气隙的减小,反力迅速增大,其线段变化较 $\delta_1 \sim \delta_2$ 段陡。

(3)吸力特性与反力特性的配合 为了保证吸合过程中衔铁能可靠吸合,电磁吸力特性必须与反力特性配合好,如图6-7所示。在整个吸合过程中,吸力都必须大于反力,即吸力特性高于反力特性。但吸力不能过大,否则会使衔铁吸合时的运动速度过大,在衔铁与铁心柱端面造成严重机械磨损;此外,过大的冲击力有可能使触点产生弹跳现象。吸力也不能过小,否则会使衔铁吸合时的运动速度降低,难以满足高操作频率的要求。在实际应用中,可

通过改变反力弹簧的松紧来实现吸力特性与反力特性的适当配合。

对于单相交流电磁机构,一般在铁心端面上安装一个用铜制成的分磁环(或称短路环),以便正常工作,见图 6-8a 所示。这是因为电磁机构的磁通是交变的,而电磁吸力与磁通的平方成正比。当磁通过零时,吸力也为零,这时衔铁在弹簧反力作用下被拉开。磁通过零后吸力增大,当吸力大于反力时,衔铁又吸合。在如此往复循环的过程中,衔铁产生强烈的振动。当加入分磁环后,交变磁通的一部分穿过分磁环,在环中产生涡流。根据电磁感应定律,此涡流所产生的磁通 Φ_2 较未穿过分磁环的磁通 Φ_1 在相位上滞后。由 Φ_1 和 Φ_2 产生的吸力 F_1 和 F_2 如图 6-8b 所示。作用在衔铁上的力是 $F_1 + F_2$,只要此合力始终大于其反力,就可消除衔铁的振动。

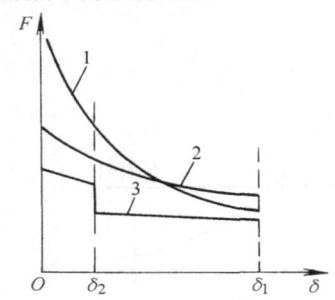

图 6-7 吸力特性和反力特性
1—直流电磁机构吸力特性 2—交流电磁机构吸力特性 3—反力特性

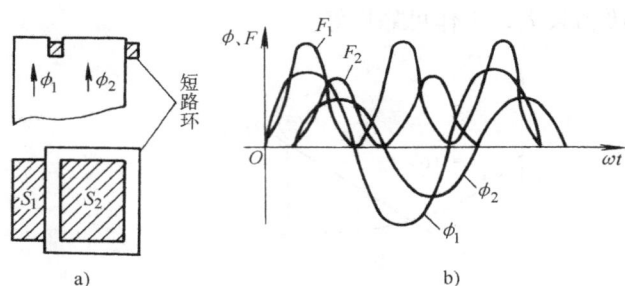

图 6-8 加短路环后的磁通和电磁吸力
a) 磁通示意图 b) 电磁吸力图

二、触点系统

触点是电磁式电器的执行元件,电器就是通过触点的工作来通断被控制的电路。

1. 触点的接触形式

触点的分类方法很多,按其所控制的电路可分为主触点和辅助触点,主触点用于通断主电路,辅助触点用于通断控制电路。按其原始状态可分为常开触点和常闭触点,原始状态时断开,线圈通电后闭合的触点称为常开触点;原始状态时闭合,线圈通电后断开的触点称为常闭触点。按其结构形式可分为桥式触点和指形触点,如图 6-9 所示。按其接触形式可分为点接触、线接触和面接触,如图 6-10 所示。

图 6-10a 所示为点接触,它由两个半球面或一个半球面与一个平面形触点构成,接触区域是一个点或面积很小的面。这种触点结构很容易提高单位面积上的压力,减小触点接触电阻,常用于电流较小的电器中,如继电器的触点和接触器的辅助触点。图 6-10b 所示为面接触,它由两个平面形触点相接触,接触区域是一个面积。这种触点一般在接触表面上镶有合金,以减小触点的接触电阻,提高触点的抗熔焊、抗磨损能力,允许通过很大的电流,常用于大容量的接触器主触点。图 6-10c 所示为线接触,它由两个圆柱面形的触点构成,接触区域是一条直线或一条窄面,常做成指形触点结构,这种接触形式在通断过程中是滑动接触,如图 6-10d 所

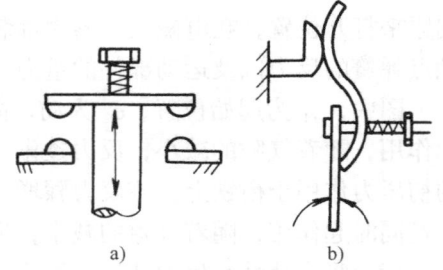

图 6-9 触点结构形式
a) 桥式触点 b) 指形触点

示,开始接触时,静、动触点在 A 点接触,靠弹簧压力经 B 点滚动到 C 点,并在 C 点保持接通状态。断开时作相反运动。这样可以在通断过程中自动清除触点表面的氧化膜,保证了触点的良好接触。这种滚动线接触常用于通电次数多、电流较大的场合,如中等容量的接触器主触点。

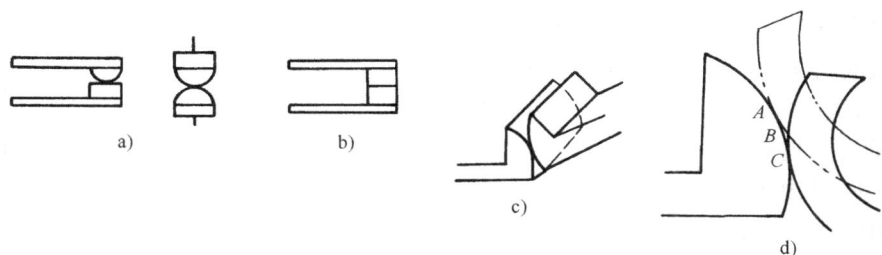

图 6-10 触点接触形式
a) 点接触 b) 面接触 c) 线接触 d) 线接触触点的接触过程

2. 触点的接触电阻

由于触点的接触面不是理想的光滑表面,在接触时,实际接触的面积总是小于触点原有可接触面积,使有效导电面积减小,当电流流经时,就会产生电流收缩现象,从而使电阻增大及接触区的导电性能变差。这种由于动、静触点闭合时在过渡区域所形成的电阻,称为接触电阻。接触电阻的存在,不仅会造成一定的电压损失,还会使铜耗增加,触点温度升高。这样,触点在较高的温度下很容易产生熔焊现象而使触点工作不可靠。因此应采取适当措施减小接触电阻。

要使接触电阻尽可能减小,首先选用导电性好、耐磨性好的金属材料做触点。使触点本身的电阻尽量减小,通常选用铜、银、镍及其合金材料,有时也在铜触点表面电镀锡、银或镍。还可在触点上装设接触弹簧,使触点在刚刚接触时产生初压力,并且随着触点闭合逐渐增大触点互压力,使触点接触得紧密一些。另外,对于较大容量电器,还可采用具有滑动作用的指形触点,从而让清洁的金属接触面互相接触,以增强触点的导电性。

三、电弧的产生和常用的灭弧方法

1. 电弧的产生

当触点在分断电路时,如果触点之间的电压达 12~20V、电流达 0.25~1A,触点间隙内就会产生电弧。电弧实际上是触点间气体在强电场作用下产生的放电现象,所谓气体放电,就是触点间隙中的气体被游离产生大量的电子和离子,在强电场作用下,大量的带电粒子作定向运动,于是绝缘的气体就变成了导体。电流通过这个游离区时所消耗的电能转换为热能和光能,发生光和热效应,产生高温并发出强光,使触点烧损,并使电路的切断时间延长,甚至不能断开,造成严重事故。

电弧对电器的影响有三方面:

1) 触点打开时,由于电弧的存在,使要断开的电路实际上并没有断开。
2) 电弧的温度很高,严重时可使触点熔化。
3) 电弧向四周喷射,会引起电器和周围物质损坏,还会造成相间短路,甚至造成火灾。

所以必须采取适当灭弧措施以加速并可靠地熄灭电弧。

2. 常用灭弧方法

（1）灭弧栅灭弧　图 6-11 所示为灭弧栅灭弧原理图。灭弧栅由多片表面镀铜的薄钢片（称为栅片）制成，它们置于灭弧罩内的触点上方，彼此之间互相绝缘，片内距离为 2～3mm。一旦发生电弧，电弧周围产生磁场，导磁的钢片将电弧吸入栅片内，电弧被栅片分割成许多串联的短电弧，当交流电压过零时电弧自然熄灭，两栅片间必须有 150～250V 电压，电弧才能重燃。这样，一方面电源电压不足以维持电弧，同时由于栅片的散热作用，电弧自然熄灭后很难重燃。这种灭弧装置常用于交流灭弧。

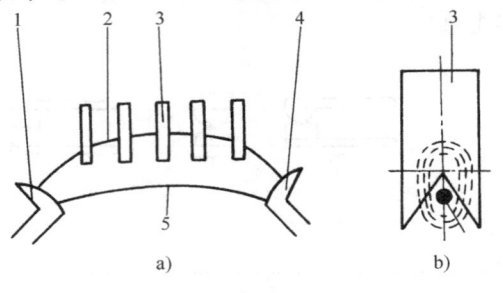

图 6-11　灭弧栅灭弧原理
a) 栅片灭弧原理　b) 电弧进入栅片的图形
1—静触点　2—短电弧　3—灭弧栅片
4—动触点　5—长电弧

（2）灭弧罩灭弧　灭弧罩常用陶土、石棉水泥或耐弧塑料制成。电弧进入灭弧罩后，电弧与灭弧罩接触，能使电弧迅速冷却而熄灭。同时，灭弧罩还可以分隔各路电弧，以防止发生短路。这种灭弧装置可用于交流和直流灭弧。

（3）磁吹灭弧　磁吹灭弧装置工作原理如图 6-12 所示。在触点电路中串入一吹弧线圈。当触点电流通过吹弧线圈时产生磁场，根据右手螺旋定则可知，触点周围的电磁场方向是向里的。触点分开的瞬间所产生的电弧就是载流体，它在磁场的作用下会产生电磁力，根据左手定则判定，力的方向是向上的，故电弧被拉长并吹入灭弧罩中。熄弧角和静触点相连接，其作用是引导电弧向上运动，将热量传递给罩壁，促使电弧熄灭。这种装置是利用电弧电流本身灭弧的，故电弧电流越大，灭弧能力越强。它广泛用于直流灭弧装置中。

（4）双断口灭弧　图 6-13 所示为桥式结构双断口触点系统，双断口就是在一个回路中有两个产生断开电弧的间隙。当触点打开时，在断口中产生电弧。触点 1 和触点 2 的载流体在弧区产生磁场，方向为 ⊗。根据左手定则，电弧电流要受到一个指向外侧的力 F 的作用，使电弧向外运动并拉长，使它迅速穿越冷却介质而加快电弧冷却并熄灭。这种灭弧方法效果较弱，故一般多用于小功率的电器中。

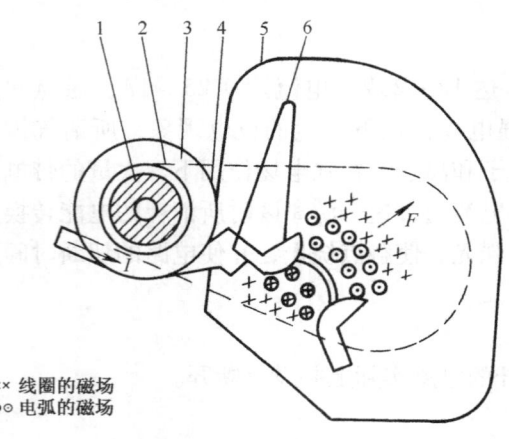

×× 线圈的磁场
●○ 电弧的磁场

图 6-12　磁吹灭弧装置工作原理
1—铁心　2—绝缘管　3—吹弧线圈　4—导磁颊片
5—灭弧罩　6—熄弧角

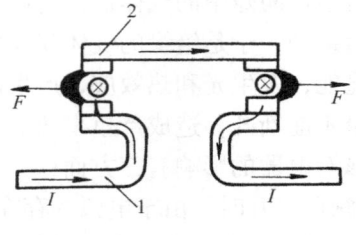

图 6-13　桥式触点灭弧原理
1—静触点　2—动触点

第三节 接 触 器

接触器是一种用来远距离、频繁地接通和分断交直流主电路及大容量控制电路的电器。其主要控制对象是电动机,也可用于其他电力负载,如电热器、电焊机、电炉变压器和电容器组等。接触器具有强大的执行机构、大容量的主触点及迅速熄灭电弧的能力。当系统发生故障时,能根据故障检测元件所发出的动作信号,迅速、可靠地切断电源,并有低压释放功能。与保护电器组合可构成各种电磁起动器,用于电动机的控制及保护。它是电力拖动控制系统中最重要也是最常用的控制电器。

接触器的种类很多,按操作方式可分为电磁接触器、气动接触器及液压接触器;按工作电压种类可分为交流接触器和直流接触器;另外还有建筑用接触器、机械联锁接触器、混合式接触器和智能接触器等。其中应用最广泛的是电磁式交流接触器和电磁式直流接触器。

一、交流接触器

交流接触器是一种远距离、频繁地接通和分断交流电路的电器。交流接触器的分类及用途见表6-1。

表6-1 交流接触器的分类及用途

序号	分类方法	名称	主 要 用 途
1	主触头所控制的电路种类	交流	远距离频繁地接通与分断交流电路
		交直流	远距离频繁地接通与分断交流或直流电路
2	主触头的位置（励磁线圈无电）	常开	广泛用于控制电动机及电阻负载等
		常闭	主要用于能耗制动或备用电源的接通
		部分常开,另部分常闭	用于发电机励磁回路的灭磁或备用电源的接通
3	主触头极数	单极	(1) 用于控制单相负载,如照明和单相电动机等 (2) 能耗制动
		双极	(1) 交流电动机的动力制动 (2) 在绕线转子异步电动机中短接转子回路中的起动电阻
		三极	(1) 控制三相负载 (2) 直接起动及控制交流电动机
		四极	(1) 控制三相四线制的负载,如照明线路 (2) 控制双回路电动机负载
		五极	(1) 组成自动式自耦补偿起动器 (2) 控制双速笼型异步电动机,变换绕组接法,多速电动机控制
4	灭弧介质	空气式	用于一般用途的接触器
		真空式	用于煤矿、石油化工企业以及电压在660V及1140V的场合
5	有无触头	有触点式	大量交流接触器均为有触点式,因此用途广泛
		无触点式	通常用晶闸管作为回路的通断元件,适用于频繁操作和需要无噪声等特殊场所,如冶金和化工等行业

1. 电磁式交流接触器

电磁式交流接触器主要由触点系统、电磁机构和灭弧装置组成。

交流接触器的触点结构有双断点桥式触点和单断点指形触点两种。前者多用于小容量接触器，其优点是：触点开距小，结构紧凑；触点分合时冲击力小，机械寿命长；具有两个有效灭弧区，灭弧效果好。其缺点是：触点接触压力小，电动力稳定性较差；触点参数不易调节改变。后者多用于大、中容量接触器，其优点是：触点分合时有滑动运动，便于清除表面氧化层；触点接触压力大，电动力稳定性较高；触点参数易于改变和调节。其缺点是：触点开距大，整个体积相应增大；分合时冲击力大，机械寿命短；触点机械磨损大。

交流接触器的电磁机构中，铁心形状分为 U 字形和 E 字形，衔铁运动方式有衔铁绕轴转动的拍合式和衔铁直线运动的直动式。铁心用硅钢片叠压后铆成，以减少交变磁场在铁心中产生的涡流与磁滞损耗，防止铁心过热。为了增加铁心的散热面积，线圈一般做成短而粗的圆筒状。

交流接触器在分断较大电流时，在动、静触点之间会产生较强的电弧。因此在接触器中应加装灭弧装置用以熄灭电弧。常用的灭弧方法有电动力灭弧，它是利用触点断开时，本身的电动力把电弧拉长，以扩大电弧散热面积，使电弧在拉长过程中，大量散热而迅速熄灭。另外，还有双断口灭弧和灭弧栅灭弧等。大、中容量的交流接触器还加装串联磁吹系统。

此外，电磁式交流接触器还有底座、反作用弹簧、触点压力弹簧、缓冲弹簧、传动机构等。反作用弹簧的作用是当线圈断电时，迅速使主触点和常开辅助触点分断复位。触点压力弹簧的作用是增加动静触点之间的压力，增大接触面以降低接触电阻，避免触点由于压力不足造成接触不良。缓冲弹簧的作用是缓冲衔铁在吸合时对静铁心和外壳的冲击碰撞力。

电磁式接触器典型结构如图 6-14 所示。其中 a）为接触器外形图；b）为接触器结构原理图。图中动触点 6 固定在绝缘支架 5 上，绝缘支架 5 又与活动衔铁相连。

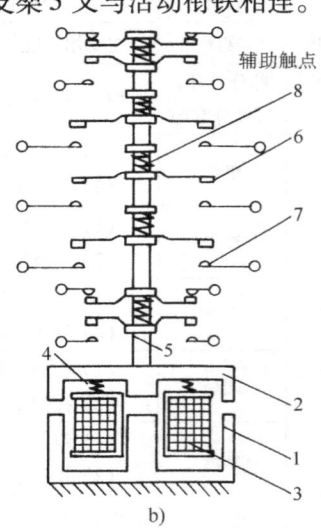

图 6-14 接触器典型结构
1—铁心 2—衔铁 3—线圈 4—复位弹簧 5—绝缘支架 6—动触点 7—静触点 8—触点弹簧

工作原理是：当线圈接通电源时，流过线圈中的电流在铁心和衔铁组成的磁路中产生磁通，此磁通使铁心与衔铁之间产生足够的电磁吸力，以克服复位弹簧的反作用力，将衔铁向下吸合，并带动绝缘支架上的动触点与静触点闭合（即常开主触点闭合），从而接通主电路；与此同时，常闭辅助触点断开，常开辅助触点闭合。当线圈断电时，电磁吸力消失，衔铁在复位弹簧的作用下释放而恢复原位，并带动绝缘支架上的动触点与静触点分离，从而使主电路断开，常开辅助触点恢复断开，常闭辅助触点恢复闭合。

由此看出，只要控制线圈通电与断电，就能控制触点的闭合与断开。控制线圈的通断可由人工操作，也可由其他电器自动操作。

2. 混合式交流接触器

交流接触器在分断电路时会产生电弧，造成触点磨损，降低了使用寿命。如果设法使接触器在无弧的情况下通断，则其寿命将会得到极大的提高。

混合式交流接触器是将传统交流接触器与晶闸管开关电路组合而成的一种通断开关。这种开关电路接通与分断的转换由晶闸管来执行，因此是无弧的，而接通状态的保持则由接触器来承担。这样，不仅提高了触点开关的寿命，而且也降低了接通时的能耗，从晶闸管方面来看，它只是承担了转换任务，并不转移大电流，因此无需大电流高电压的元件。

（1）基本结构及工作原理　混合式交流接触器分为电压触发型和电流触发型两种。图 6-15a 所示为混合式交流接触器电压触发型一相电路的工作原理图，图中，接触器 KM 主触点与晶闸管开关 VTH 在主回路中并联连接，晶闸管开关为两个反并联的单向晶闸管。这样，对于交流电压的正半周，需控制 VTH_1 的工作，对于交流电压的负半周，则需控制 VTH_2 的工作。

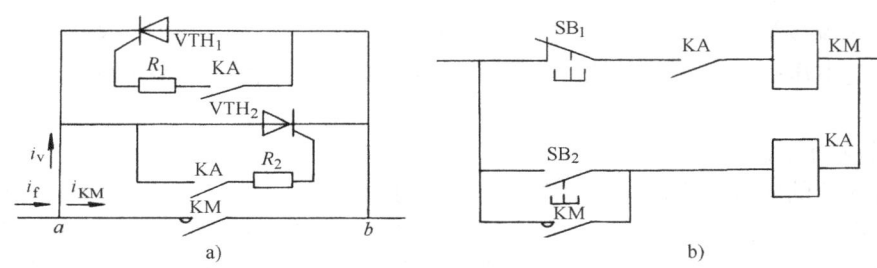

图 6-15　混合式交流接触器触发电路原理
a）电压触发型电路　b）继电器控制电路

当电路接通电源时，中间继电器 KA 常开触点优先闭合，使晶闸管 VTH_1 或 VTH_2 优先导通，然后再使接触器 KM 主触点闭合，实现了接触器的无弧接通。接触器 KM 主触点闭合后，电流 i_{KM} 流过主触点，并在 ab 两端产生电压降 U_{ab}，它的大小决定于触点的接触电阻和主回路的电流。在额定电流下，U_{ab} 应小于晶闸管 VTH_1 或 VTH_2 的导通电压。此时，晶闸管控制极即使有触发信号也不会导通。当分断电路时，触点的接触电阻急剧增大，在电流为一定值的条件下，U_{ab} 不断增大，当 U_{ab} 大于晶闸管 VTH_1 或 VTH_2 导通电压时，因在分断电路前，晶闸管门极触发信号一直保持着，故晶闸管 VTH_1 或 VTH_2 导通，这时，全部电流 i_{KM} 转移给晶闸管，同时，闭合的接触器 KM 主触点完全断开，实现了接触器的无弧分断。在电流 i_V 自然过零时，晶闸管自行关断。

如果在正常工作时，因故障而使主回路电流剧增时，U_{ab} 将会大于晶闸管导通电压，这时晶闸管 VTH_1 与 VTH_2 将交替导通，晶闸管对触点电路起到分流作用。

（2）控制电路　控制电路的任务是使晶闸管与接触器在接通和分断时符合规定的动作次序，即在电路接通时，晶闸管先导通，接触器触点后闭合；而在电路分断时，接触器触点先断开，晶闸管后关断。

采用图 6-15b 所示的继电器控制电路，就可以实现晶闸管与接触器的配合工作。需接通电路时，按起动按钮 SB2，中间继电器 KA 线圈通电，其常开触点闭合，随之，接触器 KM 线圈通电，其常开主触点闭合。需分断电路时，按停止按钮 SB1，接触器 KM 线圈断电释放，随之，中间继电器 KA 断电释放。动作顺序如图 6-16 所示。其中，$t=0$ 为按起动按钮 SB2 的时刻，t_a 为中间继电器 KA 触点闭合的时刻，t_b 为接触器 KM 触点闭合的时刻，t_c 为按停止按钮 SB1 的时刻，t_d 为接触器 KM 触点断开的时刻，t_e 为中间继电器 KA 触点断开的时刻。由图可见，晶闸管只在接通和分断的过渡期间有电流 i_v，Δt_1 为无弧接通时晶闸管的导电时间，它取决

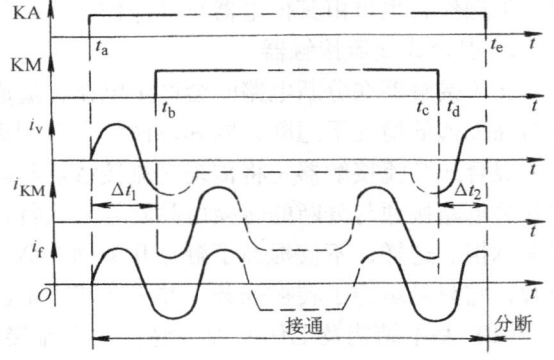

图 6-16　晶闸管与接触器的动作顺序

于接触器 KM 的固有动作时间，Δt_2 为无弧分段时晶闸管的一段导电时间，它取决于中间继电器 KA 的固有释放时间。

混合式交流接触器具有动作时间快、操作频率高、电寿命长和无噪声等一系列优点，但也有过载、过电压能力低，主回路压降损耗大，必须附加散热装置及保护装置，成本较贵等不足之处。

3. 智能交流接触器

交流接触器的吸合过程是一个动态过程，其动、静触点的吸合速度与线圈电压、电源合闸相角之间存在着动态的复杂关系。因此在整个线圈工作电压范围内和所有合闸相角下，很难保证吸合过程中，吸力与反力特性达到最佳动态配合，在这种情况下，动、静铁心闭合时会发生碰撞，引起触点的二次振动。二次振动不仅加速了触点磨损，而且可能产生触点熔焊，严重影响接触器的可靠性和电寿命。

将微处理器和计算机技术引入交流接触器，使交流接触器具有了智能化的功能，可以完全克服交流接触器的上述缺陷，提高工作性能指标。

智能交流接触器的核心是由微处理器技术与传统交流接触器组合而成的智能式交流电磁系统，其基本功能是：

1）能检测并判别正常门槛吸合电压，使电磁系统从电源吸收较大功率以克服初始反力，保证可靠吸合。另外，在正常运行时也能监视输入电压。

2）根据电压值变化自动选择最佳合闸相角合闸，实现动态吸力与反力特性的最佳配合，以降低动、静触点的碰撞而引起的二次振动。

3）触点闭合后，自动转换到低电压和续流环节控制，给电磁系统提供一很小的功率输入，使衔铁维持吸合状态，实现最佳节能运行。

(1) 智能接触器工作原理　图 6-17 所示为智能交流接触器控制原理框图。

工作原理如下：当电源接通时，电流经过整流电路加到主控元件上，同时提供给变压器的一次绕组。在最佳的合闸相角下，单片机系统发出控制信号，通过控制回路1加于主控元件，使其接通电路，接触器线圈便在强励磁下起动工作，从而实现了动态吸力与反力特性的

最佳配合。变压器二次侧保持绕组与整流回路、续流回路共同构成续流系统加于接触器线圈两端。导通时间过后，单片机系统通过控制回路1使主控元件截止，起动过程结束。在吸持阶段，变压器二次侧提供一个合适的保持电压，经整流回路一起加到续流回路上，使接触器线圈在很低的保持电压与励磁电流下运行，从而实现了节能运行。如果电源电压小于接触器释放电压，单片机系统立即发出控制信号，通过控制回路2加于续流元件，在适当的时刻关断续流元件，从而使接触器线圈断电。

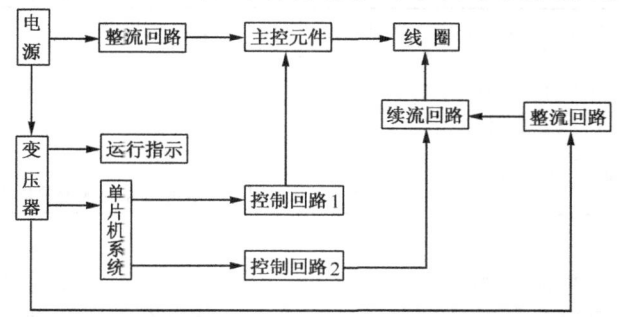

图 6-17 智能交流接触器控制原理框图

（2）智能接触器的控制 根据智能交流电磁系统功能要求及工作过程，设计总体程序框图如图 6-18 所示。

电源通电后，单片机就开始检测电源电压，并与接触器吸合电压相比较，如果大于吸合电压，根据输入电压值，查表选择最佳合闸相角和导通时间，进入吸合子程序，使动、静触点可靠吸合。导通时间一到，发出信号，使主控元件截止，起动过程结束。之后，单片机自动转入吸持子程序，使接触器线圈处于低电压、小电流励磁状态。在整个运行过程中，单片机一直对电源电压进行检测，并与释放电压比较，如果低于释放电压，就进入分断子程序，单片机发出信号，使接触器在某一相触点电流过零的时刻关断续流元件，接触器线圈断电。

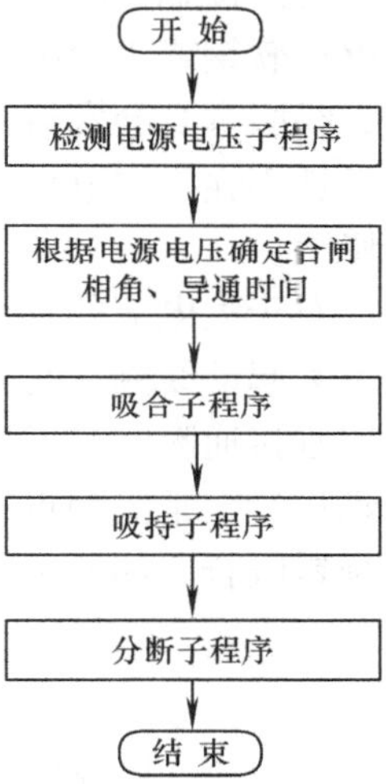

二、直流接触器

直流接触器主要用于远距离接通和分断直流电路以及频繁地使直流电动机起动、停止、反转和反接制动。其分类及用途见表 6-2。

图 6-18 总体程序框图

表 6-2 直流接触器分类及用途

序号	分类方法	类别名称	主 要 用 途
1	用途	一般工业用	控制直流电动机的换向或反接制动。用于冶金、机床等电器控制设备中
		牵引用	用于蓄电池搬运车及铲车等直流电动机起动、调速和换向
		高电感电路用	用于高电感负载的直流电力线路中，供远距离接通与分断起重电磁铁、电磁操作机构的控制电路用
2	操作线圈的控制电源	交流	用于晶闸管整流电路中
		直流	用于直流控制的电路中
3	主触头的极数	单极	用于一般直流电路中
		双极	用于控制直流电动机正反转的电路中
4	主触头的位置	常开	用于电动机和电阻负载
		常闭	用于放电电阻负载电路中

(续)

序号	分类方法	类别名称	主要用途
5	有无灭弧室	有灭弧室	用于电压较高的电路中
		无灭弧室	用于电压较低的电路中
6	吹弧的方式	串联磁吹	用于一般的接触器中
		永磁吹弧	用于要求能可靠熄灭电弧的电路中

直流接触器的结构和工作原理与交流接触器的基本相同。但是因为它主要用于控制直流用电设备,因此具体结构和交流接触器有一些差别。图 6-19 所示为直流接触器结构原理图。

直流接触器的触点有主触点与辅助触点。主触点一般做成单极或双极,由于通断电流大、次数多,故采用滚动接触的指形触点。辅助触点通断电流小,常采用点接触的桥式触点。直流接触器的电磁线圈通直流电,铁心不会产生涡流和磁滞损耗而发热,因此铁心一般用整块软钢或工程纯铁制成,并且不用装短路环。直流电磁线圈匝数较多,电阻大,铜损大,线圈本身会发热,因此为使线圈散热良好,电磁线圈通常做成长而薄的圆筒状。为了保证动铁心在一定电压下可靠地释放,常在动铁心与静铁心之间加一非磁性垫片,以减小剩磁的影响。

对于大电流的直流接触器,有时采用串联双绕组线圈,接线如图 6-20 所示。图中,线圈 1 为起动线圈,线圈 2 为保持线圈,接触器的一个常闭辅助触点与保持线圈并联连接。在电路刚接通瞬间,保持线圈被常闭触点短接,可使起动线圈获得较大的电流和吸力。当接触器动作后,常闭触点断开,两线圈串联通电,由于电源电压不变,所以电流减小,但仍可保持衔铁吸合,因而可以节电和延长电磁线圈的使用寿命。

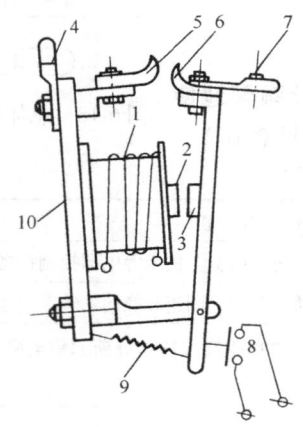

图 6-19 直流接触器结构原理图
1—线圈 2—铁心 3—衔铁 4、7—接线柱 5—静触点
6—动触点 8—辅助触点 9—反作用弹簧 10—底板

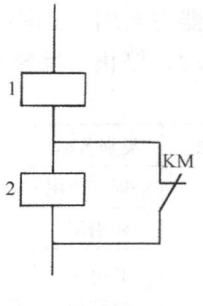

图 6-20 直流接触器双绕组线圈接线图
1—起动线圈 2—保持线圈

直流接触器的主触点在分断较大电流时,灭弧更困难,往往会产生强烈的电弧,容易烧伤触点和延时断电。为了迅速灭弧,直流接触器一般采用磁吹式灭弧装置。

此外，直流接触器还有其他部分，如复位弹簧、传动机构和接线柱等。

三、接触器的主要技术数据

1. 接触器的型号及代表的含义

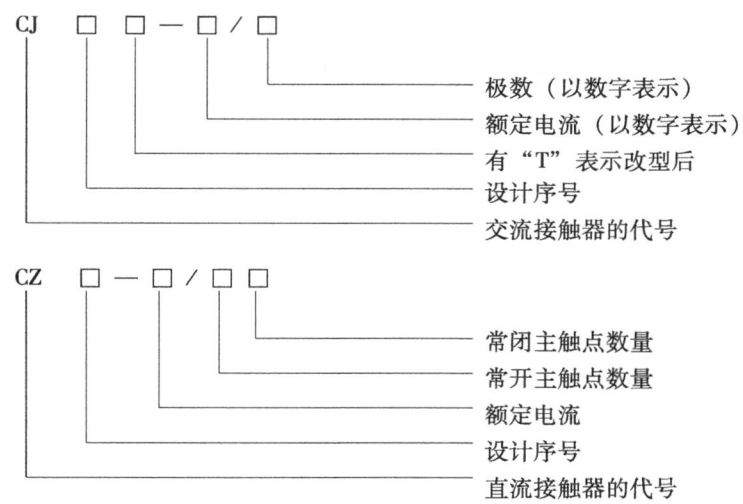

2. 接触器主要技术参数

接触器主要技术参数分为主电路参数、控制电路参数和辅助电路参数。分述如下：

（1）主电路参数

1）额定电压。指在规定条件下，主触点的额定工作电压。选用时必须与它所接电路的电压相适应。交流接触器的额定电压等级分为380V、660V及1140V；直流接触器的额定电压等级分为220V、440V及600V。

2）额定电流。通常是指主触点的额定工作电流。若改变使用工作条件（额定工作电压、使用类别、额定工作制和操作频率），则额定电流也随之改变。我国目前生产的接触器额定电流范围为6~4000A。

3）动作值。指接触器的吸合电压和释放电压。吸合电压为线圈额定电压的85%及以上；释放电压不高于线圈额定电压的70%，交流接触器不低于线圈额定电压的10%，直流接触器不低于5%。

4）接通和分断能力。是指接触器的主触点在规定条件下能可靠地接通和分断的电流值。在此电流值下接通和分断时，不应发生熔焊、飞弧和过分磨损等。在低压电器标准中，按接触器使用类别，规定了它的接通和分断条件，如表6-3所示。

5）电寿命和机械寿命。电寿命是指按规定使用类别的正常操作条件下不需修理或更换零件的负载操作次数，机械寿命是指需要修理或更换零件前所能承受的无载操作循环次数。机械寿命数百万次以上，电寿命不小于机械寿命的1/20。

6）操作频率。指接触器每小时允许操作的次数。一般分为1次/h、3次/h、12次/h、30次/h、120次/h、300次/h、600次/h、1200次/h和3000次/h。操作频率影响接触器的电寿命和灭弧室的工作条件，也影响交流电磁线圈的温升。

（2）控制电路参数　控制电路有电流种类、额定频率、额定控制电路电压和额定控制电源电压等几项参数。当需要在控制电路接入变压器、整流器和电阻器等时，接触器控制电路的输入电压（即控制电源电压）和其线圈电路电压（即控制电路电压）可以不同。但在多数情况下，这两个电压是一致的。当控制电路电压和主电路额定工作电压不同时，应采用下列标准数据。

表 6-3 接触器的使用类别和通断条件

电流种类	使用类别	用途分类	额定工作电流 I_n /A	接通条件 $\dfrac{I}{I_n}$	$\dfrac{U}{U_n}$	$\cos\varphi$ 或 $L/R/\mathrm{ms}$①	分断条件 $\dfrac{I_b}{I_n}$	$\dfrac{U_r}{U_n}$	$\cos\varphi$ 或 $L/R/\mathrm{ms}$①
交流 AC	AC-1	无感或微感负载，电阻炉	全部值	1.5	1.1	0.95	1.5	1.1	0.95
	AC-2	绕线转子异步电动机：起动，分断	全部值	4	1.1	0.65	4	1.1	0.65
	AC-3	笼型异步电动机：起动，运转中断开	$I_n \leq 17$	10	1.1	0.65	8	1.1	0.65
			$17 < I_n \leq 100$	10	1.1	0.35	8	1.1	0.35
			$100 < I_n$	8②	1.1	0.35	6③	1.1	0.35
	AC-4	笼型异步电动机：起动，反接制动，点动	$I_n \leq 17$	12	1.1	0.65	10	1.1	0.65
			$17 < I_n \leq 100$	12	1.1	0.35	10	1.1	0.35
			$100 < I_n$	10④	1.1	0.35	8	1.1	0.35
直流 DC	DC-1	无感或微感负载，电阻炉	—	—	—	—	—	—	—
	DC-3	并励直流电动机：起动，反接制动，点动，动态分断	全部值	4	1.1	2.5	4	1.1	2.5
	DC-5	串励直流电动机：起动，反接制动，点动，动态分断	全部值	4	1.1	15	4	1.1	15

注：I_n、I、I_b 分别为额定工作电流、接通电流和分断电流；U_n、U、U_r 分别为额定工作电压、接通前电压和恢复电压。
① $\cos\varphi$ 的误差为 ±0.05，L/R 的误差为 ±15%；
② I 或 I_b 的最小值为 1000A；
③ I_b 的最小值为 800A；
④ I 的最小值为 1200A。

直流：24，48，110，125，220，250。单位均为 V。
交流：24，36，48，110，127，220。单位均为 V。
具体产品在额定控制电源电压下的控制电路电流由制造厂提供。

（3）辅助电路参数 辅助电路参数包括辅助电路种类、触头种类及数量等。接触器应根据系统控制要求确定所需的辅助触头种类（常开或常闭）、数量和组合形式，同时应注意辅助触头的通断能力和其他额定参数。当接触器的辅助触头数量和其他额定参数不能满足系统要求时，可采用接触器式继电器以扩大功能。

3. 接触器的主要产品

我国生产的交流接触器常用的有 CJ20、CJ21、CJ29、CJ35 及 CJ40 等系列产品。其中，CJ20 系列是国内统一设计的产品，CJ40 系列是在 CJ20 系列的基础之上，由上海电器科学研究所组织行业主导厂在 20 世纪 90 年代更新设计的新一代产品。表 6-4 为 CJ20 系列交流接触器技术数据。

表 6-4 CJ20 系列交流接触器技术数据

型号	额定绝缘电压 /V	额定工作电压 /V	约定发热电流 I_{th} /A	断续周期工作制下的额定工作电流 /A			AC-3 使用类别下的额定工作功率 /kW	不间断工作制下的额定工作电流 /A
				AC-1	AC-2	AC-3 AC-4		
CJ20-160	660	220	220	200		160	48	220
		380				160	85	
		660				100	85	
CJ20-160/11	1140	1140				80	85	
CJ20-630	660	220	630	630		630	175	630
		380				630	300	
CJ20-630/06		660	400	400		400	350	400
CJ20-630/11	1140	1140				400	400	

3TB 系列交流接触器是我国从德国西门子公司引进的，适用于远距离频繁起动和控制电动机，接通分断电容负荷和照明负荷等。该产品结构紧凑、寿命长、技术经济指标优越、体积小和符合 IEC、VDE 标准要求。除此之外，我国还引进了德国 BBC 公司的 B 系列交流接触器，法国 TE 公司的 LC1-D 系列交流接触器。表 6-5 为 3TB 系列交流接触器技术数据。

表 6-5 3TB 系列交流接触器技术数据

型号	规定发热电流 /A	380V 时额定工作电流 /A	660V 时额定工作电流 /A	可控电动机功率 /kW		接触器在 AC-3 使用类别下的操作频率		接触器在 AC-4 使用类别下电寿命数据		
								可控电动机功率 /kW		电寿命 /次
				380V	660V	操作频率 /750h^{-1}	操作频率 /1200h^{-1}	380V	660V	操作频率 /300h^{-1}
3TB40	22	9	7.2	4	5.5		1.2×10^6	1.4	2.4	
3TB41	22	12	9.5	5.5	7.5		1.2×10^6	1.9	3.3	
3TB42	35	16	13.5	7.5	11		1.2×10^6	3.5	6	2×10^5
3TB43	35	22	13.5	11	11		1.2×10^6	4	6.6	
3TB44	55	32	18	15	15	1.2×10^6		7.5	11	

直流接触器有 CZ18、CZ21、CZ22、CZ0 等系列产品。表 6-6 为 CZ0 系列直流接触器技术数据。

表 6-6 CZ0 系列直流接触器技术数据

型号	主触点				辅助触点					吸引线圈	
	额定工作电压/V	额定工作电流/A	触点数目		额定电压/V		额定发热电流/A	组合情况		额定电压/V	消耗功率/W
			常开	常闭	交流	直流		常开	常闭		
CZ0-40/20	440	40	2	—	380	110	5	2	2	24 48 110 220	22
CZ0-40/02			—	2							24
CZ0-100/10		100	1	—				2	1		24
CZ0-100/01			—	1				2	2		24
CZ0-100/20			2	—							30
CZ0-150/10		150	1	—				2	1		30
CZ0-150/01			—	1		220		2	2		25
CZ0-150/20			2	—							40
CZ0-250/10		250	1	—			10	共有5对触点，其中一对为固定常开，另外4对常开常闭可任意组合			31
CZ0-250/20			2	—							40
CZ0-400/10		400	1	—							28
CZ0-400/20			2	—							43
CZ0-600/10		600	1	—							50

第四节 继电器

继电器是一种根据电气量或非电气量的变化，通过触点或突变量分断控制电路，并可自动控制和保护电力拖动装置的控制电器。加于继电器的电气量或非电气量称为继电器的输入量，它可以是电压和电流，也可以是时间、温度、速度和压力等。继电器的特点是当输入量的变化达到一定程度时，输出量才会发生阶跃性的变化。

继电器的用途很广，种类及分类方法很多，常用的分类方法有：

（1）按用途分 控制用继电器、保护用继电器。

（2）按输入量物理性质分 电压继电器、中间继电器、电流继电器、时间继电器、速度继电器、温度继电器和压力继电器等。

（3）按工作原理分 电磁式继电器、感应式继电器、电动机式继电器、热继电器和电子式继电器等。

（4）按动作时间分 快速继电器、延时继电器和一般继电器。

（5）按结构特点分 电子式继电器、舌簧继电器和固态继电器等。

常用的几种继电器外形结构如图 6-21 所示。

继电器的工作特点是它具有跳跃式的输入—输出特性，如图 6-22 所示。通常将继电器开始动作并顺利吸合的输入量称为动作值，记为 x_c；将继电器开始释放并顺利分开的输入量称为返回值，记为 x_f。

当输入量 x 由零开始增大时，在 $x < x_c$ 的整个过程中，输出量始终为最小，即 $y = y_{min}$

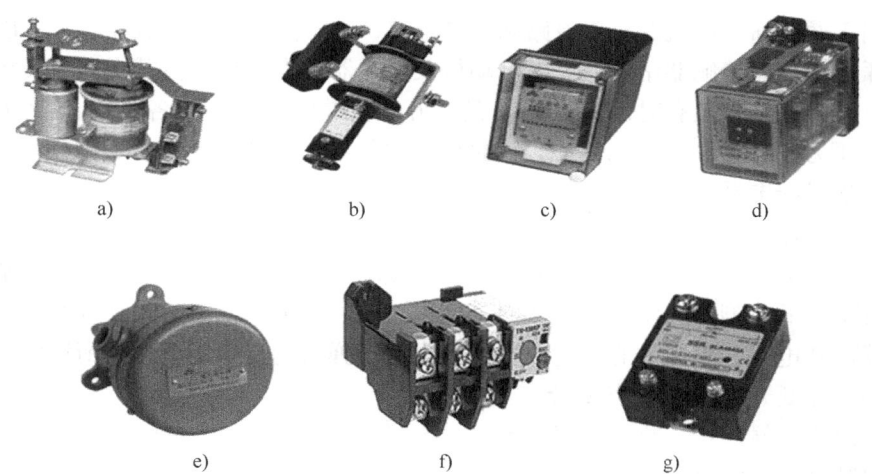

图 6-21 继电器外形结构

a) 电压继电器 b) 电流继电器 c) 中间继电器 d) 电子式时间继电器
e) 速度继电器 f) 热继电器 g) 固态继电器

（对于有触点继电器，$y_{min}=0$）；当 x 增大到等于动作值 x_c 时，输出量 y 由 y_{min} 跃变为 y_{max}，在这以后，继续增大输入量 x，输出量仍保持 y_{max} 不变。对于已经动作的继电器，当输入量 x 减小时，在 $x>x_f$ 的整个过程中，输出量始终保持为 $y=y_{max}$，一旦输入量等于返回值 x_f 时，y 便由 y_{max} 跃变为 y_{min}，此后，即使再减小 x 直到它等于零，y 仍保持为 y_{min}。这种输入—输出特性亦称为继电特性。

继电器的主要技术参数有：

(1) 额定参数 指输入量的额定值及触点的额定电压和额定电流。

(2) 动作参数 指继电器的动作值和返回值，如图 6-22 中的 x_c、x_f。通常，动作值大于返回值，但也有一些量度型继电器动作值取输入量中一段范围值，则有可能 $x_f>x_c$，还有反向动作继电器（如欠电压继电器）的动作值也是小于返回值。

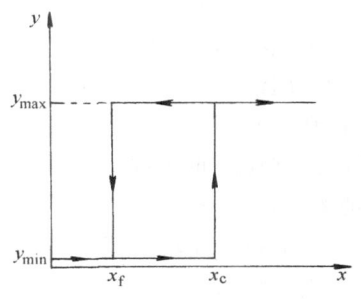

图 6-22 继电器输入—输出特性

(3) 返回系数 指继电器的返回值 x_f 与动作值 x_c 之比，用 k_f 表示，$k_f=x_f/x_c$。一般情况下 $k_f<1$，但也有特殊情况 $k_f>1$。

(4) 储备系数 指继电器输入量的额定值（或正常工作值）x_n 与动作值 x_c 之比，用 k_s 表示，即 $k_s=x_n/x_c$。当输入量在一定范围内波动时，为了保证继电器可靠工作，输入量的额定值应高于动作值，即 k_s 必须大于 1，一般 k_s 为 1.5~4，储备系数也称为安全系数。

(5) 动作时间 指继电器的吸合时间和释放时间。吸合时间是从继电器线圈接受电信号到触点动作所需的时间，释放时间是从继电器线圈断电到已动作的触点恢复到释放状态所需的时间。一般继电器的吸合时间与释放时间为 0.05~0.15s，快速继电器为 0.005~0.05s，它的大小影响继电器的操作频率。

(6) 整定值 指对动作参数的人为调整值，一般是根据用户使用要求进行调节的。

需要指出，继电器与接触器有相似之处，这就是二者都具有接通和分断电路的功能。但是继电器用于通、断小电流的控制电路和保护电路,其触点的额定电流较小,所以在结构上不需加灭弧装置,而接触器用于通、断电动机及电热器等大电流的负载电路,其触点的额定电流较大,所以在结构上有时需加灭弧装置。另外,继电器可以对各种输入量(如各种电量、温度、压力、时间等)作出反应,而接触器只能在一定的电压信号下工作。

一、电磁式继电器

电磁式继电器广泛用于电力拖动系统中,起控制、放大、联锁、保护与调节作用。

电磁式继电器是由线圈通电而产生电磁力,来实现触点的通、断或转换功能。图6-23为电磁式继电器的典型结构图,它由线圈、电磁系统、反力系统和触点系统组成。其工作原理为:当线圈通电时,电磁铁心产生的电磁吸力大于弹簧的反作用力,使衔铁向下移动,继电器的常闭触点断开,常开触点闭合;当线圈断电时,衔铁在反力弹簧作用下恢复原位,继电器的常开触点恢复断开,常闭触点恢复闭合。

根据线圈电流种类,电磁式继电器可分为交流继电器和直流继电器,二者在结构上有所不同,交流电磁式继电器的电磁机构采用U形拍合式和E形直动式等结构形式,其铁心及衔铁均由硅钢片叠成,且在磁极端面装有短路环。直流电磁式继电器的电磁机构采用U形拍合式结构形式,其铁心及衔铁由电工软钢制成,不需要装短路环。

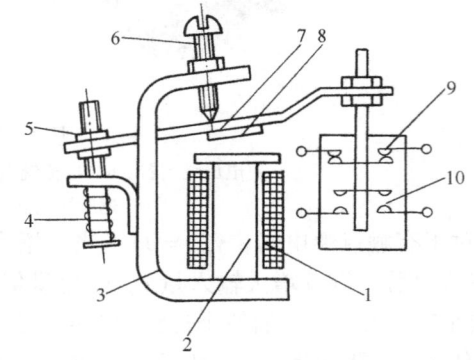

图6-23 电磁式继电器结构原理
1—线圈 2—铁心 3—磁轭 4—弹簧
5—调节螺母 6—调节螺钉 7—衔铁
8—非磁性垫片 9—常闭触点
10—常开触点

1. 电磁式电压继电器

根据线圈两端电压大小而接通或断开的继电器称为电压继电器。它在电力拖动控制系统中作电压保护和控制用。使用时,电压继电器的线圈与负载并联,其线圈匝数较多,所用导线较细。根据电压值的不同,电压继电器有过电压、欠电压(或零电压)继电器。

(1)过电压继电器 线圈在额定电压 U_N 时,继电器不动作,只有当线圈的吸合电压高于其额定电压时继电器才吸合动作,故称为过电压继电器。过电压继电器在电路中作过电压保护用。一旦电路出现过电压,过电压继电器就立即动作,用其常闭触点来控制接触器,及时分断电气设备的电源。

一般情况下,交流电路需要进行过电压保护,其交流过电压继电器吸合电压的调整范围为 $(1.05 \sim 1.2)U_N$,而直流电路不会出现波动较大的过电压现象,因此产品中没有直流过电压继电器。

(2)欠电压继电器 当线圈的吸合电压低于其额定电压时,继电器就吸合,故称为欠电压继电器。这种继电器的释放电压很低,在电路中做欠电压保护。当电路正常工作时,欠电压继电器处于吸合状态,如果电路出现电压降低至线圈的释放电压,欠电压继电器释放,用其常开触点来控制接触器,分断电气设备的电源。对于直流欠电压继电器,吸合电压调整范围为 $(0.3 \sim 0.5)U_N$,释放电压调整范围为 $(0.07 \sim 0.2)U_N$;对于交流欠电压继电器,吸合电压调整范围为 $(0.6 \sim 0.85)U_N$,释放电压调整范围为 $(0.1 \sim 0.35)U_N$。

零电压继电器工作原理与欠电压继电器的工作原理相同,在电路中实现零电压保护。

2. 电磁式电流继电器

根据线圈中电流大小而动作的继电器称为电流继电器。它在电力拖动控制系统中做起动控制和电流保护。电流继电器可分为过电流继电器和欠电流继电器。使用时,电流继电器的线圈与被测量电路串联,其线圈匝数较少,导线较粗。

(1) 过电流继电器　线圈中通以正常工作电流时,继电器不动作,只有线圈电流高于负载额定值时继电器才吸合动作,故称为过电流继电器。它在电路中做过电流保护,当电路正常工作时,过电流继电器不动作,一旦出现过电流故障,过电流继电器立即吸合,用其常闭触点来控制接触器,及时切断电气设备的电源。通常,交流过电流继电器的吸合电流调整范围为 (1.1~3.5)I_N,直流过电流继电器的吸合电流调整范围为 (0.7~3)I_N。

(2) 欠电流继电器　当线圈电流低于其额定电流时,继电器就吸合动作,故称为欠电流继电器。它在电路中起欠电流保护,当线路正常工作时,欠电流继电器吸合,当电流降低至线圈释放电流,继电器释放,用其常开触点切断电气设备的电源。

欠电流继电器产品只有直流欠电流继电器,其吸合电流调整范围为 (0.3~0.65)I_N,释放电流调整范围为 (0.1~0.2)I_N。

3. 电磁式继电器主要技术数据

常用的电磁式继电器有 JT3、JT4、JT9、JL3、JL7、JL9、JL14 等系列。表 6-7 列出了 JT4 系列电磁式继电器的主要技术数据。

表 6-7　JT4 系列继电器主要技术数据

继电器类型	型号	可调参数	触点数量	吸引线圈额定电压或额定电流	复位方式
电压	JT4-□□A	吸合电压 (105~120)%U_N	一常开 一常闭	110V、220V、380V	自动
	JT4-□□P	吸合电压(60~85)%U_N 或释放电压(10~35)%U_N	一常开 一常闭	110V、127V、220V、380V	
电流	JT4-□□L JT4-□□S	吸合电流 (110~350)%I_N	二常开 二常闭	5A、10A、15A、20A、40A、80A、 150A、300A、600A	手动

型号及代表含义如下:

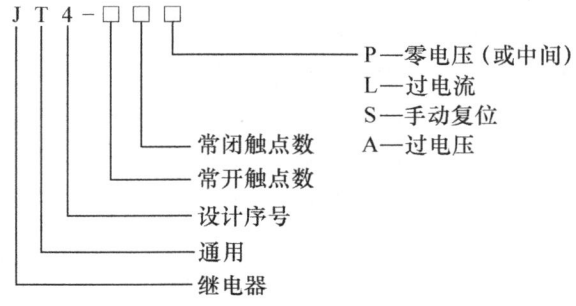

4. 中间继电器

中间继电器实质上是电磁式电压继电器,它是用于远距离传输或转换控制信号的中间元件,其输入信号为线圈的通电或断电信号,输出信号为触点的通断动作。中间继电器的触点对数多、触点容量大、动作灵敏,因此它可用于增加控制信号的数目,也可用来放大信号。

中间继电器有 JZ7、JZ14、3TH、KE 等系列，表 6-8 列出了 JZ7 中间继电器的主要技术数据。

表 6-8　JZ7 系列中间继电器的主要技术数据

型　号	触点数量	触点额定电压 /V	触点额定电流 /A	吸引线圈额定电压 /V
JZ7-44	4 常开、4 常闭	500	5	12、24、36、48、110、127、220、380、420、440、500
JZ7-62	6 常开、2 常闭			
JZ7-80	8 常开			

5. 电磁式继电器的整定方法

电磁式继电器的整定就是对其吸合值（吸合电压或吸合电流）及释放值（释放电压或释放电流）的调整。整定方法如下：

1）调整释放弹簧的松紧程度来调整吸合值。释放弹簧调得越紧，反作用力越大，则吸合值和释放值就越大；反之就越小。

2）改变非磁性垫片的厚度来调整释放值。非磁性垫片越厚，释放值越大；反之则越小，而吸合值不变。

3）调整调节螺钉，改变初始气隙大小来改变吸合值。在非磁性垫片厚度不变的情况下，气隙越大，吸合值就越大；反之则越小，而释放值不变。

二、时间继电器

当接受到输入信号，经过一段时间后执行机构才动作的继电器称为时间继电器。按动作原理分，时间继电器有电磁式、空气阻尼式以及电子式等；按延时方式分，时间继电器有通电延时型和断电延时型。

1. 直流电磁式时间继电器

在直流电磁式电压继电器的铁心上加装一个铜制（或铝制）的短路线圈即可构成时间继电器，该短路线圈也可称为阻尼线圈，其结构示意图如图 6-24 所示。

直流电磁式时间继电器是利用短路线圈的电磁阻尼效应来产生延时的。当衔铁原处于吸合位置时，磁路气隙较小，磁导较大，这时断开线圈电源时，磁路中磁通将会减小，根据楞次定律可以知道，变化的磁通要在短路线圈中产生感应电势和电流，此感应电流所产生的磁通会阻碍磁路中磁通的变化，因而使磁通的减小速度变慢。当磁通减小到释放磁通 Φ_F 时（对应 Φ_F 下，磁通产生的电磁吸力小于弹簧的反作用力），衔铁释放。

当衔铁原处于释放位置时，磁路气隙较大，磁导较小，这时接通线圈电源时，磁路中产生的磁通较小，因而短路线圈中感应电流所产生的磁通对磁路中磁通的阻碍作用相对较小，也就是说，短路线圈的存在对继电器通电动作的影响很小，甚至于可以认为通电动作是瞬时完成的。因此，直流电磁式时间继电器的延时时间是从线圈断电到衔铁释放所

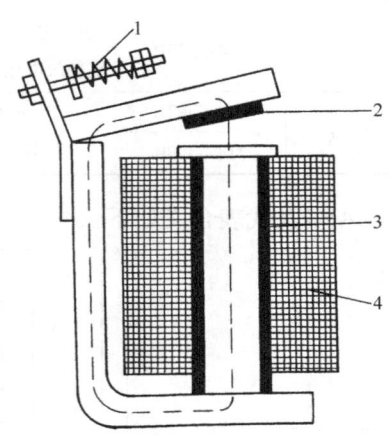

图 6-24　直流电磁式时间继电器
结构示意图
1—调整弹簧　2—非磁性垫片
3—短路线圈　4—工作线圈

经过的时间,属于断电延时型,其延时时间可达 0.2~10s。

直流电磁式时间继电器延时时间的调节方法有两种:

1)调节反作用弹簧的松紧,改变衔铁的释放磁通 Φ_F,即可调节延时时间。弹簧调节越紧,释放磁通 Φ_F 越大,延时时间越短。反之,则延时时间越长。但是不能无限制地延长,因为弹簧过松,衔铁会因剩磁作用而粘住不放。

2)调节衔铁与铁心间非磁性垫片的厚度。增加非磁性垫片厚度时,气隙增大,磁路磁阻增大,磁通衰减速度加快,这样对应于同一释放磁通 Φ_F 的延时时间就缩短。一般用调节非磁性垫片厚度作粗调,用调节弹簧松紧做细调。

直流电磁式时间继电器延时时间较短,延时整定精度及稳定性不是很高,但继电器本身的适应能力较强,一般用于要求不高的场合,如电动机的延时起动等。常用的直流电磁式时间继电器有 JT3 系列和 JS3 系列,表 6-9 所列为 JT3 系列继电器主要技术数据。

表 6-9　JT3 系列直流电磁式时间继电器主要技术数据

型　号	吸引线圈电压 /V	触点组合及数量（常开常闭）	延　时 /s
JT3-□□/1	12、24、48、110、220、440	11、02、20、03、12、21、04、40、22、13、31、30	0.3~0.9
JT3-□□/3			0.8~3.0
JT3-□□/5			2.5~5.0

2. 空气阻尼式时间继电器

空气阻尼式时间继电器是利用空气阻尼的作用来达到延时的。它由电磁机构、触点系统和延时机构三部分组成。电磁机构为直动式双 E 形;触点系统是借助桥式双断点微动开关,构成有瞬时触点和延时触点两部分供控制时选用,延时机构为气囊式阻尼器。空气阻尼式时间继电器电磁机构有交流、直流两种。延时方式有通电延时型和断电延时型。

图 6-25 为 JS7-A 系列时间继电器工作原理图,属通电延时型。

当线圈通电时,衔铁克服反力弹簧的反力作用,与静铁心吸合,活塞杆在塔形弹簧的作用下,带动活塞及橡皮膜向上移动。由于橡皮膜下方空气室空气稀薄,形成负压,因此活塞杆只能缓慢向上移动,其移动的速度由进气孔的大小而定,可通过调节螺钉进行调整。经过一段时间的延时,活塞才能移到最上端,并通过杠杆压动微动开关 15,使其常闭触点断开,常开触点闭合,起到通电延时作用。而另一个微动开关 16 是在衔铁吸合时,通过推板的作用立即动作,使其常闭触点瞬时断开,常开触点瞬时闭合,故微动开关 16 的触点称为瞬动触点。当线圈断电时,衔铁在反力弹簧作用下,通过活塞杆将活塞推向下端,这时橡皮膜下方气室内

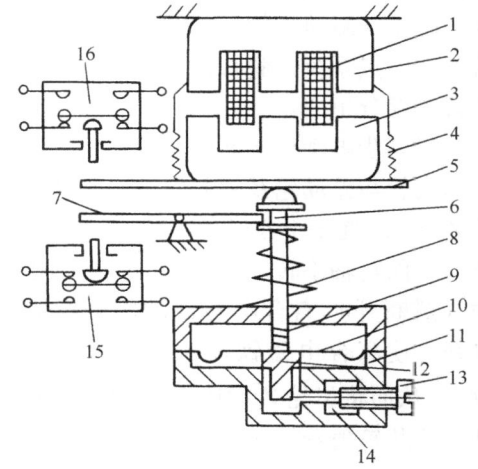

图 6-25　JS7-A 系列时间继电器原理图
1—线圈　2—铁心　3—衔铁　4—反力弹簧
5—推板　6—活塞杆　7—杠杆　8—塔形
弹簧　9—弱弹簧　10—橡皮膜　11—空
气室壁　12—活塞　13—调节螺钉
14—进气孔　15、16—微动开关

的空气通过橡皮膜、弱弹簧和活塞的肩部所形成的单向阀,迅速地从橡皮膜上方的气室缝隙中排掉,使微动开关 15 和 16 的触点瞬时复位。

其延时时间是从线圈通电到微动开关的触点动作这段时间。通过调节延时调节螺钉,变动进气孔的大小,调节进气的快慢,可以调节延时时间的长短。延时范围为 0.4~180s。

JS7-A 系列时间继电器主要技术数据见表 6-10。

表 6-10　JS7-A 系列时间继电器主要技术数据

型　号	吸引线圈电压/V	触点额定电压/V	触点额定电流/A	延时范围/s	延时触头 通电延时 常开	延时触头 通电延时 常闭	延时触头 断电延时 常开	延时触头 断电延时 常闭	瞬动触头 常开	瞬动触头 常闭
JS7-1A	24、36、110、127、220、380、420	380	5	各种型号均有 0.4~60 和 0.4~180 两种产品	1	1	—	—	—	—
JS7-2A					1	1	—	—	1	1
JS7-3A					—	—	1	1	—	—
JS7-4A					—	—	1	1	1	1

空气阻尼式时间继电器的优点是延时范围较大,延时调节平滑,结构简单,价格低廉。缺点是延时误差大,难以精确地整定时间。因此适用于延时精度要求不高的场合。

3. 电动机式时间继电器

电动机式时间继电器是利用微型同步电动机拖动减速齿轮以获得延时的时间继电器。

图 6-26 为电动机式时间继电器的结构原理图。它由微型同步电动机、离合电磁铁、减速齿轮、差动轮系、复位游丝、触点系统、脱扣机构及延时整定装置等部分组成。

当同步电动机接通电源后,就带动减速齿轮与差动轮系一起转动,差动轮系 Z_1 与 Z_3 在轴上空转,Z_2 在另一轴上空转,而转轴不转。若需要延时,则接通(或断开)离合电磁铁的励磁线圈电路,使离合电磁铁衔铁动作(或释放),从而将齿轮 Z_3 刹住。于是,齿轮 Z_2 的旋转只能以 Z_3 为轨迹连同其轴作圆周运动。当轴上的凸轮随着轴转动到适当的位置,它就推动脱扣机构,使延时触点动作,并通过一对常闭触点的分断,切断同步电动机的电源。需要继电器复位时,只要断开(或接通)离合电磁铁的电源,所有机构都将在复位游丝的作用下恢复至原始状态。

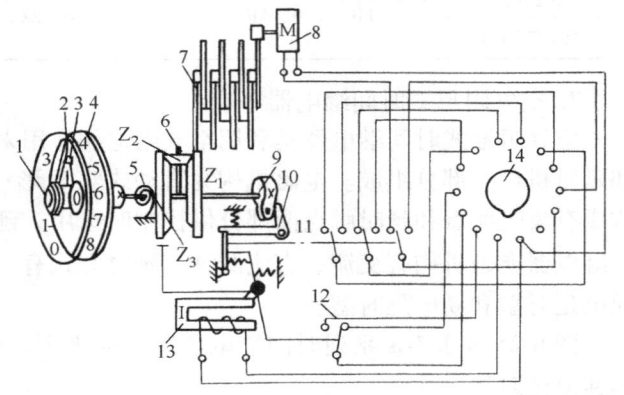

图 6-26　电动机式时间继电器结构原理图
1—延时整定　2—指针定位　3—指针　4—刻度盘
5—复位游丝　6—差动轮系　7—减速齿轮　8—同步电动机　9—凸轮　10—脱扣机构　11—延时触点
12—瞬动触点　13—离合电磁铁　14—接线

电动机式时间继电器的延时时间为从离合电磁铁通电(或断电)到触点动作所经过的时间,属通电(或断电)延时型。延时时间的长短可以通过改变整定装置中定位指针的位置,即凸轮的起始位置来调整。凸轮离脱扣机构较远时,则齿轮要经过较长的转动时间才能推动脱扣机构动作,触点延时动作的时间就长;反之就短。

电动机式时间继电器常用产品有 JS10、JS11 型时间继电器。其中 JS11 型时间继电器的主要技术数据见表 6-11。

表 6-11　JS11 型时间继电器的主要技术数据

型号	额定电压（AC）/V	触点参数 数量						AC380V 时的触头容量/A			允许操作频率/（次/h）
		通电延时		断电延时		瞬动		接通电流	分断电流	长期工作电流	
		常开	常闭	常开	常闭	常开	常闭				
JS11-□①1	110、127、220、380	3	2			1	1	3	0.3	5	1200
JS11-□2				3	2	1	1				

① □的代号为 1~7　对应于 7 档延时调节范围：
　　1—延时调节范围为 0~8s　2—延时调节范围为 0~40s
　　3—延时调节范围为 0~4min　4—延时调节范围为 0~20min
　　5—延时调节范围为 0~2h　6—延时调节范围为 0~12h
　　7—延时调节范围为 0~72h

电动机式时间继电器的优点是延时精度高、延时范围宽，缺点是机械结构复杂、寿命短、体积较大、成本较高。

4. 电子式时间继电器

电子式时间继电器是目前应用广泛的时间继电器，它是采用晶体管或集成电路和电子元件等构成，目前已有采用单片机控制的时间继电器。电子式时间继电器具有延时范围广（0.1s~9999min）、精度高、体积小、耐冲击和振动、调节方便以及寿命长等优点。

电子式时间继电器是利用 RC 电路电容充电原理实现延时的。其输出形式有两种：有触点式和无触点式，前者是用晶体管驱动小型电磁式继电器，后者是用晶闸管或晶体管输出。

图 6-27 为 JSJ 系列晶体管时间继电器原理图。它由整流滤波电路、RC 充放电电路及输出电路等几部分组成。

图中有两个电源：一个是电容 C_1 滤波的桥式整流电路，称为主电源；另一个是电容 C_2 滤波的半波整流电路，称为辅助电源。当电源变压器接通电源时，晶体管 VT_1 立即导通，致使晶体管 VT_2 截止，继电器 K 不动作。同时，主电源和辅助电源叠加后，通过可变电阻 RP 和 R 对电容 C 充电，a 点电位呈指数规律上升。当 a 点电位高于 b 点电位时，

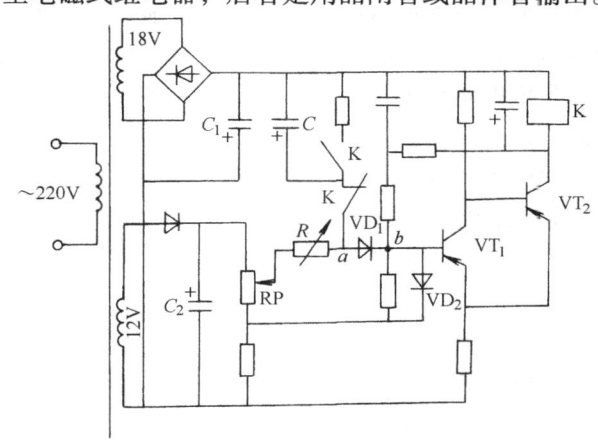

图 6-27　JSJ 系列晶体管时间继电器原理图

二极管 VD_1 导通，则辅助电源的正电压加在晶体管 VT_1 的基极，使 VT_1 由导通变为截止，而 VT_2 由截止变为导通，这时 VT_2 集电极电流通过继电器 K 线圈，K 各触点动作输出信号。图中 K 的常闭触点断开切断充电电路，常开触点闭合接通电容放电电路，为下次工作做准备。可见，延时时间是从电源接通到继电器触点动作这段时间，延时时间的调节是通过改变电位器 RP 的大小来改变 RC 充电时间常数。延时范围为 0.2~300s。

常用的电子式时间继电器有 JSJ、JSB、JS14 等系列，新型时间继电器有 JS14A、JS20 系列电子式时间继电器、JS14P 系列拨码式晶体管时间继电器。其中 JS14P 系列时间继电器主要技术数据见表 6-12。

表 6-12 JS14P 系列时间继电器主要技术数据

型　号	延时动作触点对数	重复误差	电源波动误差	温度误差	额定工作电压/V		延时范围
					交流	直流	
JS14P-□/□	2 转换	±1%	±3%	±3%	36		0.1～9.9s
JS14P-□/□M	2 转换	±1%	±3%	±3%	110		1～99s
					220		0.1～9.9min
JS14P-□/□Z	2 转换	±1%	±3%	±3%		48	1～99min
JS14P-□/□	2 转换	±1%	±3%	±3%		110	0.1～9.9h

近年来出现了采用集成电路、功率电路及单片机等电子元件构成的新型时间继电器，如 ST3P、ST6P、JS17、JS20、JS27A 等系列大规模集成电路数字时间继电器和 DHC6 多制式单片机控制时间继电器以及 JSG1 等系列固态时间继电器等。ST3P、ST6P 等系列时间继电器采用专用集成电路，集数字式时间继电器与阻容式时间继电器的特长于一体，保证了高精度和长延时。其电路原理框图如图 6-28 所示。ST3P、ST6P 系列时间继电器线路简单、体积小、可靠性高和抗干扰能力强。采用单刻度板和大型整定旋钮，时间整定方便，刻度清晰，具有四档不同的延时范围。

JS20 系列时间继电器是四位数字显示的小型时间继电器，它采用晶体振荡作为时基基准，采用大规模集成电路技术，不仅可以实现长达 9999h 的长延时，还可以保证其延时精度。

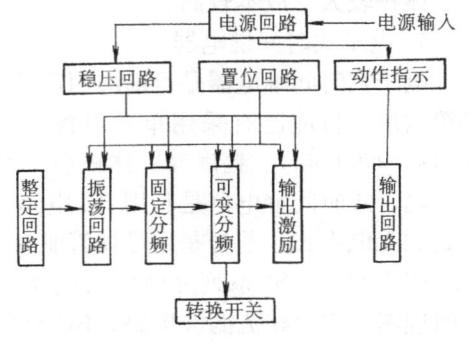

图 6-28 ST3P、ST6P 时间继电器电路原理框图

DHC6 多制式时间继电器采用单片机控制，LCD 显示，具有九种工作制式，正计时、倒计时任意选择，延时范围为 0.01s～999.9h 任意设定，设定完成后可以锁定按键，防止误操作。可按要求任意选择控制模式，使控制线路最简单可靠。

三、热继电器

热继电器是利用电流的热效应而工作的电器。它主要用于电动机的过载保护、断相及电流不平衡运行的保护。

热继电器的型式有：双金属片式、热敏电阻式及易熔合金式。其中使用最普遍的是双金属片式热继电器，它具有结构简单、体积较小、成本较低及在选用适当的热元件的基础上能够获得较好的反时限保护特性等特点。

1. 双金属片工作原理

双金属片式热继电器的感测元件是双金属片，它是用两种线膨胀系数不同的金属以机械碾压方式使之形成一体。线膨胀系数大的称为主动层，线膨胀系数小的称为被动层。双金属片受热时，每一种金属都要伸长，伸长大小由它们的线膨胀系数决定。由于两者伸长不等，而它们又紧密结合，因此双金属片必须向被动层一侧弯曲，如图 6-29 所示。如果其他条件相同，两片金属的线膨胀系数差别越大，灵敏度越高。双金属片的主动层多采用铁镍铬合金或铁镍锰合金，被动层多采用铁镍合金。

2. 热元件的加热方式

热继电器的热元件加热方式有四种：直接加热式、间接加热式、复合加热式和电流互感器加热式，如图 6-30 所示。

直接加热式是以双金属片本身作为加热元件，让电流直接通过它。双金属片本身具有一定的电阻，当电流流过时，它能够产生热量。由于双金属片既是感测元件又是发热元件，因此这种加热方式具有结构简单、体积小、材料省、发热时间常数小和反映温度变化快等特点。

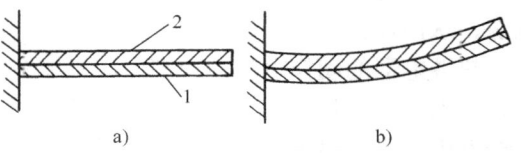

图 6-29　双金属片工作原理
a）加热前　b）加热后
1—主动层　2—被动层

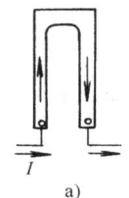 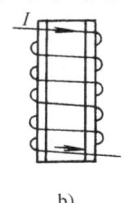 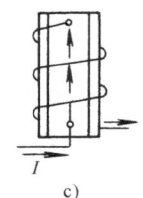 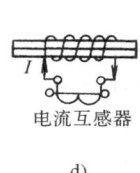

a) 　　　　b) 　　　　c) 　　　　d)

图 6-30　双金属片的加热方式
a）直接加热式　b）间接加热式　c）复合加热式　d）电流互感器加热式

间接加热式是通过在电的方面与双金属片无联系的加热元件产生热量，发热元件由电阻丝或带制成，绕在双金属片四周。由于发热元件产生的热量要经过空气传给双金属片，因而发热时间常数大，反映温度的变化比较慢。

复合加热式实际上是直接加热和间接加热两种形式的结合，发热时间常数介于以上两种形式之间，其电阻值可依靠并联或串联不同电阻而很方便地进行调整，且又兼有直接加热和间接加热的长处，所以获得广泛的应用。

电流互感器加热式主要用于大容量的热继电器以及重载起动的热继电器。

3. 双金属片式热继电器的工作原理

双金属片式热继电器结构上由主双金属片、加热元件、动作机构、触点系统、整定调整装置和温度补偿元件等部分组成。图 6-31 为双金属片式热继电器的结构原理图。采用复合加热式热继电器的双金属片和加热元件串接在电动机的主电路中，其触点则串接在电动机的控制电路中。当电动机在正常工作电流时，双金属片吸收的热量不足以使其产生变形，热继电器不动作。当电动机发生过载且过载电流超过允许值时，双金属片受热向左弯曲，带动导板左移，导板推

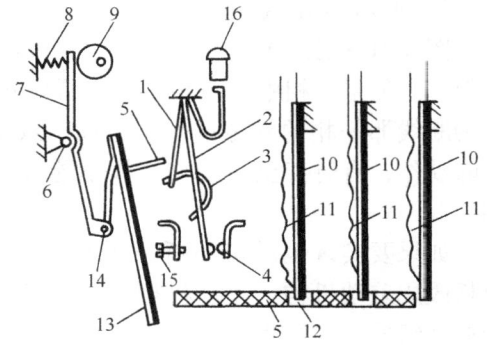

图 6-31　双金属片式热继电器结构原理图
1、2—片簧　3—弓簧　4—触点　5—推杆
6—轴　7—杠杆　8—压簧　9—调节凸轮
10—双金属片　11—热元件　12—导板
13—补偿双金属片　14—轴　15—调节
螺钉　16—手动复位按钮

动补偿双金属片，使它绕轴顺时针方向转动，固定于其上的推杆也随着顺时针方向转动。于是推杆向右推动片簧1，当片簧1向右达一定位置后，弓簧的作用方向就发生变化，使片簧2向左运动，将常闭触点断开。用此触点控制线路断电，使接触器断电释放，切断电动机的电源，从而保护了电动机。

热继电器的动作电流与周围介质温度有关。当周围介质温度变化时，主双金属片会发生所谓零点漂移（即热继电器未通过电流时所发生的变形），因而在一定动作电流下的动作时间会发生误差。温度补偿双金属片可以补偿周围介质温度的变化，它是用与双金属片同样类型的双金属片做成。当主双金属片因周围介质温度升高而向左弯曲时，补偿双金属片也会同时向左弯曲，使导板与补偿双金属片之间的距离保持不变，从而热继电器的动作特性不会受周围介质温度的影响。

热继电器整定电流的调整通过调节凸轮9实现。旋转凸轮使杠杆位置改变，补偿金属片与导板之间的距离便随之改变，这样就改变了热继电器动作所需的双金属片挠度，即调整了热继电器的整定电流值。

热继电器动作后，经过一段时间应能可靠地手动或自动复位。如要求手动复位，则按下手动复位按钮，迫使片簧1退回原位，片簧2随之向右跳动，使常闭触点恢复闭合。如要求自动复位，则将调节螺钉向右旋转一定位置即可。

热继电器的工作特性为安秒特性，它表示热继电器的动作时间与通过电流之间的关系，为反时限特性。为了可靠地实现电动机的过载保护，热继电器的安秒特性应低于电动机的允许过载特性。

4. 热继电器的断相保护

图6-31所示热继电器适用于三相同时出现过载电流的保护。如果三相中有一相断线，而另外两相发生过载，因为断线那一相的双金属片不弯曲，致使热继电器不能及时动作，有时甚至不动作，故不能起到过载保护的作用。

如果要实现电动机的断相保护，则需将热继电器的导板改成差动机构。差动机构由上、下导板和装有顶头的杠杆组成，它们相互间均以转轴连接。差动断相保护装置的动作如图6-32所示。

图6-32a是未通电前的位置；图6-32b是三相均通以额定电流时的情况，此时三相双金属片均匀受热，同时

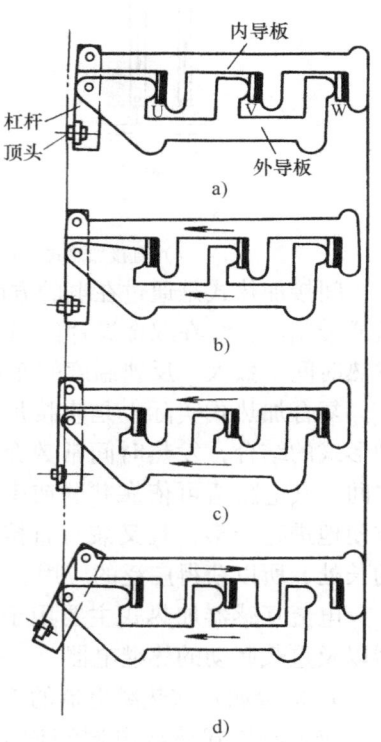

图6-32 差动机构动作原理
a) 未通电前 b) 三相通额定电流
c) 三相同时过载 d) 一相断路

向左弯曲，内、外导板一齐平行左移一段距离到达图示位置；图6-32c是当三相电流均衡过载时，三相双金属片同时向左弯曲，顶头碰到补偿双金属片端部，推杆向右推动片簧。通过片簧和弓簧，使常闭触点断开，从而切断控制电路，达到保护电动机的目的；图6-32d是一相断路时，则该相双金属片逐渐冷却并向右弯曲，推动上导板向右移，而另两相主双金属片在电流加热下仍使下导板向左移，这样，上、下两导板一左一右地移动，产生了差动作用，

并通过杠杆的放大作用,使触点迅速动作,切断控制回路,保护电动机。

不带断相保护装置的一般热继电器,在一相断线而另外两相电流为 1.05 倍整定电流时,不可能及时动作,有时甚至不动作。而带断相保护装置的热继电器,在这种场合,几分钟内即能可靠地动作,保护电动机不受烧损。通常,星形联结的电动机一般无需选用带断相保护的热继电器,而三角形联结的电动机必须选用带断相保护的热继电器。

我国目前生产的热继电器产品有 JR16、JR20 等系列,从国外引进的热继电器产品有 3UA、T、LR1、KTD 等系列。JR20 热继电器的主要技术数据如表 6-13 所示。

表 6-13 JR20 热继电器的主要技术数据

型号	额定电压/V	额定电流/A	相数	热元件 最小规格/A	热元件 最大规格/A	档数	断相保护	温度补偿	复位方式	触点数量
JR20	660	6.3	3	0.1~0.15	5~7.4	14	无	有	手动或自动	1 常闭 1 常开
		16		3.5~5.3	14~18	6	有			
		32		8~12	28~36	6				
		63		16~24	55~71	6				
		160		33~47	144~176	9				
		250		83~125	167~250	4				
		400		130~195	267~400	4				
		630		200~300	420~630	4				

四、温度继电器

温度继电器是一种装有对温度变化甚为敏感的微型过热元件的保护电器。它主要用于埋入电动机的发热部位直接监测该处的发热情况,并在温度达到一定数值时动作,作为电动机的过载或堵转故障的过热保护,也可用于其他电气设备非正常工作情况下的过热保护以及介质温度控制。当电动机发热部位的温度或介质温度超过某一允许温度值时,温度继电器快速动作切断控制电路,起到保护作用,而当电动机发热部位温度或介质温度冷却到继电器的复位温度时,温度继电器又能自动复位,重新接通控制电路。

温度继电器和双金属片热继电器一样,都有发热元件,且都是用来保护电动机,使之不因过热而烧坏的保护电器。但它又异于热继电器,它是基于温度原则进行工作的,而双金属片式热继电器是基于电流原则进行工作的,它反映的是电动机电流,虽然电动机过载是其绕组温升过高的主要原因,而且可通过反映电流的热元件间接反映出温升的高低。然而,即使电动机不过载,电网电压或频率的升高、周围介质温度过高以及通风不良等,也会使电动机绕组因温度过高而烧毁,这却是双金属片式热继电器保护不了的。而采用按温度原则工作的温度继电器后,只要电动机发热部位的温度达到极限允许值,继电器就会作保护性动作。

温度继电器有两种类型:一种是双金属片式温度继电器,另一种是半导体热敏电阻式温度继电器。金属片式温度继电器的工作原理与热继电器相似,在此不重述。下面仅介绍半导体热敏电阻式温度继电器。

图 6-33 为半导体正温度系数热敏电阻式温度继电器原理图。

图中,R_T 表示各绕组内埋设的热敏电阻串联后的总电阻,它同电阻 R_3、R_4、R_6 构成一电桥。由晶体管 VT_1 和 VT_2 构成的开关电路接在电桥的对角线上。当温度在 65°C 以下时，R_T 基本为一恒值，且比较小，电桥处于平衡状态，VT_1 及 VT_2 截止，晶闸管 VTH 不导通，执行继电器 K 不动作。当温度上升到动作温度时，R_T 的阻值剧增，电桥出现不平衡状态而使 VT_1 及 VT_2 导通，晶闸管 VTH 获得控制极电流也导通，执行继电器 K 线圈通电而吸合，用其常闭触点分断接触器线圈，使电动机断电。当电动机温度下降到返回温度时，R_T 阻值减小，电桥恢复平衡，晶闸管 VTH 关断，执行继电器 K 线圈断电，触点恢复。

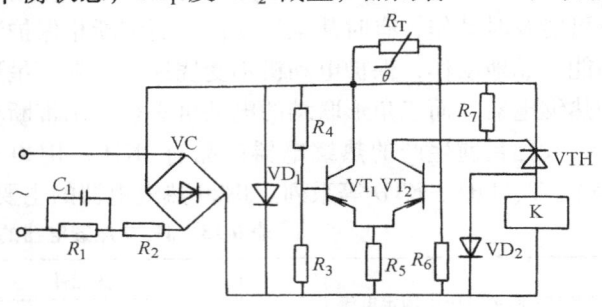

图 6-33　半导体正温度系数热敏电阻式温度继电器原理图

温度继电器的常用产品有 JW2、JW4、JW6 等系列，其主要技术数据见表 6-14。

表 6-14　温度继电器的主要技术数据

型号	额定动作温度 /°C	整定温度误差 /°C	低于动作温度的复位温度 /°C	寿命 /千次
JW2-115H	115	±5	5～25	1
JW2-125	125	±8	5～33	1
JW4-70/1	70	±1～±5	≤5	>10
JW4-100/1	100	±1～±5	≤5	>10
JW6-60	60	±3	5～20	1
JW6-100	100	±5	5～33	1

五、速度继电器

速度继电器是一种当转速达到规定值而动作的继电器。它常用于电动机的反接制动控制电路中，当反接制动的转速下降到接近零时它能自动地及时切断电源。

速度继电器由转子、定子及触点三部分组成，其结构原理图如图 6-34 所示。转子是一块永久磁铁，定子是一个笼型空心圆环，由硅钢片叠成，并装有笼型绕组。

速度继电器转轴与电动机同轴连接，当电动机转动时，速度继电器转子磁极随着一起转动，因而永久磁铁的磁场变成旋转磁场。定子笼型绕组的导条切割磁场产生感应电势和电流，此感应电流与旋转磁场相互作用产生转矩，使定子朝着转子转动方向偏摆，通过摆杆推动簧片，使常闭触点断开，常开触点闭合。当转速下降到一定值时，转矩小于簧片的反作用力矩，定子便返回到原来位置，对应的触点就恢复到原来状态。电动机转动方向相反时，继电器转子旋转方向也相反，产生的转矩方向也相反，摆杆将推动另一侧的簧片，使另一侧的触点动作。

电动机转速一般在 120r/min 以上时，速度继电器就能动作并完成其控制功能，一般在 100r/min 以下时触点恢复原位。

常用的速度继电器有 JY1 型和 JF20 型。表 6-15 列出了 JY1 型速度继电器的主要技术数据。

表 6-15　JY1 型速度继电器主要技术数据

型号	触点额定电压 /V	触点额定电流 /A	额定工作转速 /(r/min)	正转	反转
JY1	380	2	100~3000	一组转换触点	一组转换触点

六、固态继电器

固态继电器是一种四端有源、无触点通断的电子开关器件，其中，两个端子为输入控制端，另外两端为输出受控端。它利用分立元件、集成器件及微电子技术，实现控制回路与负载回路之间的电隔离和信号耦合，达到无触点、无火花接通和断开电路的目的。

固态继电器按负载电源的类型可分为交流型和直流型。交流固态继电器（AC-SSR）的开关元件是双向晶闸管（或两反并联单向晶闸管），直流固态继电器（DC-SSR）的开关元件是功率晶体管，分别用来接通和断开交流和直流负载电源。

图 6-35 为交流固态继电器工作原理图。1，2 为两个输入端；3，4 为两个输出端。VT_1 为光耦合器，用以实现输入与输出间的电气隔离，VT_2 为放大器，VC 为整流桥，由 VTH_1 和 VC 来获得使双向晶闸管 VTH_2 导通的双向触发脉冲。

当输入端控制信号加入时，光耦合器中的发光二极管发光，光敏晶体管导通，使 VT_2 截止，VTH_1 导通，从而使 VTH_2 的控制极上获得一触发脉冲而导通，因此负载接通交流电源。当输入控制信号去掉后，光耦合器截止，VT_2 饱和导通，VTH_1 截止，但此时 VTH_2 仍保持导通，直到负载电流随外部电压减小到小于双向晶闸管的维持电流为止。

固态继电器具有工作可靠、驱动功率小、开关速度快、无噪声、使用寿命长和对电源电压适应能力强等优点；在微机检测等领域应用十分广泛。与普通电磁式继电器相比，固态继电器的不足之处是没有辅助触点。

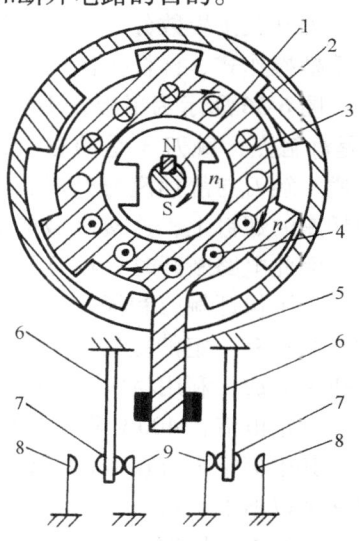

图 6-34　速度继电器结构原理图
1—转轴　2—转子磁极　3—定子
4—定子笼型绕组　5—摆杆
6—簧片　7—动触点　8—常开触点
9—常闭触点

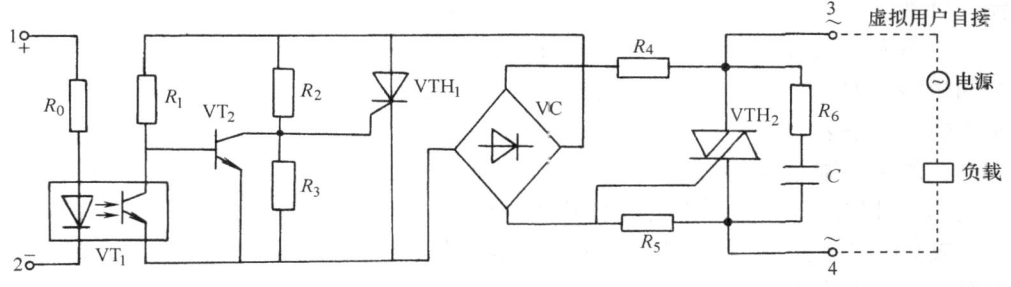

图 6-35　交流固态继电器工作原理图

第五节 配电电器

配电电器主要用于低压配电系统中，对电路和设备进行电能分配、通断及保护。它主要有刀开关、熔断器和断路器等。

一、刀开关和组合开关

1. 刀开关

刀开关是低压配电电器中结构最简单、应用最广泛的电器，主要用于隔离电源。当刀开关有灭弧罩，并用杠杆操作时，也能接通或断开额定电流。

刀开关按极数分有单极、双极和三极；按结构分有平板式和条架式；按操作方式分有直接手柄操作式、杠杆操作机构式和电动操作机构式。

图 6-36 所示为平板式手柄操作的单极刀开关。静插座 1 是静触点，触刀 3 是动触点，触刀插入静插座时，电路接通，触刀与静插座分开时，电路断开。电源进线应接于静插座的螺钉上，连接负载的导线应接于铰链支座的螺钉上，因此电路断开时，触刀不带电。

为了保证触刀和插座在合闸位置上接触良好，它们之间必须具有一定的接触压力，因此，插座一般采用硬纯铜板拼铆而成，利用材料本身的弹性来产生所需的接触压力。对于额定电流在 400A 及以下的刀开关，触刀采用单刀片形式，其中额定电流在 100A 以上的刀开关，插座外还增设片状弹簧以增加接触压力。对于额定电流在 600A 及以上的刀开关，触刀采用双刀片形式，刀片分布在插座两侧，并且用螺钉和片状弹簧锁紧，以利于散热，而且两个刀片所受电动力是相互吸引的，有利于提高接触压力和电动稳定性。触刀与插座间的接触一般为线接触。刀开关在额定电压下接通或断开负载电流时，会产生电弧，如图 6-37 所示。电弧一方面沿切线方向被机械地拉长；另一方面，在回路电动力的作用下，沿着法线方向运动，也使电弧冷却和拉长，

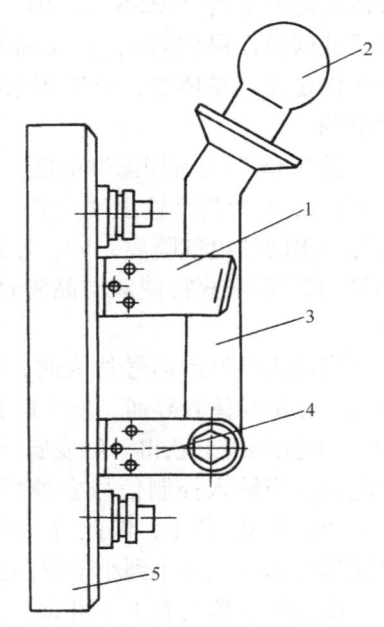

图 6-36 手柄操作式单极刀开关
1—静插座 2—手柄 3—触刀
4—铰链支座 5—绝缘底板

电弧的这两种运动都有利于熄灭电弧。由于电动力与电流的平方成正比，故在刀开关分断较小电流（如数十安）时，主要靠机械地拉长电弧来熄弧，在分断较大电流时，作用于电弧的电动力是熄灭电弧的主要因素，通常在各极间设绝缘隔板或在各极上装灭弧罩，避免电源发生相间短路。为了缩短熄弧时间，有些刀开关还装有速断机构。刀开关安装时，手柄要向上，不得倒装或平装。

刀开关的常用型号有 HD11～HD14 系列单投刀开关、HS11～HS14 系列双投刀型转换开关，它们都是开启式的，适用于交流额定电压至 500V、直流额定电压至 440V、额定电流至 1500A 的成套配电装置中。刀开关的特点是：系列性和通用性强、寿命长、电动稳定性和热稳定性高、安装面积小和使用安全可靠等。

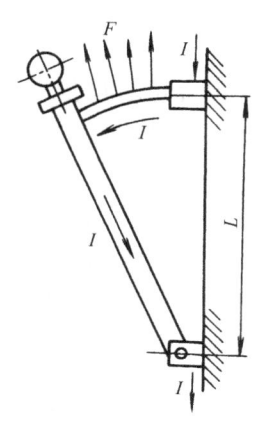

图 6-37　刀开关断开负载电路时产生的电弧

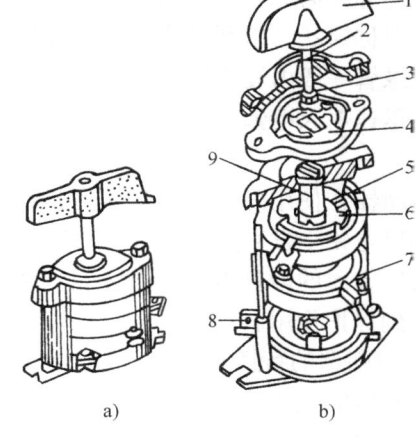

图 6-38　组合开关内部结构
a）外形　b）结构
1—手柄　2—转轴　3—弹簧　4—凸轮　5—绝缘垫板
6—动触片　7—静触片　8—接线柱　9—绝缘杆

2. 组合开关

组合开关内部结构如图 6-38 所示，它由分别装在多层绝缘件内的动、静触点组成，动触点装在附有手柄的绝缘方轴上，手柄沿任一方向每转动 90°，触点便轮流接通或断开。为了使开关在切断电路时能迅速灭弧，在刀开关转轴上装有扭簧储能机构，使开关能快速接通与断开，其通断速度与手柄旋转速度无关。

组合开关的特点是装有动、静触点的触点座可以一层一层地堆叠起来，最多可堆叠 6 层，这样就使整个结构向空间发展，从而缩小了安装面积。组合开关常用产品有 HZ10、HZ15 等系列。

二、熔断器

熔断器是当电流超过规定值一定时间后，以它本身产生的热量使熔体熔化而分断电路的电器。在电路中主要起短路保护作用。

熔断器按结构可以分为半封闭插入式熔断器、无填料封闭管式熔断器、有填料封闭管式熔断器、螺旋式熔断器、快速熔断器及自复熔断器。熔断器与其他开关电器组合可构成各种熔断器组合电器，如熔断器式刀开关、熔断器式隔离器等。

1. 熔断器的结构及工作原理

熔断器结构上主要由熔体、安装熔体的绝缘管（或座）及填料组成。

熔体的材料有锡、锌、铅等低熔点材料，也有铜和银等高熔点材料。普通熔断器多用铜作为熔体材料，快速熔断器多用银或铝作为熔体材料。熔体的形状有丝状和片状两种，丝状熔体多用于小电流场合，片状熔体以

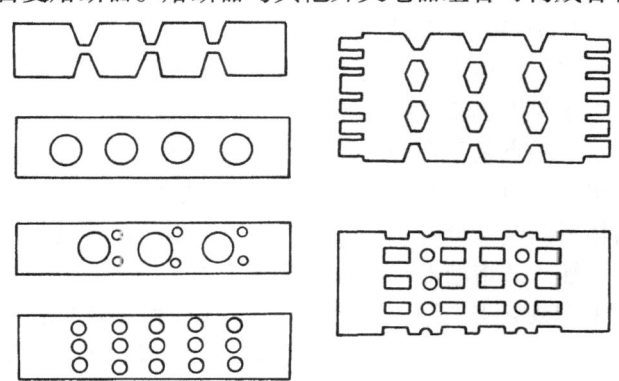

图 6-39　片状熔体的形状

薄金属片冲制而成，常采用变截面形式，如图 6-39 所示。它适用于较大电流的场合，有时还卷成对称筒状，以利散热和使热量与压力分布均匀。

绝缘管一般由硬质纤维或瓷质绝缘材料制成。纤维管在熔断器熔断时会产生气体使压力增高而迅速熄灭电弧。绝缘管中装入填料是为了加速灭弧，提高分断能力，常用的填料有石英砂。

熔断器在使用时，熔体与被保护的电路串联，当电路为正常负载电流时，熔体温度较低。如果电路中发生短路故障，通过熔体的电流达到规定值时，熔体的电阻损耗使其温度上升到熔体金属的熔化温度，熔体自行熔断，期间伴随着燃弧和熄弧过程，随之分断故障电路，起到保护作用。

2. 熔断器的特性

熔断器的主要技术参数有保护特性和分断能力，这两个参数都体现了在保护方面对熔断器提出的要求。

熔断器的保护特性是指熔断器的熔断时间与流过电流的关系曲线，也称为安秒特性，如图 6-40 所示。流过熔体的电流越大，熔断时间越短，因为熔体在熔化和气化过程中，所需热量是一定的，故保护特性是反时限特性曲线。由图 6-40 可以看到，当电流值为 I_R 时，熔断时间为无限大，称此电流为最小熔化电流或临界电流。最小熔化电流 I_R 与熔体的额定电流 I_N 之比称为最小熔化系数 β，其值一般在 1.6 左右，它是表征熔断器保护灵敏度的特性指标之一。熔化系数主要取决于熔体的材料、工作温度及熔断器保护特性中的熔断时间。

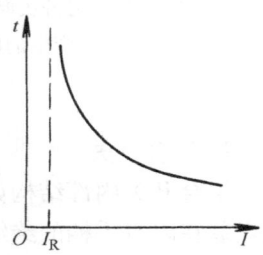

图 6-40 熔断器的保护特性曲线

t—熔断时间 I—流过熔断器的电流

熔断器的分断能力是指它在额定电压及一定的功率因数（或时间常数）下切断的最大短路电流。从发生短路开始到短路电流达到其最大值为止，需要一定时间，这段时间的长短，取决于电路的参数。如果熔断器的熔断时间小于这段时间，则电路中的短路电流在它还未来得及达到最大值之前就已被切断，这时，熔断器起了"限流"作用。熔断器的限流作用可以显著地降低对保护对象的电动力稳定性和热稳定性的要求。熔断器的限流作用越强，其分断能力就越大。及早熄灭电弧，减少切断电路时的电弧能量，以及增强熔断器结构的强度，均有助于提高熔断器的分断能力。

3. 常用熔断器类型

（1）无填料插入式熔断器　插入式熔断器又称瓷插式熔断器，它由瓷盖、瓷底座、静触点、动触点和熔体组成，如图 6-41 所示。

静触点装于瓷底座两端，瓷底中间有一空腔，它与瓷盖的凸起部分共同形成灭弧室，额定电流在 60A 及以上时，灭弧室中还垫有帮助灭弧的编织石棉带。动触点装于瓷盖两端，熔体沿凸起部分跨接在两个触点上。熔体材料为软铅丝和铜丝。

插入式熔断器一般用于交流 50Hz、额定电压至 380V、额定电流至 200A 的低压照明线路末端或分支电路中。常用产品有 RC 和 RC1A 系列。

（2）无填料封闭管式熔断器　无填料封闭管式熔断器由熔管、熔体和插座等组成，熔体被封闭在不充填料的熔管内，如图 6-42 所示。

熔体采用变截面锌片，熔管采用钢纸管或三聚氰胺玻璃布材料。当电路发生短路时，变截面锌片狭窄部分的温度骤然升高并首先熔断，电路断开很大间隙，使灭弧容易；熔管在电弧高温作用下，产生大量气体，管内气体压力迅速增大，促使电弧迅速熄灭。

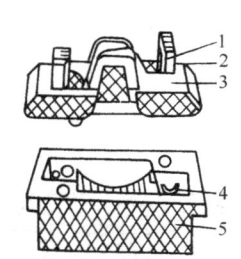

图 6-41　插入式熔断器
1—动触点　2—熔体　3—瓷插件
4—静触点　5—瓷座

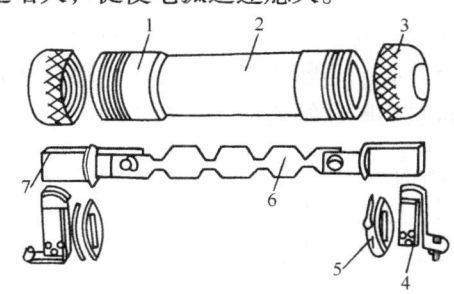

图 6-42　无填料封闭管式熔断器
1—铜圈　2—熔管　3—管帽　4—插座
5—特殊垫圈　6—熔体　7—熔片

无填料封闭管式熔断器灭弧能力强、熔体更换方便，被广泛用于低压电力网或成套配电设备中。常用产品有 RM7 和 RM10 系列。

(3) 有填料封闭管式熔断器　有填料封闭管式熔断器由瓷底座、管体、绝缘手柄、熔体等组成，如图 6-43 所示。

熔体采用纯铜箔冲制的网状多根并联形式的熔片，中间焊有锡桥，装配时，将熔体弯成笼形。熔管内填以石英砂，以冷却和熄灭电弧。当电路发生短路时，熔体截面较小处迅速熔断，将电弧拉长，电弧能量被石英砂吸收而熄灭。

有填料封闭管式熔断器装有熔断指示器，用以判断熔断器是否熔断。熔断指示器有一根细熔丝拉住，与熔体并联焊在触刀上。当电路发生故障时，细熔丝被熔断，指示器被弹簧弹出。

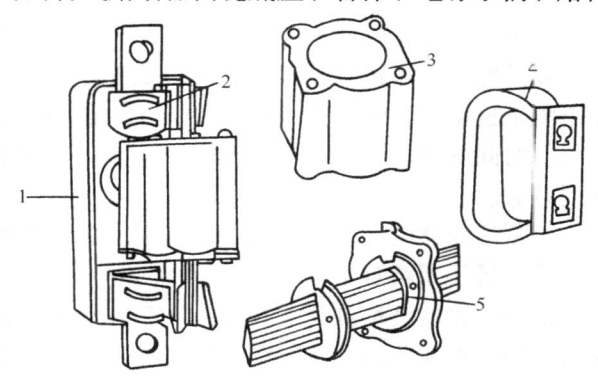

图 6-43　有填料封闭管式熔断器
1—瓷底座　2—弹簧片　3—管体　4—绝缘手柄　5—熔体

有填料封闭管式熔断器特点是分断能力强、保护特性好和有醒目的熔断指示器，常用于大容量的电力网或配电设备中。常用产品有 RT14、RT15 等系列。

(4) 螺旋式熔断器　螺旋式熔断器主要由瓷帽、熔管、瓷套及瓷座等组成，如图 6-44 所示。熔管是一个瓷管，内装石英砂和熔体。熔体两端焊在熔管两端的导电金属端盖上，其上端盖中央有熔断指示器。

螺旋式熔断器一般用于配电线路中，也常用于机床控制线路中。常用产品有 RL1 系列。

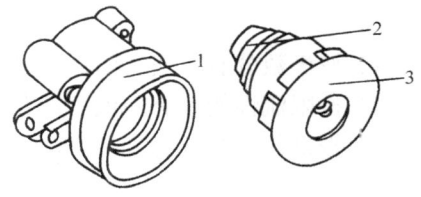

图 6-44　螺旋式熔断器
1—底座　2—熔体　3—瓷帽

(5) 快速熔断器　半导体功率元件的过电流能力极低，只能在极短的时间内承受过电流，所以要求熔断器具有快速熔断的特性。

快速熔断器的结构与有填料封闭式熔断器基本相同，但熔体材料和形状不同，它是以银片冲制的有 V 形深槽的变截面熔体。

快速熔断器接入电路的方法有三种：接入交流侧、接入整流桥臂和接入直流侧，如图6-45所示。快速熔断器常用产品有RS、NGT和CS等系列。

(6) 自复熔断器　自复熔断器与一般熔断器不同，它是一种限流元件，不能最终分断电路，因此必须与断路器组合使用，提高其分断能力。

自复熔断器结构如图6-46所示。

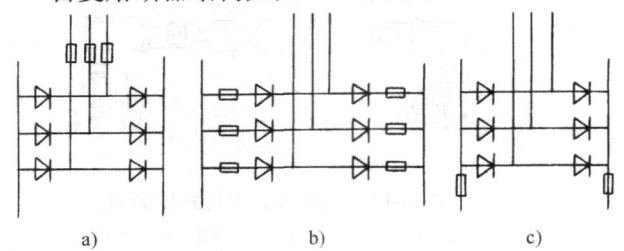

图6-45　快速熔断器接线方式
a) 接入交流侧　b) 接入整流桥臂
c) 接入直流侧

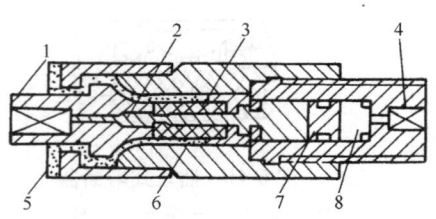

图6-46　自复熔断器
1、4—端子　2—熔体　3—绝缘管　5—填充剂
6—钢套　7—活塞　8—氩气

熔体材料为金属钠，当通过熔体的电流为正常工作电流时，金属钠导体电阻很小，当通过熔体的电流为短路电流时，金属钠受热迅速气化成高温、高压和高电阻状态的气体，使电路电阻迅速增大，限制电流的增大，与自复熔断器串联的断路器断开，分断电路。此后，钠在很短时间内冷却，活塞在高压惰性气体——氩气的推动下，将钠又压入瓷心中，重新恢复导通状态。

自复熔断器的优点是不需更换熔体，能重复使用，能实现自动重合闸。

三、低压断路器

低压断路器又称自动空气开关。它是按规定条件，对配电电路、电动机或其他用电设备实行不频繁地通断操作、线路转换，当电路内出现过载、短路或欠电压等情况时，能自动分断电路的开关电器，是低压配电系统中的主要电器元件。

低压断路器种类很多，可按用途、结构特点、限流性能、电流和电压等来分类。

1) 按性能分有一般式、多功能式、高性能型、智能型和可通信智能型断路器。

2) 按用途分有配电线路保护用、电动机保护用、照明线路保护用和漏电保护用断路器。

3) 按结构型式分有万能式（框架式）断路器、塑料外壳式断路器和小型模数式断路器。

4) 按极数分有单极、两极、三极和四极断路器。

5) 按限流性能分有限流型断路器和普通型断路器。

6) 按操作方式分有直接手柄操作式、杠杆操作式、电磁铁操作式和电动机操作式断路器。

7) 按保护脱扣器种类分有短路瞬时脱扣器、短路短延时脱扣器、过载长延时反时限保护脱扣器、欠电压瞬时脱扣器、欠电压延时脱扣器和漏电保护脱扣器等。

图6-47所示为几种典型低压断路器的外形图。

1. 低压断路器工作原理

低压断路器的工作原理如图6-48所示。

第六章 常用低压电器

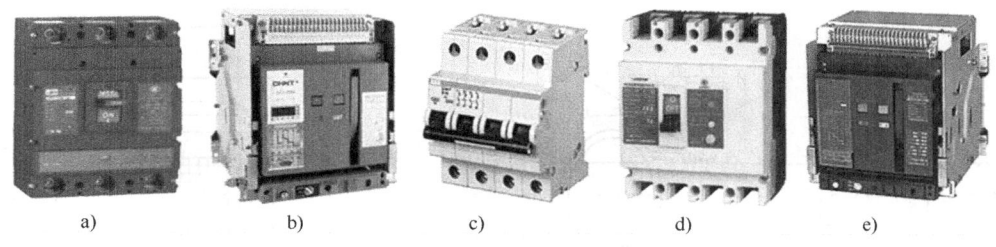

图 6-47 低压断路器的外形
a）塑壳式　b）框架式　c）小型　d）漏电型　e）智能型

它由触点系统、灭弧系统、各种脱扣器及开关机构等组成。主触点为常开触点，用于接通和断开主电路，在正常情况下，可通过手动操作机构使主触点闭合，此时，自由脱扣机构将主触点锁在合闸位置上。过电流脱扣器的线圈和热脱扣器的热元件与主电路串联，正常运行时，过电流脱扣器的线圈所产生的吸力不能吸合衔铁，当电路发生短路或过流时，过电流脱扣器的吸力增加，衔铁吸合，顶杆向上将锁扣顶开，分断弹簧复位，从而带动主触点断开主电路。当电路发生过载时，热脱扣器的热元件发热使双金属片向上弯曲，通过顶杆将锁扣顶开，使主触点断开。当主电路电压正常时，欠电压脱扣器产生的电磁吸力将衔铁吸合，当主电路电压降低时，欠电压脱扣器产生的电磁吸力减小，衔铁释放，通过顶杆将锁扣顶开，同样使主触点断开。分励脱扣器用于远距离控制，实现远方控制断路器切断电源。在正常工作时，其线圈是断电的，需要远距离控制时，按下起动按钮，线圈通电，衔铁吸合，通过顶杆顶开锁扣，使主触点断开。

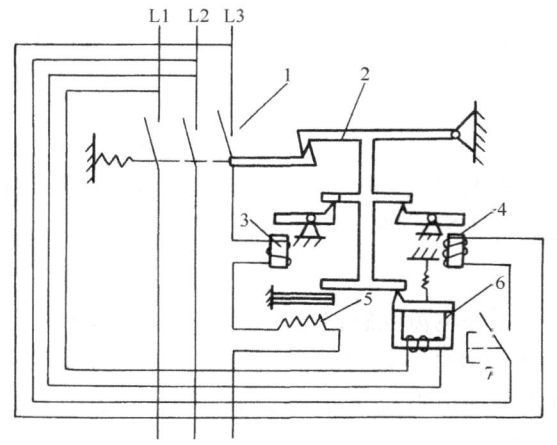

图 6-48　低压断路器工作原理图
1—主触点　2—自由脱扣机构　3—过电流脱扣器
4—分励脱扣器　5—热脱扣器　6—欠电压脱扣器
7—起动按钮

低压断路器具有工作可靠、安装方便、分断能力强以及动作时不需要更换元件等优点，因此其应用非常广泛。万能式断路器常用产品有 DW15、DW16、DW15HH（多功能、高性能型），还有 ME、AE（高性能型）和 M（智能型）等系列，塑料外壳式断路器常用产品有 DZ20，还有 H、T、3VE、3WE 等系列。

2. 漏电保护断路器

漏电保护断路器用于防止用电设备发生漏电及人体触电等事故。当发生上述情况时，它能在安全时间内自动切断故障电路，避免设备和人体受到危害。

漏电保护断路器有电磁式电流动作型、电压动作型和晶体管电流动作型。图 6-49 所示为电磁式电流动作型漏电保护断路器的工作原理图，它由断路器本体、零序电流互感器和漏电脱扣器等组成，零序电流互感器用磁导率很高的坡莫合金制成环形铁心组成磁路。

漏电脱扣器由衔铁、线圈、铁心、永久磁铁、分磁板、拉力弹簧和铁轭组成，如图 6-50 所示。

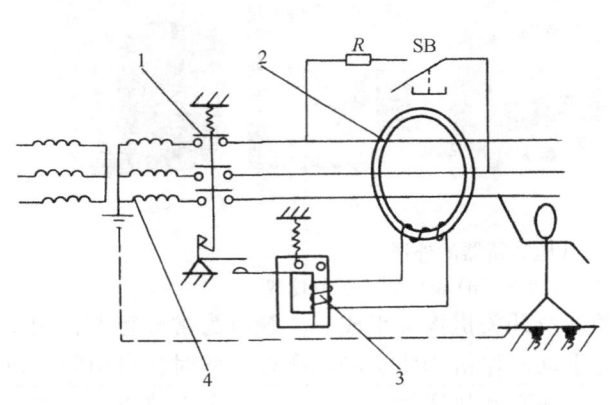
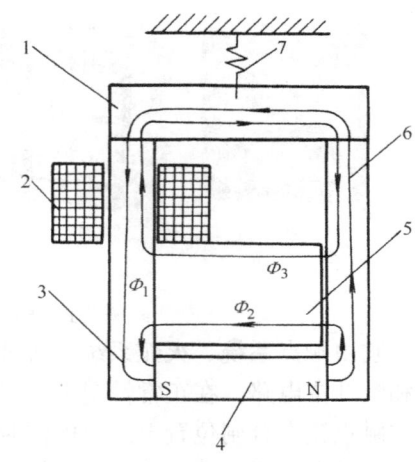

图 6-49　电磁式电流动作型漏电保护断路器工作原理图
1—断路器本体　2—零序电流互感器
3—脱扣器　4—变压器

图 6-50　漏电脱扣器结构图
1—衔铁　2—线圈　3—铁心　4—永久磁铁
5—分磁板　6—铁轭　7—拉力弹簧

当电网正常运行时，不论三相负载是否平衡，通过零序电流互感器主电路的三相电流相量和等于零。即

$$\vec{I}_A + \vec{I}_B + \vec{I}_C = 0$$

零序电流互感器二次线圈中无电流输出。这时，漏电扣脱器的衔铁被永久磁铁产生的磁通 $\varPhi_1$ 吸力吸住，拉力弹簧被拉紧，漏电断路器工作于闭合状态。当出现漏电或触电事故时，漏电或触电电流通过大地回到变压器的中性点，三相电流的相量和不再等于零，即

$$\vec{I}_A + \vec{I}_B + \vec{I}_C = \vec{I}_e$$

式中，I_e 为总漏电电流。

零序电流互感器二次绕组中便产生了对应于 I_e 的感应电压 U_2，漏电脱扣器线圈中有电流通过，它在磁路中产生交变磁通 $\varPhi_3$，$\varPhi_3$ 有半个周期在方向上与磁通 $\varPhi_1$ 相反，互相抵消。当 I_e 达到漏电保护断路器的动作值时，漏电脱扣器衔铁在拉力弹簧作用下释放，衔铁上的脱扣指使脱扣机构动作，断路器断开主电路。这种漏电断路器的动作非常快，在达到动作电流以后，只需 0.02s 就能使衔铁释放。漏电脱扣器中配置分磁板是为了减小磁路对于磁通 $\varPhi_3$ 的磁阻，以提高动作的灵敏度，同时防止永久磁铁退磁老化。

图 6-49 中试验按钮 SB 为常开测试按钮，与电阻 R 串联后跨接于两相电路上，当按下试验按钮后，漏电保护断路器应立即断开，以证明其漏电保护性能是好的。电阻 R 的选择应使回路电流等于或略小于规定的漏电动作电流。

漏电保护断路器常用型号有 DZ15LE、DZL16、DZL18 等系列。

3. 智能断路器

智能断路器的特性是采用了以微处理器或单片机为核心的控制器，它除了承担断路器的过载、短路、漏电和缺相等保护功能外，同时还具备实时显示电路中的各种电气参数（电流、电压和功率等），对电路进行在线监视、自动调节、测量、试验、自诊断和可通信等功能，能够对各种保护功能的动作参数进行显示、设定和修改。

智能控制器主要由单片机、信号采集单元、显示和键盘单元、执行和输出单元、电源等几个部分组成，其原理框图如图 6-51 所示。

智能控制器的主要功能如下：

(1) 信号采集　智能控制器的信号取于套在母线上的空芯互感器二次输出，空芯互感器具有较好的线性度，可保证断路器实时处理、显示线路中的各种情况。将互感器二次输出信号进行积分处理，使之与母线电流成正比。经隔离后进入采样和保持电路，再经滤波、放大等处理后送入 A/D 转换单元，A/D 转换单元将模拟信号变为数字信号，送入 CPU 进行逻辑运算和处理。

(2) 电流检测　单片机对各种电流信号进行规定的检测，各种故障保护的动作电流

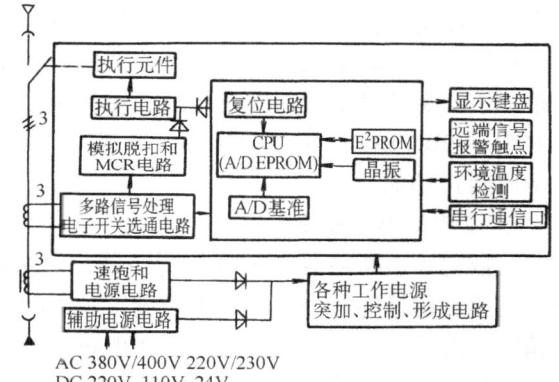

图 6-51　智能控制器原理框图

和时间的整定值通过键盘设定存入串行 E^2PROM 中，CPU 将检测到的电流信号与整定值比较，判断是否脱扣，若脱扣则确定动作时间并发出控制信号及报警信号，显示故障电流和故障类型。

(3) 温度检测　智能控制器能检测环境温度，当环境温度超过一定值时，通过温度继电器将信号送入 CPU，CPU 控制数码管显示 "E" 字样告警，同时有报警触头信号输出。

(4) 执行分段　执行元件采用带永磁保持的电磁铁，正常工作时由永磁体保持吸合状态，执行电路接收 CPU 发出的脉冲控制信号，通过线圈的电流产生反向磁通抵消永磁体磁通，在反力弹簧作用下动铁心打开，带动断路器分断。

(5) 故障记忆　智能控制器具有记忆功能，可把故障电流超过整定值的时间叠加起来，一旦累计时间达到整定时间时，控制器就能动作而切断故障电流。

(6) 抗干扰　硬件设计中采用电源滤波、屏蔽、隔离和接地等，软件设计上采用数字滤波技术、软件陷阱和 WATCHDOG 技术，提高了智能控制器的抗干扰能力。

图 6-52 所示是以单片机 80C552 为核心的智能控制器硬件电路。单片机内带八路 10 位 A/D 转换单元，监视定时器、I^2C 串行总线及多路口线，组成的单片机控制系统所需外围元件少，使得设备简单、布线方便，而且极大地提高了稳定性和抗干扰能力。

软件分为主程序和中断程序两部分。主程序包括：通信处理、故障处理、键盘处理和显示处理等子程序。中断程序包括：定时器中断、键盘中断和通信中断。

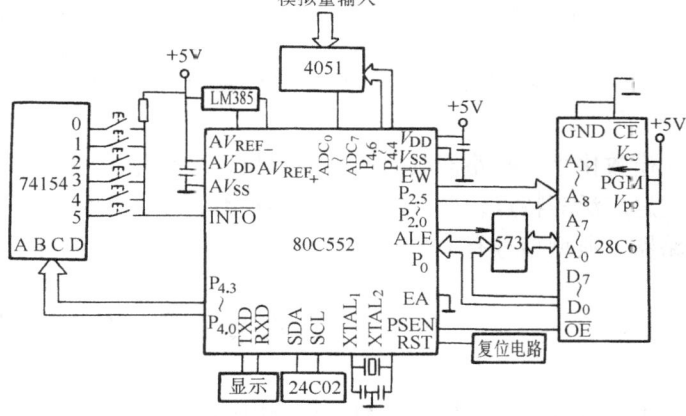

图 6-52　智能控制器硬件电路

智能型断路器的典型产品是 DW15HH 系列智能型断路器。

DW45 系列智能型可通信低压断路器是我国具有自主知识产权的产品,具有高短路分断能力、智能化、模块化、塑壳化、体积小及操作可靠等特点,基本结构和用途与 DW15HH 系列智能型断路器类似,最主要的差别是智能控制器和通信接口,用户可选择过载长延时反时限、短路短延时定时限或反时限、短路瞬时、不对称接地等多段保护功能,可通过 Modbus-RTU、PROFIBUS-DP、CAN 协议等现场总线方式连网,实现"四遥"(遥控、遥信、遥调、遥测)功能。

4. 模数化小型断路器

模数化小型断路器也称微型断路器,是组成终端组合电器的主要部件,广泛应用于工业、商业、建筑物及民用等各个领域,装于配电线路末端的模数化终端配电箱和其他成套电器箱内,对配电线路、电动机、照明电路和用电设备进行配电、控制以及保护等。

模数化小型断路器由操作机构、热脱扣器、电磁脱扣器、触头系统、灭弧室等部件组成,所有部件都置于一绝缘外壳中,图 6-53 是模数化小型断路器的内部结构图。

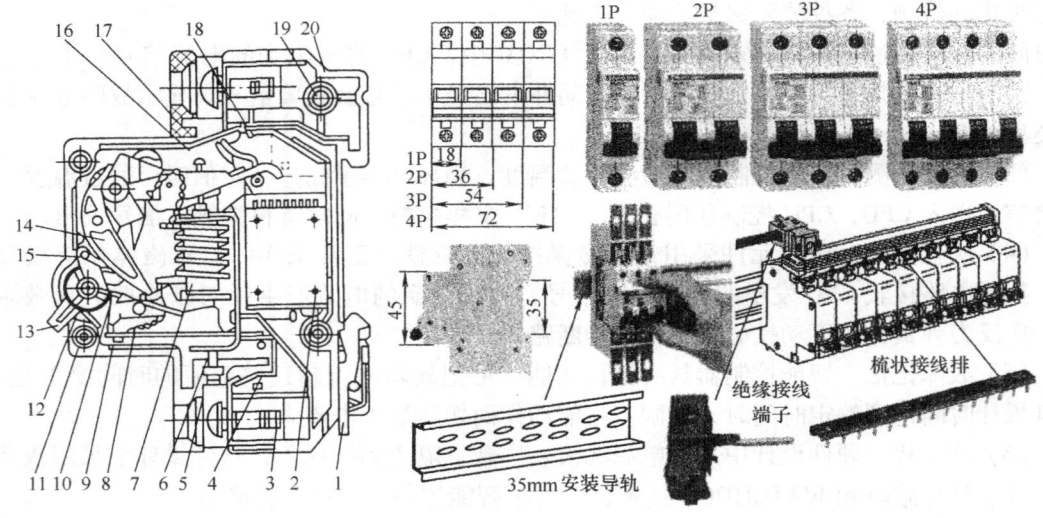

图 6-53 模数化断路器内部结构图

1—安装卡子 2—灭弧罩 3—接线端子 4—连接排 5—热脱扣器调节螺钉 6—嵌入螺母
7—电磁脱扣器 8—热脱扣器 9—锁扣 10、11—复位弹簧 12—手柄轴 13—手柄
14—U 型连杆 15—脱钩 16—盖 17—防护罩 18—触头 19—铆钉 20—底座

模数化小型断路器具有产品系列化、模数化、模块化、体积小及分断能力强、功能多样及用途广泛等特点,生产厂商、品种种类繁多,几乎所有的低压电器生产厂商均生产模数化断路器。典型型号有 DZ47、C45、C65、NC100H 等系列。

第六节 主令电器

主令电器是用来接通或断开控制电路以发布命令,或在生产过程中用作程序控制的开关电器。主令电器包括按钮、行程开关、万能转换开关和主令控制器等。

一、按钮

按钮是一种短时接通或断开小电流电路的手动电器。用于对接触器、继电器及其他电气线路发出指令信号进行控制。

按钮的使用场合非常广泛，随着工业生产的需要，按钮的规格品种日益增多。驱动方式由原来的直接推压式，转化为旋转式、推压式、推拉式、杠杆式和带锁式。传感接触部件也发展为平头、蘑菇头、带操纵杆式及带指示灯式等多种形式。另外，供计算机系统使用的现已有弱电按钮等新品种。

按钮结构上由按钮帽、复位弹簧、触点、外壳及支持连接部件等组成。图6-54所示为控制按钮的一般结构图。

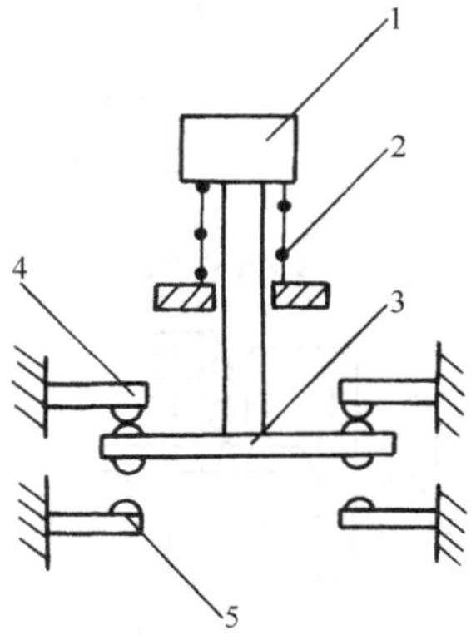

当手指按下按钮帽，动触头即向下运动，与常闭触点的静触头分离而与常开触点的静触头闭合。松开手指后，由于复位弹簧的作用，动触头向上运动，恢复到原来位置。按钮中触点的形式和数量根据需要可以装配成一常开一常闭到六常开六常闭形式。接线时，也可以只接常开或常闭触点。

按钮可做成单式（一个按钮）、复式（两个按钮）和三联式（三个按钮）的形式。为了标明各个按钮的作用，避免误操作，通常将按钮帽做成不同的颜色，以示区别，其颜色有红、绿、黑、黄、蓝和白等。一般红色表示停止按钮，绿色表示起动按钮。

图6-54 控制按钮结构
1—按钮帽 2—复位弹簧 3—动触头
4—常闭触点的静触头 5—常开触点的静触头

目前常用的控制按钮有 LA18、LA19、LA20、LA25 及 LA101 等系列产品，其结构形式有开启式、旋钮式、紧急式、钥匙式、防水式、防腐式、保护式和带指示灯式等。

二、行程开关

行程开关是依照生产机械的行程发出命令以控制其运动方向或行程长短的主令电器。行程开关主要用于将机械位移转变为电信号，以实现对生产机械的电气控制。

行程开关按其结构可分为直动式、滚轮式和微动式三种。图6-55所示为直动式行程开关结构原理图。其动作原理与按钮相同，即当撞块压下推杆时，行程开关的常闭触点断开，常开触点闭合；当撞块离开推杆时，触点在弹簧作用下恢复原状。这种行程开关结构简单、价格便宜，但它的缺点是触点分断速度取决于生产机械的移动速度，当移动速度低于 0.4m/min 时，触点分断太慢，易受电弧烧损。

图6-56所示为滚轮式行程开关。其动作原理为：当撞块自右向左推动滚轮时，上转臂以中间支点为中心向左转动，由盘形弹簧带动下转臂向右转动，于是滑轮向右滚动，此时压缩弹簧被压缩而储存能量，当下转臂转过中点并推开压板时，横板在压缩弹簧的作用下，迅速作顺时针转动，从而使常闭触点断开、常开触点闭合。当撞块离开滚轮后，在恢复弹簧作用下，触点恢复原位。

这种行程开关的优点是触点分断速度不受生产机械的影响，

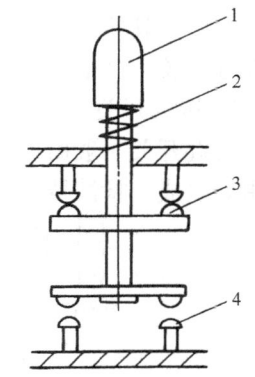

图6-55 直动式行程开关
1—推杆 2—弹簧 3—常闭触点 4—常开触点

动作快。缺点是价格较贵，结构复杂。

图 6-57 所示为微动式行程开关（也称微动开关）。当撞块压下推杆时，片状弹簧变形，从而使触点动作；当撞块离开推杆时，片状弹簧恢复，触点复位。

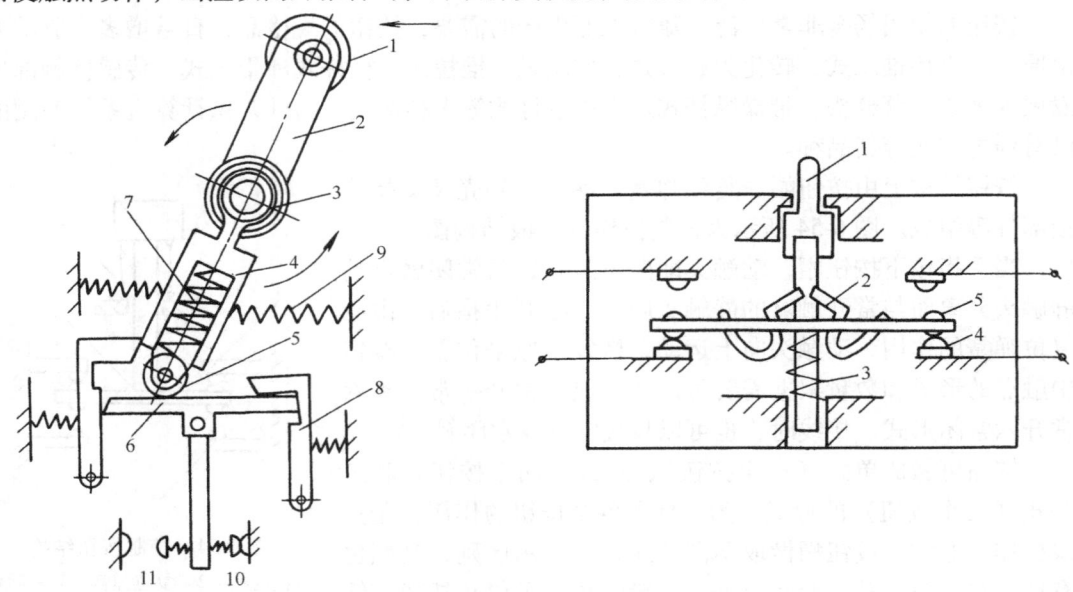

图 6-56　滚轮式行程开关
1—滚轮　2—上转臂　3—盘形弹簧　4—下转臂
5—滑轮　6—横板　7—压缩弹簧　8—压板
9—恢复弹簧　10—常闭触点　11—常开触点

图 6-57　微动式行程开关
1—推杆　2—变形片状弹簧　3—复位弹簧
4—常闭触点　5—常开触点

微动行程开关的特点是操作力小、操作行程短。已广泛用于机械、纺织、轻工和电子仪器等各种机械设备和家用电器中，作行程、位置和状态控制、信号转换、限位保护和联锁之用。

目前使用的行程开关有 LX1、LX2、LX19、LXW5、LXW8～12 等系列。

三、无触点行程开关

无触点行程开关的特点是：当撞块行程动作时，不需与开关中的部件接触，即可发出电信号。故以其使用寿命长、操作频率高和动作迅速可靠而得到了广泛应用。无触点行程开关有接近开关、光电开关等。

1. 接近开关

接近开关一般由信号发生机构（感应头）、振荡器、检波器、鉴幅器、输出电路和稳压电源等组成，检波器和鉴幅器组成开关器，如图 6-58 所示。

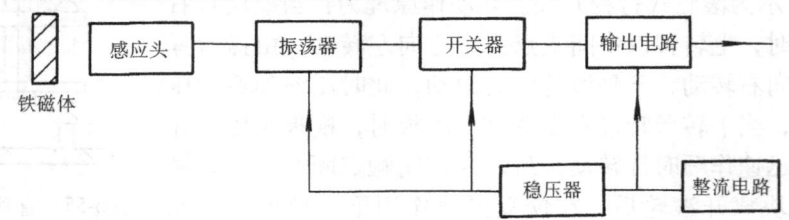

图 6-58　接近开关结构框图

接近开关按其感测机构工作原理的不同,可分为高频振荡型、电容型、电磁感应型及永磁型等。目前普遍采用的是高频振荡电感型,如图 6-59 所示。它是利用铁磁物质靠近感应头,改变感应头内高频振荡线圈回路的电阻,使电路振荡状态改变或停止振荡,从而发出触发信号驱动执行回路的动作。

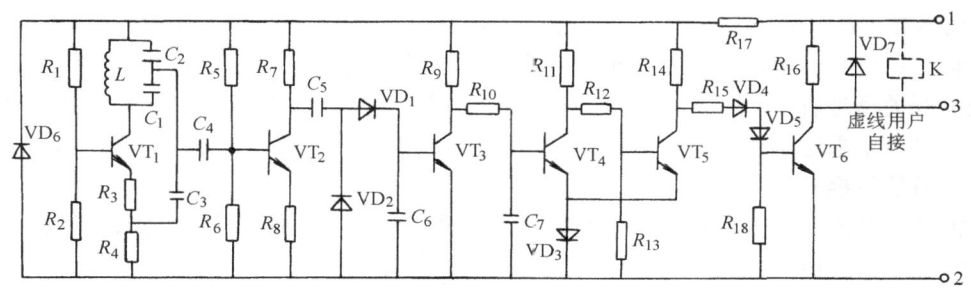

图 6-59　高频振荡电感型接近开关电路原理图

无金属物体接近时,由晶体管 VT_1、振荡线圈 L、电容 C_1、C_2 等元件组成电容耦合振荡器,输出信号加于晶体管 VT_2 的基极,放大后的高频波经二极管 VD_1、VD_2 整流后其直流信号加于晶体管 VT_3 基极,使 VT_3 导通、VT_4 截止、VT_5 导通、VT_6 截止,则开关无信号输出。当金属物体接近线圈 L 时,由于金属中产生涡流损耗,振荡回路等效电阻增加,能量损耗增加,使振荡减弱以致停止,这时 VD_1、VD_2 整流电路无输出电压,晶体管 VT_3 截止、VT_4 导通、VT_5 截止、VT_6 导通,开关有信号输出。当金属物体离开线圈后,振荡重新建立,恢复前述过程。

接近开关与传统行程开关相比具有定位精度高、动作可靠、功率损耗小、寿命长、使用面广和能适应恶劣工作环境等优点。但是,接近开关需要有触点继电器作为输出器。接近开关常用型号有 LJ1、LJ2 及 LXJ0 等系列。

2. 光电开关

光电开关是利用物体对光束的遮蔽、吸收或反射等作用,对物体的位置、形状和标志符号等进行无接触检测。它具有体积小、可靠性高、检测精度高和响应速度快等优点。

图 6-60 所示为一光电开关的电路原理图。

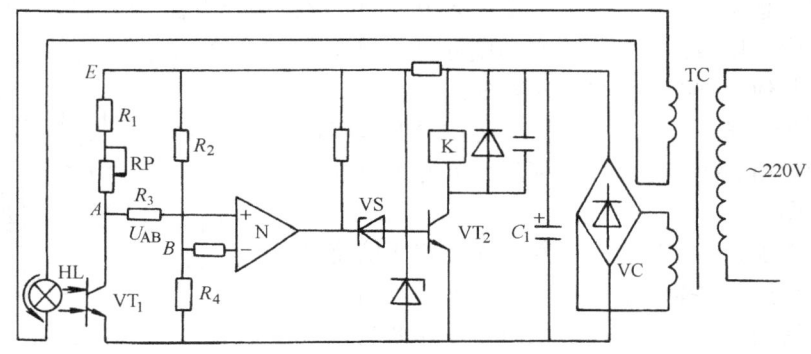

图 6-60　光电开关电路原理图

接通电源时,白炽灯 HL 发光,使晶体管 VT_1 导通,集电极 A 端输出低电位。比较器 B

端有电压

$$U_B = \frac{R_4}{R_2 + R_4} E$$

所以使比较器输出低电平,晶体管 VT$_2$ 截止,继电器 K 不动作。当被测物体接近时,白炽灯 HL 光线被遮挡,晶体管 VT$_1$ 变为截止,集电极 A 端输出高电位,在 $U_A > U_B$ 的情况下,比较器输出高电平,使晶体管 VT$_2$ 饱和导通,继电器 K 动作。

光电开关型号有 GKF、JG 和 QE 等系列。随着工业生产向自动化和无人化方向发展,对光电开光的要求已不单独是用来检测物体的有无,而应具备智能化控制的功能。

四、万能转换开关

万能转换开关是由多组相同结构的触点组件叠装而成的多回路控制电器,广泛用于各种配电装置的电源隔离、电路转换和电动机远距离控制等。

万能转换开关由操作机构、定位装置和触点部件等三部分组成。

触点部件由许多触点单元叠装而成,每层触点底座里装有一对(或三对)触点和一个装在转轴上的凸轮,触点为双断点桥式结构,触点的通断由凸轮控制,每组触点上均设置隔弧罩以限制电弧扩散。

定位装置采用滚轮卡棘轮辐射形结构。不同的棘轮和凸轮可组成不同的定位模式,从而得到不同的输出开关状态。

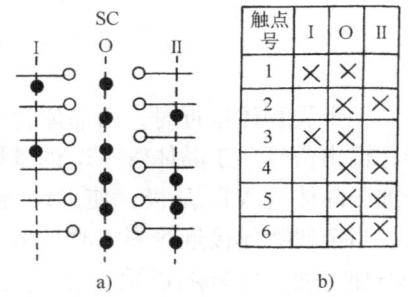

图 6-61 万能转换开关
a) 电器图形及文字符号 b) 触点通断情况

万能转换开关的触点在电路中的图形符号表示如图 6-61 所示。图 6-61a 中,"-○○-"代表一路触点,每一条竖虚线代表操作手柄的位置,用有无"·"表示触点的闭合和断开状态,哪一路接通,就在代表这个位置虚线上的触点下面用黑点"·"表示。图 6-61b 中,在触点图形符号上标出触点编号,再用接通表表示操作手柄不同位置时的触点通断状态,接通表中用"×"表示触点闭合。

万能转换开关常用的型号有 LW2、LW5、LW8、LW12 及 LWX1B 等系列。

五、主令控制器

主令控制器是用来频繁地按顺序操纵多个控制回路的主令电器。它主要用于电力驱动装置的控制系统中,按照预定的程序来通断触点、以发布命令或实现与其他控制线路的联锁和转换。

主令控制器一般由触点、凸轮、定位机构、转轴、面板及其支承件等部分组成。图 6-62 所示为主令控制器的结构原理图。

凸轮 1 和 7 固定于方轴上,动触点 4 固定于能绕轴 6 转动的支杆 5 上。当操作主令控制器手柄转动时,凸轮 1 和 7 随之转动,当凸轮块 7 转到推压小轮 8 的位置时,小轮则会带动支杆 5 绕轴转动,使支杆张开,从而动触点 4 离开静触点 3,将被控回路断开。当凸轮的凹陷部分与小轮 8 接触时,支杆 5 在反力弹簧作用下复

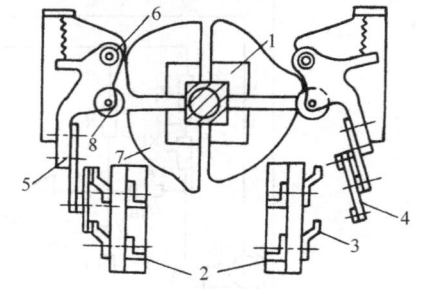

图 6-62 主令控制器的结构原理图
1、7—凸轮块 2—接线柱 3—静触点
4—动触点 5—支杆 6—转动轴
8—小轮

位，使动、静触点闭合，将被控回路接通。

这样，只要安装一串不同形状的凸轮块，就可使触点按一定顺序接通与断开，以获得按一定顺序进行控制的电路。

电路中，主令控制器触点的图形符号以及操作手柄在不同位置时的触点通断状态的表示方法与万能转换开关相似，这里不再重述。

主令控制器常用型号有 LK14、LK15、LK16 和 LK18 几个系列，最多可控制 12 个回路，控制方式有手柄式和手轮式两种。

第七节 电磁执行机构

机械设备的电磁执行机构主要用于机床和一些自动控制系统中，起执行任务的作用，其类型主要有电磁铁、电磁阀、电磁离合器等。

一、电磁铁

电磁铁是低压执行电器的主要元件，由电磁线圈、铁心和衔铁组成。当电磁线圈通电后产生磁场和电磁力，衔铁被吸合，并带动机械装置完成各种需要的动作，把电能转换为机械能；当电源断开时，电磁力消失，衔铁及机械装置即被释放。

电磁铁的种类很多，按励磁电流的性质分为直流电磁铁和交流电磁铁，交流电磁铁又分为单相励磁和三相励磁两种；按用途分为牵引电磁铁、制动电磁铁、起重电磁铁及其他各种专用电磁铁等。

1. 牵引电磁铁

牵引电磁铁在自动控制设备中用做开启或关闭水压、油压、气压阀门等，以及牵引其他机械装置以达到遥控的目的。牵引电磁铁的基本特点是在一定的负载持续率（工作时间与工作周期之比）和一定的行程下产生一定的电磁吸力，并要保证在这些基本特性下电磁铁达到机械寿命长、操作频率高、消耗功率小和尺寸小等目的。

常用的 MQ1 系列牵引电磁铁是在机床及自动化系统中用来远距离控制和操作各种机构。其工作原理是：电磁铁的导磁体由用硅钢片叠成的磁轭和衔铁两部分组成，使用时，铁轭固定于支架上，衔铁则活动地连接于牵引杆上，当线圈通电时，衔铁被吸合，经过连杆带动其所控制的机构。

MQ1 系列牵引电磁铁的额定电磁吸力为 1.5～25kgf（1kgf≈9.8N），操作频率为 200～600 次/h。

2. 制动电磁铁

制动电磁铁的结构与牵引电磁铁是一样的，主要用于电气传动装置中，其作用是通过牵引抱闸机构对电动机进行机械制动，使停机准确、迅速。制动电磁铁种类较多，按行程分为长行程（行程大于 10mm）和短行程（行程小于 5mm）两种。

MZZ2 型制动电磁铁是一种直流长行程制动电磁铁，其工作原理是：当励磁线圈通电时，衔铁向上运动，从而提升牵引杆，牵引杆即可操作机械制动装置；当励磁线圈断电时，衔铁受其本身和牵引杆的重力等作用而释放。

MZS1 型制动电磁铁是一种交流三相长行程制动电磁铁，其工作原理同 MZZ2 型制动电磁铁，结构上装有缓冲装置，可避免磁铁在合上时因高速冲击而使铁心或衔铁受损。

3. 起重电磁铁

起重电磁铁适用于起重铁砂及钢轨、钢管等钢材。其结构根据所搬运的材料而定，一般起重电磁铁制成圆形和矩形，大多作为搬运成型钢材的专门工具。

二、电磁离合器

电磁离合器是应用电磁感应原理和内外摩擦片之间的摩擦力，使机械传动系统中两个旋转运动的零件结合或分离的电磁连接器，是一种自动执行的电器，可以用来控制机械的起动、调速和制动，具有结构简单、动作响应快、便于远距离控制等特点。电磁离合器按工作原理分为摩擦片式、铁粉式及感应转差式等几种，摩擦片式电磁离合器又分为单片和多片等形式，机床上普遍采用多片式电磁离合器，其结构如图 6-63 所示。

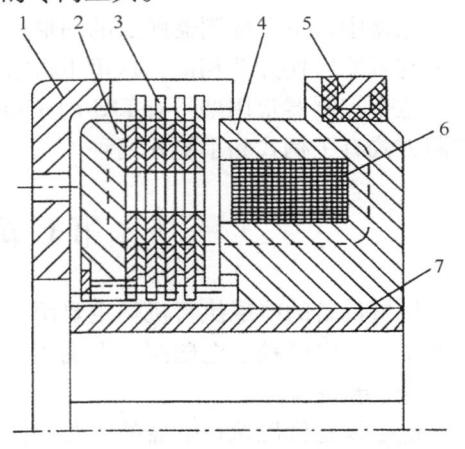

图 6-63 多片式电磁离合器结构
1—外连接件 2—衔铁 3—摩擦片组
4—磁轭 5—集电环 6—线圈 7—传动轴套

在磁轭 4 的外表面和线圈槽中分别用环氧树脂固连集电环 5 和励磁线圈 6，线圈引出线的一端焊在集电环上，另一端焊在磁轭上接地。外连接件 1 与外摩擦片组成回转部分，内摩擦片与传动轴套 7、磁轭组成另一回转部分。当线圈通电时，衔铁 2 被吸引沿花键套右移压紧摩擦片组，离合器接合。这种结构的摩擦片位于励磁线圈产生的磁力线回路内，因此需用导磁材料制成。由于受摩擦片的剩磁和涡流影响，其脱开时间较非导磁摩擦片长，常在湿式条件下工作，因而广泛用于远距离控制的传动系统和随动系统中。

三、电磁阀

电磁阀是利用电磁效应原理构成的一种电磁执行元件，主要由继电逻辑或数字逻辑对其进行控制，可以配合不同的控制系统或电路实现预期的控制，广泛应用于工艺流程管路中对流体介质流量、方向、液位、速度等工艺参数进行控制及对气动控制系统、液压控制系统进行逻辑控制等。

1. 电磁阀的结构原理

电磁阀由电磁线圈和磁心组成，包含一个或多个孔的阀体，当线圈通电或断电时，磁心的运动使流体通过阀体或被阻断，其状态发生转换，从而改变流体方向，实现自动调节及远程控制。

电磁阀的电磁部分由固定铁心、动铁心、线圈等组成，阀体部分由滑阀芯、滑阀套、弹簧底座等组成。电磁线圈被直接安装在阀体上，阀体被封闭在密封管件中，构成一个紧凑的整体。常用的电磁阀有二位二通、二位三通、二位四通、二位五通、三位电磁阀及四位电磁阀等。对于电磁阀来说，二位的含义就是通电和断电，对于所控制的阀门来说就是开和关，其逻辑就是"1"或"0"。三位电磁阀的阀芯有三个工作位置，平时不通电，处于微启状态，阀门流通初始流量；当给定一种电信号时，电磁阀全开，流体大流量流动；当给定另一种电信号时，阀门关闭。三位电磁阀可视为一种结构更为紧凑的双联电磁阀，它可很方便地实现三位调节。

电磁阀种类很多，按电磁阀电源性质分为直流电磁阀、交流电磁阀、自保持型电磁阀等；按用途分为一般介质用电磁阀、燃气用电磁阀、真空电磁阀等；按工作原理分为直动式、分布直动式、先导式等。

自保持型电磁阀只需瞬间通电即可完成阀门开关动作，阀芯位置不需要通电保持；它的优点是节约能源，在高低温、防爆等场合有较高安全性。

直动式电磁阀有常闭型和常开型两种，常闭型断电时呈关闭状态，当线圈通电时产生电磁力，使动铁心克服弹簧力吸合，把关闭件从阀座上提起，直接开启阀，介质呈通路；当线圈断电时电磁力消失，动铁心在弹簧力的作用下复位，弹簧力把关闭件压在阀座上，直接关闭阀门，介质不通。常开型正好与此相反。

2. 电磁阀的作用

在液压系统中，电磁阀用来控制液流方向。阀门开关由电磁铁来操纵，因此控制电磁铁就是控制电磁阀。电磁阀的结构性能可用它的位置数和通路数来表示，并有单电磁铁和双电磁铁两种。图6-64为电磁阀的图形符号，其中，a为单电二位二通电磁换向阀，b为单电二位三通电磁换向阀，c为单电二位四通电磁换向阀，d为单电二位五通电磁换向阀，e为双电二位四通电磁换向阀，f为双电三位四通电磁换向阀，g为电磁阀的一般电气图形符号。

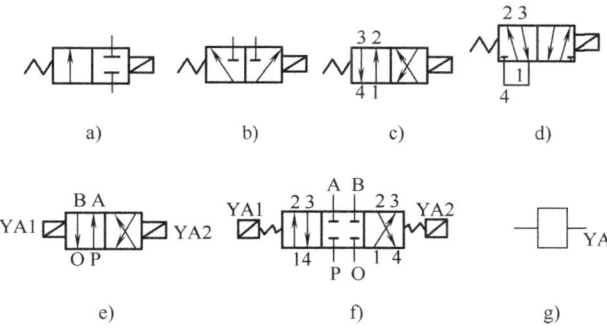

图6-64 电磁阀的图形符号

在气动系统中，电磁阀用于按照控制要求调整压缩空气的各种状态。气动系统还需要其他元件的配合，其中包括动力元件、执行元件、开关、显示设备及其他辅助设备。动力元件包括各种压缩机，执行元件包括各种气缸，这些都是气动系统中不可缺少的部分。阀体是控制算法实现的重要设备，比如单向阀让压缩空气从压缩机进入气罐，当压缩机关闭时，阻止压缩空气反方向流动；安全阀当储气罐内的压力超过允许限度时，可将压缩空气排出；方向控制阀通过对气缸两个接口交替地加压和排气，来控制运动方向；速度调节阀能简便实现执行元件的无级调速。

思考题与习题

6-1 电弧是怎样产生的？怎样灭弧？

6-2 交流接触器和直流接触器在结构上有何区别？为什么？

6-3 继电器和接触器比较，区别在哪里？

6-4 交流接触器在运行中，有时在线圈断电后衔铁仍掉不下来，试分析故障原因。

6-5 试述继电器的种类及其用途。

6-6 热继电器进行过载保护时，如果热继电器不动作而将电动机烧坏，试分析故障原因。

6-7 熔断器用于保护电动机时，若电动机过载电流为两倍额定电流，熔断器能否起过载保护作用？为什么？

6-8 低压断路器有哪些基本组成部分？在电路中的作用是什么？

6-9 单相交流电磁机构中，短路环的作用是什么？

6-10 电磁阻尼式时间继电器的工作原理是什么？如何调节延时的长短？

6-11 带断相保护和不带断相保护的三相热继电器各用于什么场合？

6-12 感应式速度继电器是怎样实现动作的？用于什么场合？

6-13 试述行程开关的种类及各自优缺点。

第七章 电气控制电路设计

在工农业生产中,大量使用各种各样的生产机械,如车床、铣床、磨床、刨床、钻床、风机、水泵和起重机等,这些生产机械一般是由电动机来拖动的。不同的生产机械,对电动机的控制要求不同。电气控制的主要任务就是实现电动机的起动、制动、正反转和调速等运行方式的控制及对电动机的保护,以满足生产工艺的要求,实现生产过程自动化。

电气控制电路是一种由接触器、继电器、按钮和开关等电器元件组成的有触点、断续作用的控制系统,这种控制系统具有控制电路简单、维修方便、便于掌握和价格低廉等优点,在电气控制领域获得广泛的应用。随着微电子技术的发展,生产机械的电气控制逐渐向无触点、弱电化、连续控制和微机控制方向发展。

不同生产机械的控制要求是不同的,所要求的控制电路也是千变万化、多种多样,但它们都是由一些具有基本规律的基本环节和基本单元所组成,熟悉这些基本的控制环节是掌握电气控制的基础。只要能掌握这些基本的控制环节,再结合具体的生产工艺要求,就不难掌握控制电路的基本分析方法。本章主要介绍基本控制环节和基本设计方法。

第一节 电气控制电路的常用符号及绘制原则

电气控制电路是用导线将电机、电器、仪表等电器元件联接起来并实现特定的控制功能和要求的。为了便于分析系统的工作原理,便于电气设备的安装、调整、使用和维修,必须用统一规定的图形符号和文字符号来代表各种电器,电气控制电路图也应该按统一的规则进行绘制和编号。

一、电气控制电路常用的图形和文字符号

电气控制电路图是工程技术的通用语言,它由各种电器元件的图形、文字符号要素组成,为了便于交流与沟通,我国参照国际电工委员会(IEC)颁布的有关文件,制定了我国电气设备有关国家标准,颁布了 GB/T4728—2005~2008《电气简图用图形符号》、GB/T 5465.1—2007《电气设备用图形符号基本规则》、GB/T 5465.2—1996《电气设备用图形符号》、GB/T 16902.1—2004《图形符号表示规则》、GB/T 6988.1—1997~GB/T 6988.5—2006《电气技术用文件的编制》、GB/T 18135—2000《电气工程 CAD 制图规则》等。关于电气图中的文字符号,我国曾发布国家标准 GB/T 7159—1987《电气技术中的文字符号制订规则》,该标准已于 2005 年废止,在目前尚无具体替代标准发布前,人们仍习惯采用 GB/T 7159 中规定的文字符号。

表 7-1~表 7-3 列出了常用的电气图形、文字符号,以供参考。

二、电气控制电路的绘制原则

在绘制电气控制电路时,应遵循电流方向"自上而下(垂直方位画时),自左向右(水平方位画时)"的原则绘制;对于常开触点和常闭触点,应遵循"左开右闭(垂直方位画时),下开上闭(水平方位画时)"的原则绘制。对于开关电器,如果按图形布置的需要,采用图形符号的方位与 GB4728 中示出的一致时，则直接画出；若方位不一致时，应遵循按图例"逆时针旋转 90°"的原则绘制，但文字和指示方向不得颠倒。

电气控制系统图种类很多，下面介绍电气原理图、电气安装接线图绘制的基本方法与原则。

表 7-1 常用电气图形符号

名称		图形符号	名称		图形符号
一般三极电源开关			按钮	停止	
				复合	
低压断路器			接触器	线圈	
行程开关	常开触点			主触点	
	常闭触点			常开辅助触点	
	复合触点			常闭辅助触点	
转换开关			速度继电器	常开触点	
按钮	起动			常闭触点	

(续)

名　称		图形符号	名　称		图形符号
时间继电器	线圈		继电器	欠电流继电器线圈	
	延时闭合常开触点			常开触点	
	延时断开常闭触点			常闭触点	
	延时闭合常闭触点			熔断器	
	延时断开常开触点			熔断器式刀开关	
	通电延时线圈		热继电器	热元件	
	断电延时线圈			常闭触点	
继电器	中间继电器线圈			桥式整流装置	
	欠电压继电器线圈			蜂鸣器	
	过电流继电器线圈			信号灯	

(续)

名　称	图形符号	名　称	图形符号
电阻器		单相变压器	
		整流变压器	
接插器		照明变压器	
		控制电路电源用变压器	
电磁铁		带滑动触点的电位器	
电磁吸盘		三相自耦变压器	
串励直流电动机			
并励直流电动机		PNP型晶体管	
		NPN型晶体管	
三相笼型异步电动机		晶闸管（阴极侧受控）	
三相绕线转子异步电动机		半导体二极管	
		接近敏感开关动合触头	
他励直流电动机		磁铁接近时动作的接近开关的动合触头	
复励直流电动机			
		接近开关动合触头	
直流发电机			

(续)

名　称	图形符号	名　称	图形符号
与门	—[&]—	带线端标记的端子板	[1｜2｜3]
或门	—[≥1]—	导线的连接	┬
非门	—[1]o—	导线跨越而不连接	┼
阀的一般符号	▷◁	屏蔽导线	⊖
电磁阀		中性线	
电动阀		保护线	
屏、台、箱、柜的一般符号	▭	先断后合的转换触点	
配电箱		中间断开的双向触点	

1. 电气原理图

电气原理图是根据电路工作原理，用规定的图形符号和文字符号绘制出来的表示各个电器连接关系的线路图。为了简单清楚地表明电路功能，将原理图采用电器元件展开的形式绘制。

电气原理图根据通过电流的大小可分为主电路和控制电路。电动机、发电机及其相连的电器元件组成的通过大电流的电路称为主电路。接触器、继电器线圈及联锁电路、保护电路、信号电路等通过较小电流的电路称为控制电路。图 7-1 所示为 CW6140 车床电气控制电路原理图，其主电路是从三相电源经刀开关、接触器主触点到电动机。控制电路由按钮、接触器线圈、辅助触点、照明灯、照明变压器和保护电器等组成。

在绘制电气原理图时，一般应遵循以下原则：

表 7-2 常用电气文字符号

名称	符号 单字母	符号 双字母	名称	符号 单字母	符号 双字母	名称	符号 单字母	符号 双字母
发电机	G		电压互感器	T	TV	电阻器	R	
直流发电机	G	GD	整流器	U		电位器	R	RP
交流发电机	G	GA	断路器	Q	QF	起动电阻器	R	RS
同步发电机	G	GS	隔离开关	Q	QS	制动电阻器	R	RB
异步发电机	G	GA	自动开关	Q	QA	频敏电阻器	R	RF
电动机	M		转换开关	Q	QC	电容器	C	
直流电动机	M	MD	刀开关	Q	QK	电感器	L	
交流电动机	M	MA	控制开关	S	SA	电抗器	L	LS
同步电动机	M	MS	行程开关	S	SQ	熔断器	F	FU
异步电动机	M	MA	微动开关	S	SS	照明灯	E	EL
笼型电动机	M	MC	按钮开关	S	SB	指示灯	H	HL
绕组	W		接近开关	S	SP	晶体管	V	VT
电枢绕组	W	WA	继电器	K		晶闸管	V	VTH
定子绕组	W	WS	电压继电器	K	KV	半导体二极管	V	VD
转子绕组	W	WR	电流继电器	K	KA	稳压管	V	VS
变压器	T		时间继电器	K	KT	变换器	B	
电力变压器	T	TM	控制继电器	K	KC	压力变换器	B	BP
控制变压器	T	TC	速度继电器	K	KS	位置变换器	B	BQ
自耦变压器	T	TA	接触器	K	KM	温度变换器	B	BT
整流变压器	T	TR	电磁铁	Y	YA	速度变换器	B	BV
互感器	T		电磁离合器	Y	YC	测速发电机	B	BR
电流互感器	T	TA	电磁阀	Y	YV			

表 7-3 常用辅助文字符号

名称	符号	名称	符号	名称	符号
高	H	绿	GN	断开	OFF
低	L	黄	YE	附加	ADD
升	U	白	WH	异步	ASY
降	D	蓝	BL	同步	SYN
主	M	直流	DC	自动	A，AUT
辅	AUX	交流	AC	手动	M，MAN
中	M	电压	V	起动	ST
正	FW	电流	A	停止	STP
反	R	时间	T	控制	C
红	RD	闭合	ON	信号	S

1）电气控制电路根据电路通过的电流大小可分为主电路和控制电路。主电路包括从电源到电动机或线路末端的电路，是强电流通过的部分。控制电路一般由按钮、接触器及继电器的线圈和触点等组成。绘制电气原理图时，主电路用粗线条画在原理图的左边或上边，控制电路用细线条画在原理图的右边或下边。

2）电气原理图中，所有电器元件的图形、文字符号必须采用国家规定的统一符号。主电路标号一般由文字符号和数字组成。文字符号用以标明主电路中的元件或线路的主要特征，数字标号用以区别电路不同线段。三相交流电源引入线采用 L1、L2、L3 标号，电源开关之后的三相交流电源主电路分别标 U、V、W。控制电路由三位或三位以下的数字组成，交流控制电路的标号一般以主要电器元件线圈为分界，左边用奇数标号，右边用偶数标号。直流控制电路中正极按奇数标号，负极按偶数标号。

3）同一电器的不同部分可以不画在一起，但需用同一文字符号标出。

4）所有按钮、触点等均按操作前、电路未带电的原始状态画出。

5）控制电路原则上按照动作先后顺序排列，两线交叉连接时的电气连接点须用黑点标出。并应做到布局合理、排列均匀、图面清晰、便于看图。

6）电气原理图中电器元件的数据和型号，一般用小写字体注在电器代号附近，导线用其截面标注，如 1.5mm^2 字样表明该导线的截面积，必要时尚需标出采用导线的颜色。

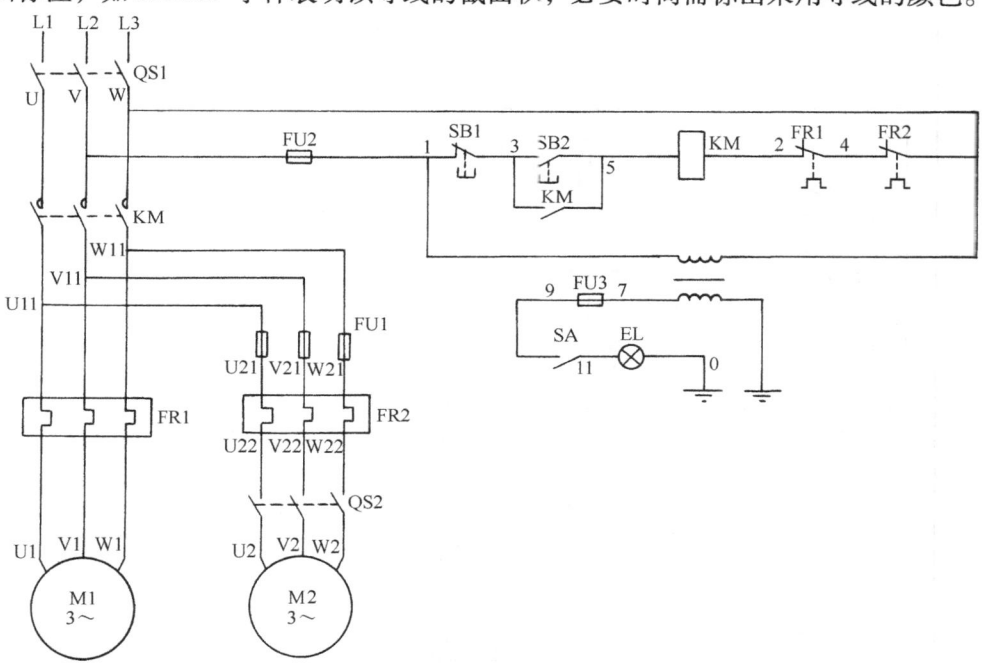

图 7-1 CW6140 车床电气控制电路原理图

7）对于较复杂的电气原理图，为了便于读图分析、避免疏漏，应对图面进行区域划分或电路编号，必要时注明回路用途。

2. 电气安装接线图

电气安装接线图是电气原理图的具体实现形式，它是用规定的图形符号按电器元件的实际位置和实际接线来绘制的，用于电气设备和电器元件的安装、配线或检修电气故障。实际工作中，电气安装接线图常与电气原理图结合起来使用。

图 7-2 是根据图 7-1 电气原理图绘制的安装接线图。图中标明了该车床中电源进线、按钮、照明灯、电动机与接触器等电器元件之间的连接关系，也标注了所采用的金属软管连接导线的根数、截面积。

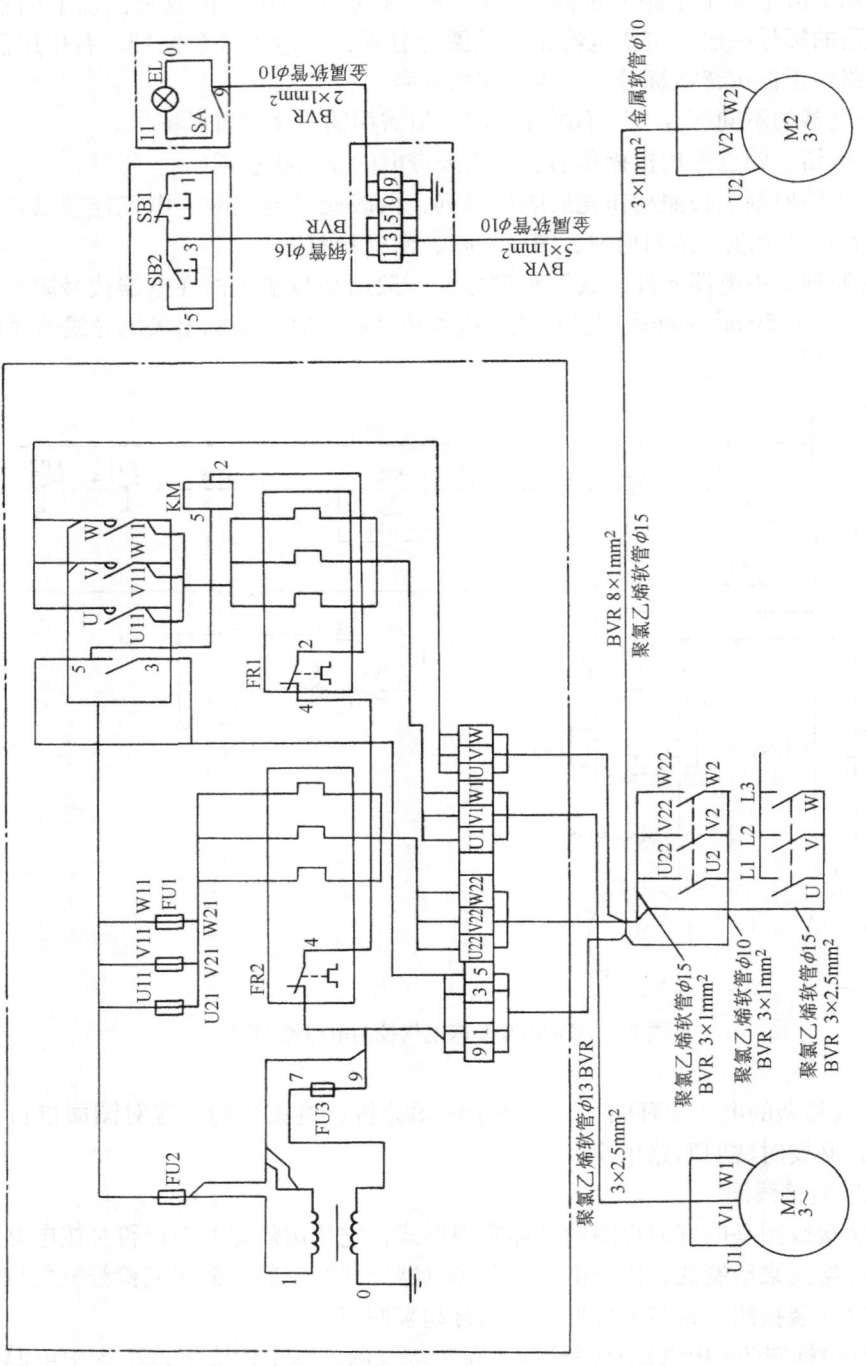

图7-2 CW6140车床电气安装接线图

在绘制电气安装接线图时，一般应遵循以下原则：

1）电气元件的图形、文字符号应与电气原理图标注一致。同一电器元件的各部件必须画在一起。各电器元件的位置，应与实际安装位置一致。

2）要表示出控制板内外各电器元件，控制板内外电器元件的电气连接一般应通过端子排进行，并按电气原理图的接线编号连接。

3）走向相同的多根导线可用单线或线束来表示。

4）安装接线图中应标明导线的规格、型号、根数、颜色和穿线管的尺寸。

总之，安装接线图应画得明确、清楚和容易检查接线有无错漏。另外，在实际工作中，往往还要画出电气元件布置图，以利于电器元件之间的接线安排和电器元件的维修与更换。

第二节　电气控制电路的基本环节

一、单方向运行控制电路

1. 开关控制电路

图 7-3 所示为采用刀开关直接起动电动机的控制电路。其工作过程是：合上刀开关 QS，电动机 M 通电旋转；断开刀开关 QS，电动机 M 断电停转。这种电路适用于小型台钻、冷却泵和砂轮机等简单、短时操作的小容量设备中。图中，熔断器 FU 起短路保护作用。

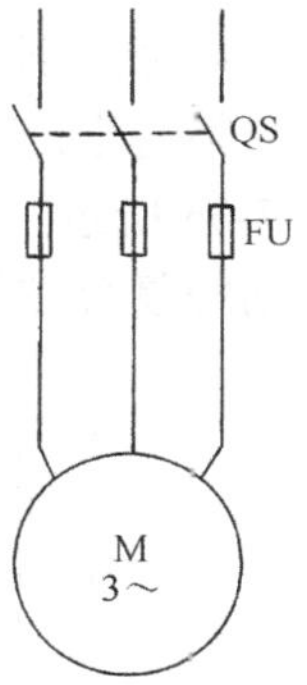

2. 点动控制电路

图 7-4 所示为采用接触器的点动控制电路。主电路由刀开关 QS、熔断器 FU、交流接触器 KM 主触点、热继电器 FR 的热元件及电动机 M 组成，控制电路由起动按钮 SB、接触器 KM 的线圈、热继电器 FR 的常闭触点组成。

要起动电动机时，合上刀开关 QS，按起动按钮 SB，接触器 KM 线圈通电，其常开主触点闭合，电动机 M 通电旋转。要停止电动机时，松开起动按钮 SB，接触器 KM 线圈断电，其常开主触点断开，电动机 M 断电停转。

图 7-3　直接起动控制电路

从上述情况可看出，要使电动机长期运行，起动按钮 SB 必须始终按着，否则接触器 KM 无法长期通电，电动机就不能连续不断地运转。这种依靠起动按钮始终按着电动机才能持续运转的控制电路，称为点动控制电路。这种控制电路用于桥式吊车和绕线机等需要经常点车调整的生产机械上。

3. 连续控制电路

在实际生产过程中，往往要求电动机实现长时间连续转动，这就要求用连续控制电路，如图 7-5 所示。

该电路能实现对电动机起动、停止的自动控制、远距离控制和频繁操作。要起动电动机，合上电源开关 QS，按起动按钮 SB2，接触器 KM 线圈通电，其常开主触点闭合，电动机 M 通电起动。与此同时，并接于起动按钮的接触器常开辅助触点 KM 也闭合，因此，即使松开按钮 SB2，接触器 KM 线圈也会通过其常开辅助触点继续保持通电，这种依靠接触器自身辅助触点而使其线圈长期通电的环节称为自锁环节，这个起自锁作用的辅助触点，称为自锁触点。

要停止电动机，按停止按钮 SB1，接触器 KM 线圈断电，其常开主触点断开，电动机 M 断电停转。此后，即使松开按钮 SB1，使其恢复为闭合状态，接触器 KM 线圈也不可能再依靠自锁环节而通电了,因为原来闭合的自锁触点早已随着接触器的释放而断开。

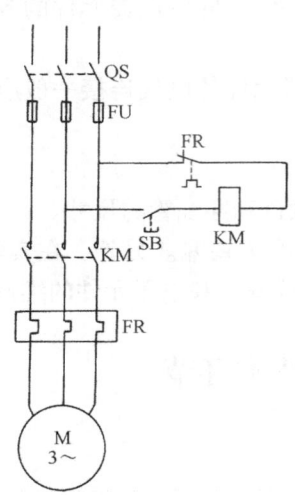

图 7-4 点动控制电路

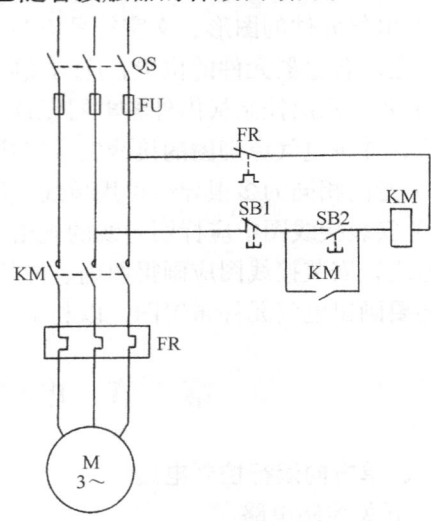

图 7-5 连续控制电路

4. 点动控制与连续控制电路

某些生产机械常常要求既能实现试车调整的点动工作,又能正常连续运转,控制电路如图 7-6a 所示。其中,SB1 为连续运转的停止按钮,SB2 为连续运转的起动按钮,SB3 为点动控制的复合按钮。

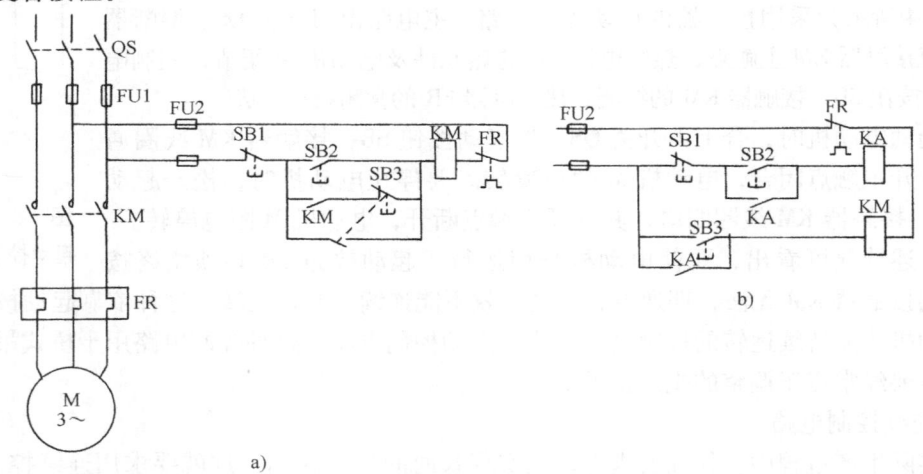

图 7-6 点动与连续控制电路
a) 采用点动按钮联锁的点动控制电路 b) 采用中间继电器联锁的点动控制电路

点动控制时,按复合按钮 SB3,它的常开触点闭合,接触器 KM 线圈通电,其常开主触点闭合,电动机 M 起动运转,与此同时,复合按钮 SB3 的常闭触点断开,使接触器 KM 的自锁环节不起作用。松开点动按钮 SB3 时,接触器 KM 线圈断电,其常开主触点断开,电动机 M 停转。

连续运转时,按起动按钮 SB2,接触器 KM 线圈通电,其常开主触点闭合,电动机 M 起动,与此同时,接触器 KM 常开辅助触点闭合,起自锁作用,使电动机 M 连续运转。按停止按钮 SB1,接触器 KM 线圈断电,常开主触点断开,电动机 M 停转。

此线路在点动控制时，如果接触器 KM 的释放时间大于按钮 SB3 的恢复时间，则点动结束 SB3 常闭触点复位时，接触器 KM 的自锁触点还未断开，使自锁电路继续通电，线路就无法正常工作，这时，需要用图 7-6b 所示的控制电路。点动控制时，按点动按钮 SB3，接触器 KM 线圈通电，常开主触点闭合，电动机 M 实现点动运行。连续控制时，按起动按钮 SB2，中间继电器 KA 线圈通电，常开触点闭合，使接触器 KM 线圈通电并自锁，电动机 M 实现连续运行。停止电动机时，则按下停止按钮 SB1，这时中间继电器 KA 线圈断电，常开触点断开，使接触器 KM 线圈断电，电动机 M 停转。

5. 单方向运行控制电路中的保护环节

线路中设有以下保护环节：

短路保护：短路时，熔断器 FU 的熔体熔断而切断电路起保护作用。

过载保护：通过热继电器 FR 实现。当负载过载或电动机缺相运行时，热继电器 FR 动作，其常闭触点断开，将控制电路切断，接触器 KM 线圈断电，切断电动机主电路。

欠电压、失电压保护：通过接触器 KM 自锁环节来实现。当电源电压由于某种原因而严重欠电压或失电压时，接触器 KM 断电释放，电动机 M 停止转动。当电源电压恢复正常时，接触器线圈不会自行起动，只有再次按下起动按钮后，电动机才能起动。

二、正反向运行控制电路

有的生产机械要求运动部件实现正反两个方向运动，例如：机床工作台前进与后退、主轴的正转与反转、起重机的上升与下降等。这就需要拖动生产机械的电动机能够实现正反转控制。根据电机学原理，只要把接到三相异步电动机的三相电源线中任意两相对调，即可改变电动机的转向。

图 7-7a 所示为电动机正反转控制电路。主电路采用了两个接触器，其中接触器 KM1 控制电动机正转，接触器 KM2 控制电动机反转。

其工作原理为：需要电动机正转时，按正转起动按钮 SB2，接触器 KM1 线圈通电，其常开主触点闭合，电动机 M 正转，同时常开辅助触点闭合实现自锁。需要电动机反转时，先按停止按钮 SB1，接触器 KM1 断电，常开主触点断开，电动机正转停止。需要反转时，按反转起动按钮 SB3，接触器 KM2 线圈通电，其常开主触点闭合，电动机 M 反转，同时常开辅助触点闭合实现自锁。

该控制电路存在两个问题：

1）两个接触器在任何情况下都不能同时通电，否则会造成主电路电源短路，为此需要采取互锁电路。图 7-7b 所示为具有互锁的可逆控制电路，将其中一个接触器的常闭触点串入另一个接触器线圈电路中，这样任何一个接触器通电后，其自身常闭触点断开，因此，即使按下相反方向的起动按钮，另一个接触器也不会通电，这种利用两个接触器的辅助常闭触点互相控制的方式，称为电气互锁。

2）需要电动机改变旋转方向时，必须先按下停止按钮 SB1，方可重新起动电动机，这对那些要求电动机频繁改变旋转方向的生产机械来说，是很不方便的。图 7-7c 所示是采用复合按钮实现正反转的，构成了既有接触器互锁又有复合按钮互锁的双重互锁可逆控制电路。控制电路的工作过程利用了复合按钮先断后通的特点，如要求电动机由正转变为反转时，直接按反转起动按钮 SB3，这时 SB3 的常闭触点先断开，接触器 KM1 线圈断电，然后其常开触点闭合，接触器 KM2 线圈通电，其常开主触点及自锁触点闭合，电动机开始反转。

第二篇　电器及其控制

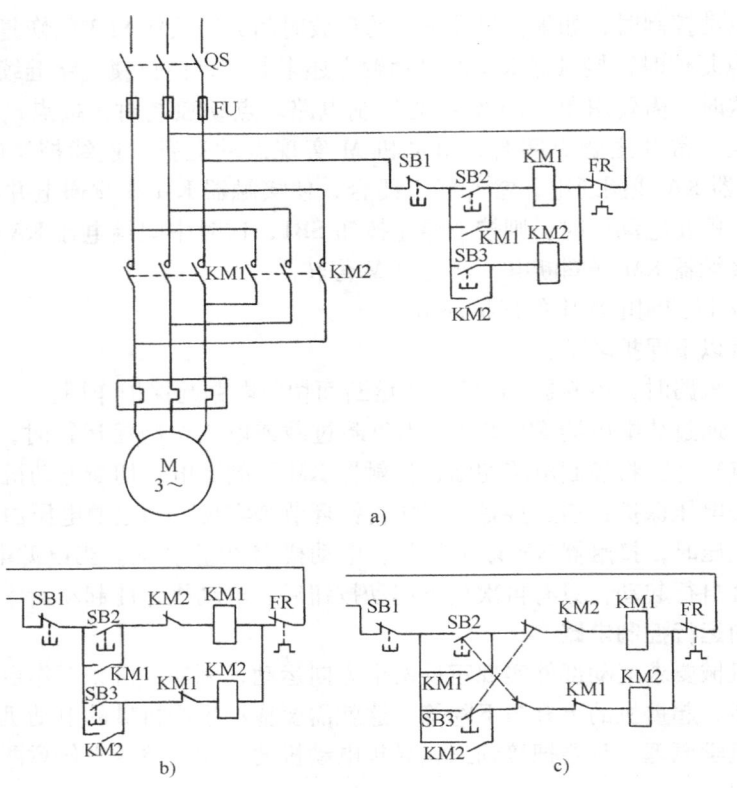

图 7-7　正反转控制电路

这样的控制电路比较完善，既能实现直接正反转控制，又能保证安全可靠地工作，故应用非常广泛。

三、联锁控制电路

很多具有多台电动机的设备，常因每台电动机的用途不同而需要按一定的先后顺序来起动、停车，这种互相联系而又互相制约的控制称为联锁控制。图 7-8a 所示为控制两台电动机 M1 和 M2 独立工作的主电路，控制电路应为接触器 KM1 和 KM2 连续控制电路的并联。

实现联锁控制的方法有以下两种形式：

1. 起动联锁

1）当 M1 电动机起动后才允许 M2 电动机起动，则需将接触器 KM1 的常开触点串在接触器 KM2 的线圈电路中，如图 7-8b 所示。只有接触器 KM1 线圈通电，常开触点闭合，M1 电动机起动后，才能通过按钮控制接触器 KM2 的工作，使 M2 电动机起动。

2）当 M1 电动机起动后不允许 M2 电动机起动，则需将接触器 KM1 的常闭触点串在接触器 KM2 的线圈电路中，如图 7-8c 所示。在接触器 KM1 动作之前，可以通过按钮控制接触器 KM2 的工作，使 M2 电动机起动，一旦通过按钮控制接触器 KM1 线圈通电，M1 电动机起动后，接触器 KM2 就会停止工作，即 M2 电动机就会停转。

2. 停车联锁

1）当 M2 电动机停转后才允许 M1 电动机停转，则需将接触器 KM2 的常开触点并在控制接触器 KM1 的停止按钮两端，如图 7-8d 所示。这样只有 M2 电动机停转，即接触器 KM2

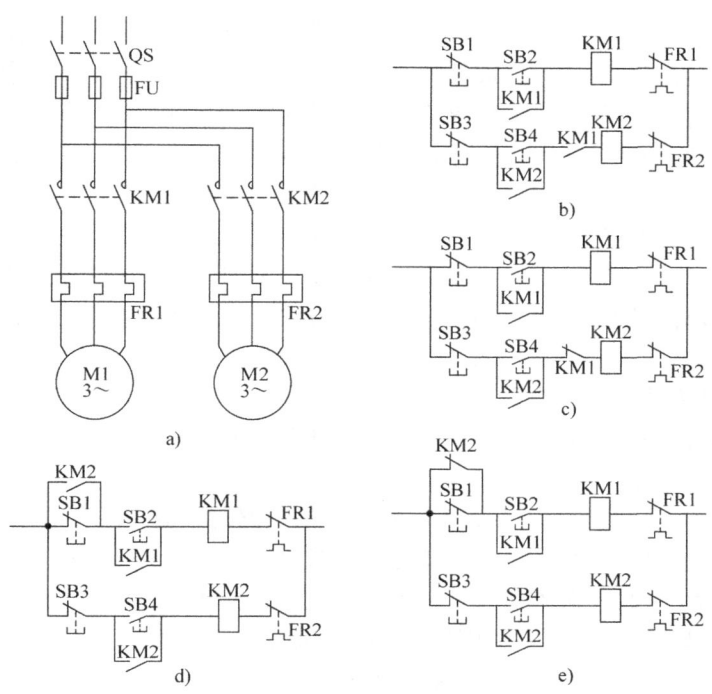

图 7-8 联锁控制电路

线圈断电，常开触点恢复断开后，才能通过按钮 SB1 控制接触器 KM1 的断电，使 M1 电动机停转。

2) 当 M2 电动机停转后不允许 M1 电动机停转，则需将接触器 KM2 的常闭触点并在控制接触器 KM1 的停止按钮两端，如图 7-8e 所示。这样只要接触器 KM2 线圈断电，常闭触点恢复闭合，M2 电动机停转后，就不能通过按钮控制接触器 KM1 的断电，使 M1 电动机停转。

四、多点控制电路

对于大型生产机械，为了操作方便，需要在几个不同的地方都能进行操作，实现这种要求的电路如图 7-9 所示。

在各个不同的地方安装一套按钮，将

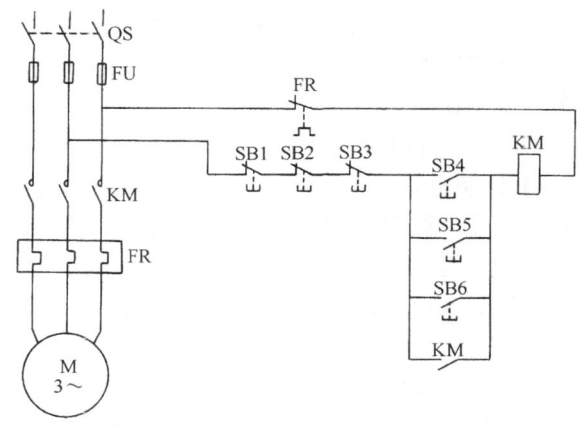

图 7-9 多点控制电路

各起动按钮的常开触点并联连接，各停止按钮的常闭触点串联连接。这样，在任何一处按起动按钮，接触器线圈都能通电，在任何一处按停止按钮，接触器线圈都能断电。

第三节 电气控制电路的一般设计方法

设计电气控制电路的方法有两种，一种是一般设计方法，另一种是逻辑设计方法。

一般设计方法主要靠经验进行设计,因此通常也称经验设计方法。它是根据生产工艺的要求,画出功能流程图,再用一些成熟的典型线路环节来实现某些基本要求,确定适当的基本控制环节,而后再根据生产工艺要求逐步完善其功能,并适当配置联锁和保护等环节,利用基本控制原则把它们组合成一个整体,成为满足控制要求的完整线路。这种设计方法比较简单,容易被人们所掌握,但是要求设计人员必须掌握和熟悉大量的典型控制环节和控制电路,同时具有丰富的设计经验。用一般设计方法初步设计出的控制电路可能有多种,需要加以比较分析,反复地修改简化,甚至要通过实验加以验证,才能使控制电路符合设计要求,确定比较合理的设计方案。另外,用一般的设计方法设计的线路可能不是最简的,所用的电器及触点也不一定是最少,所得出的方案不一定是最佳方案。

一、一般设计方法的设计原则

用一般设计方法设计控制电路时,应遵循下述几项原则:

1. 控制电路力求简单、经济

1) 尽量缩短连接导线的数量和长度。设计控制电路时,应考虑各电器元件的实际位置,尽可能地减少连接导线的根数和缩短连接导线的长度。如图 7-10a 是不合理的,因为按钮一般是安装在操作台上,而接触器是安装在电气柜内,这样接线就需要由电气柜二次引出连接线到操作台上,所以一般都将起动按钮和停止按钮的一端直接连接,另一端再与接触器连接,这样就可以减少一次引出线,如图 7-10b 所示。

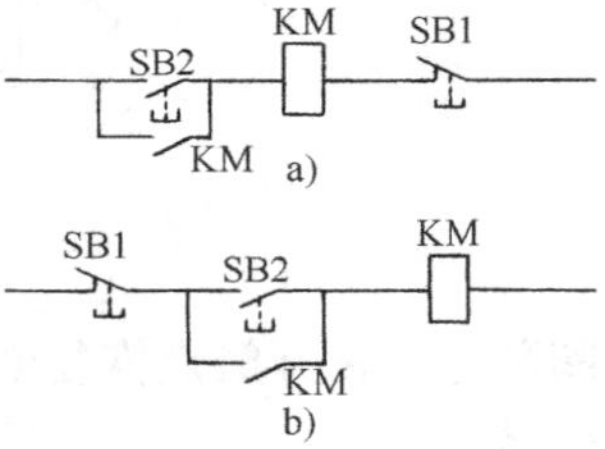

2) 尽量减少电器元件的品种、规格与数量,同一用途的器件尽可能选用相同品牌、型号的产品。

3) 尽量减少电器元件触点的数目。在控制电路中,应尽量减少触点,以提高线路的可靠性。在简化和合并触点过程中,应主要合并同类性质的触点,或一个触点能完成的动作,不用两个触点。在简化过程中应注意触点的额定容量是否允许,也应考虑对其他回路的影响。如图 7-11a 所示电路可以合并成图 7-11b 所示电路。

图 7-10 电器连接图
a) 不合理 b) 合理

4) 控制电路在工作时,尽可能减少通电电器的数量,以利节能、延长电器元件寿命以及减少故障。如图 7-12a 所示电路,其功能是接触器 KM1 先通电,经过一段时间后接触器 KM2 通电,延时时间由时间继电器 KT 完成。当 KM2 通电后,时间继电器 KT 就不起作用了,应切除 KT 线圈的电源,故应改接成图 7-12b 所示电路。

2. 保证控制电路工作的安全和可靠性

1) 正确连接电器的线圈。在交流控制电路中,同时动作的两个电器线圈不能串联,如图 7-13 a 所示。即使外加电压是两个线圈额定电压之和,也是不允许的,因为每个线圈上所分配到的电压与线圈阻抗成正比,由于制造上的原因,两个电器总有差异,不可能同时吸合。假如交流接触器 KM1 先吸合,由于 KM1 的磁路闭合,线圈的电感显著增加,因而在该线圈上的电压降也相应增大,从而使另一个接触器 KM2 的线圈电压达不到动作电压。因此,两个电器需要同时动作时其线圈应并联连接,如图 7-13b 所示。

两电感值相差悬殊的直流电压线圈不能并联连接,如图 7-14a 所示为直流电磁铁 YA 与直流继电器 K 并联。在接通电源时可以正常工作,但在断开电源时,由于电磁铁线圈 YA 的电感比继电器线圈 K 的电感大得多,因此,在断电时,继电器很快释放,但电磁铁线圈产

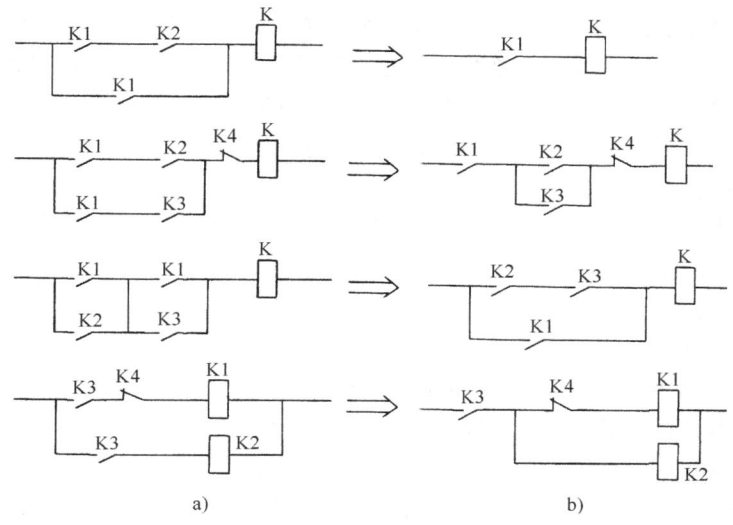

图 7-11 同类触点合并

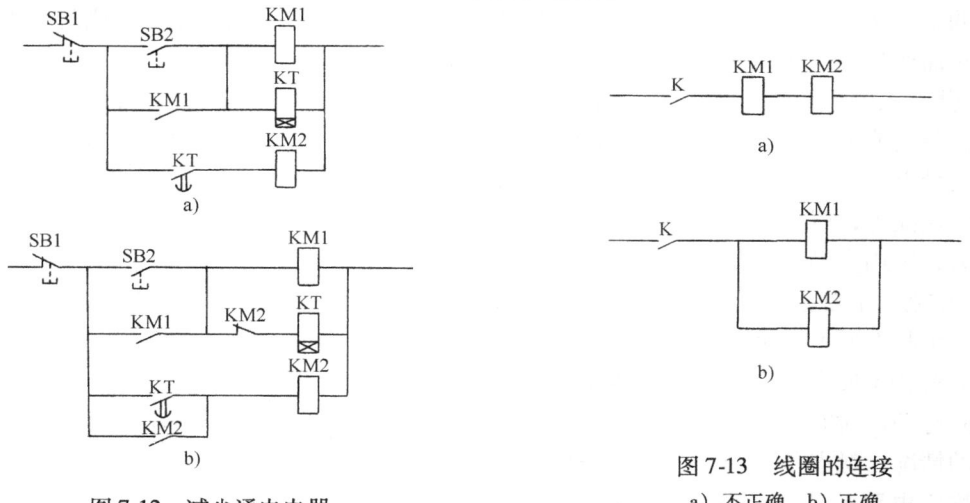

图 7-12 减少通电电器

图 7-13 线圈的连接
a) 不正确 b) 正确

生的自感电势可能使继电器又吸合,一直到继电器电压再次下降到释放值为止,这就造成了继电器的误动作。解决的办法是电磁铁和继电器各用一个触点来控制,如图 7-14b 所示。

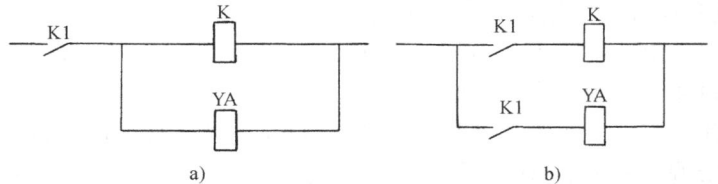

图 7-14 电磁铁与继电器线圈的连接
a) 不正确 b) 正确

2) 正确连接电器的触点。设计时应使分布在线路不同位置的同一电器触点接到电源的同一相上,以避免在电器触点上引起短路。如图 7-15a 所示,行程开关 SQ 的常开、常闭触点靠得很近,如果分别接在电源的不同相上,则当触点断开产生电弧时,可能在两触点之间形成飞弧而造成电源短路。此外,绝缘不好也会造成电源短路。因此在一般情况下,将共用同一电源的所有接触器、继电器以及执行电器线圈的一端,均接于电源的一侧,而这些电器的控制触点接于电源的另一侧,如图7-15b所示。

3) 防止寄生回路。在控制电路的动作过程中,那种意外接通的线路叫寄生回路。图7-16a所示为一个具有指示灯和热继电器保护的正反向控制电路。在正常工作时,能完成正反向起动、停止和信号指示。但当热继电器FR动作时,线路就出现了寄生电路,如图中虚线所示,使正在工作的接触器不能可靠释放,起不到保护作用。如果将指示灯与其相应接触器线圈并联,则可防止出现寄生回路,如图7-16b所示。

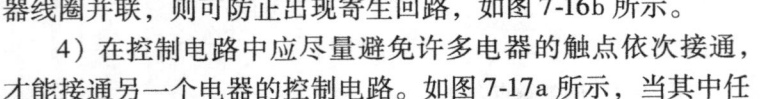

图 7-15 触点的连接
a) 不正确 b) 正确

4) 在控制电路中应尽量避免许多电器的触点依次接通,才能接通另一个电器的控制电路。如图7-17a所示,当其中任一电器的触点接线不牢,电路就不能正常工作,若改接为图7-17b所示电路,则每个继电器的接通只需经过一对触点,且工作较为可靠,检查故障比较方便。

5) 设计控制电路时,应考虑继电器触点的接通和分断能力,若容量不够,可在线路中增加中间继电器,或增加线路中触点数目。若需增加接通能力,就用多触点并联,若需增加分断能力,则用多触点串联。

6) 避免发生触点"竞争"现象。当控制电路从一个状态向另一个状态转换时,常常有几个电器的状态发生变化。由于电器元件总有一定的固有动作时间,往往会发生不按预定时序动作的情况,触点争先吸合,发生振荡,这种现象称为电路的"竞争"。"竞争"现象将会造成控制电路不能按要求动作,引起控制失灵。如图7-18所示电路,当K闭合后,K1、K2争先吸合,只有经过多次振荡吸合竞争后,才能稳定在一个状态上。实际上,由于电磁线圈的电磁惯性、机械惯性等因素,通断过程中

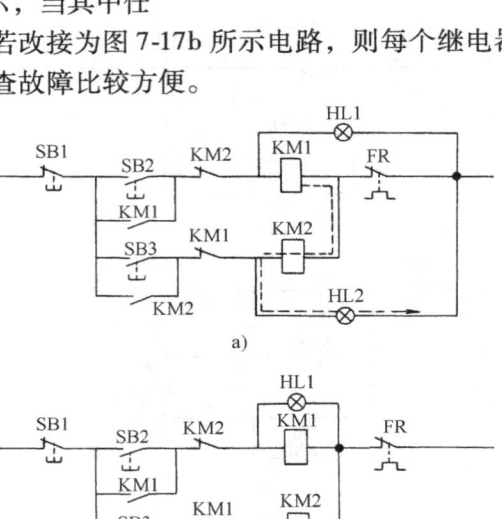

图 7-16 防止寄生电路
a) 有寄生电路 b) 无寄生电路

总存在一定的动作时间(几十毫秒到几百毫秒),这是电器元件的固有特性。如果电器元件的动作时间可能影响到控制电路的动作程序时,就需要用时间继电器配合控制,这样可清晰地反映元件动作时间,使它们之间互相配合,消除竞争现象。

7) 电器互锁与机械联锁共用。对频繁操作的可逆控制电路,正、反向接触器之间不仅要有电器互锁,而且要有机械联锁,以避免误操作可能带来的危害。

3. 应具有完善的保护环节

电气控制电路的安全工作主要靠完善的保护环节来完成,常用的保护环节包括短路、过

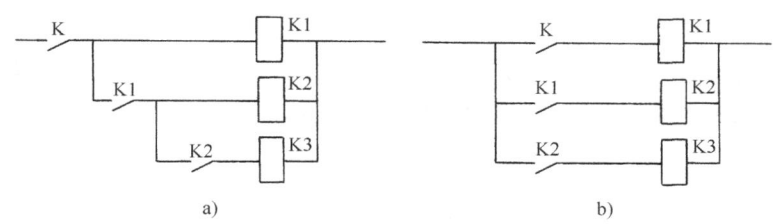

图 7-17 触点的合理布置
a) 不合理　b) 合理

载、过电流、过电压、失电压和弱磁等，有时还设有合闸、正常工作、事故和分闸等指示信号。保护环节应工作可靠，满足负载的需要，做到动作准确，正常操作下不发生误动作，事故情况下能准确可靠动作，切断事故回路。

4. 线路设计要考虑操作、使用、维修与调试方便

操作回路数较多，如要求正反向运转并调速，应采用主令控制器，而不能用许多个按钮。为了检修电路方便，应设隔离电器，避免带电操作；为了调试电路的方便，应加方便的转换控制方式，如从自动控制转化到手动控制。设多点控制，以便于在生产机械旁进行调试。

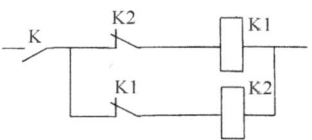

图 7-18 触点的"竞争"

二、一般设计方法的基本步骤

电气控制电路是为整个电气设备和工艺过程服务的，所以在设计前要深入现场收集资料，对生产机械的工作情况作全面的了解，并对已有的同类或相接近的生产机械所用的电气控制电路进行调查、分析，综合制定出具体、详细的工艺要求，再征求机械设计人员和现场操作人员的意见后，作为设计电气控制电路的依据。设计电气控制电路的基本步骤为：

1）按工艺要求提出的起动、制动、反向和调速等功能设计主电路。

2）根据设计出的主电路设计控制电路的基本环节，满足设计要求的起动、制动、反向和调速等环节。

3）根据各部分运动要求的配合关系及联锁关系，确定控制参量并设计控制电路的特殊环节。

4）分析电路工作中可能出现的故障，线路中要加必要的保护环节。

5）综合审查，仔细检查其控制电路动作是否无误，关键环节可做必要的实验，并使电气控制电路进一步完善和简化。

三、设计方法举例

1. 车床钻削加工时刀架自动循环的电气控制

图 7-19a 所示为钻削加工时刀架自动循环示意图，具体要求如下：

1）自动循环，即刀架由位置 1 移动到位置 2 进行钻削加工后自动退回位置 1。

2）无进刀切削，即钻头到达位置 2 时不再进给，但钻头继续旋转进行无进给切削以提高工件加工精度。

3）快速停车，即要求停车时采用反接制动快速停车，以减少辅助工时。

具体设计过程如下：

（1）设计主电路　要求刀架自动循环，因此电动机需正、反向运行，采用两个接触器

改变电源相序。

（2）设计控制电路基本环节　设置由起动按钮、停止按钮、正反向接触器组成的控制电动机正反转的基本控制环节，加上必要的自锁、互锁功能，如图7-19b所示。

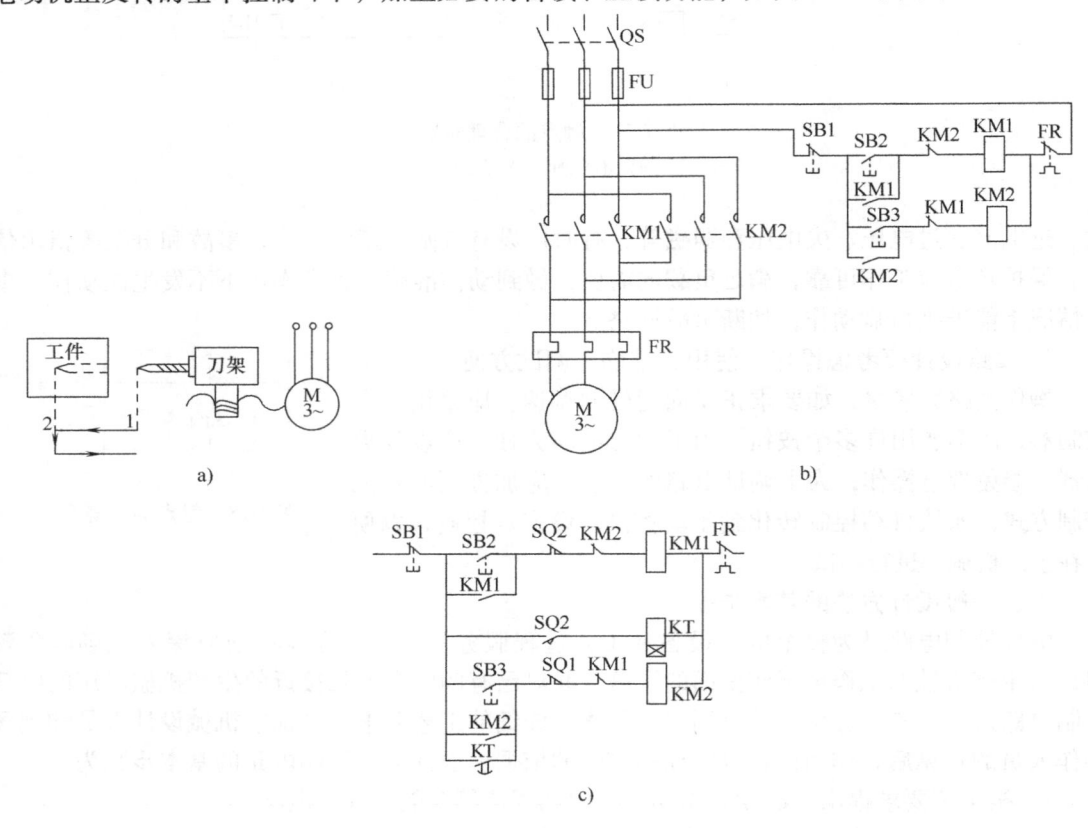

图 7-19　刀架自动循环控制电路

（3）设计控制电路的特殊环节

1）要求刀架在位置1和位置2之间自动循环，因此在这两个位置上分别采用行程开关SQ1、SQ2进行控制。当接触器KM1通电吸合，电动机正转，刀架进给，进给到位置2自动停止，因此将SQ2的常闭触点串在接触器KM1线圈电路中。这样当刀架到达位置2时，压动行程开关SQ2，其常闭触点断开，KM1断电。

2）刀架到达位置2时停止，但钻头继续转动切削（钻头转动由另一台电动机拖动），无进给切削一段时间后，刀架再后退，因此采用时间继电器KT控制切削时间。由行程开关SQ2的常开触点控制时间继电器KT的线圈，KT延时闭合的常开触点与反向起动按钮并联连接。这样，经过一段切削时间后，KT延时闭合的常开触点闭合，反向接触器KM2通电，刀架后退。

3）刀架退回到位置1后自动停止，因此将SQ1的常闭触点串在接触器KM2线圈电路中，这样当刀架到达位置1时，SQ1常闭触点断开，KM2断电。控制电路如图7-19c所示。

4）反接制动通常采用速度继电器进行控制，速度继电器与被测电动机同轴连接。当刀架进给时，接触器KM1通电吸合，电动机正向旋转，速度继电器的正向触点KS1动作，即常开触点闭合，为反接制动做准备；常闭触点断开，切断自锁回路。需要停车时，则按下停止按钮 SB1，接触器 KM1 断电，这时接触器 KM2 通过仍然闭合的 KS1 常开触点通电，电动机进入反接制动，当转速接近于零时，速度继电器常开触点 KS1 断开，反接制动结束。

刀架退回时的反接制动过程与刀架进给时的反接制动过程相同，只是刀架退回、电动机反向转动时，速度继电器的反向触点 KS2 动作。

(4) 设计保护环节　线路采用熔断器 FU 作短路保护，热继电器 FR 作过载保护。

完整的控制电路如图 7-20 所示。

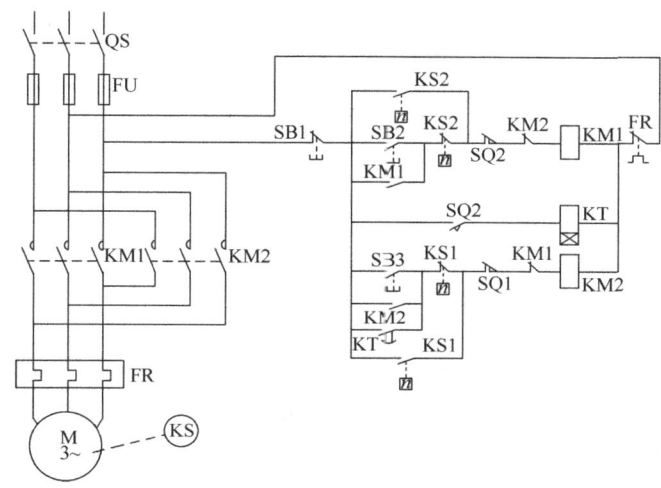

图 7-20　完整的刀架自动循环控制电路

2. 机床动力头与工作台的电气控制

某机床有左、右两个动力头，用以铣削加工，它们各由一台交流电动机拖动，另外有一工作台，可以安装被加工的工件，它由另一交流电动机拖动。加工工艺要求：开始工作时，要求工作台先快速移动到加工位置，然后自动变为慢速进给，进给到指定位置自动停止，再由操作者发出指令使工作台快速返回，回到原位时自动停车。两动力头电动机在工作台电动机正向起动后起动，而在工作台电动机正向停车时停车。

具体设计过程如下：

(1) 设计主电路　根据加工工艺的要求，动力头电动机只需单方向旋转，为使左、右动力头电动机同时起动，可用一个接触器 KM3 进行控制。工作台电动机需正、反转，用两个接触器 KM1、KM2 进行控制。工作台的快速移动通过电磁铁 YA 改变机械传动机构来实现，由接触器 KM4 进行控制。主电路如图 7-21a 所示。

(2) 设计控制电路的基本环节　工作台电动机的正、反转起动分别用两个按钮 SB1、SB2 控制，停车则分别用按钮 SB3、SB4 控制，均为基本起动、停车控制电路。动力头电动机在工作台电动机正转后起动，正转停车时停车。因此可用接触器 KM1 的常开辅助触点控制 KM3 的线圈。工作台快速移动采用电磁铁 YA 通电时，改变齿轮的变速比来实现，工作台在开始前进和退回时都需要快速，因此分别用 KM1、KM2 的常开辅助触点控制 KM4 线圈，再由 KM4 常开触点通断电磁铁 YA。如图 7-21b 所示。

第二篇 电器及其控制

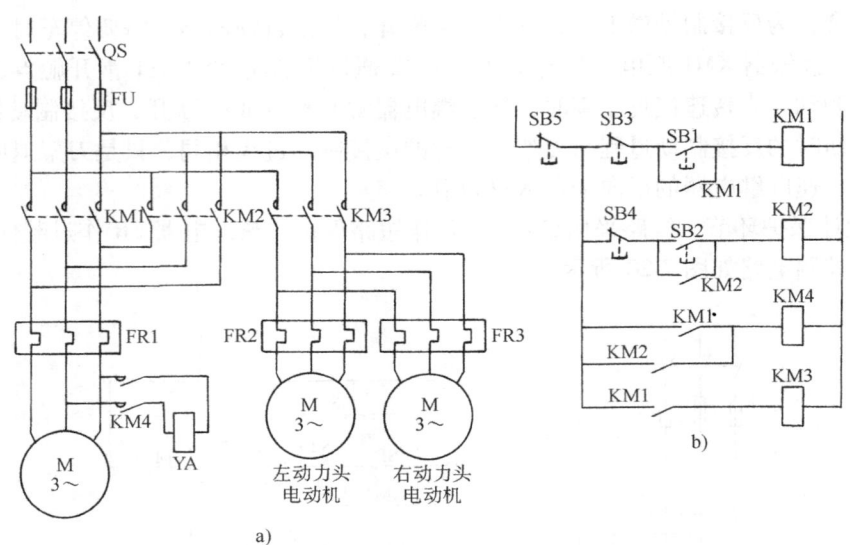

图 7-21 控制电路图
a) 主电路 b) 控制电路草图

（3）设计控制电路特殊环节　根据加工工艺要求，工作台快速移动到加工位置时，自动变为慢速进给，因此在加工位置设置行程开关 SQ1，由行程开关 SQ1 控制工作台的快速停止，即行程开关 SQ1 的常闭触点控制接触器 KM4 的断电。慢速进给到指定位置自动停止，因此在该指定位置设置行程开关 SQ2，由行程开关 SQ2 控制工作台进给终了时的停车，即用行程开关 SQ2 的常闭触点控制接触器 KM1 的断电。工作台快速退回到原位自动停止，因此在原位设置行程开关 SQ3，用行程开关 SQ3 控制工作台退回到原位时的自动停车，即用行程开关 SQ3 的常闭触点控制接触器 KM2 的断电。

（4）设计联锁与保护环节　工作台电动机需正反转，接触器 KM1 与 KM2 之间应具有互锁功能。三台电动机均应采用热继电器进行过载保护，采用熔断器进行短路保护。完整的控制电路如图 7-22a 所示。

（5）线路的审查　线路初步设计完毕后，可能还有不合理的地方，应仔细校核。在图 7-22a 所示电路中，一共用了接触器 KM1 的三个常开辅助触点，而一般的接触器只有两个常开辅助触点，因此，必须进行修改。从线路的工作情况可以看出，KM3 的常开辅助触点完全可以代替 KM1 的常开辅助触点去控制电磁铁 YA。修改后的控制电路如图 7-22b 所示。

3. 横梁升降机构的电气控制

在龙门刨床上装有横梁机构，加工工件时，横梁需要夹紧在立柱上，当加工工件位置的高低不同时，则横梁需要先放松然后沿立柱上下移动。横梁的升降及放松、夹紧分别由横梁升降电动机与夹紧电动机经传动装置与夹紧装置来实现。具体工艺要求为：

1）横梁上升时，首先使横梁自动放松，放松到一定程度时，自动转换到向上移动，上移到一定位置后，横梁自动夹紧。即横梁上升时，能自动按照放松横梁 → 横梁上升 → 夹紧横梁的顺序动作。

2）为了防止横梁歪斜，保证加工精度，消除横梁的丝杆与螺母的间隙，横梁下降后应有回升装置。即横梁下降时，能自动按照放松横梁 → 横梁下降 → 横梁回升 → 夹紧横梁的顺序动作。

3）夹紧后电动机自动停止运动。

4）具有上下行程的限位保护。

具体设计过程如下：

（1）设计主电路　横梁升降和横梁夹紧需用两台异步电动机拖动。为了保证实现上下移动和夹紧放松的要求，电动机必须能实现正反转，因此采用 KM1、KM2、KM3、KM4 四个接触器分别控制升降电动机 M1 和夹紧电动机 M2 的正反转，如图 7-23a 所示。

（2）设计控制电路基本环节　由于横梁升降属于调整运动，故采用点动控制。一个点动按钮只能控制一种运动，因此需用两个点动按钮控制横梁的上升和下降，而控制横梁的升降和夹紧需有四个接触器，所以引入两个中间继电器 KA1 和 KA2 进行控制。根据控制系统所要求的操作程序可以设计出控制电路草图，如图 7-23b 所示，其中，SB1 为横梁上升控制按钮，SB2 为横梁下降控制按钮。

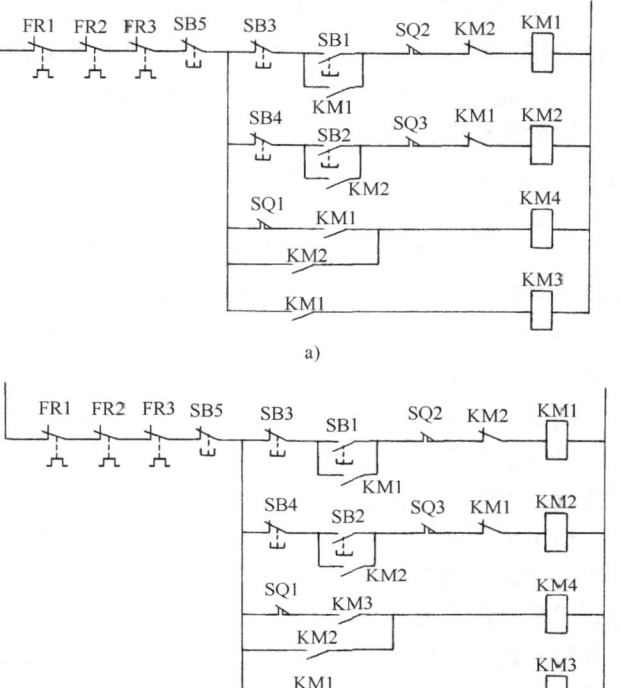

图 7-22　完整控制电路
a）完整控制电路　b）修改后的控制电路

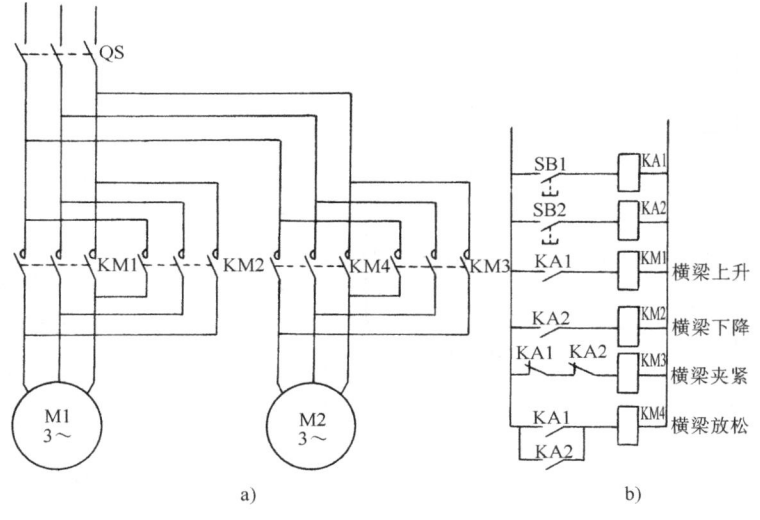

图 7-23　横梁控制电路
a）主电路　b）控制电路草图

(3) 设计控制电路的特殊环节

1) 横梁上升时，必须使夹紧电动机先工作，将横梁放松后，发出信号，使夹紧电动机停止工作，同时使升降电动机工作，带动横梁上升。按下上升控制按钮 SB1，中间继电器 KA1 线圈通电，其常开触点闭合，使接触器 KM4 通电吸合，夹紧电动机工作，横梁开始放松；横梁放松的程度采用行程开关 SQ1 进行控制，当放松到一定程度，撞块压下行程开关 SQ1，用行程开关 SQ1 的常闭触点控制接触器 KM4 线圈的断电，常开触点控制接触器 KM1 线圈的通电。

2) 升降电动机带动横梁上升至所需位置时，松开上升按钮，接触器 KM1 断电释放，KM3 通电吸合，使升降电动机停止工作，同时使夹紧电动机开始夹紧。在夹紧过程中，行程开关 SQ1 复位，因此 KM3 应加自锁触点，当夹紧到一定程度时，发出信号切断夹紧电动机电源。这里采用电流继电器控制夹紧的程度，即将电流继电器 KA3 线圈串在夹紧电动机主电路某一相中，当横梁夹紧时，相当于电动机工作在堵转状态，此时电流必定很大，将电流继电器的动作电流整定在两倍额定电流左右，当夹紧后电流继电器动作，用其常闭触点控制接触器 KM3 的断电。

横梁的下降仍按先放松再下降的方式控制，但下降后需有短时间的回升运动。该回升运动可采用断电延时型时间继电器进行控制。其线圈由下降接触器 KM2 常开触点控制，其断电延时断开的常开触点与夹紧接触器 KM3 常开触点串联后并接于上升电路中间继电器 KA1 常开触点两端。这样，当横梁下降时，时间继电器 KT 线圈通电，其断电延时断开的常开触点瞬时闭合，为回升电路工作做好准备，当下降至所需位置，松开下降按钮，时间继电器 KT 线圈断电，夹紧接触器 KM3 线圈通电，开始夹紧。此时，上升接触器 KM1 通过闭合的时间继电器 KT 常开触点及 KM3 常开触点而通电，横梁开始回升，经一段时间延时，延时断开的常开触点 KT 断开，回升运动结束，而横梁还在继续夹紧，夹紧到一定程度，电流继电器动作，夹紧运动停止。其控制电路如图 7-24 所示。

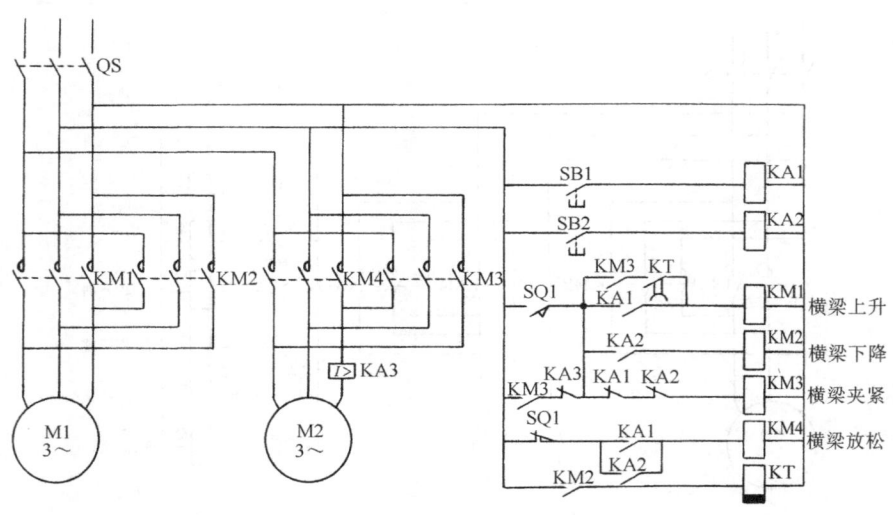

图 7-24 横梁控制电路

(4) 设计联锁保护环节 图 7-24 所示电路基本上满足了工艺要求，但线路还没有最后设计完毕。在控制电路中还应加入各种联锁、互锁保护和短路保护。

横梁上升限位保护由行程开关 SQ2 来实现，下降限位保护由行程开关 SQ3 来实现；上升与下降的互锁、夹紧与放松的互锁，均由中间继电器 KA1 和 KA2 的常闭触点来实现；升降电动机短路保护由熔断器 FU1 来实现，夹紧电动机短路保护由熔断器 FU2 实现，控制电路的短路保护由熔断器 FU3 实现。

综合以上保护，就使横梁升降机构控制电路比较完善了，其完整控制电路如图 7-25 所示。

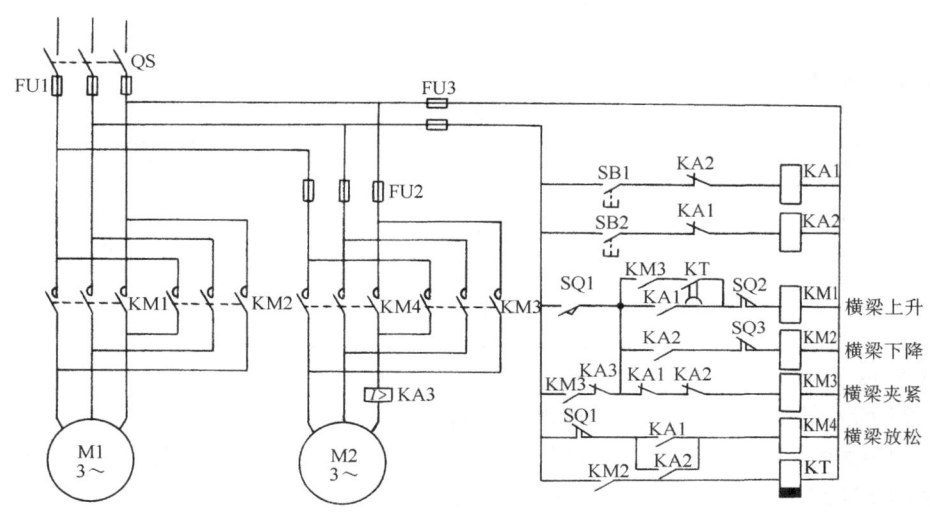

图 7-25　横梁升降机构完整控制电路

第四节　电气控制电路的逻辑设计方法

逻辑设计方法是利用逻辑代数这一数学工具来设计电气控制电路。

在控制电路中，电器的线圈或触点的工作存在着两个物理状态，例如：接触器、继电器的通电与断电，触点的吸合与释放，控制按钮的接通与断开。这两个物理状态是相互对立的。在逻辑代数中，把这种具有两个对立物理状态的量称为逻辑变量，用逻辑"0"和逻辑"1"来表示这两个对立的物理状态。

在任何一个逻辑问题中，"0"状态和"1"状态所代表的含义必须做出明确的规定，继电器-接触器控制电路的逻辑设计中规定：

继电器、接触器和电磁铁等元件，线圈通电状态为"1"状态；线圈断电状态为"0"状态。

继电器和接触器触点闭合状态为"1"状态；触点断开状态为"0"状态。

主令元件如按钮和行程开关等，触点闭合状态为"1"状态，触点断开状态为"0"状态。

继电器和接触器的线圈与常开触点的状态用同一字符 A、B、C、… 表示，而常闭触点的状态用 $\overline{A}$、$\overline{B}$、$\overline{C}$、… 表示。

在继电器-接触器控制电路中,把表示触点状态的逻辑变量称为输入逻辑变量;把表示继电器、接触器线圈等受控元件的逻辑变量称为输出逻辑变量。输入、输出逻辑变量之间的相互关系称为逻辑函数关系。这种相互关系表明了电气控制电路的结构。

一、逻辑运算

1. 逻辑与

图 7-26 所示的是 A 与 B 串联的逻辑与电路。当常开触点 A 与 B 同时闭合(即 A=1,B=1)时,接触器 KM 线圈通电(即 KM=1);当 A 与 B 任何一个断开(即 A=0 或 B=0),接触器 KM 线圈均不通电(即 KM=0),其逻辑关系表示为

$$KM = A \cdot B$$

表 7-4 为逻辑与真值表。

表 7-4 逻辑与真值表

A	B	KM = A · B
0	0	0
0	1	0
1	0	0
1	1	1

2. 逻辑或

图 7-27 所示的是 A 与 B 并联的逻辑或电路。当 A 与 B 中任何一个闭合(即 A=1 或 B=1)时,接触器 KM 线圈均会通电(即 KM=1);当 A 与 B 都不闭合(即 A=0,B=0)时,接触器 KM 线圈不通电(即 KM=0),其逻辑关系式表示为

$$KM = A + B$$

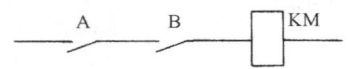

图 7-26 逻辑与电路   图 7-27 逻辑或电路

表 7-5 为逻辑或真值表。

表 7-5 逻辑或真值表

A	B	KM = A + B
0	0	0
0	1	1
1	0	1
1	1	1

3. 逻辑非

图 7-28 所示的是元件 A 的常闭触点与接触器 KM 线圈串联的逻辑非电路。当元件 A 通电(即 A=1),常闭触点 $\overline{A}$ 断开(即 $\overline{A}=0$),则接触器 KM 线圈不通电(即 KM=0);当元件 A 断电(即 A=0),常闭触点 $\overline{A}$ 闭合(即 $\overline{A}=1$),则接触器 KM 线圈通电(即 KM=1),其逻辑关系表示为

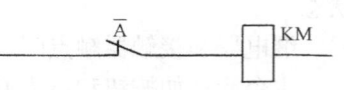

图 7-28 逻辑非电路

$$KM = \overline{A}$$

表 7-6 为逻辑非真值表。

表 7-6 逻辑非真值表

A	KM = $\overline{A}$
0	1
1	0

以上所述的三个基本逻辑运算为两个逻辑变量的基本运算,对于多个逻辑变量的运算也同样适用。

4. 逻辑函数的简化

一般从实际的原始条件列出的逻辑函数表达式都很复杂,因此就需要将这种复杂的逻辑函数运用基本公式和运算规律进行化简。

举例如下:

1) $KM = A(A + \overline{B}) + \overline{B}(B + \overline{A})$
$= A + A\overline{B} + B\overline{B} + \overline{A}\,\overline{B}$
$= A + \overline{B}(A + \overline{A})$
$= A + \overline{B}$

2) $KM = A\overline{B}\,\overline{C} + \overline{A}B\overline{C} + \overline{A}\,\overline{B}C + AB\overline{C} + A\overline{B}C + \overline{A}BC$
$= A(\overline{B}\,\overline{C} + B\overline{C} + \overline{B}C) + \overline{A}(B\overline{C} + \overline{B}C + BC)$
$= A[\overline{B}(C + \overline{C}) + B\overline{C}] + \overline{A}[B(\overline{C} + C) + \overline{B}C]$
$= A(\overline{B} + B\overline{C}) + \overline{A}(B + \overline{B}C)$
$= A(\overline{B} + \overline{C}) + \overline{A}(B + C)$

5. 继电器开关的逻辑函数

继电器逻辑控制电路中,开关量符合逻辑规律,可用逻辑函数关系式来表示。在逻辑电路中,将执行元件作为输出变量,将检测信号、中间单元触点及输出变量的反馈触点等作为逻辑输入变量,再根据各触点之间连接关系和状态,就可列出逻辑函数关系式。下面通过两个简单线路说明列逻辑函数表达式的规律。

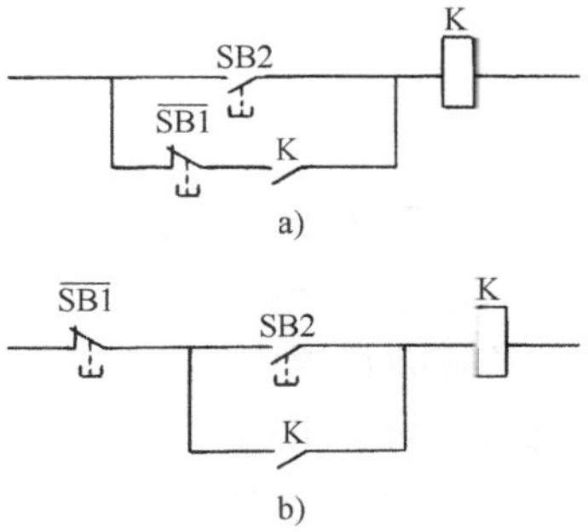

图 7-29 是两个简单的起、停、自锁电路的结构。按规定,常开触点以正逻辑表示,常闭触点以反逻辑表示。图中,SB2 为起动(开启)信号,SB1 为停止(关断)信号,继电器的常开触点 K 为自锁(保持)信号。按图 7-29a 可列出逻辑函数式为

$$f_K = SB2 + \overline{SB1} \cdot K$$

图 7-29 起、停、自锁电路

其一般形式为

$$f_K = X_{开} + X_{关} \cdot K \qquad (7-1)$$

式中,$X_{开}$ 为开启信号;$X_{关}$ 为关断信号;K 为自锁信号;f_K 为继电器 K 的逻辑函数。

按图 7-29b 可列出逻辑函数式为

$$f_K = \overline{SB1}(SB2 + K)$$

其一般形式为

$$f_K = X_{关}(X_{开} + K) \tag{7-2}$$

式（7-1）中，若 $X_{开} = 1$，则 $f_K = 1$，$X_{关}$ 在这种状态下不起控制作用，因此，称该电路为开启从优形式。而式（7-2）中，若 $X_{关} = 0$，$f_K = 0$，$X_{开}$ 在这种状态下不起控制作用，因此，称该电路为关断从优形式。以上二式中，$X_{开}$、$X_{关}$ 的触点状态按如下原则确定：

$X_{开}$——应选取在继电器开启边界线上发生状态转变的逻辑变量。若这个逻辑变量的状态是由"0"转换到"1"，则取其原变量（常开触点）形式；若是由"1"转换到"0"，则取其反变量（常闭触点）形式。

$X_{关}$——应选取在继电器关闭边界线上发生状态转变的逻辑变量。若这个逻辑变量的状态是由"1"转换到"0"，则取其原变量（常闭触点）形式；若是由"0"转换到"1"，则取其反变量（常开触点）形式。

在实际的起、停、自锁电路中，往往有许多联锁约束条件。例如龙门刨床横梁立柱的上升、下降时的返回行程，必须到达原位才停车，进行下一个动作，即使油压不足也不能中途停车。这时，对开启信号和关断信号都需增加约束条件，把约束条件都考虑进去的逻辑函数就能全面地表示输出逻辑函数。

现将式（7-1）和式（7-2）进行扩展：对于开启信号来说，当开启的转换主令信号不只一个，还需具备其他条件才能开启，则开启信号用 $X_{开主}$ 表示，其他条件称开启约束信号，用 $X_{开约}$ 表示。由于当全部条件都具备为"1"时才能开启，说明 $X_{开主}$ 与 $X_{开约}$ 的逻辑关系是"与"的关系。对于关断信号来说，当关断信号不只一个，还需具备其他条件才能关断，则关断信号用 $X_{关主}$ 表示，其他条件称关断约束信号，用 $X_{关约}$ 表示。"0"状态是关断状态，显然 $X_{关主}$ 和 $X_{关约}$ 全为"0"时，才能关断；$X_{关主}$ 为"0"，而 $X_{关约}$ 为"1"时，则不具备关断条件，所以 $X_{关主}$ 与 $X_{关约}$ 的逻辑关系是"或"的关系。

考虑了约束条件后，将式（7-1）、式（7-2）中的 $X_{开}$ 用 $X_{开主} \cdot X_{开约}$ 代替，$X_{关}$ 用 $X_{关主} + X_{关约}$ 代替，即得式（7-1）、式（7-2）的扩展式

$$f_K = X_{开主} \cdot X_{开约} + (X_{关主} + X_{关约}) \cdot K \tag{7-3}$$

$$f_K = (X_{关主} + X_{关约})(X_{开主} \cdot X_{开约} + K) \tag{7-4}$$

二、逻辑设计方法的基本步骤

对于较复杂的逻辑电路，为了区分各个动作程序的状态，以达到顺序动作的目的，设计时往往需要设置中间记忆元件，记忆输入信号的变化。因此，通常需要先做出工作循环图和状态表，再列出逻辑关系式，其基本步骤如下：

1）根据工艺要求，作出工作循环图或示意图，并标明哪些电器动作。

2）决定执行元件和检测元件，并作出执行元件动作节拍表和检测元件状态表—转换表。执行元件动作节拍表是由生产机械工艺要求所确定的。所以，对于电气控制电路设计来说，执行元件的动作节拍表是预先提供的。

检测元件状态表是对照工作示意图，并根据各程序中检测元件状态变化情况列写出来的。

3）根据转换表写出各程序的特征数，并确定待相区分组，设置中间记忆元件。程序特征数是由对应程序中所有主令元件和检测元件状态、开关量所构成的二进制数码。

当两个程序中不存在相同的特征数时，则这两个程序就是已相区分的。若两程序的特征数出现重复，则这两个程序是不相区分的。将那些有相同特征数的程序归为一组，称为待相区分组。

找出待相区分组后，就可设置中间记忆元件，通过中间记忆元件将各待相区分组分开。

4）列出中间记忆元件逻辑函数关系式和执行元件的逻辑函数关系式，并进行化简。中间记忆元件必须在指定的主令程序开启动作，在指定的程序关闭释放。

5）根据逻辑函数关系式绘出相应的电气控制电路。根据一个逻辑函数式，画出一条支路，然后再将这些支路并联起来，即构成了总的控制电路图。

6）进一步完善电路，增加必要的联锁、保护等辅助环节，检查电路是否符合控制要求、有无寄生回路、电路能否进一步简化。

三、设计方法举例

纵、横液压缸液压进给系统是由电磁阀、行程开关控制的，如图 7-30 所示。

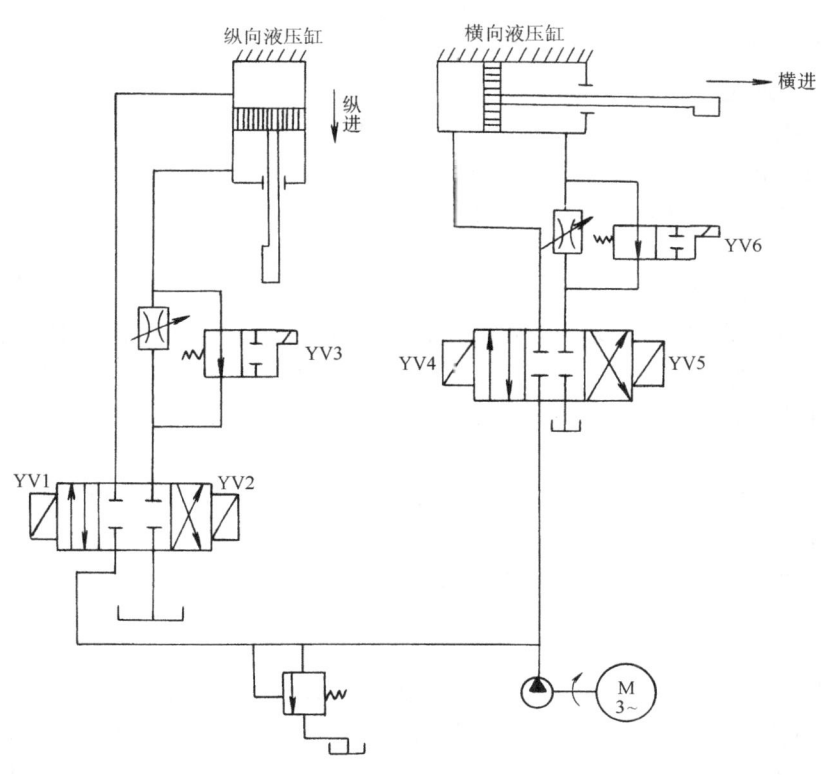

图 7-30 纵、横液压缸液压进给系统

由液压系统图可知三位四通阀1起纵向进退控制作用。YV1通电、纵向进给，YV2通电、纵向后退。常通式二位二通阀2决定进给速度，当YV3通电，油路关断，油流经节流阀，进给速度是工作时的速度；当YV3断电，油路无阻碍，进给速度是高速。方向阀4、5及节流阀6用于控制横向液压缸进给，其作用与方向阀1、2及节流阀3相同。其加工工艺要求为：

1）液压泵工作后，当按向前按钮时，纵向液压缸带动刀具经过快进、工作进给，工作进给完后发出信号并在终点位置停留，以保证对所加工工件的加工精度。

2）当纵向工作进给完发出信号后，横向液压缸带动刀具经过快进、工作进给，工作进给完后快退至原位，发出信号使纵向液压缸带动刀具快退至原位。整个循环动作结束。

设计步骤如下：

1. 按工艺要求作出工作循环图

图 7-31 所示为工作循环图。按下按钮 SB，YV1 通电，纵向液压缸带动刀具快进，到一定位置时，压下行程开关 SQ2，使 YV3 通电，纵向液压缸转为工作进给，进给到指定位置，压下行程开关 SQ3，工作进给完成，利用死挡铁停留，保证加工工件的尺寸精度。接着，YV4 通电，转入横向快进，到一定位置时，压下行程开关 SQ5，使 YV6 通电，横向液压缸转为工作进给，进给到指定位置，压下行程开关 SQ6，YV5 通电，横向液压缸快速退回，回到原位，压下行程开关 SQ4，YV5 断电，横向退回停止，YV2 通电，转入纵向快速退回，回到原位，压下行程开关 SQ1，YV2 断电，纵向退回停止，完成一个工作循环。

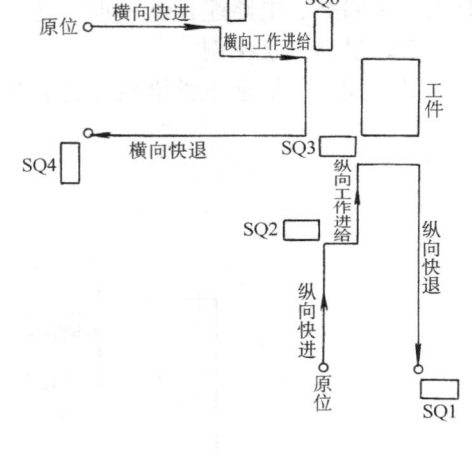

图 7-31 工作循环图

2. 作出执行元件动作节拍表及检测元件状态表

根据工作循环图，将进给系统按顺序分成六个不同的程序，每个程序中对应一个执行元件动作状态，其动作节拍表如表 7-7 所示。执行元件动作节拍表一般是由液压设计人员提供的。检测元件状态表是通过对照工作循环图、各程序中检测元件状态变化情况列写出来的。列写规则为：

1）在一个程序中检测元件处于原始状态，则在该元件所占的格子填"0"，若处于受激状态（开关受压动作，电器吸合）则填"1"。

2）在一个程序中检测元件的状态发生变化，如从 0→1 或从 1→0，则在相应的格子中填 $\frac{0}{1}$ 或 $\frac{1}{0}$。

例如：在"程序 0"中，所有执行元件都不受激，纵、横液压缸均处于原位，除了 SQ1、SQ4 受激为"1"态外，其余的检测元件均为"0"态，因此得"程序 0"状态。在"程序 1"中，按钮 SB 短时为"1"状态，又从"1"变化到"0"，说明 SB 是瞬动信号，纵向液压缸快进后，SQ1 状态即由"1"变化到"0"，其余检测元件状态与"程序 0"相同，因此得"程序 1"状态。

第七章 电气控制电路设计

表 7-7 转换表

程序	名称	执行元件节拍表						检测元件状态表							转换主令
		YV1	YV2	YV3	YV4	YV5	YV6	SQ1	SQ2	SQ3	SQ4	SQ5	SQ6	SB	
0	原位	—	—	—	—	—	—	1	0	0	1	0	0	0	
1	纵快	+	—	—	—	—	—	$\frac{1}{0}$	0	0	1	0	0	$\frac{1}{0}$	SB
2	纵工	+	—	+	—	—	—	0	1	0	1	0	0	0	SQ2
3	横快	+	—	+	+	—	—	0	1	1	$\frac{1}{0}$	0	0	0	SQ3
4	横工	+	—	+	—	—	+	0	1	1	0	1	0	0	SQ5
5	横退	+	—	—	—	+	—	0	1	1	0	$\frac{1}{0}$	$\frac{1}{0}$	0	SQ6
6	纵退	—	+	—	—	—	—	0	$\frac{1}{0}$	$\frac{1}{0}$	1	0	0	0	SQ4
0′	原位	—	—	—	—	—	—	1	0	0	1	0	0	0	SQ1

按照上述同样方法将各检测元件在一个工作循环中各程序的状态填写出来,即可画出检测元件状态表,如表 7-8 所示。

3）作出待相区分组,确定必要的中间记忆元件。对应于一个程序中所有检测元件状态开关量组成的二进制数称为该程序的特征数,如第 2 程序的特征数为"0101000"。程序特征数是开关线路的一种组合状态的反映,利用它可以方便地判定两个不同的特征数。

如果一个程序中有一个检测元件取值状态先后不定,则该程序有 2 个不同的特征数。如第 3 程序可能会有"0111000"或"0110000"两个状态。

如果一个程序中有 2 个检测元件取值状态先后不定,则该程序有 4 个不同的特征数。如第 6 程序的特征数为"0111000"、"0101000"、"0011000"、"0001000"。

当两个程序的特征数不相重复时,这两个程序就称为相区分的;当两个程序的特征数出现重复时,这两个程序则称为不相区分的。将那些有相同特征数的程序归为一组,称为待相区分组,用 A、B、C、…表示待相区分组数,见表 7-8 所示。

找出待相区分组后就可设置中间记忆元件,通过中间记忆元件的设置,便可将各待相区分组所有程序区分开。

设置中间记忆元件的方法是画一长圈,使圈内包含尽可能多的待相区分组,长圈的上下两端就是中间记忆元件的上下开关边界线。表 7-8 中所画长圈包含了 ABCDEF 全部六个待相区分组,而且不重复,因此只需加一个中间继电器 KA,使整个长圈内通过的程序对应于中间继电器的通电状态,长圈外则对应于断电状态,这样,原来待相区分组的两个程序借助于中间继电器的两种状态便能区分开了。中间继电器的开关边界线在 0、1 程序和 4、5 程序的交界处。

4）列出中间记忆元件开关逻辑函数式及执行元件动作逻辑函数式。由表 7-8 可知,中间记忆元件从程序 1 至程序 4 均为通电状态,因此可将程序 1 的转换主令信号 SB 作为中间单元的开启信号,即 $X_{开主} = SB$,SB 为短信号,需要自锁;将程序 5 的转换主令信号作为中间单元的关断信号,即 $X_{关} = \overline{SQ6}$;纵、横液压缸均在原位,SQ1、SQ4 均为受激状态时才能起动程序 1,因此可将 SQ1、SQ4 相与作为中间单元的开启约束信号,即 $X_{开约} = SQ1 \cdot SQ4$,其逻辑函数式为

199

表 7-8 待相区分组

程 序	检测元件状态							分组	分组
	SQ1	SQ2	SQ3	SQ4	SQ5	SQ6	SB		
0 程序	1	0	0	1	0	0	0	A	A
	1	0	0	1	0	0	1		
1 程序	0	0	0	1	0	0	1		
	1	0	0	1	0	0	0	A	A
	0	0	0	1	0	0	0	F	F
2 程序	0	1	0	1	0	0	0	B	B
3 程序	0	1	1	1	0	0	0	C	C
	0	1	1	0	0	0	0	D	D
4 程序	0	1	1	0	1	0	0	E	E
	0	1	1	0	1	1	0		
5 程序	0	1	1	0	1	0	0	E	E
	0	1	1	0	0	0	0	D	D
	0	1	1	1	0	0	0	C	C
6 程序	0	1	0	1	0	0	0	B	B
	0	0	0	1	0	0	0	F	F
0′程序	1	0	0	1	0	0	0		

$$f_K = (SB \cdot SQ1 \cdot SQ4 + KA) \cdot \overline{SQ6}$$

YV1 的工作区间是程序 1~5，中间单元 KA 的工作区间是程序 1~4，程序 5、6 间转换主令信号是 SQ4，由 0→1，则 YV1 的逻辑函数式为

$$YV1 = KA + \overline{SQ4}$$

YV2 的工作区间是程序 6，原是待相区分组，可用中间单元 KA 的常闭触点将其区分。程序 5、6 间转换主令信号是 SQ4，由 0→1，所以取 $X_{开主} = SQ4$，程序 6、0′间转换主令信号是 SQ1，由 0→1，所以取 $X_{关主} = \overline{SQ1}$，另外程序 6 为待相区分组，可用中间继电器 KA 将其区分，即取 $X_{开约} = \overline{KA}$，则 YV2 的逻辑函数式为

$$YV2 = SQ4 \cdot \overline{KA} \cdot \overline{SQ1}$$

YV3 的工作区为程序 2~5，程序 1、2 的转换主令信号是 SQ2，由 0→1，所以取 $X_{开主} = SQ2$，程序 5、6 间的转换主令信号为 SQ4，由 0→1，所以取 $X_{关主} = \overline{SQ4}$，增加区分条件 KA，即取 $X_{关约} = KA$，则 YV3 的逻辑函数式为

$$YV3 = SQ2 \cdot (\overline{SQ4} + KA)$$

根据同样道理可写出 YV4、YV5、YV6 的逻辑函数式为

YV4 = SQ3 · KA （$X_{开} = SQ3$，$X_{关} = KA$）

YV5 = $\overline{KA}$ · SQ3 · $\overline{SQ4}$ （$X_{开主} = \overline{KA}$，$X_{开约} = SQ3$，$X_{关主} = \overline{SQ4}$）

YV6 = KA · SQ5 （$X_{开} = SQ5$，$X_{关} = KA$）

5) 根据逻辑函数式画出控制电路图。根据上述逻辑函数式，可画出控制电路如图 7-32

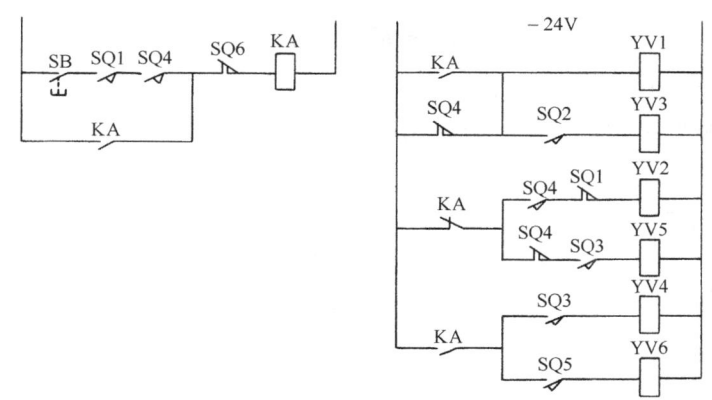

图 7-32 纵、横液压缸液压进给控制电路

所示。

6）进一步检查、化简和完善电路。按逻辑函数式画出的控制电路结构图，还要进一步检查、化简和完善。检查的主要内容是：是否符合技术要求，是否存在寄生回路和电器元件触点是否够用等。化简的主要内容是：能否再进一步化简逻辑函数式，即对各逻辑函数式中各"与"项提取公因子，各函数式间提取公因子。完善的主要内容是：控制电路的互锁和几个控制电路间的联锁问题，并增加必要的保护。

本例中各逻辑函数式均为最简函数式，无须再化简。线路再加入主电路及控制电路中的各种保护即构成完整的控制电路，如图 7-33 所示。

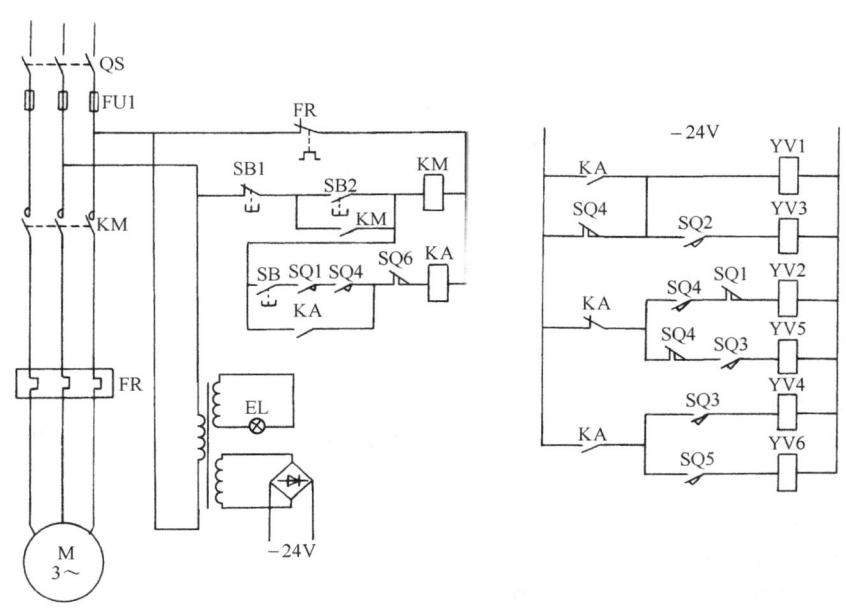

图 7-33 纵、横液压缸液压进给完整控制电路

思考题与习题

7-1 绘图时为何要用标准图形符号和文字符号?

7-2 试问图 7-34 所示控制电路能否实现点动运行?为什么?

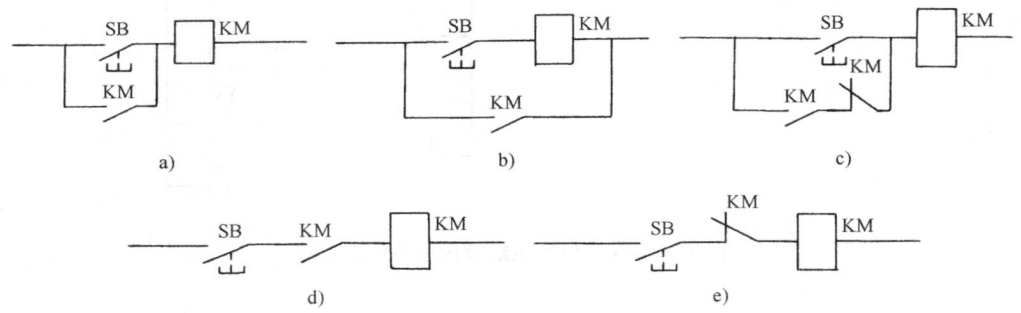

图 7-34 点动控制电路

7-3 画出对应图 7-35 所示安装接线图的原理图。

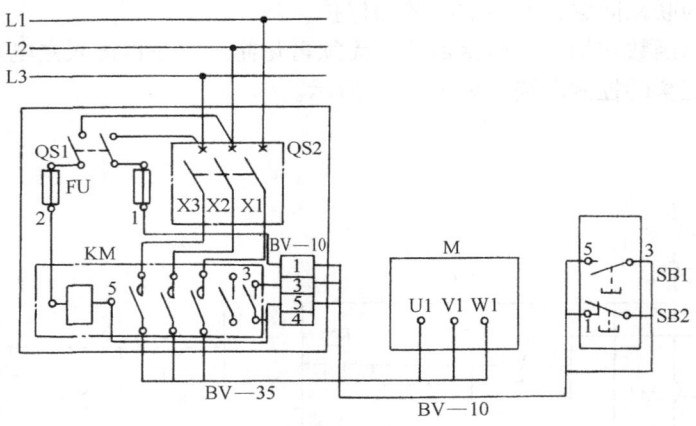

图 7-35 安装接线图

7-4 设计某机床刀架进给运动的控制电路,具体要求如下:

按下起动按钮后,刀架开始进给,到一定位置时,刀架进给停止,开始进行无进刀切削,经过一段时间后刀架自动返回,回到原位自动停止。

7-5 某机床主轴由一台异步电动机拖动,液压泵由另一台异步电动机拖动。要求:

(1) 主轴必须在液压泵开动后,才能起动;

(2) 主轴正常为正向运行,但为调试方便,应能正反向点动;

(3) 主轴停止后,才允许液压泵停止。

试设计电气控制电路。

7-6 图 7-36 所示为机床自动间歇润滑的控制电路图,试分析其工作原理,并说明中间继电器 KA 和按钮 SB 的作用。

7-7 皮带运输机是由异步电动机拖动的。试设计由三台皮带运输机组成的运输系统电气控制电路,要求如下:

(1) 起动时,三台皮带运输机工作顺序为 3#、2#、1#,并要有一定的时间间隔;

(2) 停车时,三台皮带运输机顺序为 1#、2#、3#,也要有一定的时间间隔;

(3) 具有必要的保护措施。

7-8 某电动机只有在继电器 K1、K2、K3 中任何一个或任何两个动作时才能运转,而在其他条件下都不运转,试用逻辑设计法设计控制电路。

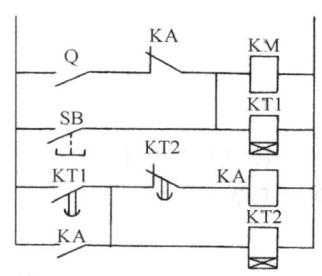

图 7-36 机床自动间歇润滑的控制电路

第八章 电动机的基本控制电路

电动机的基本控制电路主要包括各种电动机的起动、正反转、制动和调速等的控制电路。本章主要介绍这些基本控制电路的构成、工作原理以及必要的保护措施。

第一节 直流电动机的控制电路

一、直流电动机的起动控制电路

直流电动机在起动开始时,电动机转速等于零,则电动机反电势为零。这时若将电源额定电压全部加在电枢绕组上,由于电枢绕组电阻很小,电枢绕组中将产生较大的起动电流,这样大的起动电流将导致电枢绕组和换向器损坏。同时,大电流产生的转矩和加速度对机械转动部件也会产生强烈的冲击,易损坏机械部件。因此,直流电动机起动时,必须采取措施限制起动电流,常用的方法有减小电枢电压和在电枢回路串联电阻两种。

1. 他励直流电动机起动控制电路

图 8-1 所示为由时间继电器控制的他励直流电动机电枢回路串联两级电阻起动控制电路。

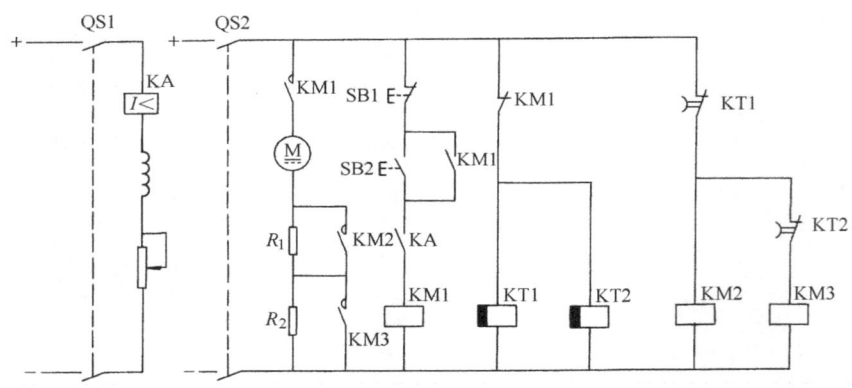

图 8-1 他励直流电动机串联两级电阻起动控制电路

工作过程如下:合上电源开关 QS1、QS2,励磁绕组通以额定励磁电流,此电流使电流继电器 KA 动作,其常开触点闭合。与此同时,时间继电器 KT1 和 KT2 的线圈通电,其延时闭合的常闭触点立即断开,使接触器 KM2、KM3 线圈均不通电。然后,按下起动按钮 SB2,接触器 KM1 线圈通电,其常开主触点和自锁触点闭合,电动机在电枢回路串入全部电阻情况下开始起动。

KM1 线圈通电后,其常闭触点同时断开,使时间继电器 KT1、KT2 线圈断电,经过一段延时后,KT1 延时闭合的常闭触点闭合,使接触器 KM2 线圈通电,其常开触点闭合,将电阻 R_1 短接,电动机在电枢回路串入电阻 R_2 的情况下继续升速。又经过一段延时后,KT2 延时闭合的常闭触点闭合,使接触器 KM3 线圈通电,其常开触点闭合,将电阻 R_2 短接,电动机在电枢回路切除全部电阻的情况下继续加速直至起动完毕,进入正常运行。

按下停止按钮 SB1,接触器 KM1 断电释放,电动机停转。

2. 并励直流电动机起动控制电路

图 8-2 所示为由电压继电器控制的并励直流电动机起动控制电路。

工作过程如下:合上电源开关 QS,直流电动机励磁绕组流过励磁电流。按下起动按钮 SB2,接触器 KM1 线圈通电,其常开主触点和自锁触点闭合,电动机在电枢回路串入起动电阻 R 的情况下起动。随着电动机转速的升高,电枢电流减小,电阻 R 上的压降减小,而电枢两端的电压上升,当并接于电枢两端的电压继电器 KV 的线圈电压升到动作

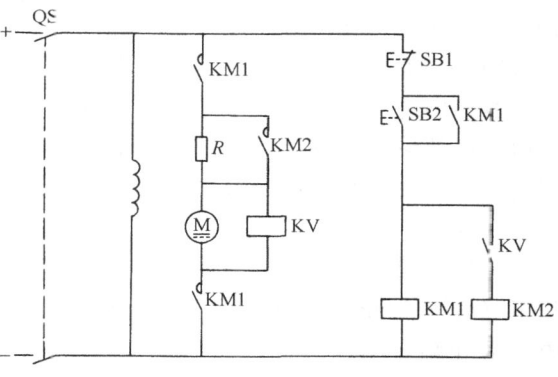

图 8-2 并励直流电动机起动控制电路

值时,KV 常开触点闭合,使接触器 KM2 线圈通电,其常开触点闭合,将起动电阻 R 短接,电动机起动完毕,进入正常电阻下运行。按下停止按钮 SB1,接触器 KM1 断电释放,电动机停转。

3. 串励直流电动机起动控制电路

图 8-3 所示为时间继电器控制的串励直流电动机起动控制电路。

工作过程如下:合上电源开关 QS,时间继电器 KT1 线圈通电,其延时闭合的常闭触点立即断开。按下起动按钮 SB2,接触器 KM1 线圈通电,常开主触点和自锁触点闭合,直流电动机电枢串入全部电阻起动,由于起动电流较大,电阻 R_2 两端电压较高,因此并接于 R_2 两端的时间继电器 KT2 线圈通电,其延时闭合的常闭触点立即断开。

KM1 线圈通电后,其常闭触点

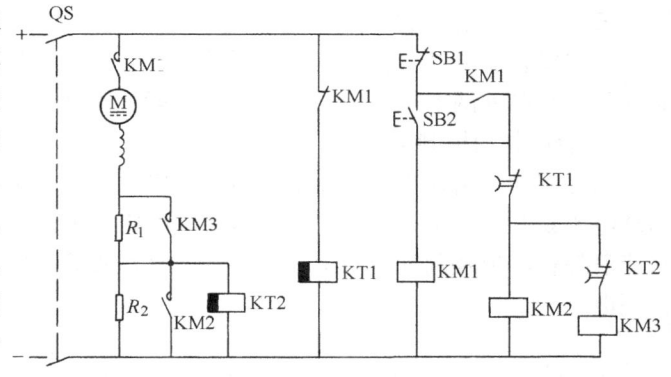

图 8-3 串励直流电动机起动控制电路

断开,使时间继电器 KT1 线圈断电,经过一段延时后,KT1 延时闭合的常闭触点闭合,接触器 KM2 线圈通电,其常开触点闭合,将电阻 R_2 短接,同时时间继电器 KT2 断电释放,电动机加速起动。又经过一段延时后,KT2 延时闭合的常闭触点闭合,使接触器 KM3 线圈通电,其常开触点闭合,将电阻 R_1 短接,电动机继续加速直至起动完毕,进入正常运行。按下停止按钮 SB1,接触器 KM1 断电释放,电动机停转。

二、直流电动机正反转控制电路

改变直流电动机旋转方向有两种方法:一是电枢反接法,即保持励磁磁场方向不变,只改变电枢电流方向;二是磁场反接法,即保持电枢电流方向不变,只改变励磁绕组电流方向。下面分别介绍其控制电路:

1. 电枢反接法

他励和并励直流电动机若采用磁场反接法改变转向，因励磁绕组电感大，当励磁绕组断电时，会产生很大的自感电势，容易把励磁绕组绝缘击穿；另外在改变励磁电流方向的中间一段时间，励磁电流为零，容易出现"飞车"现象。所以这两种电动机常采用电枢反接法来改变电动机旋转方向。图 8-4 所示为并励直流电动机正反转控制电路。

工作过程如下：合上电源开关 QS，按下复合按钮 SB2，接触器 KM1 线圈通电，常开触点闭合，直流电动机正转。若需要反转，按下复合按钮 SB3，接触

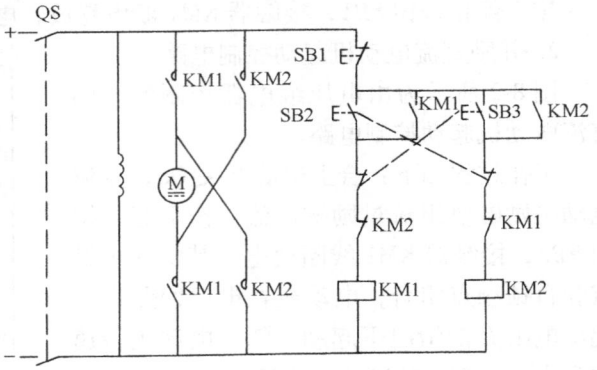

图 8-4　并励直流电动机正反转控制电路

器 KM1 断电释放，接触器 KM2 线圈通电，常开触点闭合，直流电动机电枢电流方向改变，开始反转。按下停止按钮 SB1，接触器 KM1 或 KM2 断电释放，电动机停转。

2. 磁场反接法

串励直流电动机电枢两端电压很高，而励磁绕组两端电压很低，反接比较容易，因此这种电动机常采用磁场反接法改变电动机旋转方向，如图 8-5 所示。其工作原理与图 8-4 相同，这里不再叙述。

三、直流电动机制动控制电路

当需要直流电动机快速停车或反转时，必须采取制动措施。直流电动机制动方法有电气制动和机械制动两大类，电气制动又分为能耗制动和反接制动等。

1. 能耗制动控制电路

能耗制动是指在维持直流电动机励磁电源不变的情况下，把正在作电动运行的电动机电枢从电源断开，再串接上一级或多级制动电阻组成制动电阻回路，将电动机的机械动能变成热能消耗在电枢及制动电阻上。图 8-6 所示为采用一级制动电阻的并励直流电动机能耗制动控制电路。

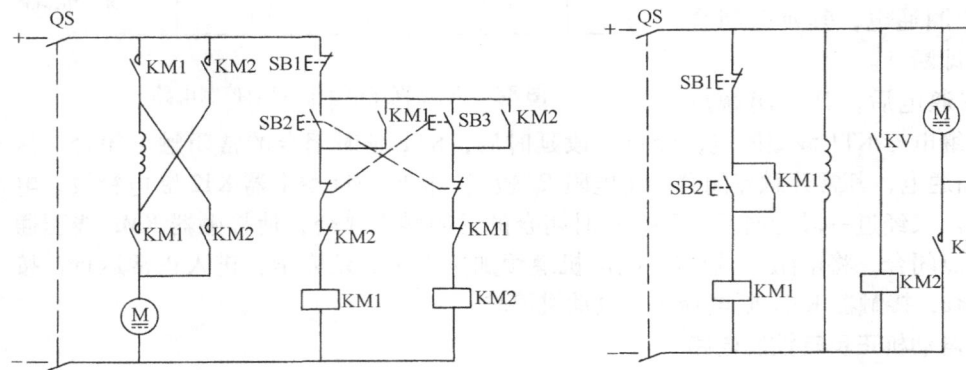

图 8-5　串励直流电动机正反转控制电路　　图 8-6　并励直流电动机能耗制动控制电路

工作过程如下：合上电源开关 QS，励磁绕组中通以励磁电流。按下起动按钮 SB2，接

触器 KM1 线圈通电，其常开主触点和自锁触点闭合，电动机起动运行。此时由于 KM1 常闭触点断开，电压继电器 KV 不动作。

需要停车时，按下停止按钮 SB1，接触器 KM1 断电释放，使电动机从电源断开，并接于电动机电枢两端的电压继电器 KV 线圈电压达到动作值，KV 常开触点闭合，使接触器 KM2 线圈通电，KM2 常开触点闭合，将制动电阻 R 接于电枢回路，开始进入能耗制动。此时，电枢电流方向改变，电磁转矩起制动作用，电动机转速及感应电动势迅速下降，当感应电动势减小到一定值时，电压继电器 KV 释放，触点恢复，制动电阻 R 切除，能耗制动结束。

当制动电阻不变时，随着电动机的减速，电枢绕组的感应电动势及电枢电流均减小，使制动转矩随之减小而制动过程变慢。如果要求快速制动，则需保证在整个制动过程中都具有足够大的制动转矩。这时可采用多级制动电阻，随着制动过程的进行逐级切除制动电阻。图 8-7 所示为采用三级制动电阻的他励直流电动机能耗制动控制电路。

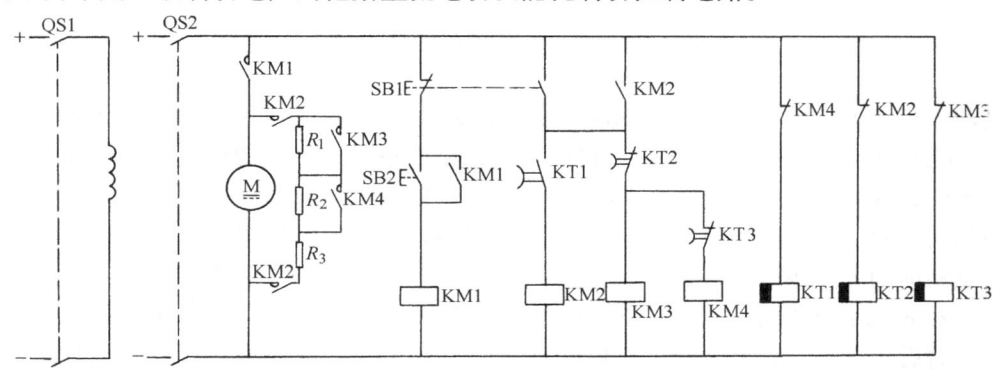

图 8-7　他励直流电动机能耗制动控制电路

制动过程如下：按停止按钮 SB1，接触器 KM1 断电释放，电动机电枢绕组脱离电源。与此同时，接触器 KM2 通过已经闭合的时间继电器 KT1 常开触点而通电并自锁，全部制动电阻（$R_1 + R_2 + R_3$）接于电枢回路，开始进入能耗制动。这时，电动机转向及感应电动势方向不变，并且感应电动势成为电枢回路的电源，电动机电枢电流方向改变，因此电磁转矩方向也随之改变，成为制动转矩，使电动机迅速减速。在接触器 KM2 通电的同时，其常闭触点断开，时间继电器 KT2 断电释放，经过一段延时后，KT2 延时闭合的常闭触点闭合，使接触器 KM3 线圈通电，通过其闭合的常开触点将电阻 R_1 短接。此时，总制动电阻减小为（$R_2 + R_3$），使得电动机减速后能保持较大的电枢电流和制动转矩，加快减速。同理，在接触器 KM3 通电的同时，其常闭触点断开，时间继电器 KT3 断电释放，经过一段延时后，KT3 延时闭合的常闭触点闭合，使接触器 KM4 线圈通电，通过其闭合的常开触点将电阻 R_2 短接。此时，总制动电阻减小为 R_3，又维持了较大的制动转矩，加快减速。在接触器 KM4 通电的同时，其常闭触点断开，时间继电器 KT1 断电释放，经过一段延时后，其延时断开的常开触点断开，使接触器 KM2 断电释放，制动过程结束，这时电动机转速已很低或停转。

2. 反接制动控制电路

他励直流电动机的反接制动是把正在运转的电动机电枢两端电压反接，而励磁电流的大小和方向保持不变。为防止反接制动时电枢电流过大，电枢回路中必须串入限流电阻。图 8-8 为他励直流电动机反接制动控制电路。

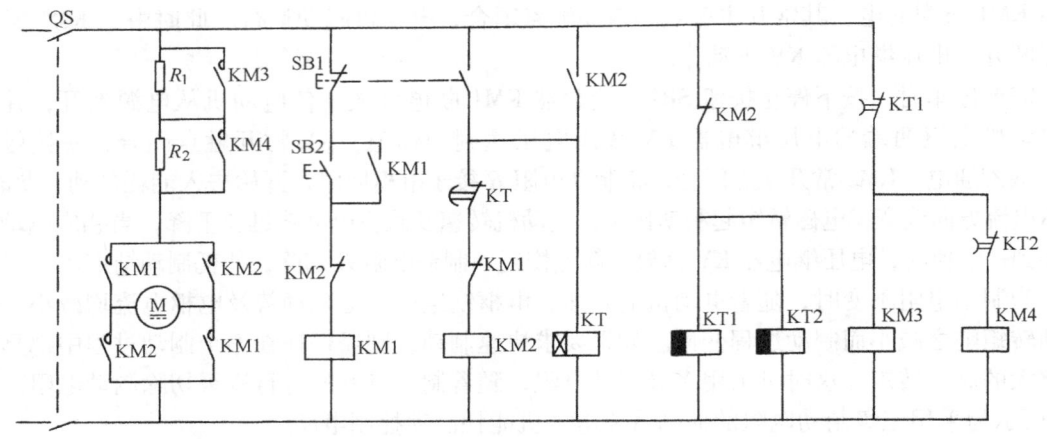

图 8-8 他励直流电动机反接制动控制电路

制动过程如下：按下停止按钮 SB1，接触器 KM1 断电释放，其常闭触点闭合，使接触器 KM2 线圈通电，其常开触点闭合，将加在电动机电枢两端的电源极性反向，而感应电动势方向不变，这时加在电枢回路上的电压为电源与感应电动势之和，为防止电枢电流过大，串入的制动电阻不能太小，以最大电枢电流大约为两倍额定电流为宜。此时电动机电枢电流方向与制动前的方向相反，电磁转矩变为制动转矩，使电动机迅速减速。

接触器 KM2 线圈通电的同时，时间继电器 KT 通电，而时间继电器 KT1、KT2 断电，经过一段延时后，KT1 延时闭合的常闭触点闭合，使接触器 KM3 线圈通电，通过其闭合的常开触点将电阻 R_1 短接。再经过一段延时后，KT2 延时闭合的常闭触点闭合，使接触器 KM4 线圈通电，通过其闭合的常开触点将电阻 R_2 短接。最后，经过一段延时，KT 延时断开的常闭触点断开，使接触器 KM2 断电释放，电动机电枢两端脱离电源，反接制动结束。

四、直流电动机调速控制电路

直流电动机调速的基本方法有三种：

1）改变电枢回路串联电阻调速；
2）改变励磁磁通调速；
3）改变电枢电压调速。

其中使用较多的是改变电枢电压调速。图 8-9 所示为发电机—电动机调速系统原理图。图中，M1 是他励直流电动机，拖动生产机械旋转；G1 是他励直流发电机，发出电压 U 作为直流电动机 M1 的电源电压；G2 是并励直流发电机，产生恒定的直流电压 U_1，作为直流发电机 G1 和直流电动机 M1 的励磁电源，同时作为接触器 KM1 和 KM2 的控制电路电源；M2 是三相笼型异步电动

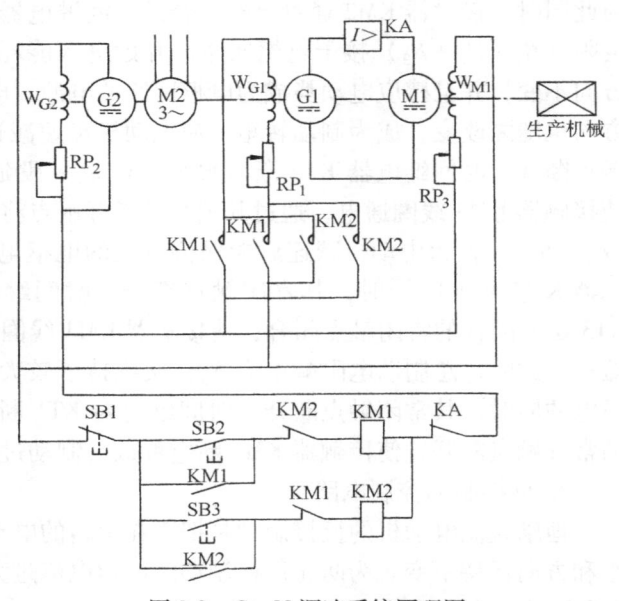

图 8-9 G—M 调速系统原理图

机，作为直流发电机 G1 和励磁发电机 G2 的原动机。

工作原理如下：先起动三相异步电动机 M2，使励磁发电机 G2 和直流发电机 G1 旋转，励磁机输出直流电压 U_1，供给 G—M 机组励磁电压和控制电路电压。

按下起动按钮 SB2（或 SB3），接触器 KM1（或 KM2）线圈通电，其常开触点闭合，发电机 G1 的励磁绕组 W_{G1} 便流过一定方向的电流，发电机开始励磁。由于 G1 的励磁绕组有较大的电感，故励磁电流上升较慢，发电机 G1 输出电压只能逐渐增大，因而起动时可避免较大的起动电流冲击。

系统调速是通过调节电阻 RP_1 和 RP_3 改变直流发电机 G1 和直流电动机 M1 的励磁电流来实现的。起动前将 RP_1 调到最大，RP_3 调到零。当直流电动机 M1 在运行中需调速时，可调节 RP_1，使 RP_1 减小，直流发电机 G1 的励磁电流增加，输出电压随之增加，电动机转速 n 上升。可见，调节 RP_1 的阻值可调节直流发电机 G1 的输出电压，达到调节电动机 M1 转速的目的。

必须注意，直流电动机 M1 的电枢电压不允许超过其额定值，故调节 RP_1 时，电动机的转速只能在额定转速以下进行调节。

如果电动机需在额定转速以上调速，则应先调节 RP_1，将电动机电枢电压调到额定值，然后调节 RP_3，使 RP_3 增大，则励磁电流减小，电动机 M1 的转速升高。

制动时，按下停止按钮 SB1，接触器 KM1（或 KM2）线圈断电释放，直流发电机 G1 的励磁绕组断电，发电机输出电压为零。由于 M1 仍在惯性运转，而励磁绕组 W_{M1} 仍有励磁电流，这时，电动机 M1 变为发电机，产生制动转矩，使电动机迅速停转。

直流电动机 M1 的反向运行是通过改变直流发电机 G1 励磁绕组中励磁电流的方向，从而改变直流发电机输出电压的方向，使电动机 M1 电枢电压反向来实现的。

第二节　三相异步电动机的起动控制电路

根据电动机及供电变压器容量的不同，三相异步电动机有直接起动和减压起动两种方式。

小容量的三相异步电动机（7.5kW 及以下）一般都可以直接起动。直接起动是通过开关或接触器将额定电源电压直接加在电动机的定子绕组上，使电动机由静止状态逐渐加速到稳定运行状态。这种起动方法的优点是所需电气设备少，线路简单，缺点是起动电流大，容易引起电源电压波动。关于直接起动的控制电路前面已经介绍过，见图 7-3～图 7-9。

大、中容量的三相异步电动机则应采用减压起动方式，以限制起动电流，减小起动时对电源电压的冲击。常用的减压起动方法有：定子绕组串电阻减压起动、星形—三角形减压起动和自耦变压器减压起动。下面分别介绍其控制电路。

一、定子绕组串电阻减压起动控制电路

定子绕组串电阻减压起动，就是把电阻串接在电动机定子绕组与电源之间，通过电阻的降压作用来降低定子绕组上的起动电压，起动过程完成后再将电阻短接，使电动机在额定电压运行。

图 8-10 所示为时间继电器控制定子绕组串电阻减压起动控制电路。

工作原理如下：合上电源开关 QS，按下起动按钮 SB2，接触器 KM1 线圈通电，其常开

主触点和自锁触点闭合，三相交流电源经起动电阻 RS 降压后加入定子绕组，电动机开始起动。与此同时，时间继电器 KT 线圈通电，经过一段延时后，延时闭合的常开触点闭合，使接触器 KM2 线圈通电，其常开主触点和自锁触点闭合，将起动电阻 RS 短接，电动机接入正常电压，并进入正常稳定运行。另外，接触器 KM2 常闭触点断开，使接触器 KM1 和时间继电器 KT 线圈断电。停车时，只需按下停止按钮 SB1。

二、星形—三角形（Y—△）减压起动控制电路

正常运行为 △联结且容量较大的电动机可以采用 Y—△ 减压起动。电动机起动时，定子绕组接成 Y 形联结，每相绕组的电压降为电源电压额定值的 $1/\sqrt{3}$，起动电流降为 △形联结起动电流的 1/3。待转速升高到额定转速时则改为 △形联结，直到稳定运行。

图 8-11 为 Y—△减压起动控制电路。

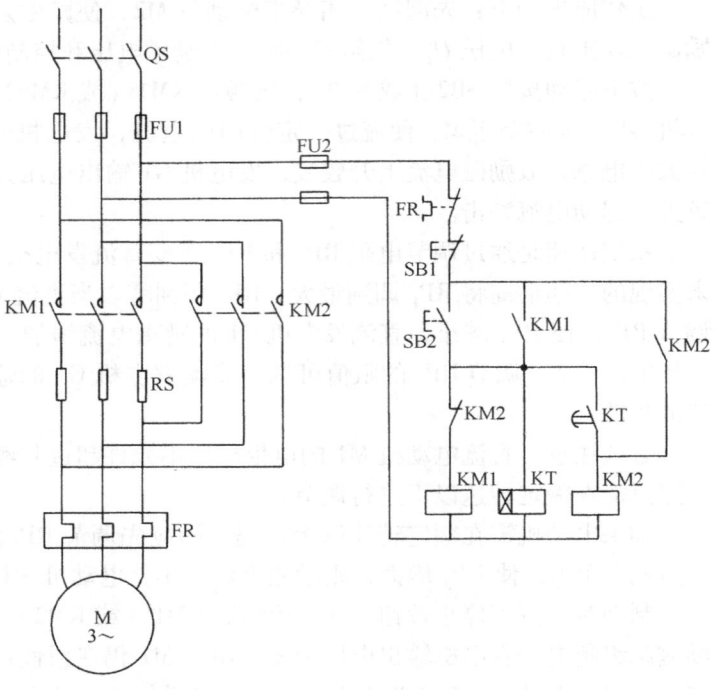

图 8-10　定子绕组串电阻减压起动控制电路

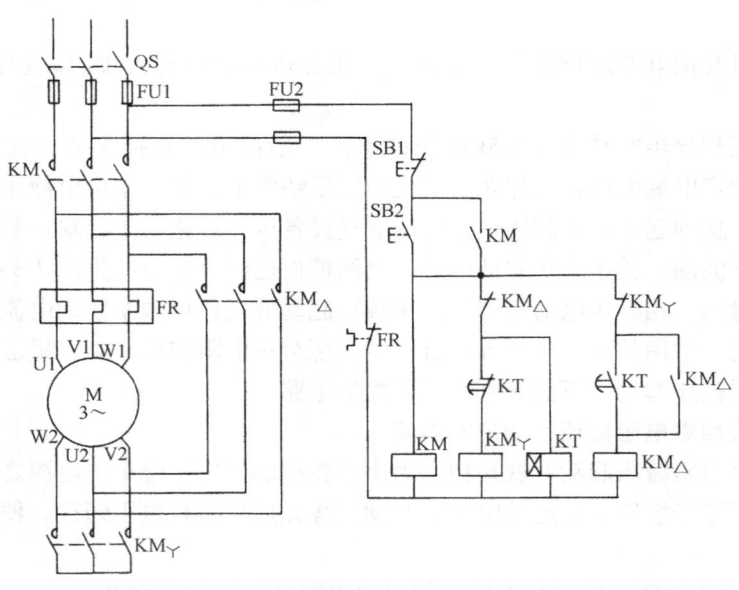

图 8-11　Y—△减压起动控制电路

工作原理如下：合上电源开关 QS，按下起动按钮 SB2，接触器 KM、KM_Y 和时间继电器 KT 线圈同时通电，接触器 KM 常开主触点和自锁触点闭合，电动机接通电源；接触器 KM_Y 常开主触点闭合，定子绕组接成 Y 形联结，电动机进入减压起动。当时间继电器 KT 到达设定的延时时间后，其延时断开的常闭触点断开，使接触器 KM_Y 断电释放；同时，延时闭合的常开触点闭合，使接触器 KM_△ 线圈通电，KM_△ 常开主触点和自锁触点闭合，定子绕组改接为 △ 形联结，电动机进入正常运行。KM_△ 线圈通电后，常闭触点断开，使时间继电器 KT 线圈断电。

控制电路中，必须保证接触器 KM_Y 和 KM_△ 不能同时通电，否则会造成电源短路，因此，KM_Y 和 KM_△ 之间加有互锁触点。要停车，按停止按钮 SB1。

三、自耦变压器减压起动控制电路

起动时，电动机定子串入自耦变压器，定子绕组得到的电压为自耦变压器的二次电压，待起动完毕后，切除自耦变压器，额定电压直接加于定子绕组，电动机进入全电压正常工作。

自耦变压器减压起动控制电路如图 8-12 所示。

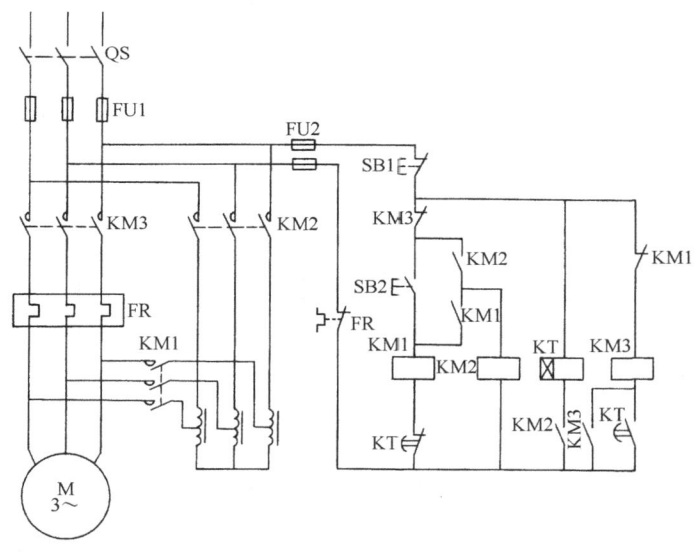

图 8-12　自耦变压器减压起动控制电路

工作原理如下：合上电源开关 QS，按下起动按钮 SB2，接触器 KM1 线圈通电，其常开主触点和辅助触点闭合，接触器 KM2 线圈通电，常开主触点和自锁触点闭合，自耦变压器接入定子绕组，电动机开始减压起动。KM2 线圈通电后，时间继电器 KT 线圈也通电，经过一段延时后，KT 延时断开的常闭触点断开，使接触器 KM1 断电；延时闭合的常开触点闭合，使接触器 KM3 线圈通电，KM3 常闭辅助触点断开，使接触器 KM2 断电释放，切除自耦变压器，而 KM3 常开主触点和自锁触点闭合，电动机接入全电压正常运行。停车时，只需按下停止按钮 SB1。

四、三相绕线转子异步电动机的起动控制电路

三相绕线转子异步电动机可以在转子绕组中通过集电环串联外加电阻起动，达到减小起

动电流、增大起动转矩的目的。因而在要求起动转矩较大的场合获得了广泛的应用。

1. 转子绕组串接电阻起动控制电路

转子绕组串接的起动电阻,一般都接成 Y 形联结。起动开始时,起动电阻全部接入电路,以减小起动电流,随着电动机转速的上升,起动电阻逐级切除。起动结束时,起动电阻全部切除,电动机进入稳态运行。

图 8-13 所示为采用时间继电器控制的绕线转子异步电动机转子串电阻起动控制电路。该线路通过三个时间继电器 KT1、KT2、KT3 和三个接触器 KM2、KM3、KM4 的相互配合来依次自动切除转子绕组串入的三级起动电阻,自动完成起动过程。

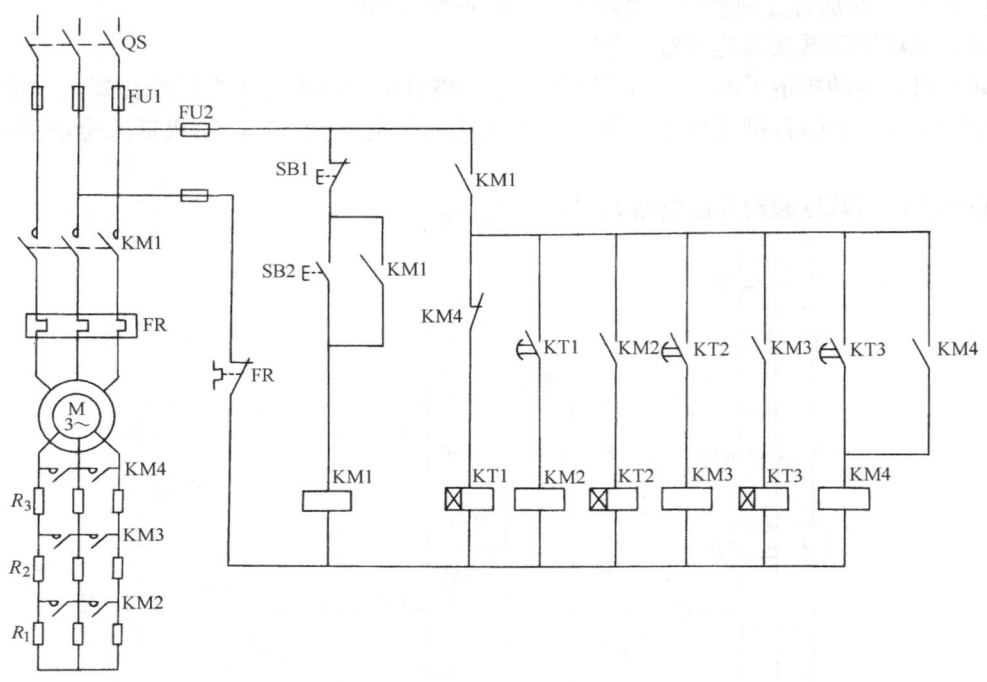

图 8-13 时间继电器控制转子串电阻起动控制电路

工作原理如下:合上电源开关 QS,按下起动按钮 SB2,接触器 KM1 线圈通电,其常开主触点和自锁触点闭合,电动机在转子串入全部电阻的情况下起动。KM1 线圈通电后,时间继电器 KT1 线圈也通电,经过一段延时后,KT1 延时闭合的常开触点闭合,使接触器 KM2 线圈通电,其常开主触点闭合,切除起动电阻 R_1。KM2 线圈通电后,时间继电器 KT2 线圈也通电,经过一段延时后,KT2 延时闭合的常开触点闭合,使接触器 KM3 线圈通电,其常开主触点闭合,切除起动电阻 R_2。同样,KM3 线圈通电后,时间继电器 KT3 线圈也通电,经过一段延时后,KT3 延时闭合的常开触点闭合,使接触器 KM4 线圈通电,其常开主触点闭合,切除全部起动电阻。同时,KM4 常闭触点断开,使时间继电器 KT1 断电释放,接触器 KM2、时间继电器 KT2、接触器 KM3、时间继电器 KT3 也依次断电释放。此时,电动机通过仍然闭合的接触器 KM1、KM4 主触点进入正常稳定运行。停车时,只需按下停止按钮 SB1。

2. 转子回路串接频敏变阻器起动控制电路

频敏变阻器实际上是一个铁损很大的三相电抗器，其阻抗值随着流过绕组的电流频率的变化而变化。刚起动时，转子电流频率最高，频敏变阻器的阻抗最大，使转子电流受到限制，随着电动机转速升高，转子电流频率随之下降，频敏变阻器的阻抗也随之减小。所以，转子回路串频敏变阻器起动时，随着电动机转速的升高，频敏变阻器阻抗自动逐渐减小，实现了平滑的无级起动。

转子串接频敏变阻器的起动控制电路如图 8-14 所示。控制电路中，时间继电器 KT 触点的开断容量较小，因此通过中间继电器 KA 来控制接触器 KM2 的通电。

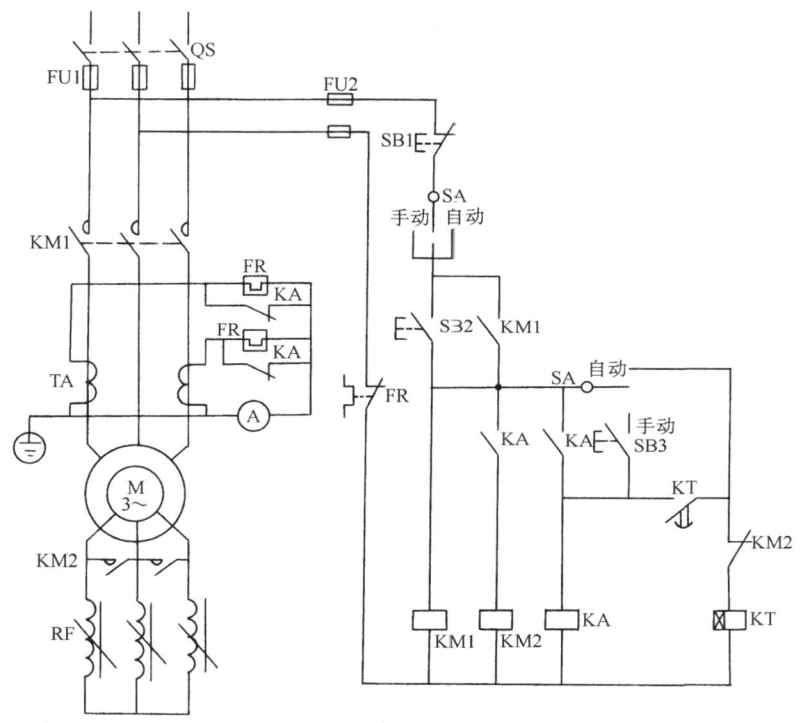

图 8-14　转子串接频敏变阻器起动控制电路

该线路可以实现自动和手动控制。自动控制时，将转换开关 SA 扳向"自动"，这时，按下起动按钮 SB2，接触器 KM1 线圈通电，其常开主触点和自锁触点闭合，时间继电器 KT 线圈通电，电动机转子回路串入频敏变阻器起动。经过一段延时后，时间继电器延时闭合的常开触点闭合，中间继电器 KA 线圈通电并自锁，其常开触点闭合，使接触器 KM2 线圈通电，KM2 常开触点闭合，使频敏变阻器短接；同时，KM2 常闭触点断开，使时间继电器 KT 断电释放，电动机通过仍然闭合的 KM1、KM2 主触点进入正常稳定运行。

起动过程中，为了避免起动时间过长，致使热继电器过热而产生误动作，主电路中用中间继电器 KA 的常闭触点将热继电器 FR 发热元件短接。起动结束后，中间继电器 KA 常闭触点断开，热元件接入电路。电流互感器 TA 的作用是将主电路中的大电流转换成小电流，串入热继电器进行过载保护。

手动控制时，将转换开关 SA 扳向"手动"，这时，时间继电器 KT 不起作用。当转子串频敏变阻器起动完毕后，按下按钮 SB3，中间继电器 KA 及接触器 KM2 动作，将频敏变阻器短接，电动机进入正常运行。

五、电动机的软起动器

软起动器实质上是一种集软起动、软停车、制动、轻载节能和多种保护功能于一体的三相异步电动机减压起动装置，具有明显的优点：起动电压可调，起动电流大幅降低，起动转矩平滑。因此在工业企业得到普及应用。

1. 软起动器的控制原理

图 8-15 所示为软起动器控制原理框图。主电路是一个晶闸管调压回路，由 6 个晶闸管组成，详见图 3-16 所示。在起动过程中，晶闸管的触发角由 CPU 控制，使加在电动机三相定子绕组上的电压由零逐渐平滑地升至全电压。

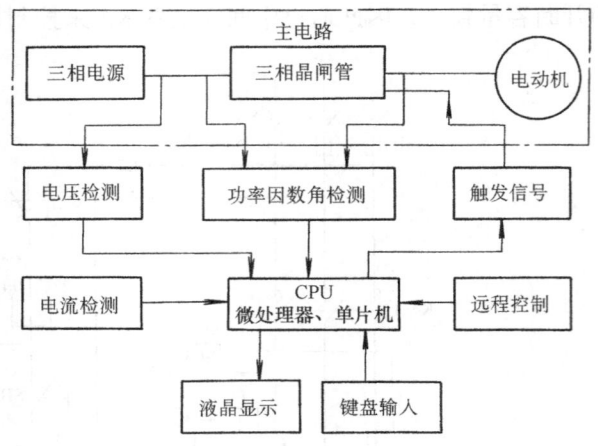

图 8-15 软起动器控制原理框图

图中几个主要部分的功能如下：

(1) 电压检测 一方面，作为故障检测、过电压及欠电压保护、电压显示等的依据；另一方面，将三相电源的模拟信号转换为方波信号，作为触发三相晶闸管的同步信号。

(2) 电流检测 作为过电流保护、电流显示等的依据。

(3) 功率因数角检测 功率因数角 φ 随电动机转速而变化，若在电动机调压过程中不考虑电动机功率因数角变化这一因素，会引起电动机电流及电磁转矩的振荡。因此，功率因数角检测的作用是在调节晶闸管触发角的同时，监测电动机功率因数角的变化。

(4) 触发信号 以同步信号为基准，发出延时触发脉冲信号，通过隔离和放大加于晶闸管门极。

(5) 微处理器 它是整个系统的主控 CPU，实现信号检测、实时运算、输出控制等功能。

2. 软起动器的工作特点

(1) 斜坡恒流升压起动 在起动过程中引入电流反馈，使电动机在起动过程中保持恒流起动。起动过程中，电流上升的变化率可以根据电动机负载调整设定。由于是以起动电流为设定值，当电网电压波动时，通过控制电路自动增大或减小晶闸管导通角，可以维持原设定值不变，保持起动电流恒定，不受电网电压波动影响。

(2) 脉冲阶跃起动 为克服电动机静止状态时所具有的反作用力矩，在很短时间内输出脉冲阶跃电压，经一段时间后回落，再按原设定值线性上升。

(3) 节能特性 当电动机负载较轻时，软起动器自动降低电动机端电压，减小了电动机电流的励磁分量，从而提高了电动机的功率因数。

(4) 接触器旁路工作 如果运行时操作频率或者在较长时间内需要的功率相当高，为了减小软起动器的损耗，提高系统效率，在电动机达到满速运行时，用旁路接触器取代已完成起动任务的软起动器。

(5) 减速软停控制 在有些场合，并不希望电动机突然停车，这时可采用软停车方式。

即需要停车时，调节晶闸管触发角，从全导通状态逐渐地减小，则电动机端电压逐渐减小而切断电源，使电动机由高速运行平稳地停止转动。

(6) 制动特性　当需要快速停机时，改变软起动器的触发方式，使交流电转变为直流电，然后在关闭主电路后，立即将直流电压加到电动机定子绕组上，利用转子感应电流与静止磁场的作用达到制动的目的。

3. 软起动器的应用

在使用软起动器时，需要附加一些起停控制电路及旁路电路，将软起动器、旁路电路、断路器和控制电路等组装为软起动柜，以实现电动机的软起动、软停车、故障保护、报警、自动控制等功能。一台软起动器可以起动一台电动机，也可以起动多台电动机。图 8-16 所示是一台软起动器起动两台电动机的控制电路，但两台电动机不能同时起动和停车，只能一台一台按顺序起动和停车。

接触器 KM3 和 KM5 分别是电动机 M1 和 M2 的旁路接触器。当电动机 M1 软起动时，接触器 KM3 处于断开位置，合上接触

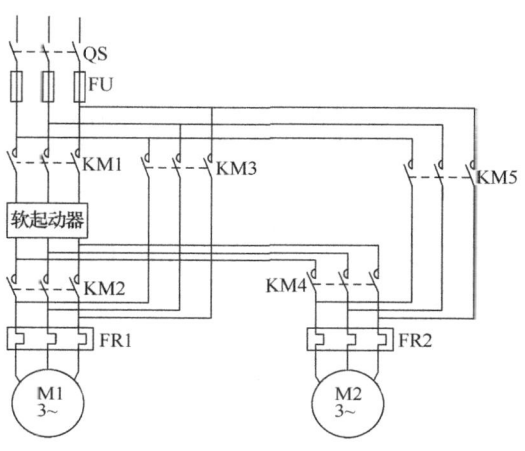

图 8-16　一台软起动器起动两台电动机的控制电路

器 KM1 和 KM2，电动机 M1 软起动；起动结束后，将接触器 KM2 断开，合上接触器 KM3，电动机 M1 被切换到电网运行。若需要电动机软停车，一旦发出停车信号，先将接触器 KM3 断开，再合上接触器 KM2，由软起动器对电动机进行软停车。同理，可以分析出电动机 M2 的起动、停车过程。软起动器仅在起动、停车时工作，可以避免因长期运行造成晶闸管发热，以延长使用寿命。

第三节　三相异步电动机的正反转控制电路

三相异步电动机的正反转控制是采用两个接触器构成具有互锁环节的可逆控制电路来实现，见图 7-7。本节将要介绍的是自动循环正反转控制电路。

有些生产机械要求其工作台能在某段距离内自动往返，不断地循环，以便对工件进行连续加工。这种控制通常是利用行程开关来自动实现的，也就是用行程开关自动控制电动机的正反转，从而带动工作台不断地自动往返。

图 8-17 所示为工作台自动往返的控制电路。工作台上装有挡铁 1 和挡铁 2，生产机械的床身上装有行程开关 SQ1 和 SQ2。行程开关 SQ3 和 SQ4 是用来作限位保护的。

工作原理如下：合上电源开关 QS，按下起动按钮 SB2，接触器 KM1 线圈通电，其常开主触点和自锁触点闭合，电动机开始正转，带动工作台向左移动。当工作台移动到一定位置，挡铁 1 压下行程开关 SQ2，其常闭触点断开，接触器 KM1 断电释放，电动机正转停止。同时，SQ2 常开触点闭合，接触器 KM2 线圈通电，其常开主触点和自锁触点闭合，电动机开始反转，带动工作台向右移动。当工作台移动到一定位置，挡铁 2 压下行程开关 SQ1，其

215

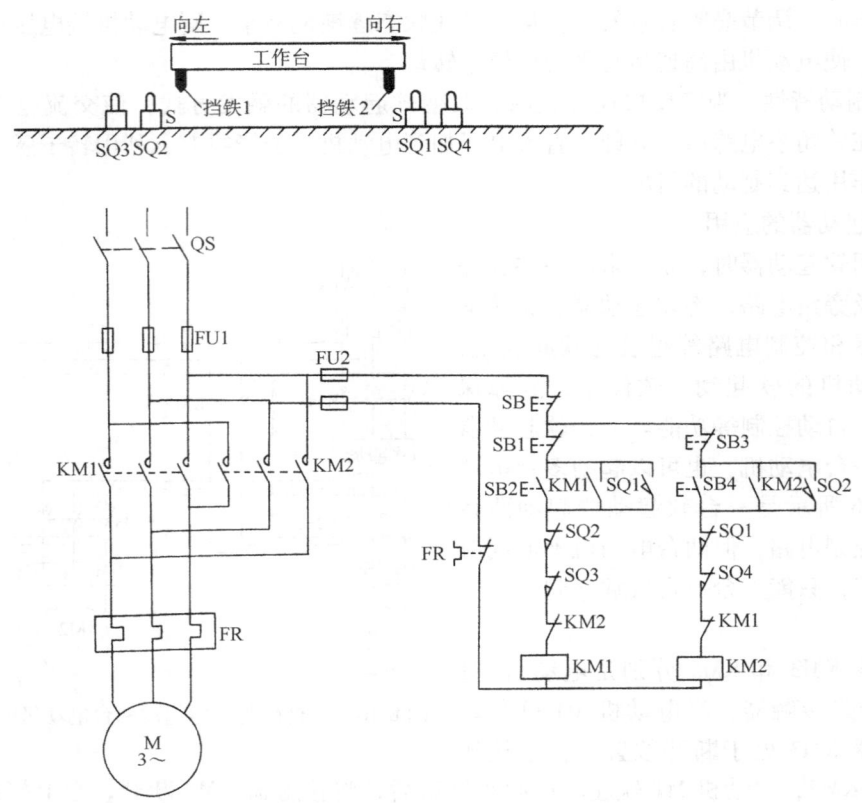

图 8-17 工作台自动往返控制电路

常闭触点断开，接触器 KM2 断电释放，电动机反转停止。同时，SQ1 常开触点闭合，接触器 KM1 线圈通电，其常开主触点和自锁触点闭合，电动机又开始正转，带动工作台向左移动。这样周而复始，工作台不断自动往返移动。工作台的行程是通过改变撞块的位置来实现的。需要停车时，则可按下停止按钮 SB，接触器 KM1 或 KM2 断电释放。

第四节　三相异步电动机的制动控制电路

三相异步电动机的制动方法有电气制动和电磁机械制动两种。电气制动是使电动机产生一个与转子转动方向相反的转矩来进行制动，常用的电气制动有能耗制动和反接制动等。电磁机械制动是用电磁铁操纵制动器进行制动，如电磁抱闸制动器和电磁离合器制动器等。

一、三相异步电动机能耗制动控制电路

能耗制动是指在电动机脱离三相交流电源之后，给定子绕组加一直流电源，以产生静止磁场，利用转子感应电流与静止磁场的作用而达到制动。

图 8-18 所示为时间继电器控制的桥式整流能耗制动控制电路。

工作原理如下：合上电源开关 QS，按下起动按钮 SB2，接触器 KM1 线圈通电，常开主触点和自锁触点闭合，电动机起动运行。制动时，按下停止按钮 SB1，接触器 KM1 断电释放，电动机脱离三相交流电源，同时，接触器 KM2 与时间继电器 KT 线圈通电，KM2 常开主触点和自锁触点闭合，电动机进入能耗制动。经过一段延时后，电动机转速接近于零，时

间继电器延时断开的常闭触点断开，使接触器 KM2 断电释放，切断直流电源，KM2 断电后，常开触点断开，使时间继电器 KT 断电释放，电动机能耗制动结束。

二、三相异步电动机反接制动控制电路

三相异步电动机反接制动是通过改变电动机电源相序，使定子绕组产生与转子旋转方向相反的旋转磁场而产生制动转矩的一种方法。应注意的是，当电动机转速接近于零时，必须立即断开电源，否则电动机会反方向旋转。由于在制动过程中，制动转矩、制动电流相当大，通常在电动机定子回路中串接一定的电阻以限制反接制动的电流，这个电阻称为反接制动电阻。反接制动电阻的接线方法有对称电阻接法和不对称电阻接法。采用对称电阻接法时，可以在限制制动转矩的同时，也限制了制动电流；而采用不对称电阻接法时，只能限制制动转矩，未加制动电阻的那一相仍具有较大的制动电流。

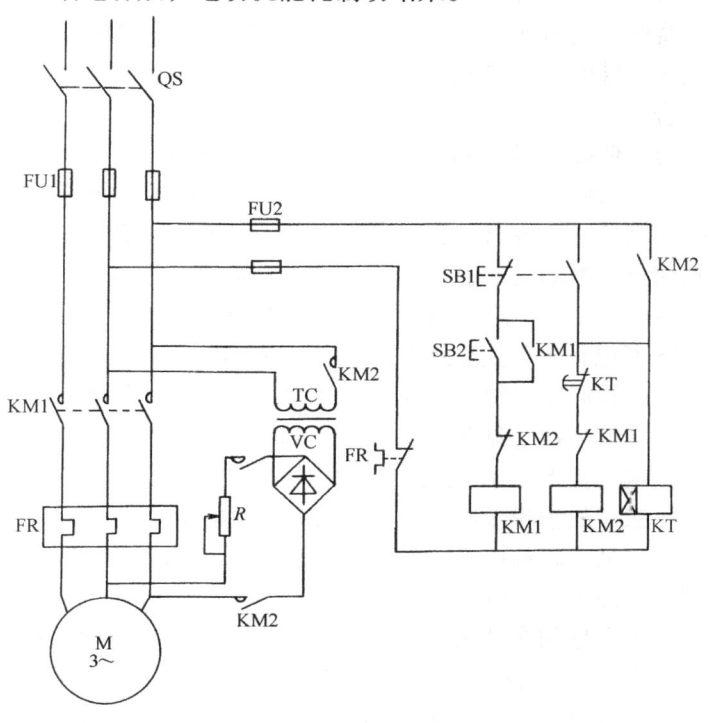

图 8-18　三相异步电动机能耗制动控制电路

图 8-19 所示为速度继电器控制的电动机正反向运行反接制动控制电路。

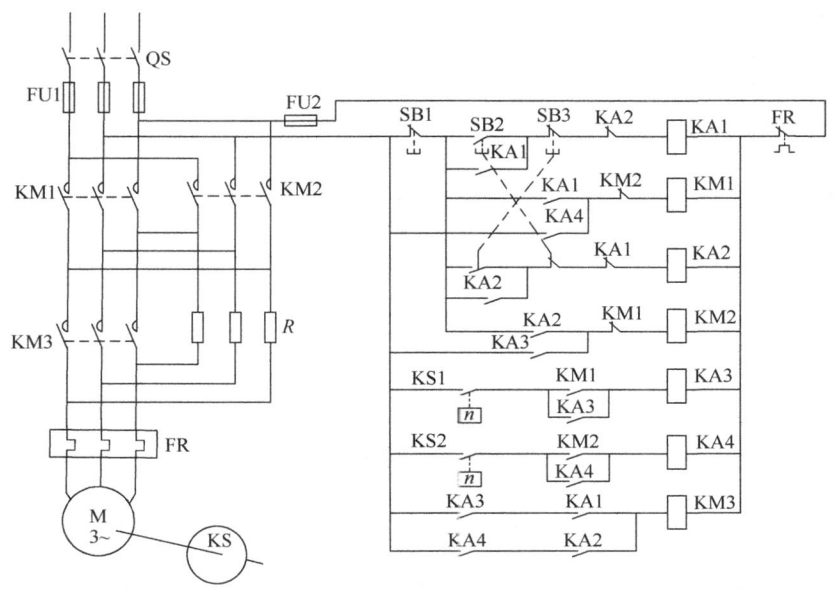

图 8-19　正反向运行反接制动控制电路

工作原理如下：合上电源开关 QS，按下正转起动按钮 SB2，中间继电器 KA1 线圈通电并自锁，KA1 常开触点闭合，使接触器 KM1 线圈通电，KM1 常开主触点闭合，使电动机定子绕组经电阻 R 接通正序三相电源，电动机开始减压起动。此时，虽然 KM1 常开触点闭合，但中间继电器 KA3 线圈仍无法通电。随着转速的上升，速度继电器 KS 的正转常开触点 KS1 闭合，中间继电器 KA3 线圈通电并自锁，这时，由于中间继电器 KA3、KA1 的常开触点均闭合，使接触器 KM3 线圈通电，KM3 常开主触点闭合，将电阻 R 短接，电动机进入全压运行。若需停车时，按下停止按钮 SB1，中间继电器 KA1、接触器 KM1 及 KM3 均断电释放，使电动机定子脱离电源。由于 KM1 常闭触点闭合，使接触器 KM2 线圈通电，KM2 常开主触点闭合，电动机定子绕组经电阻 R 获得反相序的三相交流电源，电动机进入反接制动。电动机转速迅速下降，当转速降到接近于零时，速度继电器常开触点 KS1 断开，中间继电器 KA3 断电释放，使接触器 KM2 断电释放，制动过程结束。

反转起动和制动原理与正转时相同，只是起动时按反转起动按钮 SB3，通过 KA2 接通 KM2，将三相电源反接，电动机反向起动。停车时，通过速度继电器的反转常开触点 KS2 及中间继电器 KA4 控制反接制动过程的结束。

三、三相异步电动机机械制动控制电路

机械制动利用机械装置使电动机迅速停转。常用的机械制动装置有电磁抱闸和电磁离合器。下面仅介绍电磁抱闸制动控制。

电磁抱闸在结构上分为电磁铁和闸瓦制动器两部分。

图 8-20a 所示为电磁抱闸制动原理图。在电动机刚停止运行时，电磁铁使闸瓦制动器紧紧地抱住与电动机同轴的制动轮，于是电动机迅速停转。

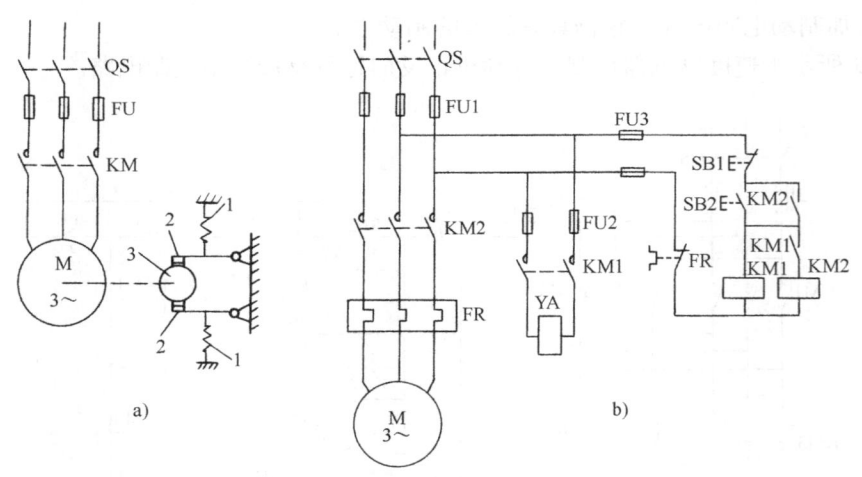

图 8-20 电磁抱闸制动控制电路
a）电磁抱闸制动原理 b）断电制动控制电路
1—弹簧 2—制动闸 3—制动轮

图 8-20b 所示为电磁抱闸断电制动控制电路。合上电源开关 QS，按下起动按钮 SB2，接

触器 KM1 线圈通电，其常开触点闭合，使电磁铁线圈 YA 通电，制动闸松开制动轮。与此同时，接触器 KM2 线圈通电，其常开主触点及自锁触点闭合，电动机起动运行。需制动时，按下停止按钮 SB1，接触器 KM1 线圈断电释放，电磁铁线圈 YA 和接触器 KM2 线圈接着断电，电磁抱闸在弹簧的作用下，使制动闸与制动轮紧紧抱住，电动机迅速停转。

电磁抱闸制动方法比较安全可靠，能实现准确停车，不会因突然停电或电气故障而造成事故，被广泛应用于起重设备上。

第五节　三相异步电动机的调速控制电路

异步电动机调速有三种方法：改变电动机定子绕组极对数 p，改变电源频率 f_1 及改变转差率 s。其中，改变转差率 s 又可分为：绕线转子异步电动机在转子电路串接电阻调速、绕线转子异步电动机串级调速、异步电动机调压调速和电磁离合器调速等。下面介绍几种常用的异步电动机调速控制电路。

一、异步电动机变极调速控制电路

异步电动机极对数的调节是通过改变定子绕组的连接方式实现的。

笼型异步电动机改变定子极数时，转子极数也同时改变，转子绕组本身没有固定的极数，它的极数随定子极数而定。绕线转子异步电动机改变定子极数时，其转子绕组必须相应地重新组合，这在生产现场往往难以实现。因此变极调速仅适用于笼型异步电动机。

变极多速电动机的转速有双速、三速和四速三种，较常用的是双速和三速两种。

1. 双速异步电动机的控制

单绕组双速电动机定子绕组引出六根出线端，可以接成 2Y/△、2Y/Y、2Y/2Y 等。图 8-21 所示为 2Y/△联结的定子绕组接线方式。

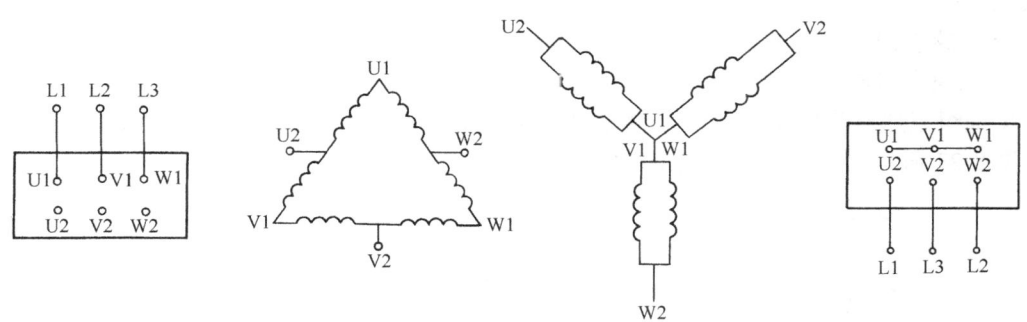

图 8-21　异步电动机 2Y/△联结方式

当定子绕组的 U1、V1、W1 三个接线端接三相交流电源，而将 U2、V2、W2 三个接线端悬空，三相定子绕组接成三角形联结，电动机以四极低速运行。当定子绕组的 U2、V2、W2 三个接线端接三相交流电源，而 U1、V1、W1 三个接线端连在一起，则原来三相定子绕组的三角形联结变为双星形联结，电动机以二极高速运行。为保证电动机旋转方向不变，从一种联结变为另一种联结时，应改变电源的相序。

图 8-22 所示为双速异步电动机控制电路。

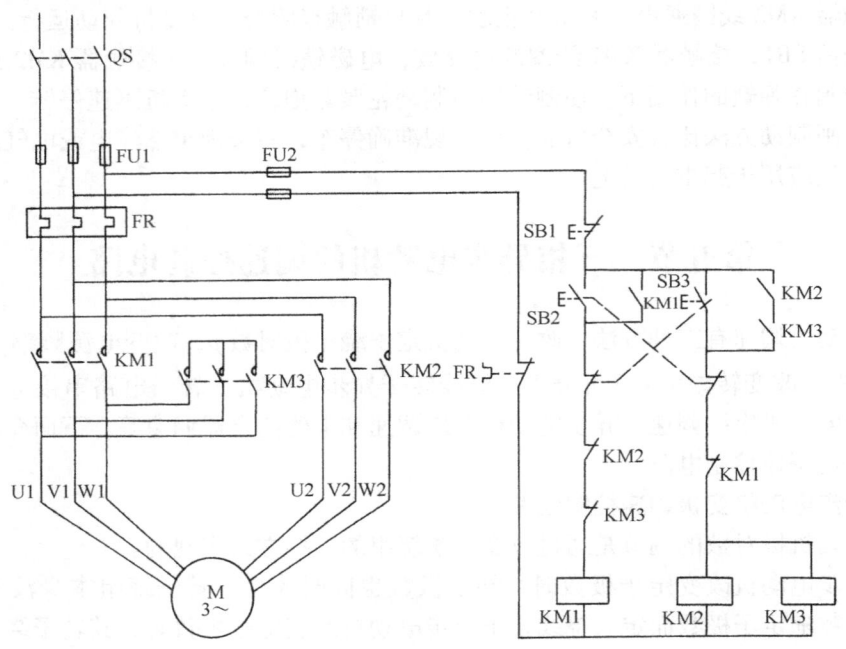

图 8-22　双速异步电动机控制电路

工作原理如下：合上电源开关 QS，按下起动按钮 SB2，接触器 KM1 线圈通电，其常开主触点和自锁触点闭合，定子绕组接成三角形，电动机以低速运行。按下起动按钮 SB3，接触器 KM1 断电释放，接触器 KM2、KM3 线圈通电，其常开主触点和自锁触点闭合，定子绕组接成双星形，电动机以高速运行。因电源相序已改变，电动机转向相同。若按下停止按钮 SB1，接触器断电释放，电动机停转。

2. 三速异步电动机的控制电路

单绕组三速异步电动机定子绕组引出九根出线端，可以接成 2Y/2Y/2Y、2△/2△/2Y 等。图 8-23 所示为 2Y/2Y/2Y 联结的定子绕组联结方式。

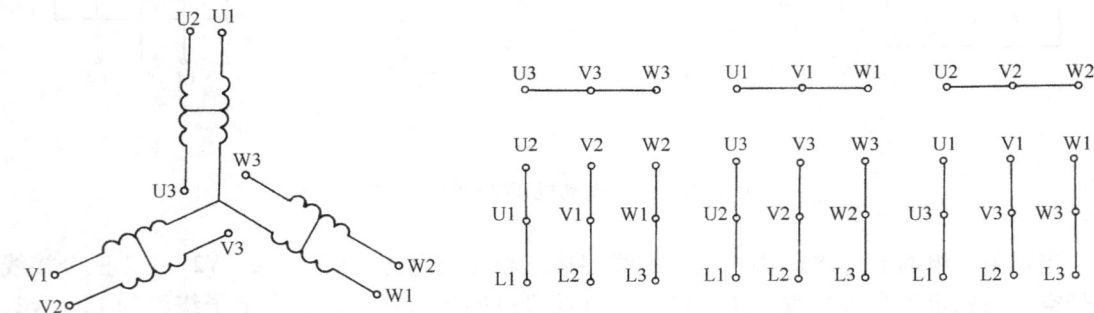

图 8-23　三速电动机 2Y/2Y/2Y 联结方式

当定子绕组的 U1、U2，V1、V2，W1、W2 分别接三相交流电源，U3、V3、W3 短接时，三相定子绕组接成第一种 2Y 联结，电动机以四极高速运行。当定子绕组的 U2、U3、V2、V3、W2、W3 分别接三相交流电源，U1、V1、W1 短接时，三相定子绕组接成第二种 2Y 联结，电动机以六极中速运行。当定子绕组的 U1、U3、V1、V3、W1、W3 分别接三相交流电源，U2、V2、W2 短接时，三相定子绕组接成第三种 2Y 联结，电动机以八极低速运行。

图 8-24 所示为单绕组三速电动机对应于上述联结的控制电路。

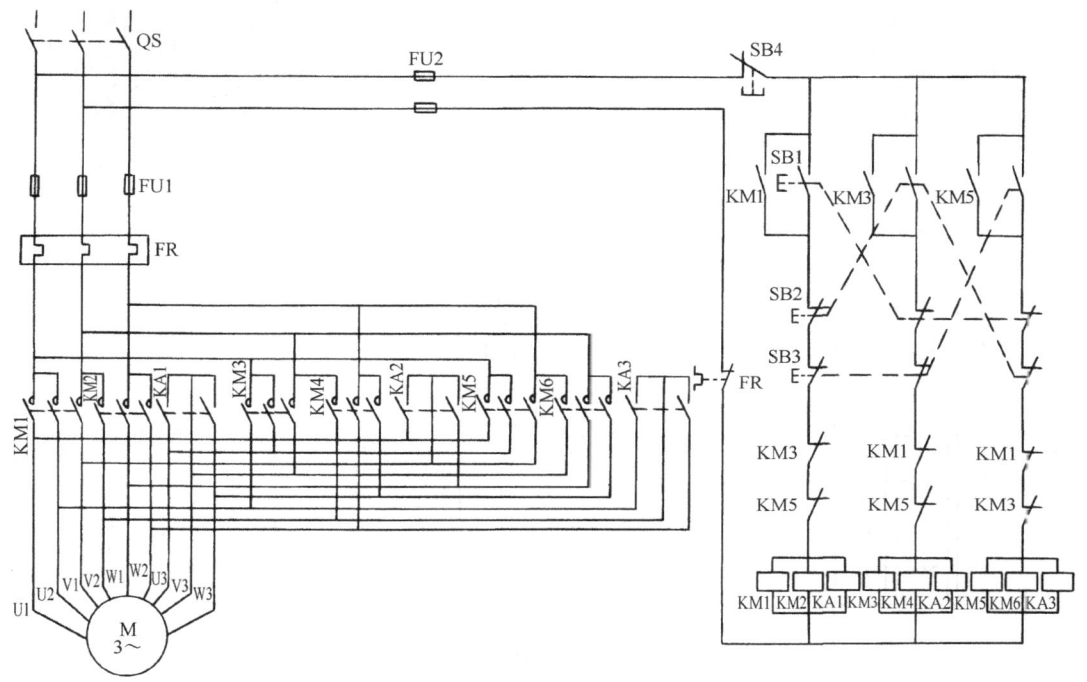

图 8-24 三速异步电动机控制电路

工作原理如下：合上电源开关 QS，按下复合按钮 SB1，接触器 KM1、KM2 及中间继电器 KA1 线圈通电，常开触点闭合，电动机定子绕组接成第一种 2Y 联结，电动机起动并以高速运行。当按下复合按钮 SB2，接触器 KM1、KM2 及中间继电器 KA1 断电释放，接触器 KM3、KM4 及中间继电器 KA2 线圈通电，常开触点闭合，电动机定子绕组接成第二种 2Y 联结，电动机以中速运行。当按下复合按钮 SB3，接触器 KM3、KM4 及中间继电器 KA2 断电释放，接触器 KM5、KM6 及中间继电器 KA3 线圈通电，常开触点闭合，电动机定子绕组接成第三种 2Y 联结，电动机以低速运行。三种联结间加有互锁环节，保证任一种联结接通时，其他两种联结必须断开。按下停止按钮 SB4，接触器断电释放，电动机停转。

二、绕线转子异步电动机转子串电阻调速控制电路

绕线转子异步电动机转子外串电阻进行调速是一种传统的调速方法。在一定负载转矩下，电动机转速随着转子外串电阻的增大而下降。

图 8-25 所示为绕线转子异步电动机转子外串三相电阻进行调速的起重机提升机构控制电路。它由主令控制器和磁力控制盘组成。图中，接触器 KM2 用于电动机接通正序电源，

221

使电动机正转；接触器 KM1 用于电动机接通负序电源，使电动机反转；接触器 KM3 用于接通制动电磁铁 YA。电动机转子电路中共串有七段电阻（$R_1 \sim R_7$），其中 R_7 为常串电阻，用于软化机械特性，其余各段电阻的接入与切除分别由接触器 KM4～KM9 控制。

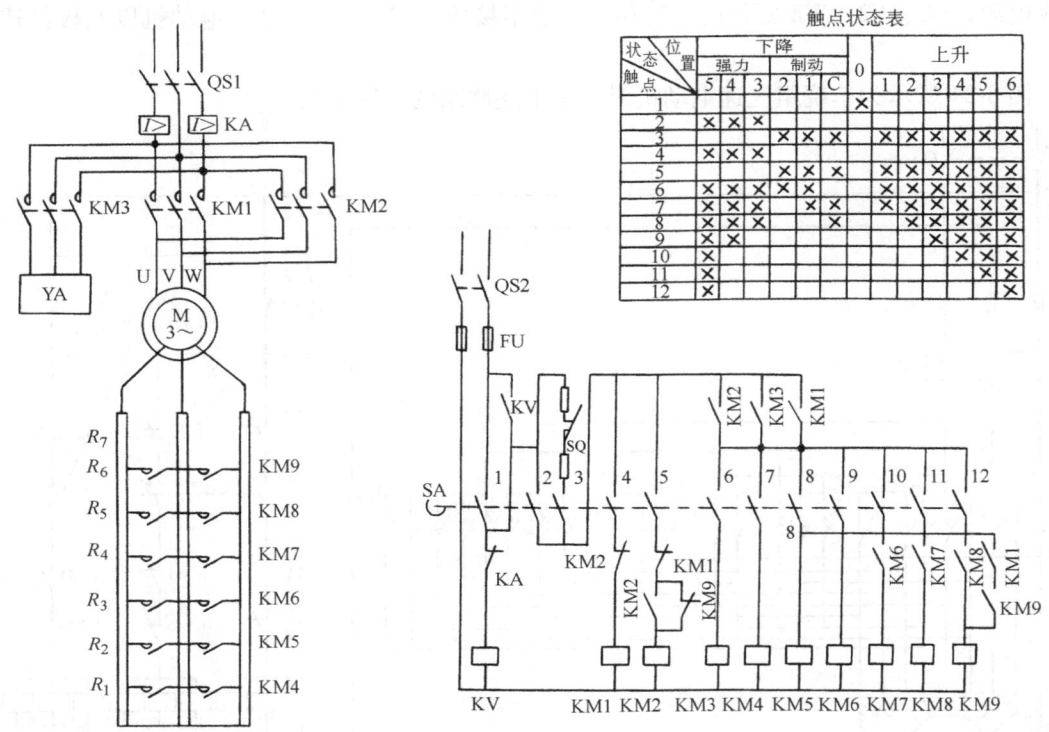

图 8-25　绕线转子异步电动机转子外串电阻调速控制电路

主令控制器本身有 12 对触点，通过这 12 对触点按一定程序的通断来控制接触器，从而实现电动机各种运行状态的改变。

工作原理如下：合上电源开关 QS1、QS2，将主令控制器手柄置于"0"位时，触点 1 闭合，电压继电器 KV 线圈通电并自锁，做好起动电动机的准备。

当提升重物时，主令控制器手柄置于提升侧 1～6 的任何位置，主令控制器的触点 3、5 和 6 闭合，正转接触器 KM2 线圈通电，KM2 常开主触点和自锁触点闭合，接着制动接触器 KM3 线圈通电，KM3 常开主触点和自锁触点闭合，制动电磁铁 YA 通电而松开电磁抱闸，提升电动机起动运转。手柄在提升侧由位置 1 依次变化到位置 6 时，主令控制器的触点 7、8、9、10、11、12 相继闭合，使接触器 KM4～KM9 相继通电，依次短接转子电阻 $R_1、R_1 \sim R_2、R_1 \sim R_3、\cdots、R_1 \sim R_6$，从而使转子串入的电阻不同，因此可获得不同的提升速度。

主令控制器手柄置于提升 1 位置时，转子回路串入电阻较大，提升速度较慢；而置于提升 6 位置时，转子回路串入电阻最小，提升速度最快。若要提升负载，如果主令控制器手柄置于提升侧 1、2 或 3 位置均不能提升，那么应将手柄置于 4、5 或 6 位置，使电动机转矩大于负载转矩，才能提升负载。若提升负载上升到顶部，将使行程开关 SQ 压下，正转接触器 KM2 线圈断电而释放，电动机脱离电源。同时，制动接触器 KM3 也断电释放，电磁抱闸将电动机轴抱住使电动机迅速停转。

当下放重物时，主令控制器手柄下放侧有六个位置。前三个位置（C、1、2）因主令控制器触点 3 和 5 的闭合，使正转接触器 KM2 通电吸合，电动机接通正序电源；后三个位置（3、4、5）因触点 2 和 4 的闭合，使反转接触器 KM1 通电吸合，电动机接通负序电源。当手柄置于下放 1、2 位置时，正转接触器 KM2 通电吸合，同时因主令控制器触点 6 闭合，制动接触器 KM3 也通电吸合，制动电磁铁 YA 通电而松开电磁抱闸，电动机可自由旋转。如果负载较轻，仍能被向上提起，电动机运行于正向电动状态；如果负载较重，因为此时转子串入的电阻较多，电动机运行于倒拉反转制动状态，即低速下放重物。当手柄置于下放 C 位置时，正转接触器 KM2 通电吸合，电动机接通正序电源，但主令控制器触点 6 断开，制动接触器 KM3 没有被接通，电磁抱闸使电动机不能转动。这一档称为下放的准备档。此时因为电动机通电而不能转动，虽转子回路串有电阻，但电动机电流仍较大，故手柄置于这个位置时间不能太长，以免损坏电动机。

当手柄置于下放 3、4 和 5 位置时，反转接触器 KM1 通电吸合，主令控制器触点 6 闭合，制动接触器 KM3 也通电吸合，制动电磁铁 YA 通电而松开电磁抱闸，电动机反向旋转而获得强迫下降的作用，若负载较轻，例如下放空钩，对电动机仍有阻转矩，这时电动机运行在反向电动状态。手柄置于下放 3、4 和 5 位置时，接触器 KM5~KM9 相继通电，依次短接转子电阻 R_1~R_2、R_1~R_3 和 R_1~R_6。对于运行在反向电动状态下，位置 5 的下放速度最快。若重物较重，下放速度将超过同步速，则电动机将进入反向回馈状态。

三、异步电动机变频调速控制电路

采用通用变频器对异步电动机进行调速，由于使用方便、可靠性高且经济效益显著，所以逐步得到推广应用。

1. 通用变频器外部接口电路

通用变频器外部接口的主要作用是使用户能够根据系统的不同需要对变频器进行各种操作，并和其他电路一起构成高性能的自动控制系统。图 8-26 所示为通用变频器外部接口示意图。

由图可见，变频器外部信号接口主要有以下内容：

（1）外接输入端子　操作指令通过外接输入端子从外部输入开关信号来进行控制。主要有频率给定信号、PID 控制的目标给定信号、基本控制输入信号（如正转、反转、复位等）、可编程序输入信号（如多档转速控制，多档升、降速时间控制，转速递增、递减控制等）。

（2）外接输出端子　主要有报警输出端、测量信号输出端和状态信号输出端三种类型。

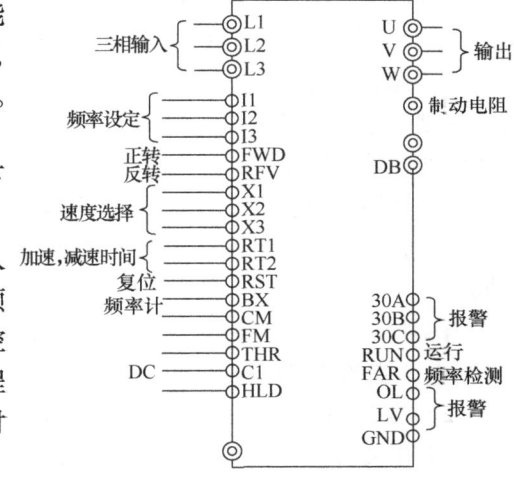

图 8-26　通用变频器外部接口

（3）通信接口　通用变频器具有 RS-232 或 RS-485 的通信接口，主要作用是与计算机、PLC 及其他可通信设备进行通信，并按照计算机或 PLC 的指令完成所需的动作。

2. 通用变频器电气控制电路设计

通用变频器已在工业电气控制中得到广泛应用，对提高电气传动性能、节约能源等方面起到重要作用。下面是通用变频器的两个应用实例。

（1）变频器控制电动机正、反转多级变速　某生产机械需要电动机正、反转，并且有 7 档转速。图 8-27 所示为通用变频器控制电动机正、反转变速电气控制电路，其中图 8-27a 为变频器接线图，图 8-27b 为继电器控制电路。

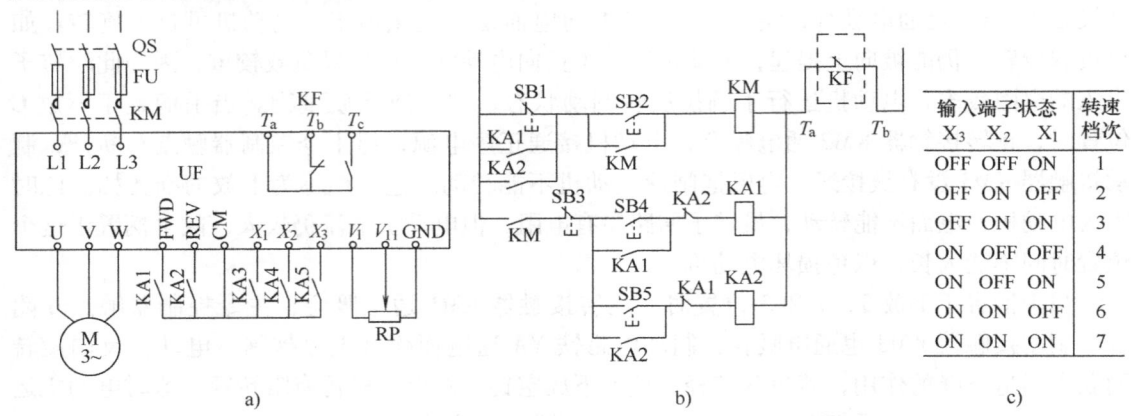

图 8-27　通用变频器变速电气控制电路
a）变频器接线图　b）继电器控制电路　c）转速档次

　　合上电源开关 QS，按下起动按钮 SB2，接触器 KM 通电吸合，接通变频器电源。这时按下起动按钮 SB4，继电器 KA1 通电吸合，其常开触点闭合，变频器控制端子中的"FWD"和"CM"接通，电动机正转起动。变频器的外接输入控制端子中，通过功能预置，可以将若干个（通常为 2~4 个）输入端作为多档（3~16 档）转速控制端，其转速的切换由外部开关器件的状态组合实现，转速的档次是按二进制的顺序排列的，如图 8-27c 表示输入端子 X_3、X_2、X_1 状态（由继电器 KA5、KA4、KA3 控制）与转速档次的关系，共有 7 档转速；另一种调速方法是通过调节电位器 RP 的值，使变频器的输入频率给定变化，从而实现调速。控制电路中，继电器 KA1 常开触点与 SB1 并联，保证了只有在电动机先停机的情况下，才能使变频器切断电源。

　　要改变转向时，按下停止按钮 SB3，再按起动按钮 SB5，继电器 KA2 通电吸合，其常开触点闭合，变频器控制端子中的"REV"和"CM"接通，电动机反转起动。调速方法与上相同。

　　当变频器发生故障时，其报警输出继电器 KF 立即动作，常闭触点 T_a-T_b 断开，接触器 KM 断电，变频器切断电源。

（2）变频与工频的切换控制　通用变频器拖动一台异步电动机，系统需连续运行，当变频器发生故障时，应将电动机切换到工频电网运行。待变频器修复后，再切换为变频运行。

1）电气控制电路如图 8-28 所示。

此电路可以通过人工选择工频运行或变频运行，由三位开关 SA 进行选择。

　　当 SA 合至"工频运行"方式时，按下起动按钮 SB2，中间继电器 KA1 通电吸合，接触器 KM3 动作，电动机进入"工频运行"状态。按下停止按钮 SB1，中间继电器 KA1 和接触器 KM3 均断电，电动机停止运行。

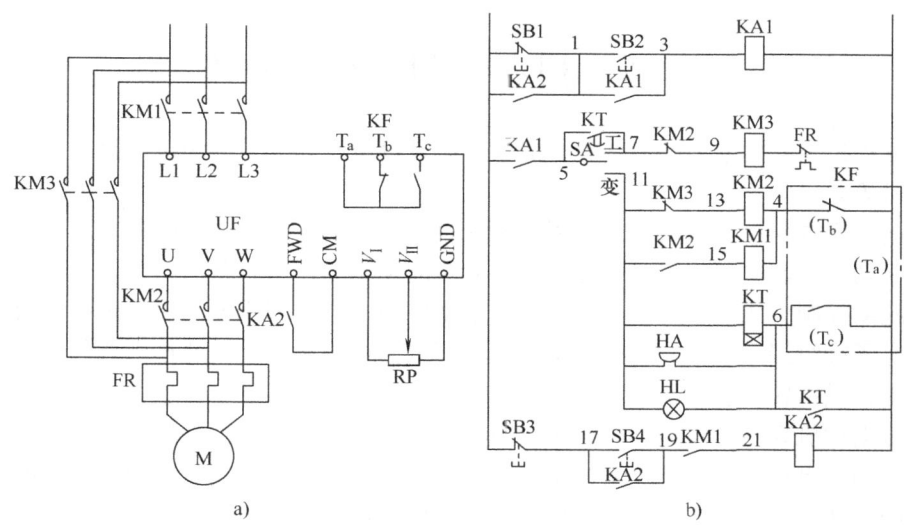

图 8-28 通用变频器电气控制电路

当 SA 合至"变频运行"方式时,按下起动按钮 SB2,中间继电器 KA1 通电吸合,接触器 KM2 动作,将电动机接至变频器的输出端。KM2 动作后,KM1 也动作,将工频电源接至变频器的输入端,并允许电动机起动。

按下 SB4,中间继电器 KA2 动作,变频器的 FWD 与 CM 接通,电动机开始升速,进入"变频运行"状态。KA2 动作后,停止按钮 SB1 将失去作用,以防止直接通过切断变频器电源使电动机停机。

在变频运行过程中,如果变频器因故障而跳闸,则:

"T_a-T_b"断开,接触器 KM2 和 KM1 均断电,变频器和电源之间、电动机和变频器之间都被切断;与此同时,"T_a-T_c"闭合,一方面,由蜂鸣器 HA 和指示灯 HL 进行声光报警,同时,时间继电器 KT 线圈得电,其瞬动触点闭合,使变频器断电后声光报警能够继续;KT 延时触点经延时后闭合,使 KM3 动作,电动机进入工频运行状态。时间继电器 KT 延时的作用是为了保证电动机脱离变频器到接通工频电源的过程中,KM2 和 KM3 不同时接通。

操作人员发现后,应将选择开关 SA 旋至"工频运行"位。这时,声光报警停止,并使时间继电器断电。

在变频调速正常运行时,如按下 SB3,则 KA2 断电,变频器的 FWD 与 CM 之间断开,电动机减速并停止。

2)切换控制要点。

当变频向工频切换时,应先断开 KM2,使电动机脱离变频器,经过一段延时后再合上 KM3,将电动机接至工频电源。对切换延时的要求是:在延时期间,生产机械的转速不能下降得太多,以减小电动机与工频电源相接时的冲击电流。通常,大容量电动机在切换至工频电源时的转速,不宜低于电动机额定转速的 80%,容量较小的电动机可适当放宽。

当工频向变频切换时,应首先使变频器接通电源;接着,电动机切断工频电源,处于自由制动状态;经适当延时后,变频器开始运行;变频器在很短时间内搜索电动机的转速,然后加速至适当的频率进入变频运行状态。

第六节 同步电动机的控制电路

同步电动机主要用于拖动恒速旋转的大型机械设备，如空气压缩机、离心式水泵、送风机和球磨机等。

同步电动机本身没有起动转矩，因此不能自起动。为了解决起动问题，通常采用异步起动法进行起动。控制电路的主要任务是解决异步起动法的控制问题。

整个起动控制分成两个阶段：一是异步起动阶段，这时同步电动机的励磁绕组中串入附加电阻，定子绕组接入电源，开始起动；二是牵入同步阶段，当转速达到亚同步转速时，切除附加电阻，供给转子直流励磁。

当同步电动机采用异步起动时，定子电流会很大。在这个电流和转矩的作用下，电动机迅速起动，随着电动机转速的上升，定子电流逐渐减小，因而可以根据定子电流的数值来反映电动机的转速情况，以实现电动机由异步起动阶段向牵入同步阶段的转换。

图 8-29 所示为根据定子电流反映转速来自动投入励磁电流的同步电动机控制电路。

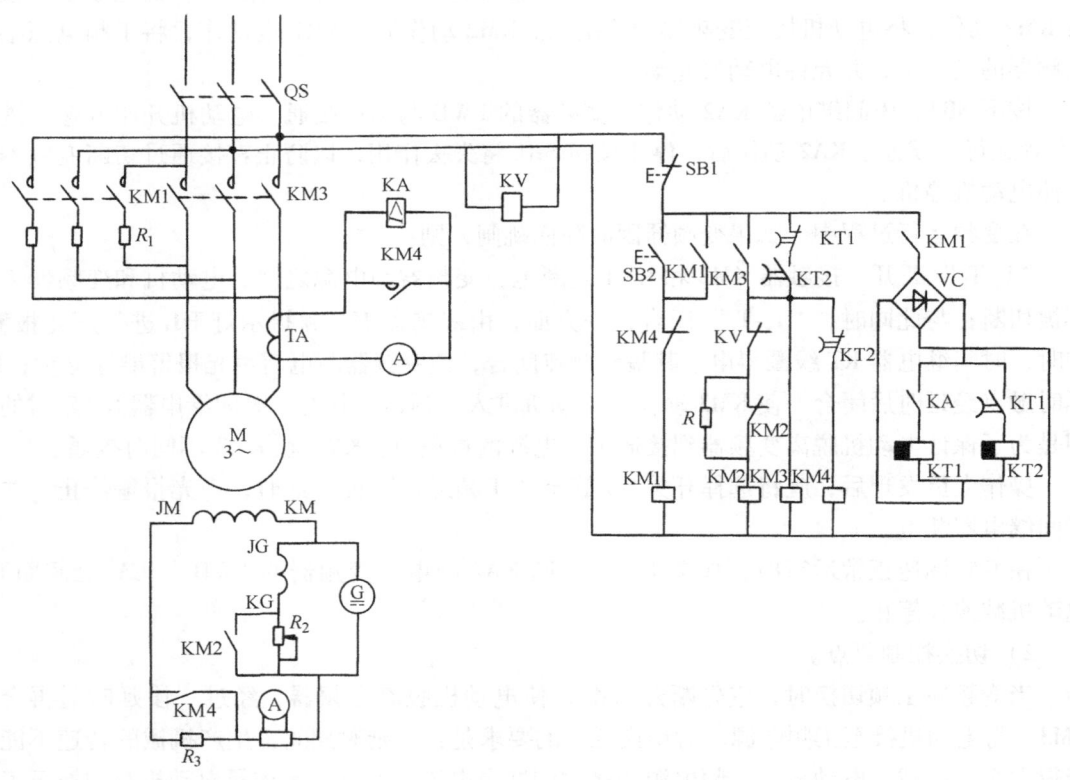

图 8-29　三相同步电动机按定子电流原则投入励磁的控制电路

工作原理如下：合上电源开关 QS，按起动按钮 SB2，接触器 KM1 线圈通电，其常开主触点和自锁触点闭合，电动机定子绕组串入电阻 R_1 进行减压起动。此时，定子电流很大，电流继电器 KA 线圈通电，其常开触点闭合，使时间继电器 KT1 线圈通电，其延时断开的常开触点瞬时闭合，使时间继电器 KT2 线圈通电。与此同时，时间继电器 KT1 延时闭合的常闭触点瞬时断开，接触器 KM3、KM4 均不动作，转子励磁绕组经电阻 R_3 与直流发电机 G 接通。另外，时间继电器 KT2 线圈通电后，其延时触点瞬时动作。

随着电动机的起动，转速逐渐上升，定子电流逐渐减小。当转速上升到亚同步转速时，定子电流减小到电流继电器 KA 的释放电流时，电流继电器 KA 释放，其常开触点断开，使时间继电器 KT1 断电释放。经一段延时后，KT1 延时闭合的常闭触点闭合，接触器 KM3 线圈通过仍然闭合的 KT2 延时断开常开触点通电，其常开主触点和自锁触点闭合，电动机在全电压下继续起动。同时，KT1 延时断开的常开触点断开，使时间继电器 KT2 断电释放。

经一段延时后，KT2 延时闭合的常闭触点闭合，接触器 KM4 线圈通电，常开触点闭合，将励磁绕组回路附加电阻 R_3 及电流继电器 KA 线圈短接。同时，KM4 常闭触点断开，使接触器 KM1 断电释放，切断定子起动回路以及时间继电器 KT1、KT2 线圈的电源。

按下停止按钮 SB1，接触器 KM3、KM4 断电释放，分别切断定子和转子电源，同步电动机停转。

控制电路中还设有一级强励磁环节。当电源开关 QS 合上时，电压继电器 KV 线圈通电，其常闭触点断开，使接触器 KM2 不会动作，同步电动机在正常励磁下运行。如果电源电压降低到某一定值时，电压继电器 KV 断电释放，其常闭触点闭合，使接触器 KM2 线圈通电，常开触点闭合，将直流发电机励磁回路的串接电阻 R_2 短接，使直流发电机输出电压提高，同步电动机励磁电流增加，并使电磁转矩增大，保证电动机的同步运行。

第七节　典型机床电气控制电路

由于生产机械类型、运动形式多种多样，对控制电路提出的要求不尽相同，因而电气控制电路种类繁多。本节将以两个典型机床的电气控制电路为例，进一步阐明电气控制电路的组成、典型控制环节的应用及分析控制电路的方法，培养阅读电气原理图的能力，为独立设计打下基础。

一、卧式车床的电气控制电路

卧式车床是机床中应用最广泛的一种，它能完成车削内圆、外圆、端面、螺纹和螺杆及钻孔、镗孔、倒角、割槽与切割等加工。

车床的基本运动分为主运动和进给运动。主运动是主轴通过卡盘或顶尖带动工件作旋转运动，进给运动是溜板带动刀架作直线移动，两种运动由一台主轴电动机拖动。车床加工工件时，应选择合适的主轴转速及进给速度。但目前中小型车床多采用不变速的异步电动机拖动，它的变速是靠齿轮箱的有级调速来实现的，所以它的控制电路比较简单。为满足加工的要求，主轴的旋转运动有时需要正转或反转，它是通过改变主轴电动机的转向或采用离合器来实现。进给运动是由主轴运动分出一部分动力，通过挂轮箱传给进给箱来实现刀架的进给。有的车床为了提高效率，刀架的快速运动由一台单独的进给电动机来拖动。

主轴电动机起动方法的选择不仅要考虑电动机的容量（容量在 5kW 以下时，采用直接起动；容量在 10kW 以上时，采用减压起动），还要考虑电网的容量。不经常起动的电动机可直接起动的容量为变压器容量的 30%，经常起动的电动机可直接起动的容量为变压器容量的 20%。主轴电动机制动有电气制动和机械制动两种方法。

现以 C650 型卧式车床为例进行分析。

C650 型卧式车床属于中型普通车床，床身最大工件回转半径为 1020mm，最大工件长度为 3000mm。图 8-30 所示为 C650 型卧式车床的电气控制原理图。

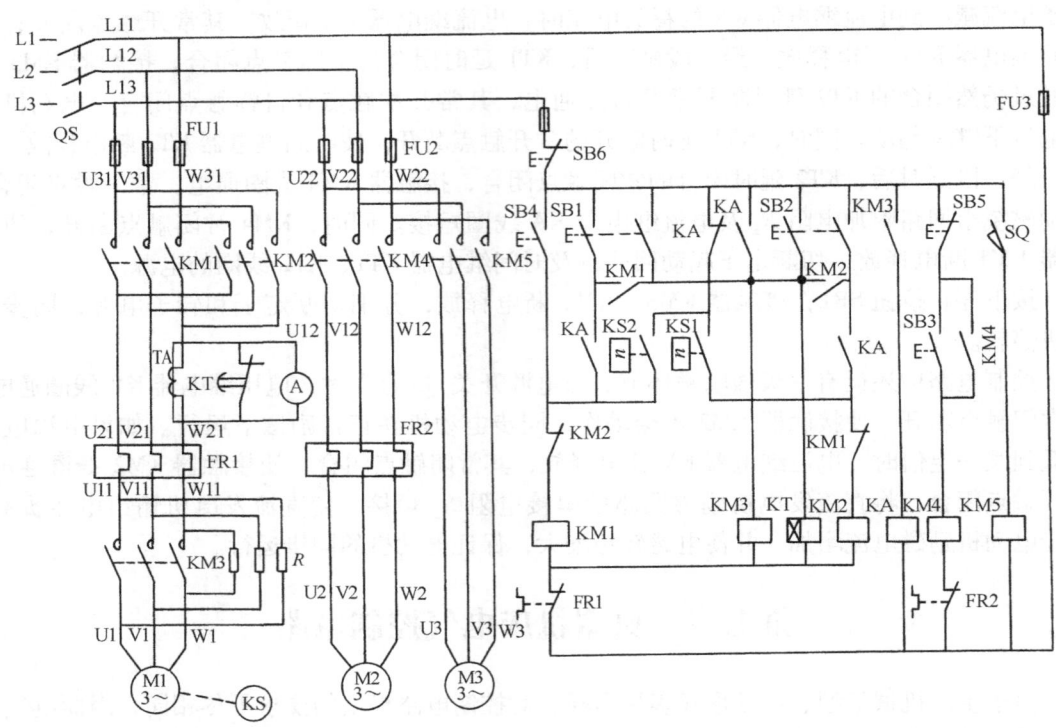

图 8-30 C650 型卧式车床电气原理图

这台车床共有三台电动机。M1 为主轴电动机，功率为 30kW，可以实现点动和正、反转，除具有短路保护和过载保护装置外，还通过电流互感器 TA 接入电流表 A 以监视主电动机绕组的电流。主回路中串有限流电阻 R，可以防止在点动时连续地起动造成电动机过载，还可以在制动时减小制动电流。M2 为冷却泵电动机，功率为 0.15kW，其起停控制方法与单向起动控制方法完全相同，也具有短路和过载保护。M3 为溜板箱快速移动电动机，功率为 2.2kW，由于溜板箱在快速移动时连续工作的时间不长，因此未设过载保护。

工作原理如下：

1. 主电动机 M1 的控制

（1）点动控制 合上电源开关 QS，按下点动按钮 SB4，接触器 KM1 线圈通电，常开主触点闭合，电动机定子绕组经限流电阻 R 和电源接通，电动机减压起动。松开 SB4，接触器 KM1 断电，电动机 M1 停转。

（2）正反转控制 正转时，按下起动按钮 SB1，接触器 KM3 线圈首先通电，常开主触点闭合，将限流电阻 R 短接。同时，KM3 常开辅助触点闭合，中间继电器 KA 线圈通电，

KA 的常开触点闭合，使接触器 KM1 线圈通电，其常开主触点闭合，主电动机 M1 在全压下正向起动。由于 KM1 常开辅助触点和 KA 常开触点闭合，使 KM1 线圈自锁。

反转与正转控制相类似。按下起动按钮 SB2、接触器 KM3 首先通电，接着 KA 通电，KM2 通电，使 KM2 的主触点将电源相序反接，电动机 M1 在全压下反向起动。同时，由于 KM2 和 KA 常开触点闭合，使 KM2 线圈自锁。

在 KM1 和 KM2 的线圈电路中，分别串接有 KM2 和 KM1 的常闭辅助触点，起到互锁的作用。

（3）停机、制动控制　C650 型车床采用了反接制动方式。反接制动线路由可逆环节加速度继电器组成，速度继电器与被控电动机同轴连接。当电动机正转时，速度继电器正转触点动作。当电动机反转时，速度继电器反转触点动作。

1）正转制动：当电动机正转时，接触器 KM1、KM3 和中间继电器 KA 都处于通电动作状态，速度继电器的正转常开触点 KS1 闭合，为正转制动做好准备。

如需停车时，按下停止按钮 SB6，接触器 KM1 和 KM3 均断电释放，电动机电源被切断，此时电动机 M1 在惯性旋转，KS1 仍闭合，在 KM1 和 KM3 断电的同时，KA 也断电释放，这时接触器 KM2 线圈通电，主电动机 M1 经过已闭合的 KM2 常开主触点和电阻 R 接通反相序电源，电动机进入反接制动，电动机转速迅速减小。当转速下降到接近于零时，速度继电器常开触点 KS1 断开，使接触器 KM2 断电释放，电动机脱离电源停车。

2）反转制动：反转制动与正转制动相似。电动机反转时，速度继电器反转触点 KS2 闭合，停车时，接触器 KM1 通电，电源经已闭合的 KM1 主触点和电阻 R 接通电动机，进入反接制动，当转速下降到接近于零时，KS2 断开，电动机脱离电源停车。

2. 冷却泵电动机 M2 的控制

电动机 M2 的控制是典型的单向起动控制电路。起动时，按下起动按钮 SB3，接触器 KM4 线圈通电，常开主触点闭合，电动机起动运转。停车时，则需按停止按钮 SB5。

3. 刀架快速移动电动机 M3 的控制

刀架快速移动是通过转动刀架手柄压动行程开关 SQ 来实现的。手柄压下行程开关 SQ 时，接触器 KM5 线圈通电，常开主触点闭合，电动机 M3 转动。松开刀架手柄，行程开关 SQ 复位，KM5 断电释放，电动机 M3 停转。

4. 辅助电路

为了监视主电动机的电流情况，在电动机 M1 的主电路中，通过电流互感器 TA 接入一只电流表。为防止电动机起动电流对电流表的冲击，线路中采用一个时间继电器 KT。起动时，时间继电器 KT 线圈通电，其延时断开的常闭触点将电流表短接，经过一段延时后，起动过程结束，KT 延时断开的常闭触点断开，正常工作电流流经电流表，以便监视电动机在工作中电流的变化情况。

二、X62W 万能升降台铣床的电气控制电路

铣床可以用来加工平面、斜面和沟槽等。铣床的种类很多，有卧铣、立铣、龙门铣和仿形铣等，其中以卧式和立式万能铣床应用最广泛。下面以 X62W 万能铣床为例，分析中小型铣床的电气控制电路。

铣床的运动方式分为主运动、进给运动和辅助运动。主运动是铣床主轴的旋转运动；进给运动是工作台的直线运动；辅助运动是工作台的快速移动以及工作台的旋转运动。

铣床加工方式有顺铣和逆铣两种，分别使用顺铣刀和逆铣刀，因此要求主轴电动机能正反转。一旦铣刀选定，铣削方向也就确定了，故工作过程中不需要变换主轴旋转方向。为了加工前对刀和提高生产率，要求主轴电动机有制动装置。铣床的进给运动有工作台前后、左右、上下六个方向的运动。为保证安全，同一时间内只允许一个方向的运动。因此，用一台进给电动机拖动，由方向选择手柄选择运动方向。另外，六个方向还能实现快速移动。

主运动和进给运动采用变速孔盘来进行速度选择，为使变速过程中齿轮能顺利啮合，两种运动都要求变速后作瞬时点动。

为了扩大其加工能力，如铣削圆弧和凸轮等曲线，可以在工作台上安装圆形工作台，圆工作台的旋转是由进给电动机经传动机构驱动的。

为使铣床安全可靠地工作，铣床起动时，要求先起动主轴电动机，再起动进给电动机。停车时，要求先停止进给电动机，再停止主轴电动机，或同时停止两台电动机。

当主轴电动机或冷却泵电动机过载时，进给运动必须立即停止，以免损坏刀具和机床。

图 8-31 所示为 X62W 万能铣床的电气控制原理图。

1. 主电路

主电路有三台异步电动机：M1 为主轴电动机，用以带动主轴上的铣刀旋转进行铣削加工；M2 为工作台进给电动机，完成铣床的进给运动和辅助运动；M3 为冷却泵电动机。

主轴电动机 M1 的起动和运行由接触器 KM1 控制。M1 的正反转由转换开关 SA3 预先选定，SA3 的触点接通情况见表 8-1。停车时采用电磁离合器制动。

表 8-1 X62W 万能铣床各开关位置及其动作说明

开关状态 主轴换向转换开关 位置 触头	正转	停止	反转	开关状态 工作台纵向进给开关 位置 触头	左	停	右
SA3-1	−	−	+	SQ5-1	−	−	+
SA3-2	+	−	−	SQ5-2	+	+	−
SA3-3	+	−	−	SQ6-1	+	−	−
SA3-4	−	−	+	SQ6-2	−	+	+
圆工作台控制开关 位置 触头	接通	断开		工作台垂直与横向进给开关 位置 触头	前、下	停	后、上
SA2-1	−	+		SQ3-1	+	−	−
SA2-2	+	−		SQ3-2	−	+	+
SA2-3	−	+		SQ4-1	−	−	+
				SQ4-2	+	+	−
主轴换刀制动开关 位置 触头	接通	断开					
SA1-1	+	−					
SA1-2	−	+					

注：1. "+" 表示触头接通；
    2. "−" 表示触头断开。

第八章 电动机的基本控制电路

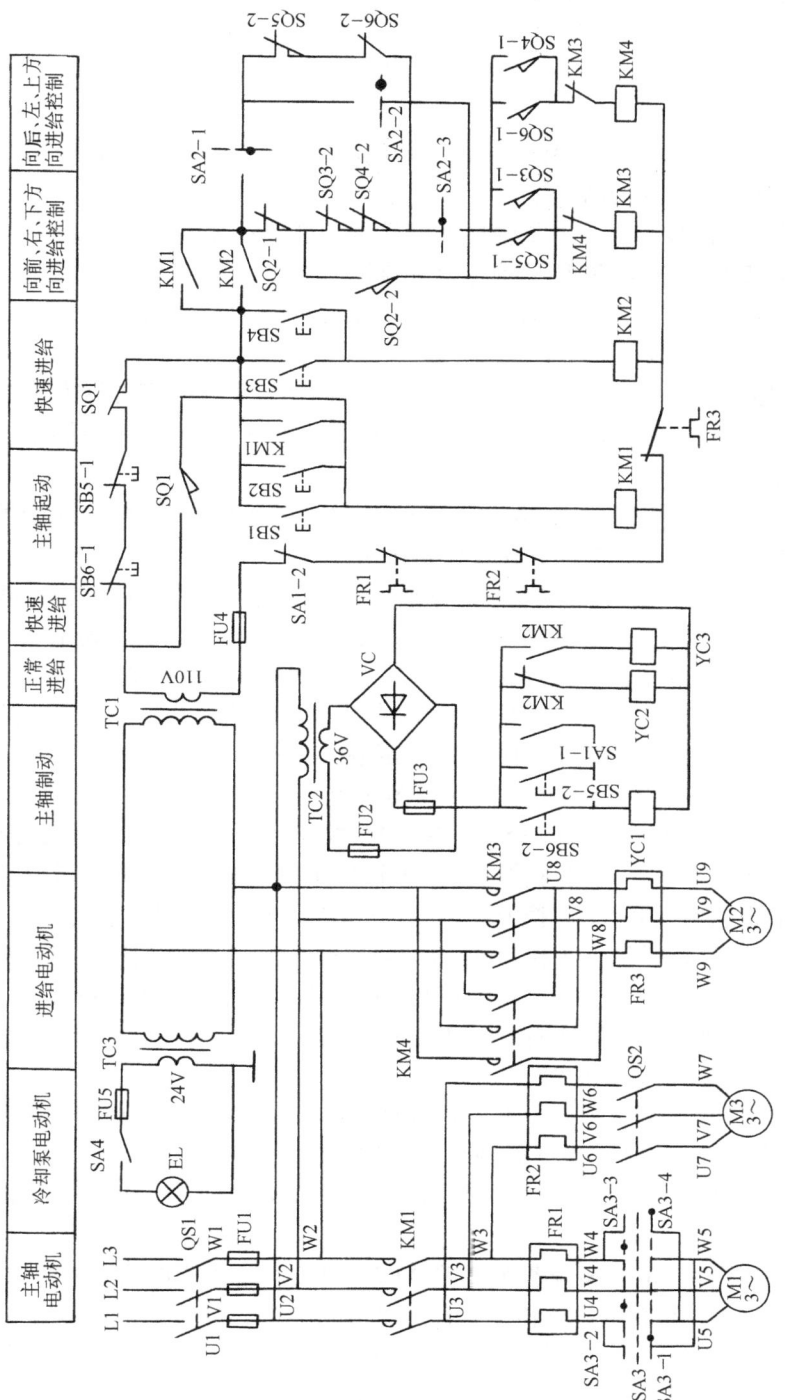

图8-31 X62W万能铣床电气原理图

进给电动机 M2 由接触器 KM3 和 KM4 控制其正反转。六个运动方向的互锁是由机械操纵手柄和行程开关配合的方法实现的。

冷却泵电动机 M3 的起动与停车由接触器 KM1 及开关 QS2 进行控制。

2. 控制电路

（1）主轴电动机 M1 的控制

1）主轴电动机的起动。为了操作方便，主轴电动机 M1 采用两处按钮控制，一处装在工作台前面，另一处装在床身侧面。

起动前先选择好主轴转速，并将主轴换向的转换开关 SA3 扳到所需转向上。这时，按下起动按钮 SB1 或 SB2，接触器 KM1 线圈通电并自锁，常开主触点闭合，电动机 M1 起动并运行。同时，KM1 的常开辅助触点闭合，接通控制电路的进给线路电源，保证了先起动主轴电动机，才可起动进给电动机。

2）主轴电动机的制动。主轴采用电磁离合器进行制动。将电磁离合器安装在主轴传动链中与电动机轴相连的第一根传动轴上，当按下停车按钮 SB5 或 SB6 时，接触器 KM1 断电释放，电动机 M1 断电。

与此同时，停止按钮的常开触点 SB5-2 或 SB6-2 接通电磁离合器 YC1，离合器吸合，对主轴电动机进行制动。当主轴停转时，松开停止按钮。

3）主轴变速冲动。主轴变速冲动是利用变速手柄和冲动行程开关通过机械联动机构进行控制的。变速时，首先将变速手柄拉出，然后转动变速盘，调到所需转速上，再将变速手柄复位，在手柄复位的过程中，压动行程开关 SQ1，其 SQ1 常闭触点断开、常开触点闭合，使接触器 KM1 线圈瞬时通电，主轴电动机作瞬时点动，使齿轮系统抖动一下，达到良好啮合。当手柄复位后，SQ1 复位，断开主轴瞬时点动线路。

4）主轴换刀控制。当主轴上刀或换刀时，为避免人身事故，应将主轴处于制动状态。为此，控制电路中采用了换刀制动开关 SA1。将 SA1 扳到"接通"位置，其常开触点 SA1-1 闭合，接通电磁离合器 YC1 将电动机轴抱住，主轴处于制动状态。同时，常闭触点 SA1-2 断开，切断控制电路电源。当上刀、换刀结束后，将 SA1 扳回"断开"位置。

（2）进给电动机 M2 的控制　工作台的进给运动分为工作进给和快速进给。工作进给只有在主轴起动后才可进行，快速进给是点动控制，即使不起动主轴也可进行。

SA2 为圆工作台转换开关，其通断情况见表 8-1。在进给运动时，SA2 应处于断开位置，这时 SA2-1、SA2-3 接通，SA2-2 断开。

工作台的左、右、前、后、上、下六个方向的运动都是通过操纵手柄和机械联动机构带动相应的行程开关使进给电动机 M2 正转或反转来实现的。行程开关 SQ5、SQ6 控制工作台的向右和向左运动，SQ3、SQ4 控制工作台的向前、向下和向后、向上运动。行程开关动作情况见表 8-1。

进给拖动系统用了两个电磁离合器 YC2 和 YC3，都安装在进给传动链中的第四根轴上。当 YC2 吸合时，连接上工作台的进给传动链；当 YC3 吸合时，连接上快速移动传动链。

1）工作台的纵向（左、右）进给运动。纵向操纵手柄控制工作台的左、右进给，手柄有"向右"、"向左"、"中间"三个位置。当手柄扳到"向右"位置时，工作台纵向进给螺杆连接到进给电动机的传动链上，同时压下行程开关 SQ5，常开触点 SQ5-1 闭合，常闭触点 SQ5-2 断开，接触器 KM3 线圈通电，进给电动机 M2 正转，带动工作台向右运动。当手柄扳到"向左"位置时，压下行程开关 SQ6，SQ6-1 闭合，SQ6-2 断开，接触器 KM4 线圈通电，进给电动机 M2 反转，带动工作台向左运动。当手柄扳向"中间"位置时，行程开关 SQ5、SQ6 均复位，接触器 KM3、KM4 线圈断电释放，进给电动机 M2 停转，工作台停止移动。

2）工作台的垂直（上下）与横向（前后）进给运动。垂直进给与横向进给操纵手柄为十字手柄，控制工作台的上下、前后进给，手柄上有"向上"、"向下"、"向前"、"向后"、"中间"五个位置。手柄扳到"向上"或"向下"位置时，工作台垂直进给螺杆连接到进给电动机的传动链上，手柄扳向"向前"或"向后"位置时，则工作台横向进给螺杆连接到进给电动机的传动链上，手柄扳向"中间"位置时，传动链脱开，电动机停转。

十字手柄扳到"向下"或"向前"位置时，手柄通过联动机构压下行程开关 SQ3，常开触点 SQ3-1 闭合，常闭触点 SQ3-2 断开，接触器 KM3 线圈通电，进给电动机 M2 正转，带动工作台向下或向前移动。十字手柄扳到"向上"或"向后"位置时，手柄通过联动机构压下行程开关 SQ4，常开触点 SQ4-1 闭合，常闭触点 SQ4-2 断开，接触器 KM4 线圈通电，进给电动机 M2 反转，带动工作台向上或向后移动。十字手柄扳到"中间"位置时，行程开关 SQ3、SQ4 都复位，接触器 KM3、KM4 断电释放，进给电动机 M2 停转，工作台停止移动。

3）工作台的快速移动。工作台的快速移动也由进给电动机 M2 拖动。当工作台工作进给时，按下快速按钮 SB3 或 SB4，接触器 KM2 线圈通电，其常闭触点断开电磁离合器 YC2，常开触点接通电磁离合器 YC3。KM2 通电后，进给传动系统跳过齿轮变速链，电动机直接拖动螺杆套，工作台快速进给，进给方向仍由进给操纵手柄决定。松开按钮 SB3 或 SB4，KM2 断电释放，快速进给过程停止，工作台仍按原进给速度和方向移动。

由于在主轴起动接触器 KM1 的常开触点上并联了 KM2 的一个常开触点，故在主轴电动机不起动的情况下，也可实现快速进给。

4）进给变速冲动。进给变速冲动是由进给变速手柄操纵行程开关 SQ2 实现的。变速时将进给变速手柄向外拉出，转动手柄到需要的转速，再把手柄拉出到极限位置并立即推回原位，就在拉到极限位置的瞬间，压动行程开关 SQ2，使其常闭触点 SQ2-1 断开，常开触点 SQ2-2 接通，接触器 KM3 线圈通电，进给电动机瞬时正转。在手柄推回原位时 SQ2 复位，故进给电动机只瞬动一下。

进给变速冲动时，六个方向的运动不能进行，即两个进给操纵手柄必须都在"中间"位置。

(3) 圆工作台的控制　使用圆工作台时，先将转换开关 SA2 扳到"接通"位置，这时 SA2-2 接通，SA2-1 和 SA2-3 断开。再将进给操纵手柄全部扳到"中间"位置。按下主轴起动按钮 SB1 或 SB2，主轴电动机 M1 起动，接触器 KM3 线圈通电，进给电动机 M2 正转，带动圆工作台转动。圆工作台的运动是单方向的。

(4) 冷却泵电动机的控制与照明电路　由主电路可以看出，只有在主轴电动机起动后，冷却泵电动机 M3 才有可能起动。另外，M3 还受开关 QS2 的控制。

照明变压器 TC3 将 380V 交流变为 24V 的照明灯用电源，通过转换开关 SA4 控制照明灯的通断。

(5) 控制电路的联锁

1) 进给运动与主轴运动的联锁。进给运动的控制电路接在主轴起动接触器 KM1 常开触点之后，因此只有在主轴起动后，工作台的进给运动才能进行。

2) 工作台各运动方向的联锁。工作台左、右方向的进给是由一个纵向进给操纵手柄控制的，同一时间只能选取一个方向进给，所以手柄起到了左、右方向的机械联锁作用。工作台上、下、前、后方向的进给是由一个十字手柄控制，同样，十字手柄起到了上、下、前、后四个方向的机械联锁作用。

工作台左右与上下、前后运动方向间的联锁，是靠电气方法实现的。在控制电路中，行程开关 SQ5 和 SQ6 的两个常闭触点串联，行程开关 SQ3 和 SQ4 的两个常闭触点串联，然后这两条支路再并联。如果两个手柄都不在中间位置，则 SQ5 和 SQ6、SQ3 和 SQ4 这两对行程开关中将各有一个被压下，两条支路中各有一个常闭触点断开，使接触器 KM3 和 KM4 的线圈都不能通电，进给电动机 M2 不能转动。实现了工作台各向进给的联锁控制。

3) 工作台与圆工作台的联锁。使用圆工作台时，必须将两个进给操纵手柄都置于中间位置。否则，圆工作台就不能运行。

(6) 控制电路的保护　线路采用熔断器作短路保护。三台电动机都是长期工作的，所以分别采用 FR1、FR2、FR3 做过载保护。主轴电动机和冷却泵电动机过载时，机床不允许工作，故它们的热继电器 FR1 和 FR2 常闭触点串在整个控制电路的电源中；进给电动机过载时，只需停止进给运动，故进给电动机过载保护的热继电器 FR3 常闭触点串在进给电动机控制电路中。

思考题与习题

8-1　设计单向运行反接制动的电气控制电路。

8-2　C650 卧式车床电气原理图中的 KS1、KS2 触点位置对调后，还有没有反接制动作用？为什么？

8-3　X62W 万能升降台铣床电气控制电路中采用了哪些基本控制方法和保护？

8-4　设计采用电流继电器控制的绕线转子异步电动机转子串电阻起动控制电路。

8-5　图 8-32 中与电流表并联的时间继电器 KT 的作用是什么？

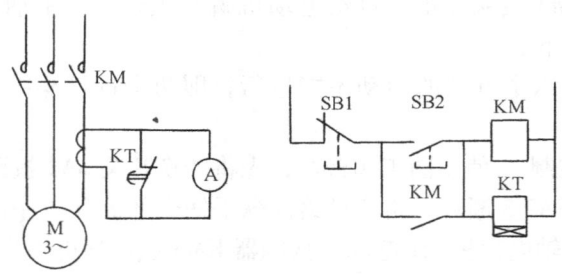

图 8-32　电流表接入控制电路

8-6　图 8-33 为 Z35 摇臂钻床的电气控制原理图，其中，M1 为冷却泵电动机，用来提供冷却液；M2 为主轴电动机，用来控制主轴的旋转；M3 为升降电动机，用来控制摇臂的上升与下降；M4 为液压泵电动机，用来控制立柱的夹紧与放松。试分析工作原理。

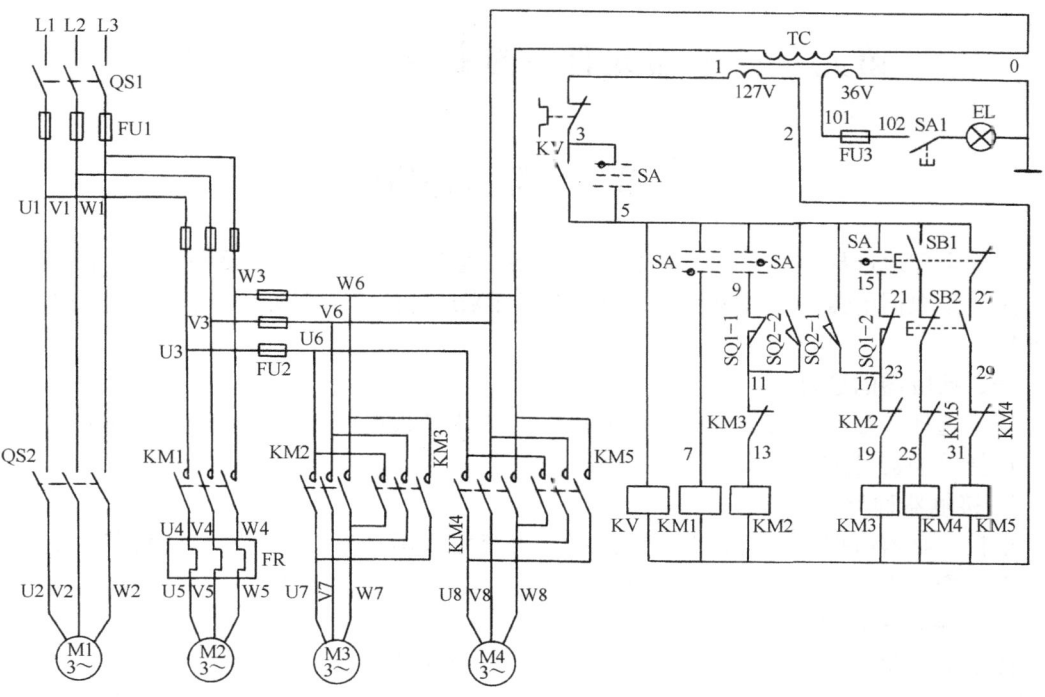

图 8-33　Z35 摇臂钻床电气控制原理图

第九章　电器元件的选择和电动机的保护

第一节　电器元件的选择

正确合理地选择电器元件，是使控制线路安全和可靠工作的重要保证。电器元件的选择，主要是根据电器产品目录上的各项技术指标来进行的。下面对常用电器的选用作一简单的介绍。

一、接触器的选择

正确选择接触器就是要使所选用的接触器的技术数据应能满足控制线路对它提出的要求。选择接触器可按下列步骤进行：

1. 接触器种类

根据接触器所控制的负载性质来选择：直流负载用直流接触器，交流负载用交流接触器，对频繁动作的交流负载，可选用带直流电磁线圈的交流接触器。

2. 接触器额定电压

接触器主触点的额定电压要根据主触点所控制负载电路的额定电压来确定。例如，所控制的负载为380V的三相笼型异步电动机，则应选用额定电压为380V以上的交流接触器。

3. 接触器额定电流

一般情况下，接触器主触点的额定电流应大于等于负载或电动机的额定电流，计算公式为

$$I_N \geqslant \frac{P_N \times 10^3}{KU_N}$$

式中，I_N 为接触器主触点额定电流；K 为经验常数，一般取 1~1.4；P_N 为被控电动机额定功率；U_N 为被控电动机额定线电压。

如果接触器用于电动机的频繁起动、制动或正反转的场合，一般可将其额定电流降一个等级来选用。常用的额定电流等级为：5A、10A、20A、40A、60A、100A、150A、250A、400A、600A等，具体电流等级随选用的系列不同而不同。

4. 接触器线圈的额定电压

接触器线圈的额定电压应等于控制回路的电源电压。其电压等级为：交流线圈36V、110V、127V、220V、380V；直流线圈24V、48V、110V、220V、440V等。

为了保证安全，一般接触器线圈均选用较低的电压值，如110V、127V，并由控制变压器供电。但如果控制电路比较简单，所用接触器的数量较少时，为了省去变压器，可选用380V、220V电压。

5. 接触器触点数目

根据控制线路的要求而定。交流接触器通常有三对常开主触点和四至六对辅助触点，直流接触器通常有两对常开主触点和四对辅助触点。

6. 接触器额定操作频率

一般交流接触器为 600 次/h，直流接触器为 1200 次/h。

二、继电器的选择

选择继电器时，应主要考虑电源种类、触点的额定电压和额定电流、线圈的额定电压或额定电流、触点组合方式及数量、吸合时间及释放时间等因素。下面介绍几种常用继电器的选择原则。

1. 电磁式继电器的选择

（1）电流继电器 根据负载所要求的保护作用，电流继电器分为过电流继电器和欠电流继电器两种类型。

过电流继电器选择的主要参数是额定电流和动作电流，其额定电流应大于或等于被保护电动机的额定电流，动作电流应根据电动机工作情况按其起动电流的 1.1~1.3 倍整定。一般绕线转子异步电动机的起动电流按 2.5 倍额定电流考虑，笼型异步电动机的起动电流按 5~7 倍额定电流考虑。选择过电流继电器的动作电流时，应留有一定的调节余地。

欠电流继电器一般用于直流电动机及电磁吸盘的弱磁保护。选择的主要参数是额定电流和释放电流，其额定电流应大于或等于额定励磁电流，释放电流整定值应低于励磁电路正常工作范围内可能出现的最小励磁电流，可取最小励磁电流的 0.85 倍。选择欠电流继电器的释放电流时，应留有一定的调节余地。

（2）电压继电器 根据在控制电路中的作用，电压继电器分为过电压继电器和欠电压（零电压）继电器两种类型。

过电压继电器选择的主要参数是额定电压和动作电压，其动作电压可按系统额定电压的 1.1~1.5 倍整定。欠电压继电器常用一般电磁式继电器或小型接触器充任，其选用只要满足一般要求即可，对释放电压值无特殊要求。

2. 热继电器的选择

热继电器主要用于电动机的过载保护，通常选用时按电动机的型式、工作环境、起动情况及负载性质等几方面综合加以考虑。

（1）热继电器结构型式 当电动机绕组为 Y 联结时，可选用两相结构的热继电器，如果电网电压严重不平衡、工作环境恶劣，可选用三相结构的热继电器；当电动机绕组为 △ 联结时，则应选用带断相保护装置的三相结构热继电器。

（2）热继电器额定电流 对于长期正常运行的电动机，热继电器热元件额定电流取为电动机额定电流的 0.95~1.05 倍；对于过载能力较差的电动机，热继电器热元件额定电流取为电动机额定电流的 0.6~0.8 倍。

对于不频繁起动的电动机，要保证热继电器在电动机起动过程中不产生误动作，若电动机起动电流为其额定电流的 6 倍，并且起动时间不超过 6s 时，则可按电动机的额定电流来选择热继电器。

对于重复短时工作制的电动机，首先要确定热继电器的允许操作频率，可根据电动机的起动参数（起动时间、起动电流等）和通电持续率来选择。

3. 时间继电器的选择

时间继电器的类型很多，选用时应从以下几方面考虑：

（1）电流种类和电压等级 电磁阻尼式和空气阻尼式时间继电器，其线圈的电流种类和电压等级应与控制电路的相同；电动机式和晶体管式时间继电器，其电源的电流种类和电压等级应与控制电路的相同。

（2）延时方式　根据控制电路的要求来选择延时方式，即通电延时型和断电延时型。

（3）触点型式和数量　根据控制电路的要求来选择触点型式（延时闭合或延时断开）及数量。

（4）延时精度　电磁阻尼式时间继电器适用于精度要求不高的场合，电动机式或电子式时间继电器适用于延时精度要求高的场合。

（5）操作频率　操作频率不宜过高，否则会影响电寿命，甚至会导致延时动作失调。

4. 中间继电器的选择

选用中间继电器时，应注意线圈的电流种类和电压等级应与控制电路一致，同时，触点的数量、种类及容量也要根据控制电路的需要来选定。如果一个中间继电器的触点数量不够用，可以将两个中间继电器并联使用，以增加触点的数量。

三、熔断器的选择

1. 一般熔断器的选择

一般熔断器的选择内容主要是熔断器类型、额定电压、额定电流等级及熔体的额定电流。

（1）熔断器类型　熔断器类型根据线路要求、使用场合及安装条件来选择，其保护特性应与被保护对象的过载能力相匹配。对于容量较小的照明及电动机，一般是考虑它们的过载保护，可选用熔体熔化系数小一些的熔断器，如熔体为铅锡合金的 RC1A 系列熔断器；对于容量较大的照明及电动机，除过载保护外，还应考虑短路时的分断短路电流能力，若短路电流较小时，可选用低分断能力的熔断器，如熔体为锌质的 RM10 系列熔断器，若短路电流较大时，可选用高分断能力的 RL1 系列熔断器，若短路电流相当大时，可选用有限流作用的 RT0 及 RT12 系列熔断器。

（2）熔断器额定电压及额定电流　熔断器的额定电压应大于或等于线路的工作电压，额定电流应大于或等于所装熔体的额定电流。

（3）熔断器熔体额定电流

1) 对于如照明线路或电热设备等没有冲击电流的负载，应选择熔体的额定电流等于或稍大于负载的额定电流，即

$$I_{RN} \geqslant I_N$$

式中，I_{RN} 为熔体额定电流；I_N 为负载额定电流。

2) 对于长期工作的单台电动机，要考虑电动机起动时不应熔断，即

$$I_{RN} \geqslant (1.5 \sim 2.5)I_N$$

轻载时系数取 1.5，重载时系数取 2.5。

3) 对于频繁起动的电动机，在频繁起动时，熔断器不应熔断，即

$$I_{RN} \geqslant (3 \sim 3.5)I_N$$

4) 对于多台电动机长期共用一个熔断器，熔体额定电流选择为

$$I_{RN} \geqslant (1.5 \sim 2.5)I_{Nmax} + \Sigma I_N$$

式中，I_{Nmax} 为容量最大的电动机额定电流；ΣI_N 为除容量最大的电动机外，其余电动机额定电流之和。

（4）对于配电系统　在多级熔断器保护中，为防止发生越级熔断，使上、下级熔断器

间有良好的配合,选用熔断器时应注意上一级(干线)熔断器的熔体额定电流比下一级(支线)的额定电流大1~2个级差。

2. 快速熔断器的选择

(1) 快速熔断器熔体的额定电流 选择熔体额定电流时应当注意,快速熔断器熔体的额定电流是以有效值表示的,而硅整流元件和晶闸管的额定电流则是以平均值表示的。

当快速熔断器接入交流侧,熔体的额定电流选为

$$I_{RN} \geq k_1 I_{Zmax}$$

式中,I_{Zmax}为可能使用的最大整流电流;k_1为与整流电路的形式及导电情况有关的系数,若保护硅整流元件时,k_1取值见表9-1,若保护晶闸管时,k_1取值见表9-2。

表9-1 不同整流电路时的k_1

整流电路形式	单相半波	单相全波	单相桥式	三相半波	三相桥式	双星形六相
k_1	1.57	0.785	1.11	0.575	0.816	0.29

表9-2 不同整流电路及不同导通角时的k_1

晶闸管导通角		180°	150°	120°	90°	60°	30°
整流电路形式	单相半波	1.57	1.66	1.88	2.22	2.78	3.99
	单相桥式	1.11	1.17	1.33	1.57	1.97	2.82
	三相桥式	0.816	0.828	0.865	1.03	1.29	1.88

当快速熔断器接入整流桥臂时,熔体额定电流选为

$$I_{RN} \geq 1.5 I_{GN}$$

式中,I_{GN}为硅整流元件或晶闸管的额定电流(平均值)。

(2) 快速熔断器额定电压 快速熔断器分断电流的瞬间,最高电弧电压可达电源电压的1.5~2倍。因此,硅整流元件或晶闸管的反向峰值电压必须大于此电压值才能安全工作,即

$$U_F \geq k_2 \sqrt{2} U_{RE}$$

式中,U_F为硅整流元件或晶闸管的反向峰值电压;U_{RE}为快速熔断器额定电压;k_2为安全系数,一般取为1.5~2。

四、开关电器的选择

1. 刀开关的选择

刀开关主要根据使用场合、电源种类、电压等级、电动机容量及所需极数来选择。

首先根据刀开关在线路中的作用和安装位置选择其结构形式,若用于隔断电源时,需选用无灭弧罩的产品,若用于分断负载时,则需选用有灭弧罩、且用杠杆来操作的产品。然后再根据线路电压和电流来选择,刀开关的额定电压应大于或等于所在线路的额定电压;额定电流应大于负载的额定电流,当负载为异步电动机时,其额定电流应取电动机额定电流的1.5倍以上。刀开关的极数应与所在电路的极数相同。

2. 组合开关的选择

组合开关主要根据电源种类、电压等级、所需触点数及电动机容量进行选择。选择时应掌握以下原则:

1) 组合开关的通断能力并不是很高,因此不能用它来分断故障电流。对用于控制电动

机可逆运行的组合开关，必须在电动机完全停止转动后才允许反方向接通。

2) 组合开关接线方式很多，使用时应根据需要正确地选择相应规格的产品。

3) 组合开关的动作频率不宜太高（一般不宜超过 300 次/h），所控制负载的功率因数也不能低于规定值，否则组合开关就要降低容量使用。

4) 组合开关本身不带过载、短路和欠电压保护，如果需要这类保护，必须另设其他保护电器。

3. 低压断路器的选择

低压断路器主要根据保护特性要求、分断能力、电网电压类型及等级、负载电流、操作频率等方面进行选择。

(1) 额定电压和额定电流　低压断路器的额定电压和额定电流应大于或等于线路的额定电压和额定电流。

(2) 热脱扣器　热脱扣器整定电流应与被控制电动机的额定电流或负载的额定电流一致。

(3) 过电流脱扣器　过电流脱扣器瞬时动作整定电流由下式确定

$$I_Z \geq KI_S$$

式中，I_Z 为瞬时动作整定电流值；I_S 为线路中的尖峰电流。若负载是电动机，则 I_S 即为起动电流；K 为考虑整定误差和起动电流允许变化的安全系数。当动作时间大于 20ms 时，取 $K=1.35$；当动作时间小于 20ms 时，取 $K=1.7$。

(4) 欠电压脱扣器　欠电压脱扣器的额定电压应等于线路的额定电压。

4. 电源开关联锁机构

电源开关联锁机构与相应的断路器和组合开关配套使用，用于接通电源、断开电源和柜门开关联锁，以达到在切断电源后才能打开门，将门关闭好后才能接通电源的效果，起到安全保护作用。电源开关联锁机构有 DJL 系列和 JDS 系列。

五、控制变压器的选择

控制变压器一般用于降低控制电路或辅助电路的电压，提高控制电路的安全可靠性。控制变压器主要根据一次和二次电压等级及所需要的变压器容量来选择。

控制变压器一次电压应与所接的交流电源电压相符合，二次电压应与控制电路、辅助电路的电器线圈额定电压相符合。控制变压器容量的选择分为两种情况：

1) 变压器长期运行时，最大工作负载时变压器的容量应大于或等于最大工作负载所需要的功率，计算公式为

$$P_T \geq K_T \Sigma P_{XC}$$

式中，P_T 为控制变压器所需容量；ΣP_{XC} 为控制电路最大负载时工作的电器所需的总功率，其中 P_{XC} 为电磁器件的吸持功率；K_T 为控制变压器容量储备系数，一般取 $K_T = 1.1 \sim 1.25$。

2) 控制变压器容量应满足已吸合的电器在起动其他电器时仍能保持吸合状态，而起动电器也能可靠地吸合，计算公式为

$$P_T \geq 0.6\Sigma P_{XC} + 1.5\Sigma P_{ST}$$

式中，ΣP_{ST} 为同时起动的电器总吸收功率。

最后所需控制变压器的容量，应由上两式中所计算出的最大容量决定。

六、主令电器的选择

主令电器种类很多，应用很广泛。下面仅简单介绍两种常用主令电器的选择。

1. 按钮的选择

按钮的选择应从以下几方面考虑：

1）根据使用场合和具体用途选择按钮形式。如果按钮安装于控制柜的面板上，需采用开启式的；如要显示工作状态，需采用带指示灯的；如要避免误操作，需采用钥匙式的；如要避免腐蚀性气体侵入，需采用防腐式的。

2）根据控制作用选择按钮帽的颜色。按钮帽的颜色有红色、绿色、白色、黄色、蓝色、黑色和橙色等，一般起动或通用按钮采用绿色，停止按钮采用红色。

3）根据控制回路的需要确定触头数量和按钮数量。如单钮、双钮、三钮和多钮等。

2. 行程开关的选择

1）根据使用场合和控制对象确定行程开关的种类：一般用途行程开关还是起重设备用行程开关。例如，当生产机械运动速度不是太快时，可选用一般用途的行程开关；在工作频率很高、对可靠性及精度要求也很高时，可选用接近开关。

2）根据生产机械的运动特性确定行程开关的操作方式。

3）根据使用环境条件确定行程开关的防护形式，如开启式或保护式。

第二节　电动机的保护

电动机除了能满足生产机械的加工工艺要求外，要想长期安全地正常运行，必须有各种保护措施。

保护环节是电气控制系统不可缺少的组成部分，可靠的保护装置可以防止对电动机、电网、电气控制设备以及人身安全的损害。

电动机的安全保护环节有短路保护、过载保护、过电流保护、欠电压保护及弱磁保护等。

一、短路保护

在电动机绕组的绝缘、导线的绝缘损坏，负载短路、接线错误等故障情况下，有可能产生短路现象。短路时产生的瞬时故障电流可能达到电动机额定电流的几十倍，会造成严重的绝缘破坏、导线熔化，因此在电动机中会产生强大的电动力而使绕组或机械部件损坏。

短路保护要求具有瞬动特性，即要求在很短时间内切断电源。当电动机正常起、制动时，短路保护装置不应误动作。

短路保护常用的方法是采用熔断器，将熔断器串接于被保护的电路中，还可以采用具有瞬时动作脱扣器的低压断路器或采用专门的短路保护装置，可以根据上一节介绍的选择原则来选用和整定动作值。当主电路容量较小时，主电路中的熔断器可以同时作为控制电路的短路保护；当主电路容量较大时，则控制电路需有单独的短路保护熔断器。图9-1所示为电动机常用保护类型示意图。

二、过载保护

过载是指电动机工作电流超过其额定电流而使绕组发热。引起过载的原因很多，如负载的突然增加、电源电压降低和缺相运行等。电动机长期过载运行时，绕组温升将超过其允许

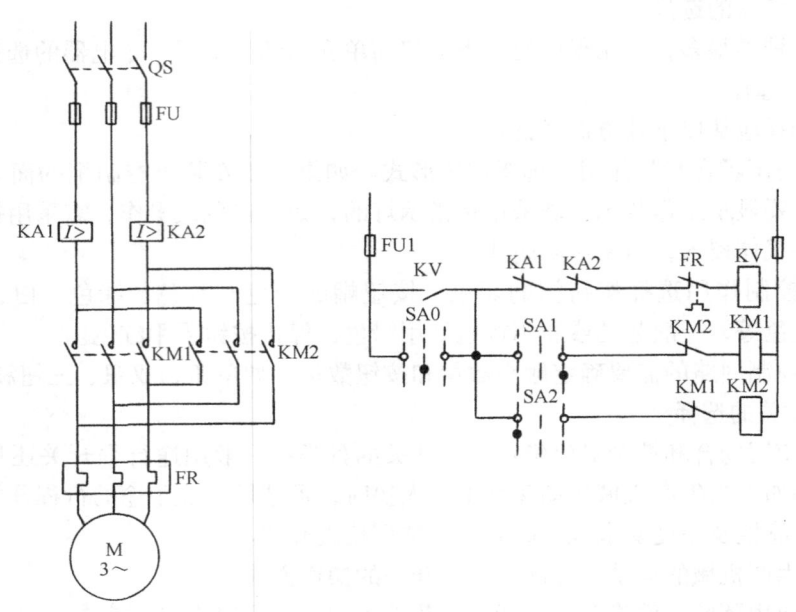

图 9-1 电动机常用保护类型示意图

值，电动机绝缘材料就要变脆，寿命缩短，甚至使电动机损坏。

电动机过载保护常用的元件是热继电器。热继电器具有反时限特性，即根据电流过载倍数的不同，其动作时间是不同的，过载电流越大，动作时间越短，而电动机为额定电流时，热继电器不动作。由于热惯性的原因，热继电器不会受电动机短时过载冲击电流或短路电流的影响而瞬时动作，所以在使用热继电器做过载保护的同时，还必须设有短路保护，并且选作短路保护的熔断器熔体的额定电流不应超过 4 倍热继电器发热元件的额定电流。过载保护电路如图 9-1 所示。

电动机过载保护还可以采用带长延时脱扣器的低压断路器或具有反时限特性的过电流继电器。采用带长延时脱扣器的低压断路器时，脱扣器的整定电流一般可取为电动机的额定电流或稍大一些，并应考虑到电动机实际起动时间的长短。采用过电流继电器时，应保证产生过电流的时间长于起动时间时，继电器才动作。

三、过电流保护

过电流是指电动机的工作电流超过其额定值的运行状态，过电流常常是由于不正确的起动和负载转矩过大而引起的，其值比短路电流小。在电动机运行中，产生过电流比发生短路的可能性要大，特别是在频繁正反转、重复短时工作的电动机中更易出现。因此，过电流保护的动作值应比正常的起动电流稍大一些，以免影响电动机的正常运行。

过电流保护也要求保护装置能瞬时动作，即只要过电流值达到整定值，保护装置就应立即动作切断电源。过电流保护常用电路如图 9-1 所示，过电流继电器线圈串接在被保护的电路中，电路电流达到整定值时，过电流继电器动作，其常闭触点断开，接触器线圈断电。

过电流保护还可以采用低压断路器、电动机保护器等。通常情况下，过电流保护用于直流电动机或绕线型异步电动机，对笼型异步电动机，短时的过电流不会产生严重后果，所以不采用过电流保护而采用短路保护。

四、欠电压和失电压保护

1. 欠电压保护

电动机正常运行时，若电源电压降低，由于电动机的负载功率没有改变，就使电动机绕组的电流增加，使电动机转速下降、温度增高，严重时会使电动机停转。另一方面，电源电压低于一定限度时，会使控制线路中的一些电器（如交流接触器、继电器等）释放或处于抖动状态，造成控制线路工作不正常，甚至导致事故。因此，在电源电压降到允许值以下时，需要自动切断电源。这就是欠电压保护。

欠电压保护可以用欠电压继电器，欠电压继电器的释放电压整定值可以比较低；另外，还可用具有失电压保护作用的接触器或具有欠电压脱扣器的断路器。图 9-1 所示为采用欠电压继电器的保护电路，图中，SA 为主令控制器，有三档工作位置。

开始工作时，将 SA 置于中间档位，则 SA0 闭合，欠电压继电器 KV 的线圈通电并自锁。将 SA 置于右边位置时，则 SA0 断开、SA1 闭合，接触器 KM1 通电吸合，电动机正转。将 SA 置于左边位置时，SA2 闭合，接触 KM2 通电吸合，电动机反转。若在运行过程中，电源电压降低或消失，欠电压继电器 KV 就会断电释放，接触器 KM1 或 KM2 也马上释放，电动机脱离电源而停转。当电源电压恢复时，由于 SA0 和 KV 触点都是断开的，故 KV 和 KM1（或 KM2）线圈都不能通电，电动机不会自行起动。若使电动机重新起动，必须将 SA 置于中间位置，使 SA0 线圈闭合，KV 线圈通电并自锁，然后再将 SA 置于右边或左边位置，电动机才能起动。

2. 失电压保护

当电动机接至额定频率的电源上正常工作时，如果电源电压因某种原因消失，那么在电源电压恢复时，电动机将自行起动，此时可能引起电动机或生产机械的损坏，甚至危害工作人员的安全。另外，多台电动机同时自行起动也会引起不允许的过电流和电网电压下降。为了防止电源电压失去后恢复供电时电动机的自行起动，需要进行失电压保护，或称零电压保护。

失电压保护可以用零电压继电器。当控制电路中用按钮驱动接触器来控制电动机的起停时，也可利用按钮的自动恢复作用和接触器失电压保护功能来实现失电压保护，而不必再用零电压继电器。因为当电压消失时，接触器就自动释放，其主触点和自锁触点同时断开，切断电动机电源，当电压恢复正常时，必须重新按下起动按钮，才能使电动机起动。

五、断相保护

异步电动机在正常运行时，如果电源任一相断开，电动机将在缺相电源中低速运转或堵转，定子电流很大，是造成电动机绝缘及绕组烧毁的常见故障之一。因此应进行断相保护，或称缺相保护。

引起电动机断相的主要原因有：电动机定子绕组一相断线，电源一相断线，熔断器、接触器、低压断路器等接触不良或接头松动等。断相运行时，线路电流和电动机绕组连接因断相形式（电源断相、绕组断相等）的不同而不同；电动机负载越大，故障电流也越大。

断相保护的方法很多，可以用带断相保护的热继电器、电压继电器及电流继电器等，下面介绍一种固态断相保护器。图 9-2 所示为固态断相保护器原理框图，它由检测电路、滤波电路、鉴别电路、开关电路、执行电路和稳压电源组成。

图 9-3 所示为固态断相保护器工作原理图。

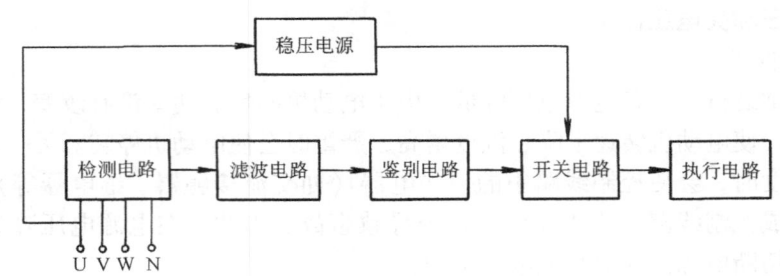

图 9-2 固态断相保护器原理框图

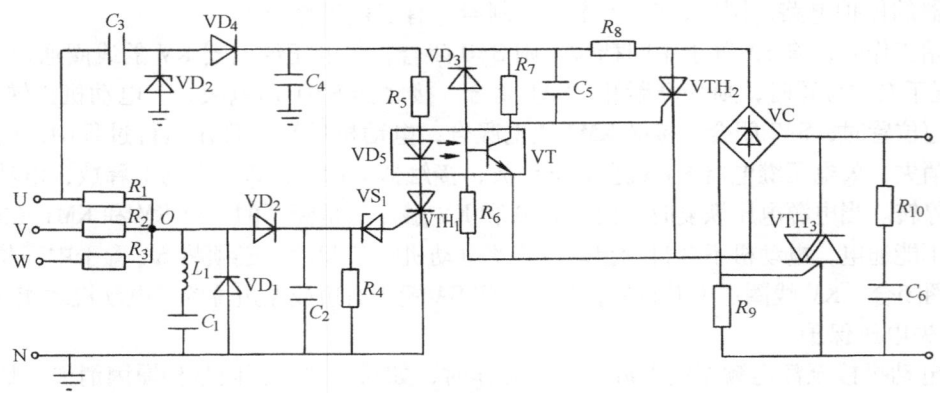

图 9-3 固态断相保护器工作原理图

三个完全相同的电阻 R_1、R_2、R_3 作星形联结，组成断相信号检测电路；其人工中性点 O 接 L_1、C_1 组成串联谐振式滤波电路；二极管 VD_1、VD_2 和稳压管 VS_1 组成断相信号鉴别电路；晶闸管 VTH_1 和光电耦合器组成放大电路；晶闸管 VTH_2、整流桥 VC、双向晶闸管 VTH_3 组成执行电路；电容 C_3、C_4 和稳压管 VS_2、二极管 VD_4 组成稳压电源。

当电动机正常运行时，人工中性点对地的谐波干扰电压近于零，电容 C_2 上也无整流电压，稳压管 VS_1 不会击穿，晶闸管 VTH_1 不被触发导通，光耦的发光二极管 VD_5 无电流通过，其光敏晶体管 VT 的输出端呈高阻状态，晶闸管 VTH_2 触发导通，整流桥 VC、晶闸管 VTH_2、电阻 R_9 便流过较大的电流，双向晶闸管 VTH_3 被触发导通，外接的接触器正常吸合，电动机正常运转。

当电动机发生断相故障时，人工中性点对地可输出较高的偏移电压，经 VD_2 半波整流后对电容 C_2 充电，在很短时间内击穿稳压管 VS_1，使晶闸管 VTH_1 触发导通，直流稳压电源经限流电阻 R_5 向发光二极管 VD_5 和晶闸管 VTH_1 组成的串联电路输出电流，光敏晶体管 VT 的输出端呈低阻状态，晶闸管 VTH_2 截止，整流桥 VC、电阻 R_7、R_8、R_9 回路中仅流过很小的电流，双向晶闸管 VTH_3 阻断，外接的接触器释放，电动机停转。

这种固态断相保护器能有效地滤除电源的谐波干扰，其电路内部不含有可动的电磁继电器，既无机械磨损，又无触点的回跳和抖动现象，故障率低。

六、弱磁保护

直流电动机在轻载运行时,若磁场减弱或消失,将会产生超速运行甚至飞车;直流电动机在重载运行时,若磁场减弱或消失,则电枢电流迅速增加,使电枢绕组绝缘因发热而损坏。因此需要采取弱磁保护。弱磁保护是通过直流电动机励磁回路串入弱磁继电器(欠电流继电器)来实现的,如图9-4所示。

当合上电源开关 QS 后,电动机励磁绕组中通以额定励磁电流,此电流使电流继电器 KA 动作,其常开触点闭合。这时,按下起动按钮 SB2,接触器 KM 线圈通电,其常开主触点闭合,电动机起动运行,若运行时励磁电流消失或减小很多时,电流继电器 KA 释放,常开触点断开,切断主回路接触器 KM 线圈的电源,使电动机脱离电源而停车。

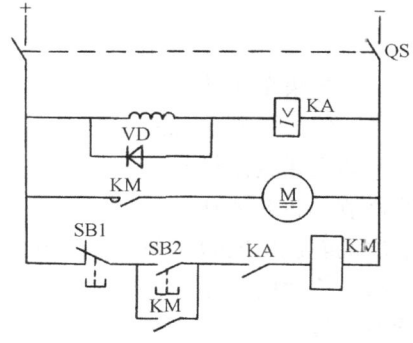

图9-4 弱磁保护线路

七、智能综合保护

电动机综合保护是对电动机进行常见故障的保护。保护内容有:

1)具有反时限特性的长延时过载保护。
2)具有定时限的短延时短路保护。
3)具有瞬时动作的短路保护。
4)欠电压保护和过电压保护。
5)漏电保护和断相保护。

智能综合保护是把单片机技术引入电动机综合保护中,这样可以提高对电动机的保护水平,使性能稳定可靠,显示直观、正确,操作方便,保护范围广。下面简单介绍一种以单片机为核心的智能综合保护装置,它可以实现短路、过载、欠电压和过电压、断相及漏电保护。

1. 设计原理

智能综合保护装置的信号采集单元需要采集电动机的三相电流来判断电动机的短路、断相及过载故障,采集单相电压来判断欠电压和过电压故障,采集零序电流来判断漏电故障。电压故障和漏电故障都是单相采集,容易实现,而由三相电流判断的各种故障中,因故障产生的原因不一样,故障电流大小也不一样,对故障保护的动作时间要求就不一样。对于短路故障,要求迅速切断线路,无须延时;对于堵转和起动超时,故障电流小于短路电流,为保证电动机的正常起动,躲过起动电流,就需要延时保护;对于断相故障,原则上也希望尽快切除线路,但考虑到故障电流小于堵转或起动超时电流,为了能准确区分各种电动机故障,给维修带来方便,它的整定延时时间一般大于堵转或起动超时的延时时间;对于过载,要求过载倍数和过载时间必须满足反时限特性。

将采集到的电流、电压信号通过信号处理单元变换为直流电压信号送入 A/D 转换输入端,经 A/D 转换后再送入单片机系统,CPU 对采集来的信号进行处理、分析、判断后发出相应的操作信号,实现相应的保护。

2. 硬件电路及软件设计

图9-5所示为由 MCS-51 单片机控制的智能综合保护装置硬件电路框图。

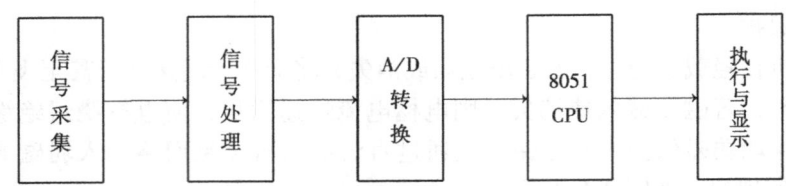

图 9-5　智能综合保护装置系统构成

信号采集单元的作用是定时采集三相电流、单相电压及零序电流信号，这些信号均为交流信号；信号处理单元的作用是将采集到的交流信号变换成能使 A/D 转换器接收的电压信号，例如三相电流信号，首先通过二极管整流将交流电流转换为直流电压信号，再经过电位器的调节，转换为 0~5V 的直流电压；A/D 转换单元的作用是将输入端模拟电压信号转换为单片机能识别的数字量，单片机将数字量与对应的整定信号比较以决定何时发出操作信号；执行单元的作用是将单片机输出的低压直流信号隔离、驱动来控制晶闸管元件，再由晶闸管控制接触器和断路器的脱扣器，从而达到智能控制的目的。

软件程序实现数据采集、信号处理、显示控制及监控。数据采集和信号处理由 8051 定时器 T_0 完成，单片机依次对信号进行采集，每采集一个信号就进行比较判断，有故障就迅速作出反应。显示控制由定时器 T_1 完成，根据人眼的视觉要求，设置为 1s 更换一次显示内容。监控由单片机中断 0 完成，监控电动机运行时的电压、电流及绕组温升，以便实时协调操作者和单片机各执行模块。

智能综合保护装置集成化程度高、抗干扰能力强、工作温度范围宽、耗电小、参数设置方便，具有友好、灵活的显示界面和按键设置，安装快捷，便于在各种生产环境中使用。

思考题与习题

9-1　欠电压继电器能否用于过电压保护中？为什么？

9-2　选择接触器时，应考虑哪些技术数据？

9-3　对保护电热设备的熔断器熔体额定电流如何选择？对保护一台电动机和多台电动机的熔断器熔体额定电流如何选择？

9-4　短路保护和热保护有何区别？

9-5　低压断路器应如何选择？

第十章　可编程序控制器（PLC）

可编程序控制器（PLC）是为取代继电接触器控制系统而设计的一种新型工业控制装置，可以实现逻辑控制、顺序控制、定时、计数等各种功能。它具有通用性强、可靠性高、指令系统简单、编程序方便、体积小等一系列优点，已广泛应用于机械制造、机床、冶金、电力、造纸、纺织及环境保护等各行各业，尤其是在机械加工、机床控制中，已成为改造和研发机床等机电一体化产品最理想的首选控制器。

第一节　PLC 的基本结构和工作原理

一、PLC 的基本结构

目前 PLC 生产厂家很多，产品结构也各不相同，但其基本组成部分大致相同，如图 10-1 所示。从图中可以看出，PLC 主要由 CPU、存储器、输入/输出单元、I/O 扩展接口、外围设备接口和电源等部分组成。

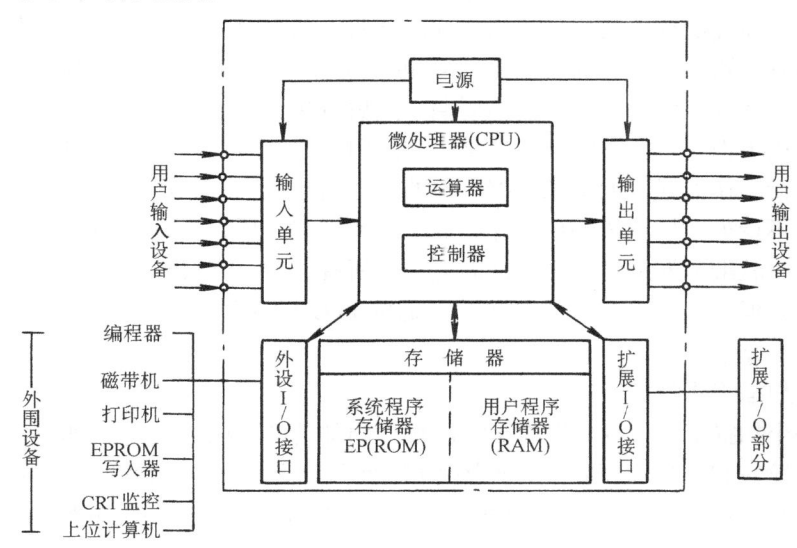

图 10-1　PLC 的基本结构

1. CPU

CPU 是 PLC 的核心，其功能是接收并存储从编程器输入来的用户程序和数据；用扫描方式接收现场输入装置的状态或数据；再从存储器逐条读取用户程序、经命令解释后按指令规定的功能产生有关的控制信号，开启或关闭相应的控制门电路，分时分路地完成数据的存取、传送、组合、比较和变换等操作，完成用户程序中规定的各种逻辑或算术运算等任务，根据运算结果更新有关标志位的状态和输出状态寄存表的内容，再由输出状态表的位状态或数据寄存器的有关内容实现输出控制、制表打印和数据通信等功能。

2. 存储器

存储器用来存放系统工作程序，调用管理程序和各种系统参数。

3. 输入/输出（I/O）接口

I/O 接口是 CPU 与工业现场装置之间的连接部件。PLC 通过输入接口把工业设备或生产过程的状态或信息送入 CPU，通过用户程序的运行，把结果通过输出接口输出给执行机构。

4. 电源

PLC 的电源分为两种，一种是外部电源或称用户电源，用于传送现场信号或驱动现场执行机构，通常由用户另备；另一种称为内部电源，是主机内部电路的工作电源，是主机重要的组成部分。

5. 编程器

编程器是 PLC 的一种主要外部设备。其主要任务是输入程序、调试程序，并可用来监视 PLC 的工作状态、显示错误信息等。

二、PLC 的基本工作原理

1. PLC 的扫描工作方式

PLC 采用的是循环扫描工作方式。当 PLC 运行时，用户程序中有很多操作需要去执行，但 CPU 是不能同时去执行多个操作的，它只能按程序规定的顺序依次执行各个操作。这种按顺序执行操作的工作方式称为扫描工作方式。

扫描从存储地址所存放的第一条用户程序开始，在无中断或跳转控制的情况下，按存储地址号递增的方向顺序逐条扫描用户程序，也就是按顺序逐条执行用户程序，直到程序结束。每扫描完一次程序就构成一个扫描周期，然后再从头开始扫描，并周而复始地重复。

PLC 的扫描工作方式与继电器-接触器控制的工作原理明显不同。继电器-接触器控制采用硬逻辑的并行工作方式，如果某个继电器的线圈通电或断电，那么该继电器的所有常开触点和常闭触点不论处在控制线路的哪个位置上，都会立即同时动作；而 PLC 采用扫描工作方式，如果某个软继电器的线圈通电或断电，其所有的触点不会立即动作，必须等扫描到该点时才会动作。但由于 PLC 的扫描速度快，通常 PLC 与继电器-接触器控制在 I/O 的处理结果上并没有什么差别。

2. PLC 的扫描工作过程

PLC 的一个扫描工作过程一般有五个阶段：内部处理阶段、通信处理阶段、输入采样阶段、程序执行阶段和输出刷新阶段，如图 10-2 所示。整个过程扫描执行一遍所需的时间称为扫描周期。扫描周期与 CPU 运算速度、PLC 硬件配置及用户程序长短有关，典型值为 1～100ms。

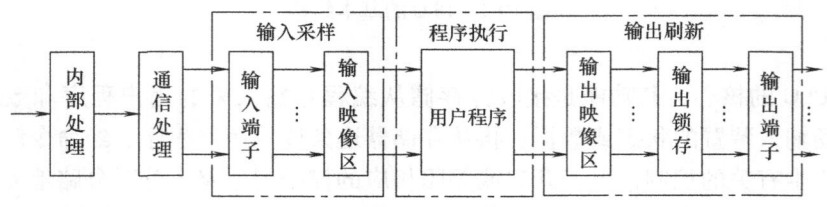

图 10-2 PLC 的工作过程

（1）内部处理阶段 在内部处理阶段，进行 PLC 自检，监视内部硬件、用户程序存储器、I/O 模块的状态等，若自诊断正常，继续向下扫描。

（2）通信处理阶段　在通信处理阶段，CPU 自动监测并处理各种通信端口接收到的任何信息，即检查是否有编程器、计算机等通信请求，响应编程器输入的命令，更新编程器的显示内容等。

（3）输入采样阶段　在输入采样阶段，PLC 首先扫描所有的输入端子，按顺序将所有输入端的输入信号状态读入输入映像寄存区，此时输入映像寄存器被刷新。接着转入程序执行阶段，在程序执行期间，即使输入端状态发生变化，输入状态寄存器的内容也不会发生改变，而要等到下一个工作周期的输入刷新阶段才能被读入。

（4）程序执行阶段　在程序执行阶段，PLC 根据用户输入的执行程序，从第一条指令开始逐条执行，并将相应的逻辑运算结果存入对应的内部辅助寄存器和输出状态寄存器。在扫描过程中如果遇到程序跳转指令，就会根据跳转条件是否满足来决定程序的跳转地址。当最后一条控制程序执行完毕后，即转入输出刷新阶段。

（5）输出刷新阶段　当程序中所有指令执行完毕后，PLC 将输出状态寄存器中所有输出继电器的状态，依次送到输出锁存电路，并通过一定输出方式输出，驱动外部负载，从而形成 PLC 的实际输出。

在上述 5 个阶段中，内部处理阶段、通信处理阶段为 PLC 公共处理阶段，与用户程序的执行无直接关联；输入采样阶段、程序执行阶段和输出刷新阶段是 PLC 执行用户程序的 3 个主要阶段，这 3 个阶段构成 PLC 一个工作周期，并循环执行。

三、PLC 的常用编程序语言

PLC 的编程序语言有梯形图、语句表、功能块图、顺序功能图和结构文本。其中，梯形图和功能块图为图形语言；语句表和结构文本为文字语言；顺序功能图为结构块控制流程图。

1. 梯形图

梯形图编程序语言是目前用得最多的 PLC 编程序语言之一，它沿用了继电接触器控制电路的符号，同时增加了一些继电接触器控制中没有的符号。

（1）梯形图的表达形式　梯形图按照从左到右、从上而下的顺序排列，如图 10-3 所示。

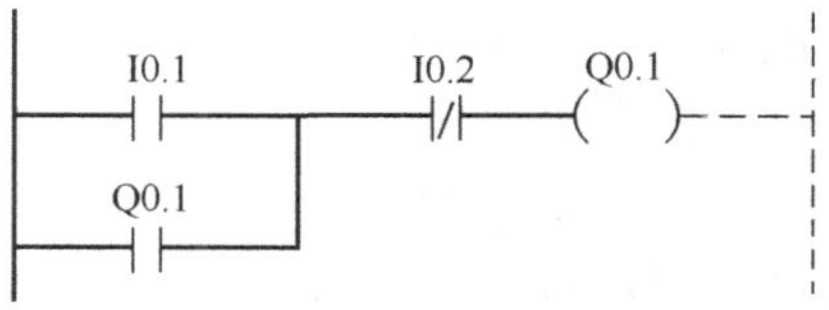

最左边的竖线称为起始母线或左母线，或者简称母线。最右边的竖线称为右母线（可以省略不画）。各个触点及线圈按照控制要求和一定的规则连接起来。从左母线开始，自左向右依次连接各个触点，最后以线圈结束，称为一个逻辑行或一个梯级，整个图形呈阶梯形。

图 10-3　梯形图

梯形图中的触点有常开、常闭两种，它们可以是 PLC 内输入继电器、输出继电器、辅助继电器、定时器、计数器和状态元件等的触点，每个触点都要标上自己的编号以示区别。

梯形图中的线圈，可以是输出继电器、辅助继电器、定时器和计数器等的线圈，每个线圈也要标上其编号（标在线圈图形的外面或内部）。

编程时，可以通过编程器上的键盘将梯形图输入进去，同时梯形图在编程器的显示器或显示屏上显示出来。

（2）梯形图语言的编程规则

1）梯形图中的每个逻辑行，要以左母线为起点，在一个逻辑行中，各种符号应从左到右横向排列。一行结束，才能自上而下再排列下一行。

2）线圈及命令框必须位于一行的最右端，在它们的右边不允许再有任何触点存在。线圈接通后，才能使对应的触点动作。

3）触点可以任意串联或并联，但线圈只能并联而不能串联。

4）同一个触点的使用次数不受限制，而同一线圈则一般不能重复使用。

5）触点应画在水平线上，而不应画在垂直分支上。

6）梯形图中，每行串联的触点数目和沿垂直方向的并联触点数目，理论上虽没有限制，但它们受所用编程器显示屏幕大小的限制，不同的编程器对此有不同的限定。

7）当有几个串联支路相并联时，宜将含有触点最多的那个串联支路画在梯形图的最上面；当有几个并联支路相串联时，宜将含有触点最多的并联支路画在梯形图的最左面。

8）程序结束时要有结束标志 END。

9）梯形图中的元件，特别是输入继电器的触点和输出继电器的线圈，是 PLC 内部的软元件而不是实际元件，用户程序执行时所依据的输入、输出状态，是相应映像寄存器中的状态，而不是 PLC 外接的实际开关在当时的状态。

10）PLC 按照循环扫描方式沿梯形图从左到右、从上而下顺序执行程序。可以把左、右母线假想为火线、地线，有假想的电流在梯形图中流动，在每一行中只能自左向右流；在母线则从上向下流。一段程序的执行结果，可以立即被其后的程序所利用。在这样的假想电流流动中，如果电流可以流至线圈，则线圈就接通，相应的触点就动作。程序执行遇到 END 时，一个扫描周期中对用户程序的扫描就结束，结果存在各元件的映像寄存器中。

（3）梯形图与继电接触器控制电路图的差别

虽然梯形图与继电接触控制电路图在表达方式上有类似之处，但由于 PLC 结构及工作方式与继电接触器控制系统有本质的不同。因此，梯形图与继电接触器控制电路图二者之间是有差别的，这主要表现在以下几个方面：

1）组成元件不同。继电接触器控制系统使用的继电器是真正存在的实物，它有真正的线圈和触点，各继电器间的连线也是真正的导线，母线间需施加真正的电源，元件及线路中有真正的电流流通。

梯形图则是 PLC 的一种编程序语言，它是借用继电器、线圈、触点、母线和连线等概念及其图形符号，用图形这种直观的表达方式来形象地描述逻辑运算关系和顺序控制的操作。梯形图中的元件都是 PLC 内部存储器中的软元件，其触点的使用次数是无限的，母线间也不加真正的电源，元件与接线中并没有真正的电流通过，上面所说的假想电流的流动实际上是一种信息的传递。

2）工作方式不同。在继电接触器控制电路图中的母线上施加电压后，接于其间的继电器在满足条件时是并行动作的，因此往往要采取措施来防止发生触点竞争现象。而梯形图被执行时，是按照循环扫描方式，即从左向右、自上而下逐个动作的，因此一般不会产生触点竞争问题。

另一方面，继电接触器控制电路图的母线加电后，只要是连通的节点，电流都可以向左、右两个方向流通。而在梯形图中，当触点闭合时，假想电流只能从左向右单方向流通。

3）设计难度不同。设计继电接触器控制电路图时，为了控制作用的安全可靠并尽量节约触点使用量，往往要设置许多联锁环节。而画梯形图时，由于在扫描工作方式下不存在几个并联支路同时动作的问题，加之可使用的软元件极为丰富，因此使其难度大大降低，效率大大提高。

2. 语句表

语句表类似于计算机的汇编语言，用指令的助记符进行编程。语句表达式与梯形图有一一对应关系，由指令组成的程序叫指令（语句表）程序。

指令语句由操作码和操作数两部分组成，其格式为：

操作码　操作数

操作码用助记符表示，指示 CPU 要完成的各种操作功能，又称为编程指令，包括逻辑运算、算术运算、定时和计数等操作。操作数给出了操作码指定的某种操作的对象或执行操作所需的数据，通常为编程元件的编号或常数，如输入继电器、输出继电器、定时器和计数器等。在用户程序存储器中，指令按步序号顺序排列。

3. 功能块图

功能块图是一种类似于数字逻辑门电路的编程语言，该编程语言用类似与门、或门的方框来表示逻辑运算关系。方框的左侧为逻辑运算的输入变量，右侧为输出变量，信号自左向右流动。功能块图程序如图 10-4 所示，功能块输出逻辑为

$Q0.1 = （I0.1 + SM0.2 + Q0.1） * \overline{Q0.0} * \overline{I1.0}$

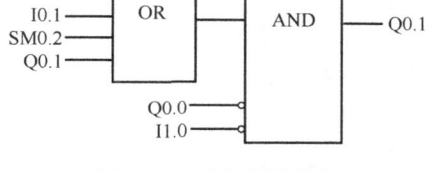

图 10-4　功能块图程序

4. 顺序功能图

顺序功能图将一个完整的控制过程分为若干阶段，各阶段具有不同的动作，阶段间有一定的转换条件，转换条件满足就实现阶段转移，上一阶段动作结束，下一阶段动作开始。在顺序功能图中可以用别的语言嵌套编程，步、路径和转换是顺序功能图中的三种主要元素。顺序功能图主要用来描述开关量顺序控制系统，根据它可以很容易地画出顺序控制梯形图程序。

5. 结构文本

结构文本是为 IEC61131-3 标准创建的一种专用高级编程语言，如 VB 语言、VC 语言等，它采用计算机的描述语句来描述系统中各种变量之间的各种运算关系，完成所需的功能或操作。与梯形图相比，它能实现复杂的数学运算，编写的程序简洁而紧凑，常用于大中型可编程序控制系统及集散控制系统中。

第二节　PLC 的指令系统

PLC 的工作过程是依据编程语言来进行的。编程指令随生产厂家及机型的不同而不同，本章以西门子公司生产的 S7-200 系列 PLC 为例介绍 PLC 的指令系统。

S7-200 系列 PLC 有两类指令集：IEC61131-3 指令集和 SIMATIC 指令集，可以任选一种完成所需的控制任务。IEC61131-3 指令集是国际电工委员会（IEC）制定的 PLC 国际标准 61131-3 Programming Language 中推荐的标准语言，SIMATIC 指令集是西门子公司为 S7-200 系列 PLC 设计的编程语言，SIMATIC 指令通常由助记符和操作数组成，操作数的数据类型有

位、字节（B）、字（W）、双字（D）。下面具体介绍 SIMATIC 指令集中的基本编程指令（梯形图和指令语句）。

一、位操作类指令

位操作类指令的操作数是位，包括触点指令、正负跳变指令、置位和复位指令等。

1. 触点指令

（1）标准触点指令 标准触点分标准常开触点和标准常闭触点。常开触点对应的存储器地址位为 1 态时，该触点闭合，在语句表中，用 LD、A 和 O 指令来表示。常闭触点对应的存储器地址位为 0 态时，该触点闭合，在语句表中，用 LDN、AN 和 ON 指令来表示。

标准常开触点梯形图：$\dashv\ \vdash$；标准常闭触点梯形图：$\dashv/\vdash$

（2）立即触点指令 立即触点分立即常开触点和立即常闭触点。

立即常开触点梯形图：$\dashv\mathrm{I}\vdash$；立即常闭触点梯形图：$\dashv/\mathrm{I}\vdash$

立即常开触点对应的存储器地址位为 1 态时，该触点闭合；立即常闭触点对应的存储器地址位为 0 态时，该触点闭合。

说明：执行立即触点指令时，CPU 直接读取输入点的通/断状态作为程序处理的根据，但不刷新相应映像寄存器的值。而执行标准触点指令时，CPU 直接读取的是相应映像寄存器的值。

2. 装载指令

在梯形图中，每个从左母线开始的单一逻辑行、每个程序块的开始、功能框的输入端都必须使用 LD 和 LDN 这两条指令。以常开触点开始时用 LD 指令，指令格式为：LD bit；以常闭触点开始时用 LDN 指令，指令格式为：LDN bit。

3. 输出指令

该指令将输出位的新数值写入到输出映像区，并根据写入结果控制其对应的触点。

输出操作指令梯形图及指令格式：$\dashv(\ )$；= bit

立即输出操作指令梯形图及指令格式：$\dashv(\mathrm{I})$；= I bit

4. 置位/复位指令

（1）置位指令 S 将由操作数 bit 指定的地址位开始的 n 个点被置位，直至复位指令到来才能复位。

梯形图及指令格式：$\dashv(\overset{S}{n})$；S bit, n

（2）复位指令 R 将由操作数 bit 指定的地址位开始的 n 个点被复位，通常复位指令与置位配合使用。

梯形图及指令格式：$\dashv(\overset{R}{n})$；R bit, n

另外，立即置位指令 SI 梯形图及指令格式：$\dashv(\overset{SI}{n})$；SI bit, n

立即复位指令 RI 梯形图及指令格式：$\dashv(\overset{RI}{n})$；RI bit, n

5. 逻辑指令

（1）逻辑"与"操作指令 逻辑"与"操作指令梯形图由标准触点或立即触点串联

构成。

梯形图：⊣bit⊢⊣bit⊢，⊣bit⊢⊣bit⊢ 或 ⊣bit⊢⊣bit⊢I⊢，⊣bit⊢⊣bit⊢/I⊢

指令格式：A bit，AN bit 或 AI bit，ANI bit

(2) 逻辑"或"操作指令 逻辑"或"操作指令梯形图由标准触点或立即触点并联构成。

梯形图：（见图）

指令格式：O bit，ON bit 或 OI bit，ONI bit

(3) 逻辑"非"操作指令 该指令是将源操作数的状态取反，作为目标操作数输出。逻辑"非"操作只能与其他指令联合使用，本身没有操作数。

梯形图及指令格式：⊣NOT⊢；NOT

(4) 串联电路的并联操作指令 OLD 由多个触点串联构成一条支路，多个这样的支路再相互并联就形成串联电路的并联操作。即在两个与逻辑的语句后面用助记符 OLD 连接起来，多个串联支路间又构成或的逻辑关系。OLD 指令应用如下：

梯形图：（见图）

指令格式：LD　I0.0
　　　　　AN　I0.1
　　　　　LD　I0.2
　　　　　A 　I0.3
　　　　　OLD
　　　　　＝　Q0.1

(5) 并联电路的串联操作指令 ALD 由一个或多个触点并联构成局部电路，多个这样的局部电路互相串联构成复杂电路。即在两个或逻辑的语句后面用助记符 ALD 连接起来，多个并联支路间又构成与的逻辑关系。ALD 指令应用如下：

梯形图：（见图）

指令格式：LD　I0.0
　　　　　O 　I0.2
　　　　　LDN I0.1
　　　　　O 　I0.3
　　　　　ALD
　　　　　＝　Q0.1

(6) 正负跳变指令 正负跳变指令称为边沿触发指令。其中正跳变又称上升沿触发指令 EU，负跳变又称下降沿触发指令 ED，利用跳变可以产生一个扫描周期长度的微分脉冲，触发内部继电器线圈。

1) 正跳变指令。正跳变触点检测到脉冲的每一次正跳变后，产生一个微分脉冲。

梯形图及指令格式：⊣P⊢；EU

2）负跳变指令。负跳变触点检测到脉冲的每一次负跳变后，产生一个微分脉冲。

梯形图及指令格式：⊣N⊢；ED

（7）空操作指令　使能输入有效时，执行空操作指令。

梯形图及指令格式：⊣NOP⊢；NOP N

6. 堆栈指令

S7-200 PLC 使用九层堆栈来处理所有逻辑操作，是一组能够存储和取出数据的暂存单元，其特点是"先进后出"。每一次入栈，新值放入栈顶，栈底值丢失；每一次出栈，栈底值补进随机数。

逻辑堆栈指令主要用来完成对触点进行的复杂连接，配合 ALD、OLD 等指令使用。

（1）逻辑入栈指令 LPS　该指令功能是复制栈顶的值并将其压入堆栈的栈顶，栈中原来的数据依次向下一层推移，栈底值被推出丢失。在梯形图中，用于生成一条新的母线，其左侧为原来的主逻辑块，右侧为新的从逻辑块。

（2）逻辑读栈指令 LRD　该指令的功能是将堆栈中第 2 层的数据复制到栈顶，堆栈没有入栈和出栈操作，只是栈顶的值被第 2 层栈的值取代。在梯形图中，当新母线左侧为主逻辑块时，LPS 开始右侧的第一个从逻辑块编程，LRD 开始第二个以后的从逻辑块编程。

（3）逻辑出栈指令 LPP　该指令功能是将栈顶值弹出，原堆栈中各层数据依次上移一层，第二层的数据成为新的栈顶值，原栈顶值消失。在梯形图中，LPP 用于 LPS 产生的新母线右侧最后一个从逻辑块编程，在读取完离它最近的 LPS 压入堆栈内容的同时，复位该条新母线。

二、定时器指令和计数器指令

1. 定时器指令

定时器是 PLC 中的重要硬件编程元件。S7-200 PLC 有三种类型的定时器：通电延时定时器 TON、保持型通电延时定时器 TONR 和断电延时定时器 TOF，共提供 256 个定时器 T0～T255，定时器的分辨率有三个等级：1ms、10ms、100ms。

定时器编程时提前输入时间预设值，当定时器的输入条件满足时开始计时，当前值从 0 开始按一定的时间单位增加，当定时器的当前值达到预设值时，定时器发生动作，发出中断请求，以便 PLC 响应而作出相应的动作，此时它对应的触点动作。利用定时器的输入与输出触点就可以得到控制所需的延时时间。

定时器的定时时间计算公式为：

$$T = PT \times S \ (T\text{ 为定时时间},\ PT\text{ 为预设值},\ S\text{ 为分辨率等级})$$

定时器号码不仅是定时器的编号，它还包含两方面的变量信息：定时器位和定时器当前值。定时器位反映了存储定时器的状态，当定时器的当前值达到预设值 PT 时，该位被置 1；定时器当前值反映了存储定时器当前所累计的时间，它用 16 位符号整数来表示，其最大计数值为 32767。

（1）通电延时定时器指令 TON　通电延时定时器指令的梯形图及指令格式如图 10-5a 所示。其中，TON 为定时器标志符；Tn 为定时器编号；IN 为使能输入端；PT 为时间设定值输入端。该指令用于单一时间间隔的定时。

当使能输入端 IN 为 0 时，定时器位为 0，定时器不工作。当使能输入端 IN 变为 1 时，定时器开始工作，每过一个基本时间间隔，定时器的当前值加 1。当定时器的当前值达到定时器的预设值 PT 时，定时器的延时时间到，定时器位由 0 变换为 1。在定时器输出状态改变后，定时器继续计时直到 32767 时才停止，当前值将保持不变。

（2）保持型通电延时定时器指令 TONR　保持型通电延时定时器指令的梯形图及指令格式如图 10-5b 所示。该指令用于有许多间隔的累计定时。

其原理与通电延时定时器基本相同，不同之处在于该定时器的当前值是可以记忆的。当 IN 从 0 变为 1 时，定时器位为 0，当前值从 0 开始累计计数时间；当 IN 从 1 变为 0 时，定时器位和当前值保持最后状态。当 IN 再次从 0 变为 1 时，当前值从上次的保持值继续计数，当累计当前值达到

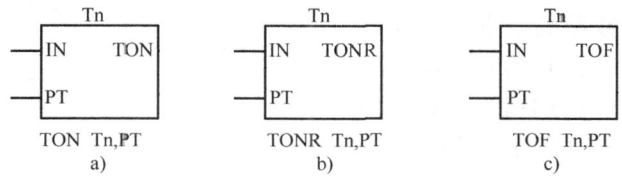

图 10-5　定时器梯形图及指令格式
a）通电延时定时器　b）保持型通电延时定时器
c）断电延时定时器

预设值时，定时器位为 1，当前值连续计数到 32767，才停止计时。

（3）断电延时定时器指令 TOF　断电延时定时器指令的梯形图及指令格式如图 10-5c 所示。该指令用于断电后单一时间间隔的定时。

当 IN 为 1 时，定时器当前值为 0，定时器位为 1，定时器没有工作。当 IN 从 1 变为 0 时，定时器开始工作，每过一个基本时间间隔，定时器的当前值加 1。当定时器的当前值达到定时器的预设值 PT 时，定时器的延时时间到，定时器位由 1 变换为 0，停止计时，当前值保持不变。

应用定时器指令应注意的问题：

1）不能把一个定时器号码同时用作通电延时定时器（TON）和断电延时定时器（TOF）。

2）使用复位指令（R）对定时器复位时，定时器位为 0，定时器当前值为 0。

3）保持型通电延时定时器（TONR）只能用复位指令 R 对其进行复位操作。

4）对于断电延时定时器（TOF），使能输入端有一个负跳变的输入信号才能启动定时。

5）不同精度的定时器，其当前值的刷新周期是不同的。

2. 计数器指令

计数器也是由集成电路构成的，用来累计输入脉冲的数量，是应用非常广泛的编程元件，经常用来对产品进行计数。计数器有三种类型：向上（增）计数器 CTU、向下（减）计数器 CTD 和向上向下（增减）计数器 CTUD，共计 256 个。可根据实际编程需要，对某个计数器的类型进行定义，编号为 C0～C255。每个计数器的线圈编号只能使用一次。每个计数器有一个 16 位的当前值寄存器和一个状态位，最大计数值为 32767。

（1）增计数器指令 CTU　增计数器指令的梯形图及指令格式如图 10-6a 所示。其中，CTU 为计数器标志符；Cn 为计数器编号；CU 为计数脉冲输入端；R 为复位信号输入端；PV 为脉冲设定值输入端。

当复位端 R 信号为 1 时，计数器的当前值为 0，计数器位为 0。当 R 信号为 0 时，计数器可以工作。在 CU 输入端每个脉冲的上升沿到来时，计数器计数 1 次，其当前值加 1。如

果当前值达到设定值，计数器动作，计数器位变为 1，这时再增加计数脉冲时，计数器当前值仍不断地累计，直到 32767 时停止计数。

(2) 减计数器指令 CTD 减计数器指令的梯形图及指令格式如图 10-6b 所示。其中，CTD 为计数器标志符；CD 为计数脉冲输入端；LD 为装载输入端。

当装载输入端 LD 信号为 1 时，计数器的当前值为 PV，计数器位为 0。当 LD 信号为 0 时，计数器可以工作。在 CD 输入端每个脉冲的上升沿到来时，计数器的当前值减 1。当计数器的当前值等于 0 时，计数器位变为 1，并停止计数。这种状态一直保

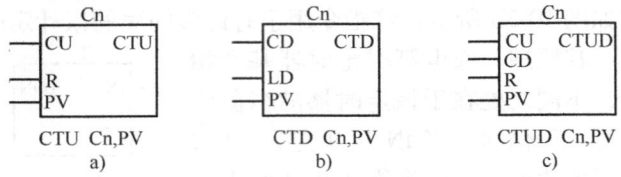

图 10-6 计数器指令的梯形图及指令格式
a) 增计数器 b) 减计数器 c) 增减计数器

持到装载输入端 LD 信号变为 1，再次装入 PV 值之后，计数器位变为 0，才能再次重新计数。

(3) 增减计数器指令 CTUD 增减计数器指令的梯形图及指令格式如图 10-6c 所示。其中，CTUD 为计数器标志符；CU 为增计数脉冲输入端；CD 为减计数脉冲输入端。

当复位端 R 信号为 1 时，计数器的当前值为 0，计数器位为 0。当 R 信号为 0 时，计数器可以工作。

在增计数输入端 CU 每个脉冲的上升沿到来时，计数器计数 1 次，其当前值加 1。当计数器的当前值达到设定值时，计数器位变为 1。这时再增加计数脉冲时，计数器当前值仍不断地累计，达到 32767 后，下一个 CU 脉冲上升沿将使计数值跳变为最小值（-32768）而停止计数。

在减计数输入端 CD 每个脉冲的上升沿到来时，计数器的当前值减 1。当计数器的当前值小于设定值时，计数器位变为 0。再来减计数脉冲时，计数器当前值仍不断地递减，达到最小值（-32768）后，下一个 CD 脉冲上升沿将使计数值跳变为最大值（32767）而停止计数。

应用计数器指令应注意的问题：

1) 可以用复位指令对三种计数器复位，执行复位指令后，计数器位变为 0，计数器的当前值变为 0。

2) 在一个程序中，同一个计数器号码只能使用一次。

3) 脉冲输入和复位输入同时有效时，优先执行复位操作。

三、程序控制指令

程序控制指令主要用于程序结构的优化，包括结束及暂停指令、跳转与标号指令、循环指令、监控器重设指令和子程序指令等。

1. 结束及暂停指令

(1) 结束指令 END END 指令为有条件结束指令。根据前一个逻辑条件终止主用户程序。

梯形图及指令格式：—(END)；END

(2) 暂停指令 STOP 通过暂停指令可将 CPU 从运行（RUN）模式转换为暂停（STOP）模式，终止程序执行。

梯形图及指令格式：—(STOP)；STOP

说明：

1）在梯形图中，结束、暂停指令以线圈形式编程，均无操作数和数据类型。

2）END 指令功能是结束主程序，它只能在主程序中使用，不能在子程序和中断程序中使用。

3）暂停指令 STOP 既可以在主程序中使用，也可以在子程序和中断程序中使用。如果在中断程序中执行 STOP 指令，则中断处理立即结束，并忽略所有挂起的中断，将 PLC 切换到 STOP 方式。

2. 跳转指令和标号指令

跳转操作由跳转指令 JMP 和跳转标号指令 LBL 两部分构成，跳转指令可以使程序跳转到具体的地址。当条件满足时，程序由 JMP 指令控制转至跳转标号指令标号 n 的程序段去执行（跳转接受时，堆栈的栈顶值始终为逻辑 1）。

（1）跳转指令

梯形图及指令格式：—(JMP)；JMP n

（2）跳转标号指令

梯形图及指令格式：—[LBL]；LBL n

说明：

1）在梯形图中，跳转开始指令 JMP n 以线圈形式编程，跳转标号指令 LBL n 以功能框形式编程。n 是标号地址，其取值范围是 0~255（字节类型）。

2）执行跳转指令需要用两条指令配合使用，必须配合应用在同一个程序块中。

3. 循环指令

循环指令由循环开始指令 FOR 和循环结束指令 NEXT 组成。当需要对某个程序重复执行时可以采用此指令。FOR 和 NEXT 之间的程序段称为循环体，当允许输入 EN 有效时，执行循环体，INDX 从 1 开始计数。每执行一次循环体，INDX 自动加 1，并且与终值相比较，如果 INDX 大于 FINAL，循环结束。

（1）循环开始指令 FOR 该指令用来标记循环体的开始。在梯形图中，以功能框的形式编程序，指令有三个输入端，分别是索引值或当前循环计数输入端 INDX、起始值输入端 INIT 和结束值输入端 FINAL。

梯形图及指令格式：[EN FOR ENO / INDX / INIT / FINAL]；FOR INDX, INIT, FINAL

（2）循环结束指令 NEXT 该指令用来标记循环体的结束，以线圈的形式编程。NEXT 指令标记 FOR 循环结束，并将栈顶值设为 1。

梯形图及指令格式：—(NEXT)；NEXT

说明：

1）FOR 和 NEXT 指令必须成对使用。

2）FOR 和 NEXT 可以循环嵌套，嵌套最多为 8 层，但各个嵌套之间不可交叉。

3）每次使能输入重新有效时，指令将自动复位各参数。

4）初值大于终值时，循环体不被执行。

5) 在使用时必须给 FOR 指令指定当前循环计数、初值和终值。

6) 循环结束指令 NEXT 无操作数和数据类型。

4. 监视器重设指令 WDR

监视器重设指令重新触发 CPU 系统监视程序定时器（WDT），用于监视扫描时间是否超时。每当扫描到 WDT 定时器时，WDT 定时器将复位。系统发生故障情况下，扫描时间大于 WDT 设定值，该定时器不能及时复位，则报警并停止 CPU 运行，同时复位输出。

梯形图及指令格式：—(WDR)；WDR

5. 子程序操作指令

子程序操作指令有：子程序调用指令和子程序返回指令。

梯形图及指令格式：

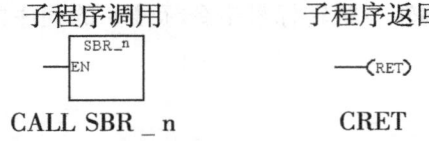

CALL SBR _ n　　　　　　CRET

使用子程序操作指令应注意的问题：

1) 子程序由子程序标号开始，到子程序返回指令结束。如果需要在子程序执行过程中满足一定条件就跳出子程序，也可以在子程序中添加子程序返回指令，从而由判断条件决定是否结束子程序调用。

2) CRET 多用于子程序的内部，由判断条件决定是否结束子程序调用。

3) 子程序可以进行嵌套，嵌套深度最多为 8 级。

4) 累加器可在调用程序和被调用子程序之间自由传递，所以累加器的值在子程序调用时既不保存也不恢复。

6. 顺序控制继电器指令

顺序控制继电器指令用于编制复杂的顺序控制程序。顺序控制继电器指令有三个。

梯形图及指令格式：

顺序控制开始　　　　　顺序控制转移　　　　　顺序控制结束

　LSCR　Sn. x　　　　　SCRT　Sn. y　　　　　　SCRE

顺序控制开始指令定义一个顺序控制程序段的开始，Sn 为程序段标志位（S0.0 ~ S31.7），当 Sn = 1 时，启动 SCR Sn 段的顺序控制程序。在执行到 SCR Sn 前，一定要使 Sn 置位才能进到 SCR Sn 顺序控制程序段。

顺序控制转移指令用来指定要启动的下一个程序段，实现本程序段与另一个程序段之间的切换，Sn 为下一程序段的标志位。执行该指令时，一方面对下一段的 Sn 置位，以便让下一程序段开始工作；另一方面同时对本段的 Sn 置位，以便本程序段停止工作。

顺序控制结束指令用于结束本程序段。一个顺序控制程序段必须用该指令来结束。

使用顺序控制继电器指令应注意的问题：

1) 不能在多个程序段中使用相同的 Sn 位。

2) 不能在 SCR 段中使用 JMP、LBL 及结束指令。

四、数据处理指令

数据处理指令主要用于对数据进行非数值运算操作,包括传送、比较、字节交换、移位、循环移位、转换等。

1. 数据传送指令

传送指令用于在各个编程元件之间进行数据传送,可分为单个传送和块传送两类。单个传送指令包括字节、字、双字及实数传送,每次传送一个数据。块传送指令一次可传送多个数据。将最多可达 255 个的数据组成 1 个数据块,数据可以是字节块、字块、双字块。在梯形图中,传送指令以功能框的形式编程。其中,MOV 为传送指令符号,字母 B、W、DW、R 分别表示字节、字、双字传送和实数数据类型。EN 为使能输入端,当条件满足时进行数据传送。IN 是所要传送的数据输入端,OUT 是数据输出端,当 EN 有效时,将一个数据传送到 OUT 中。在传送过程中,不改变数据的大小。

(1) 单个传送指令

梯形图及指令格式:

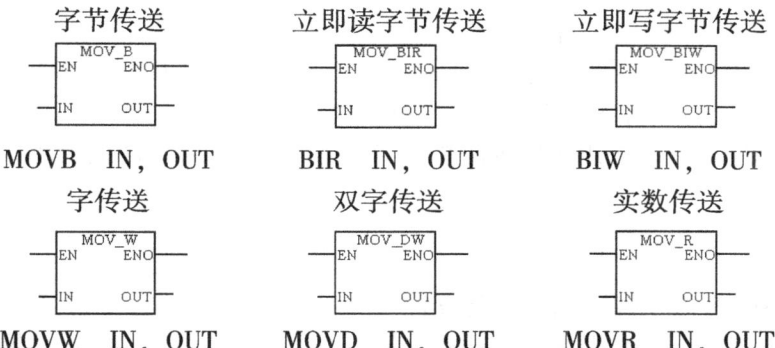

(2) 块传送指令　块传送指令梯形图及指令格式中,BLKMOV 为传送指令符号,字母 B、W、D 分别表示字节块、字块、双字块。EN 为使能输入端,当条件满足时进行数据块传送。IN 是所要传送的数据输入端,OUT 是数据输出端,N 为 1~255 的整数。

梯形图及指令格式:

2. 交换字节指令

使能输入有效时,把数据(IN)的高字节和低字节交换,交换的结果输出到 IN 存储器单元中。

梯形图及指令格式:　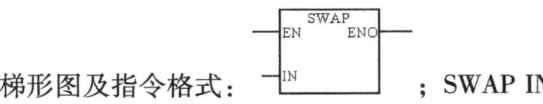　;SWAP IN

3. 比较指令

比较指令是一种比较判断,用于比较两个有符号数或无符号数的指令。

在梯形图中以带参数和运算符号的触点形式编程，当这两数比较的结果为真时，该触点闭合。

在语句表中使用 LD 指令进行编程时，当比较为真时，主机将栈顶置 1。使用 A/O 指令进行编程时，当比较为真时，则在栈顶执行 A/O 操作，并将结果放入栈顶。

比较指令的类型有：字节比较、整数比较、双字整数比较和实数比较。

比较运算符有：等于 =、大于等于 >=、小于等于 <=、大于 >、小于 < 和不等于 <>。

（1）字节比较　字节比较用于比较两个字节型整数值 IN1 和 IN2 的大小，字节比较是无符号的。

梯形图：

指令格式：由 LDB、AB 或 OB 后直接加比较运算符构成。

（2）整数比较　整数比较用于比较两个单字长整数值 IN1 和 IN2 的大小，整数比较是有符号的。

梯形图：

指令格式：由 LDW、AW 或 OW 后直接加比较运算符构成。

（3）双字整数比较　双字整数比较用于比较两个双字长整数值 IN1 和 IN2 的大小，双字整数比较是有符号的。

梯形图：

指令格式：由 LDD、AD 或 OD 后直接加比较运算符构成。

（4）实数比较　实数比较用于比较两个双字长实数值 IN1 和 IN2 的大小，实数比较是有符号的。

梯形图：

指令格式：由 LDR、AR 或 OR 后直接加比较运算符构成。

4. 数据类型转换指令

数据类型转换指令是对操作数的类型进行转换，包括数据和码之间的类型转换、数据的类型转换及码的类型转换。数据类型主要包括字节、整数、双整数、实数。

（1）BCD 码与整数之间的转换指令　BCD 码与整数之间的转换指令包括 BCD 码到整数和整数到 BCD 码两种。

梯形图及指令格式：

BCD 码到整数　　　　整数到 BCD 码

BCDI　OUT　　　　　IBCD　OUT

（2）数据的类型转换指令　数据的类型转换指令包括字节与整数之间的转换指令、字型整数与双字整数之间的转换指令、双字整数与实数之间的转换指令。

第十章 可编程序控制器（PLC）

梯形图及指令格式：

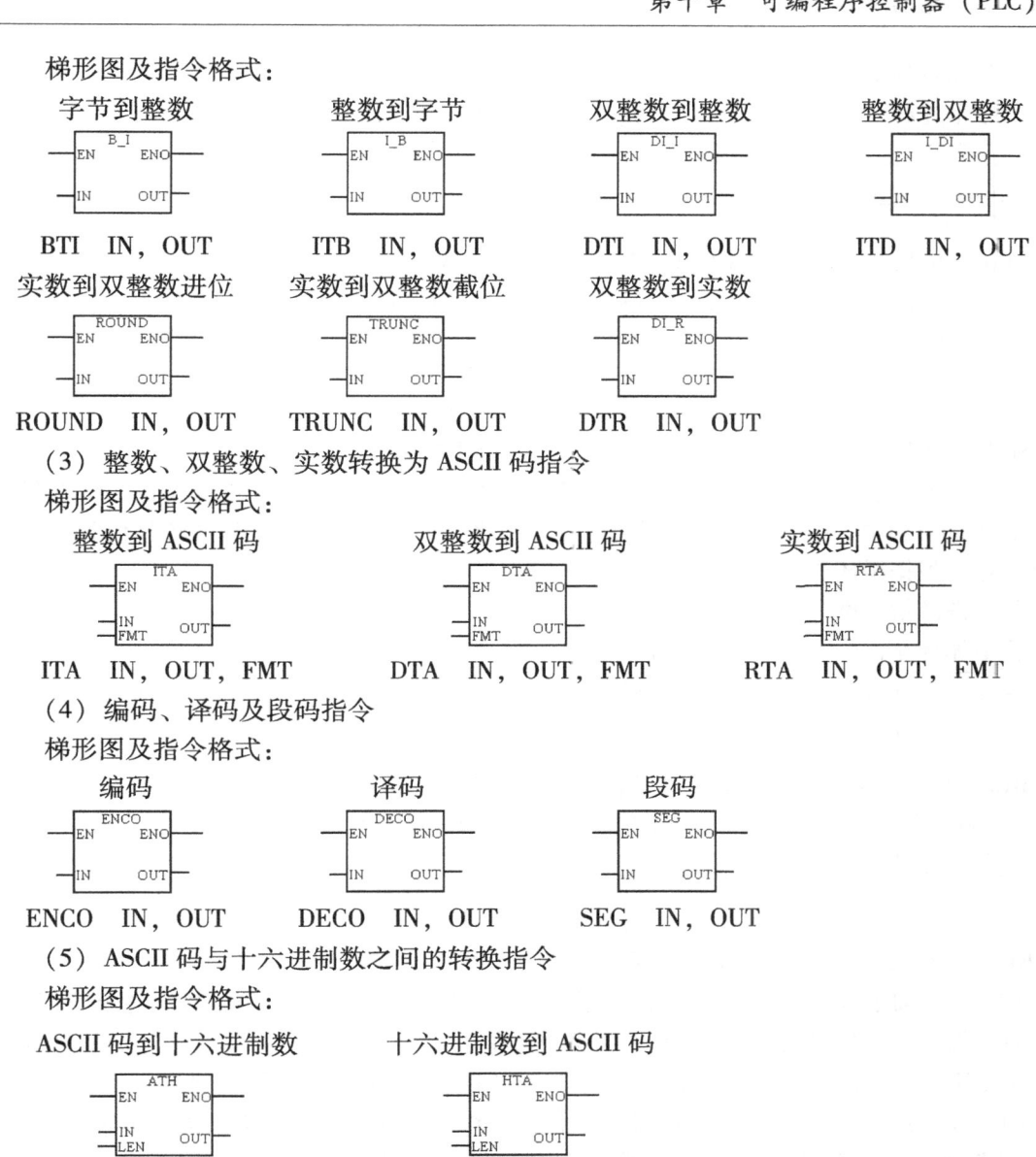

ROUND IN, OUT　　TRUNC IN, OUT　　DTR IN, OUT

（3）整数、双整数、实数转换为 ASCII 码指令

梯形图及指令格式：

ITA IN, OUT, FMT　　DTA IN, OUT, FMT　　RTA IN, OUT, FMT

（4）编码、译码及段码指令

梯形图及指令格式：

ENCO IN, OUT　　DECO IN, OUT　　SEG IN, OUT

（5）ASCII 码与十六进制数之间的转换指令

梯形图及指令格式：

ATH IN, OUT, LEN　　HTA IN, OUT, LEN

5. 移位与循环移位指令

（1）移位指令　根据移位的数据长度可分为字节型移位、字型移位和双字型移位；根据移位的方向可分为左移和右移。左移或右移指令的功能是将输入数据 IN 左移或右移 N 位后，把结果送到 OUT 中。移空的位以 0 补齐。移位次数 N 与移位数据的长度有关，如实际数据长度大于 N，则执行 N 次移位，如实际数据长度小于 N，则执行移位的次数等于实际数据长度的位数。其中移位次数 N 是字节型数据，被移位的数据是无符号的。移位结果存放在 OUT 中，也可以设定 IN 和 OUT 指向同一个存储单元；在语言表中移位结果存放在 IN 中。在梯形图中，传送指令以功能框的形式编程。

261

梯形图及指令格式：

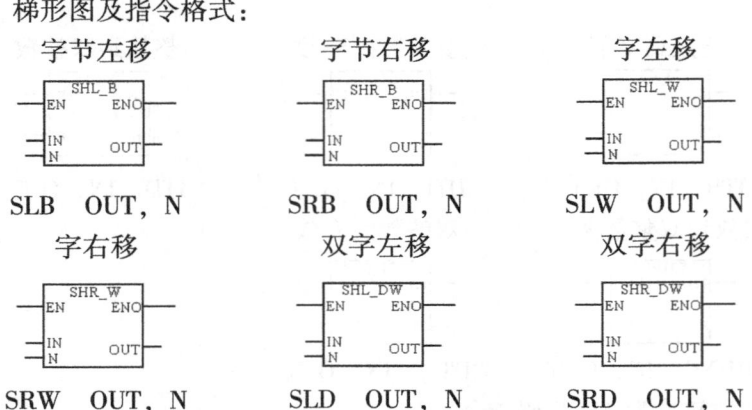

（2）循环移位指令　循环移位指令把 IN 指定的内容向左、右循环移 N 位，结果存入 OUT 指定的目标中，根据循环的数据长度可分为字节型循环移位、字型循环移位和双字型循环移位；根据循环移位的方向分为左移和右移。其他原理与移位指令相同。

梯形图及指令格式：

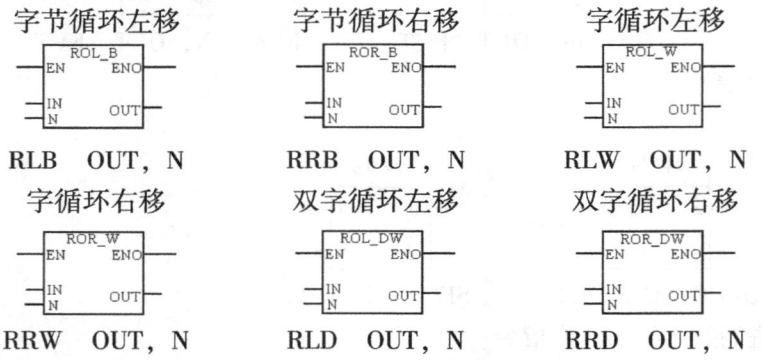

（3）寄存器移位指令　寄存器移位指令将一个数值移入移位寄存器中。在梯形图中，移位寄存器有三个数据输入端：DATA 为移位数值输入端；S_BIT 为移位寄存器的最低位端；N 指定移位寄存器的长度和移位方向；N>0 时，正向移位，即从最低位向最高位移位；N<0 时，反向移位，即从最高位向最低位移位。移位寄存器的数据类型无字节型、字型、双字型之分，指令移出的每个位被放置在溢出内存位（SM1.1）中。

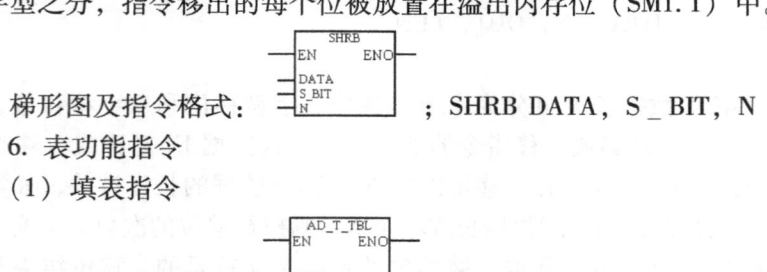

梯形图及指令格式：　　　　　　　；SHRB DATA, S_BIT, N

6. 表功能指令

（1）填表指令

梯形图及指令格式：　　　　　　　；ATT DATA, TBL

其中，DATA 为数据输入端，指出将被存储的字型数据或地址；TBL 为表的首地址输入端，用以指明被访问的表格。

当允许信号 EN=1 时，将输入的字型数据添加到指定的表中。新的数据添加在表中已有数据的后面。每向表中添加一个新的数据,实际填表数会自动加1。

(2) 查表指令 查表指令可以从字型数据表中找出符合条件的数据所在表的数据编号。

梯形图及指令格式:　　　　　　　　FND = (或 < > 或 < 或 >) TBL, PTN, INDX

其中,TBL 为表的首地址输入端,用以指明被访问的表格;PTN 为查表时进行比较的数据输入端;INDX 用来指定存放表中符合查找条件的数据编号的地址;CMD 为比较运算符编码输入端。

(3) 表取数指令 从表中取出一个字型数据有两种方式:先进先出和后进先出。

梯形图及指令格式:

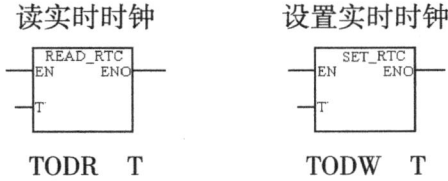

FIFO　TABLE,DATA　　　　LIFO　TABLE,DATA

其中,输入端 TBL 为表的首地址,用以指明被访问的表格;输出端 DATA 指明数值取出后要存放的目标地址单元。

7. 时钟指令

时钟指令分为读取实时时钟指令和设置实时时钟指令。

梯形图及指令格式:

读实时时钟　　　　　　设置实时时钟

```
  ┌─READ_RTC─┐          ┌─SET_RTC──┐
 ─┤EN     ENO├─        ─┤EN     ENO├─
  │          │          │          │
 ─┤T         │         ─┤T         │
  └──────────┘          └──────────┘
```

  TODR T　　　　　　　TODW T

五、数据运算指令

数据运算指令包括加法、减法、乘法、除法,对两个数进行相应的操作,数据类型为字节型、字、双字、整型和双整型。在梯形图中,指令以功能图的形式编程。其中,EN 为使能端,ENO 为允许输出端,IN 为数据输入端,运算结果置入 OUT 指定的变量中。

1. 加减指令

加减指令按操作数长度分为字节、字和双字逻辑运算,分别为递增字节和递减字节指令、递增字和递减字指令、递增双字和递减双字指令、整数加/减指令和双整数加/减指令。

梯形图及指令格式:

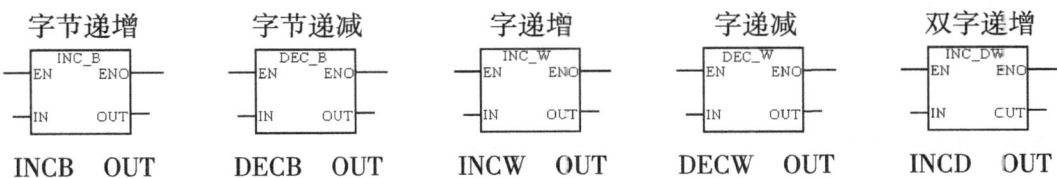

263

2. 乘/除指令

乘/除指令包括整数与双整数乘/除指令、整数乘/除指令、双整数乘/除指令。

梯形图及指令格式：

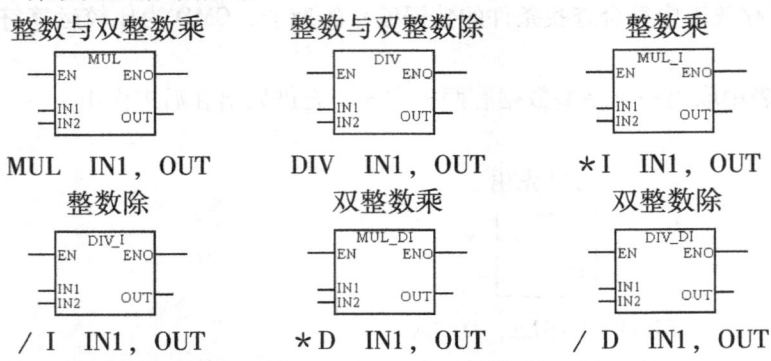

3. 数学函数指令

数学函数指令包括平方根、自然对数、指数、三角函数等常用的函数指令。数学函数指令的输入和输出数据均为 32 位实数，结果如果大于 32 位二进制数表示的范围，则产生溢出。

梯形图及指令格式：

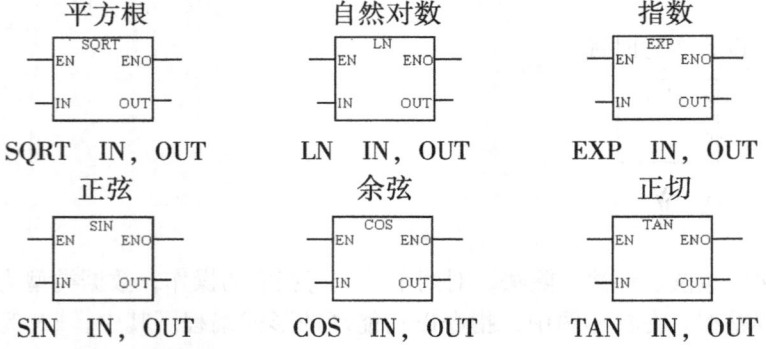

4. 逻辑运算指令

逻辑运算是对无符号数进行的处理，主要包括逻辑与、逻辑或、逻辑异或和取反等运算指令。按操作数长度分为字节、字和双字逻辑运算。

梯形图及指令格式：

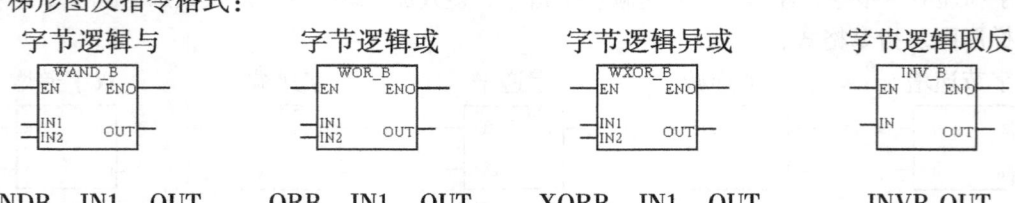

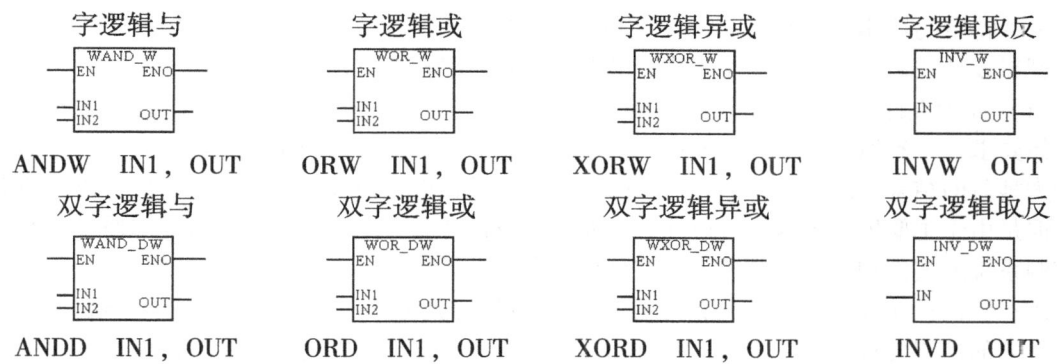

第三节 机床电气的 PLC 控制技术

一、机床 PLC 控制系统设计

PLC 控制系统设计的一般流程如图 10-7 所示。

1. PLC 系统的设计原则

机床 PLC 控制系统是为了实现被控对象的工艺要求,以提高生产效率和产品质量。因此,在设计 PLC 控制系统时,应遵循以下基本原则。

(1) 最大限度地满足被控对象的控制要求 充分发挥 PLC 的功能,最大限度地满足被控对象的控制要求,是设计 PLC 控制系统的首要前提,也是设计中最重要的一条原则。要求在设计前深入现场进行调研,收集国内外相关资料,与现场的工程技术人员紧密配合,共同确定方案、解决疑难问题。

(2) 保证 PLC 控制系统安全、可靠 保证 PLC 控制系统能够长期安全、可靠、稳定

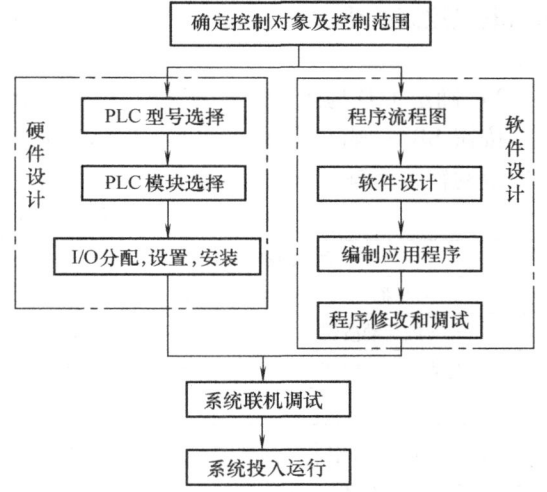

图 10-7 PLC 控制系统设计一般流程

运行是设计控制系统的重要原则。要求设计者在系统设计、元器件选择、软件编程上要全面考虑。

(3) 力求简单、经济、使用及维修方便 在满足控制要求的前提下,一方面要注意不断地扩大工程的效益,另一方面也要注意不断地降低工程的成本。这就要求设计者不仅要使控制系统简单、经济,而且应使控制系统的使用和维修方便、成本低,不盲目追求自动化和高标准。

(4) 易于操作,适应发展的需要 设计时要适当考虑今后控制系统发展和完善的需要。这就要求在选择 PLC、输入/输出模块、I/O 点数和内存容量时,要适当留有余量,以满足今后生产发展和工艺的改进。

2. PLC 系统控制程序设计方法

PLC 控制程序在整个 PLC 控制系统中处于核心地位,其程序设计有一定的规律可循,

对于一些特定的功能通常都有相对固定的设计方法。PLC 程序设计的主要方法有经验设计法、逻辑设计法、顺序功能图设计法、继电器控制线路转换设计法等。

(1) 经验设计法　经验设计法实际上是在一些典型单元电路的基础上，根据被控对象的具体要求，不断地修改和完善梯形图。有时需要多次反复修改和调试梯形图后才能得到一个较为满意的结果。用这种方法对比较简单的控制过程进行设计，可以收到简便、快速的效果。但是由于主要依赖经验进行设计，因而要求设计者具有丰富的经验，需要掌握、熟悉大量控制系统的实例和各种典型环节。这种设计方法较灵活，其结果一般不是唯一的。

用经验设计法设计 PLC 应用的电控系统程序与用其他方法一样，首先必须详细了解机械及工艺的控制要求，包括机械的工作循环图、电气执行元件的动作节拍等。设计过程可按以下步骤进行：分析控制要求、选择控制原则→设置主令元件和检测元件→确定输入、输出信号→设计执行元件的控制程序→检查、修改和完善程序。

举例：用 PLC 实现图 8-11 所示的三相异步电动机 Y—△降压起动控制。

1) PLC 控制电路图。根据图 8-11 所示的 Y—△降压起动电气控制线路，确定 PLC 控制的控制电路，如图 10-8 所示。

2) 确定 I/O 地址表。系统输入信号有起动按钮 SB2、停止按钮 SB1；输出信号有 KM、$KM_\triangle$、KM_Y；系统没有模拟量的输入和输出。该系统的地址表如表 10-1 所示。

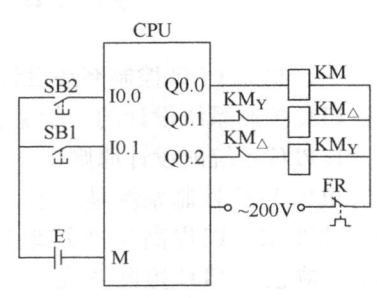

图 10-8　PLC 控制电路图

表 10-1　I／O 地址表

输入信号			输出信号		
名称	代号	地址	名称	代号	地址
电动机起动按钮	SB2	I0.0	电动机电源接触器	KM	Q0.0
电动机停止按钮	SB1	I0.1	电动机△形联结接触器	$KM_\triangle$	Q0.1
			电动机 Y 形联结接触器	KM_Y	Q0.2

3) 设计各输出信号的梯形图控制程序。图 10-9 所示为控制系统梯形图。

按起动按钮 SB2，I0.0 的常开触点闭合，M1.0 线圈通电，M1.0 的常开触点闭合，Q0.0 线圈通电，即接触器 KM 线圈通电；同时，定时器 T201 起动定时。延时 1s 后，T201 常开触点闭合，Q0.2 线圈通电，即接触器 KM_Y 线圈通电，电动机进入 Y 形起动，同时，定时器 T200 起动定时。延时 6s 后，T200 常闭触点断开，Q0.2 线圈断电，接触器 KM_Y 线圈断电；T200 常开触点闭合，T202 起动定时，经 0.5s 后，T202 常开触点闭合，Q0.1 线圈通电，即接触器 $KM_\triangle$ 线圈通电，电动机改接为△联结，起动过程结束。

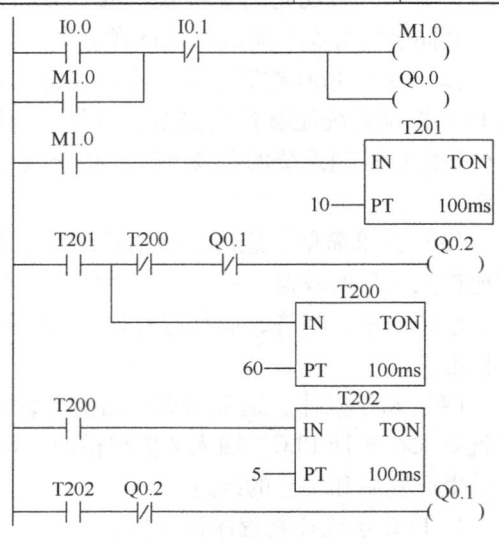

图 10-9　控制系统梯形图

要停车时，按停止按钮 SB1，I0.1 的常闭触点断开，M1.0、T201 断电；M1.0、T201 的常开触点断开，Q0.0、Q0.2、Q0.1 依次断电，电动机停转。

（2）逻辑设计法　逻辑设计法是指以逻辑组合的方法和形式设计电气控制系统。这种设计方法既有严密可循的规律性和明确可行的设计步骤，又有简便、直观和十分规范的特点。

逻辑设计法的理论基础是逻辑代数，它符合逻辑运算的各种基本规律。在某种意义上可以认为 PLC 是"与""或""非"三种逻辑线路的组合体，而 PLC 梯形图程序的基本形式也是"与""或""非"的逻辑组合，它们的工作方式及其规律也完全符合逻辑运算的基本规律。因此用逻辑代数作为 PLC 程序设计的工具较为实用。

逻辑设计法可分为组合逻辑设计法和时序逻辑设计法，组合逻辑设计法需要确定控制系统状态转换表和逻辑函数关系，具体方法与第七章的逻辑设计法相似，此处不再详述。下面举例说明时序逻辑设计法的设计过程。

举例：有 M1、M2 两台电动机（主电路如图 7-8a 所示），控制要求：按下起动按钮，M1 电动机运行 5min，之后停止 2min。M2 电动机与之相反，即 M1 电动机运行时 M2 电动机停止，M1 电动机停止时 M2 电动机运行，如此循环往复，直至按下停止按钮。

1）确定 I/O 地址表。根据控制要求，确定系统输入信号有起动按钮 SB2、停止按钮 SB1；输出信号有 KM1、KM2。该系统的地址表如表 10-2 所示。

表 10-2　I/O 地址表

输入信号			输出信号		
名称	代号	地址	名称	代号	地址
电动机起动按钮	SB2	I0.0	电动机 M1 接触器	KM1	Q0.0
电动机停止按钮	SB1	I0.1	电动机 M2 接触器	KM2	Q0.1

2）画出两台电动机的工作时序图。为了使逻辑关系清晰，用中间继电器 M0.0 作为运行控制继电器。图 10-10 所示为两台电动机的控制工作时序图。

电动机 M1、M2 周期性交替运行，运行周期为 7min，则考虑采用定时器 T37（定时时间 5min）和 T38（定时时间 7min）控制两台电动机的工作。

当按下 SB2，T37 与 T38 开始计时，同时电动机 M1 开始运行。5min 后 T37 定时时间到，并产生相应动作，使电动机 M1 停

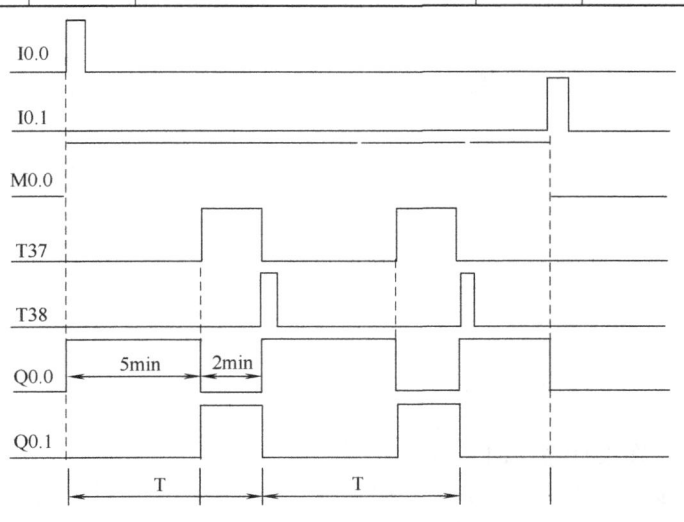

图 10-10　两台电动机控制工作时序图

止，M2 开始运行。当定时器 T38 到达定时时间 7min 时，T38 产生相应动作，使电动机 M2 停止，M1 开始运行，同时将自身和 T37 复位，程序进入下一个循环。如此往复，直到按下按钮 SB1，两台电动机停止运行，两个定时器也停止定时。

3）建立逻辑函数表达式。由图 10-10 时序关系及工作原理分析，可列出电动机运行的逻辑表达式：

$$Q0.0 = M0.0 \cdot \overline{T37} \quad Q0.1 = M0.0 \cdot T37$$

4）画出控制梯形图。图 10-11 所示为控制系统梯形图。

（3）顺序功能图设计法　顺序功能图设计法是将系统的一个工作周期划分为若干个顺序相连的阶段，这些阶段称为步，步用编程元件来代表，其划分的依据是 PLC 输出量的变化。在任何一步内，输出量的状态应保持不变，但两步之间的转换条件满足时，系统就由原来的步进入新的步。顺序功能图的三个基本元素是："步""有向连线"和"转换"。顺序功能图有单序列、选择序列和并列序列三种基本结构形式。

举例：有一工作台自动运行控制系统，图 10-12 所示为运动示意图，工艺要求如下：初始状态时，工作台在左边，行程开关 I0.3 状态为 1。起动时，按下起动按钮 I0.0，工作台向右快速行进，遇到行程开关 I0.1 时，工作台开始工进。当工作台遇到行程开关 I0.2 时，暂停 5s，定时时间到，快速后退，遇到 I0.3 进入初始状态。

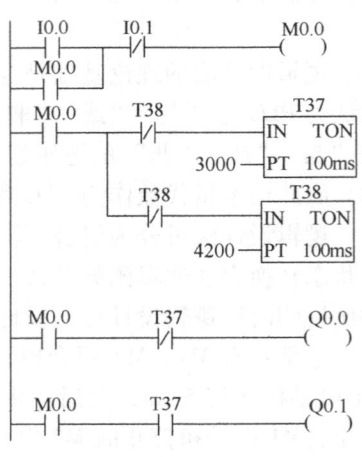

图 10-11　控制系统梯形图

根据控制要求，选择 Q0.0 连接快进接触器，Q0.1 连接工进接触器，Q0.2 连接快退接触器，T0 作为暂停时间定时器。快进时，Q0.0 和 Q0.1 同时接通。其顺序功能流程图如图 10-13 所示。

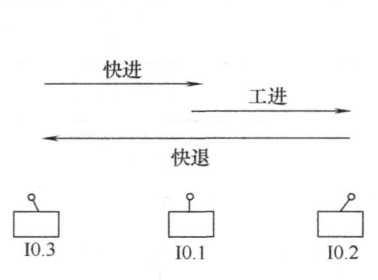

图 10-12　运动示意图

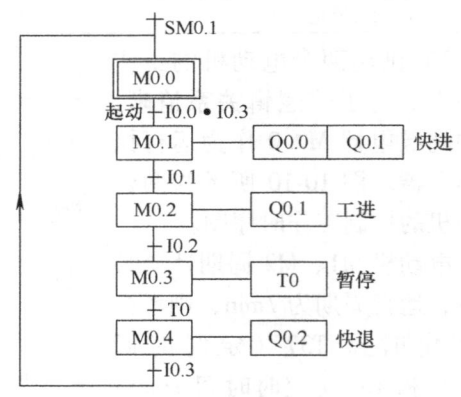

图 10-13　顺序功能流程图

在设计系统时，顺序控制要求活动步发生变化时，开通新的活动步，同时关闭原来的活动步。完成这个任务可采用两种方法：一是使用置位和复位的方法，即开通新步时，将新步所对应的位置位，同时将原来活动步所对应的位复位；二是使用自锁的方法使现在的活动步位为 1，同时将现在的活动步位的常闭点接入上一活动步位的线圈回路，使其变成不活动步。

（4）继电器控制线路转换设计法　根据继电器电路图来设计相应的 PLC 梯形图程序是一种简便快捷的设计方法。

继电器电路图是一个纯粹的硬件电路图。改为 PLC 控制时，需要用 PLC 的外部接线图和梯形图来等效继电器电路图。在分析 PLC 控制系统功能时，可以将 PLC 想象成一个控制箱，其外部接线图描述了这个控制箱的外部接线，梯形图是这个控制箱的内部"线路图"，梯形图中的输入位和输出位是这个控制箱与外部联系的"接口继电器"。在分析梯形图时，可以将输入位的触点想象成对应的外部输入器件的触点，将输出位的线圈想象成对应的外部负载的线圈。

举例：将图 7-9 所示实现多点控制功能的继电器控制转换为 PLC 控制。

图 7-9 中共有 6 个按钮、1 个接触器，因此选择 PLC 6 个输入位、1 个输出位，外部接线如图 10-14a 所示。将 PLC 输入位与外部电器连接的端子 I0.0 ~ I0.5 看成是梯形图中的触点，输出位与外部电器连接的端子 Q0.0 看成是梯形图中的线圈，利用串联、并联连接规律，很容易画出 PLC 控制梯形图，如图 10-14b 所示。

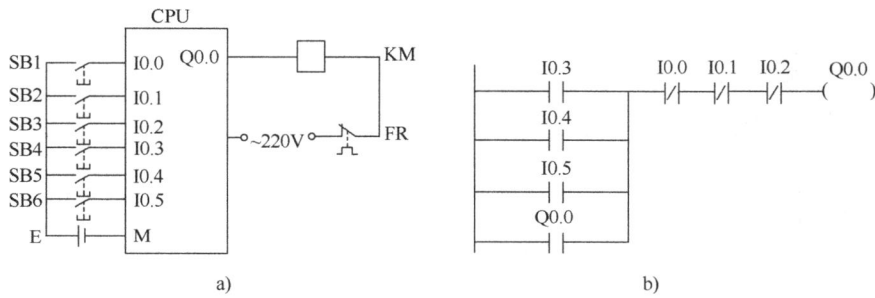

图 10-14　PLC 多点控制
a）外部接线　b）梯形图

二、机床 PLC 控制应用举例

利用 PLC 技术，一方面可以对原有传统机床进行技术改造设计，使其升级换代，发挥更大效用；另一方面可以开发研制新的现代化机床设备。下面通过两个例子介绍 PLC 控制技术的应用。

1. X62W 万能铣床的 PLC 控制

X62W 万能铣床的电气控制线路如图 8-31 所示。其 PLC 控制设计步骤如下：

（1）PLC 控制系统接线图　电气控制线路中，主电动机、冷却泵电动机、进给电动机主电路、照明电路以及主电动机换向开关 SA3、冷却泵电动机转换开关 QS2、照明电路开关 SA4 均不变。控制电路功能由 PLC 实现，根据控制电路工作原理可知输入信号有 14 个、输出信号有 7 个。因此选用 PLC CPU224，采用继电器输出型，PLC 控制系统接线如图 10-15 所示。

（2）I/O 地址表　选择 PLC 控制系统的 I/O 地址表如表 10-3 所示。

表 10-3　I/O 地址表

输入信号			输出信号		
名称	代号	地址	名称	代号	地址
主轴电动机 M1 起动按钮	SB1、SB2	I0.0	主轴电动机接触器	KM1	Q0.0
主轴电动机 M1 停止按钮	SB5、SB6	I0.1	快速进给接触器	KM2	Q0.1
快速进给按钮	SB3、SB4	I0.2	向右、前、下接触器	KM3	Q0.2
主轴冲动行程开关	SQ1	I0.3	向左、后、上接触器	KM4	Q0.3

(续)

输入信号			输出信号		
名称	代号	地址	名称	代号	地址
进给冲动行程开关	SQ2	I0.4	主轴制动电磁铁	YC1	Q0.4
"向前""向下"行程开关	SQ3	I0.5	工作台进给电磁铁	YC2	Q0.5
"向后""向上"行程开关	SQ4	I0.6	工作台快移电磁铁	YC3	Q0.6
"向右"行程开关	SQ5	I0.7			
"向左"行程开关	SQ6	I1.0			
换刀制动开关	SA1	I1.1			
圆工作台转换开关	SA2	I1.2			
		I1.3			
主轴、冷却泵电动机热继电器	FR1、FR2	I1.4			
进给电动机热继电器	FR3	I1.5			

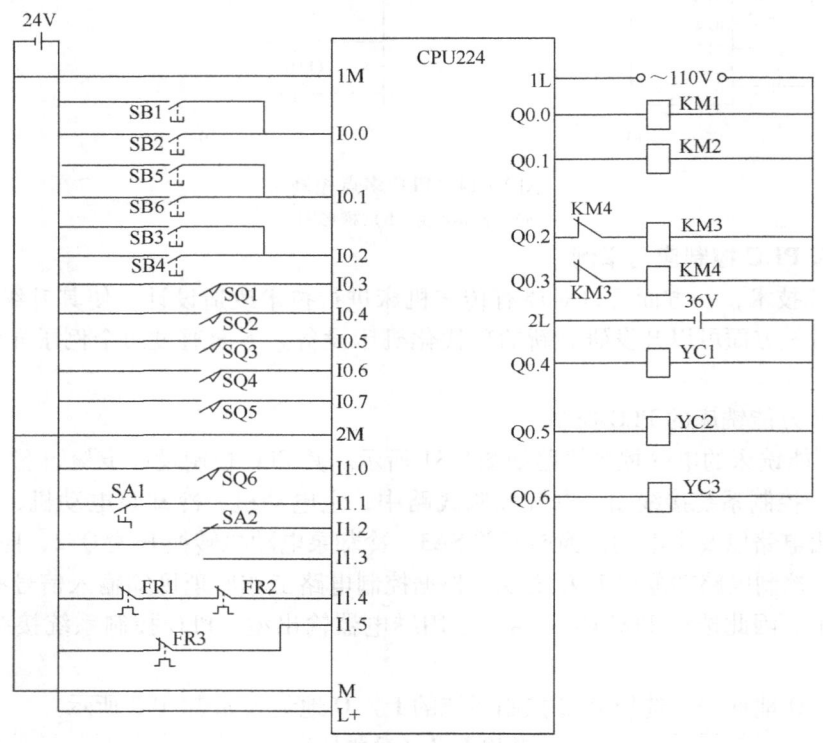

图 10-15 PLC 控制系统接线图

（3）PLC 控制系统程序 程序由主轴控制和进给控制两部分组成，控制系统梯形图如图 10-16 所示，其中，主轴控制由网络 1 和网络 2 实现，进给控制由网络 3~网络 7 实现。

1) 主电动机控制梯形图。按下按钮 SB1 或 SB2，I0.0 的常开触点闭合，Q0.0 线圈通电，即接触器 KM1 线圈通电，主轴电动机工作；按下按钮 SB5 或 SB6，I0.1 的常闭触点断开，Q0.0 线圈断电，同时，Q0.4 线圈通电，制动电磁铁 YC1 线圈通电，主轴电动机制动停

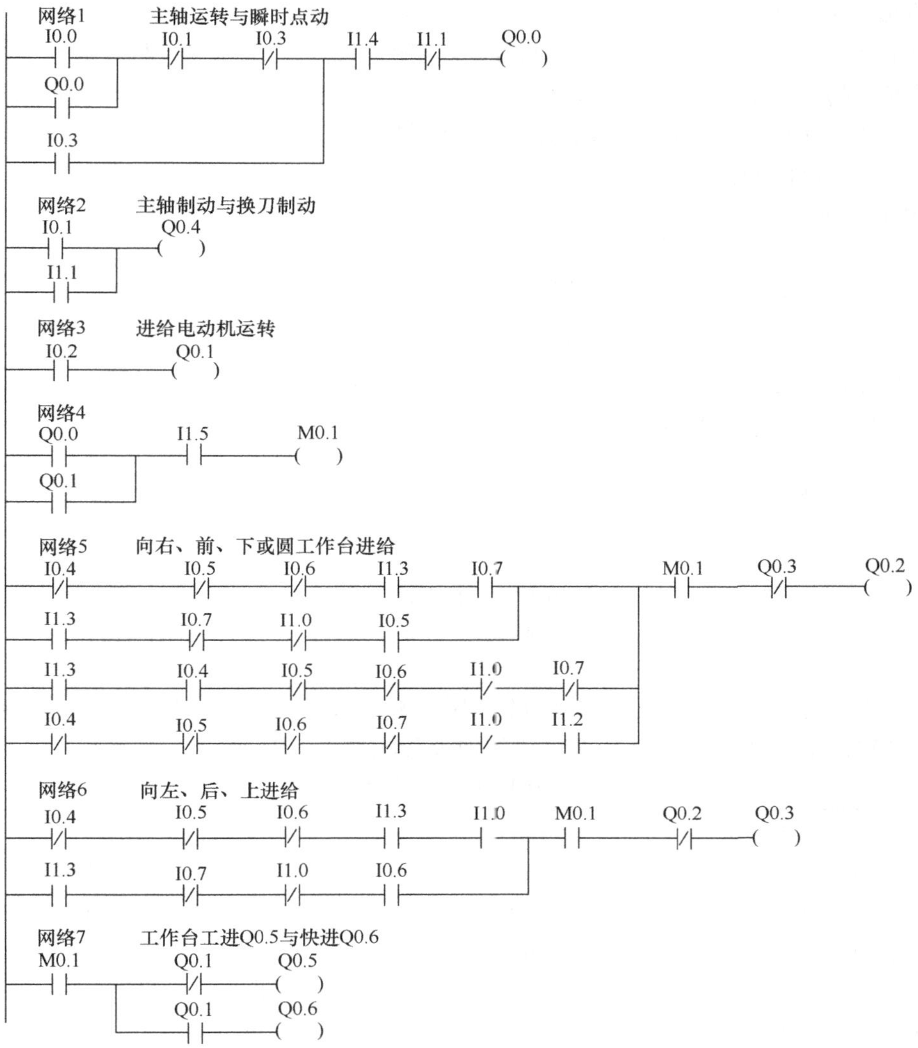

```
网络1    主轴运转与瞬时点动
I0.0     I0.1   I0.3   I1.4   I1.1    Q0.0
─┤├──────┤/├───┤/├────┤├─────┤/├─────( )─
 │
 Q0.0
─┤├─
 │
 I0.3
─┤├─

网络2    主轴制动与换刀制动
I0.1     Q0.4
─┤├──────( )─
 │
 I1.1
─┤├─

网络3    进给电动机运转
I0.2     Q0.1
─┤├──────( )─

网络4
Q0.0     I1.5    M0.1
─┤├──────┤├─────( )─
 │
 Q0.1
─┤├─

网络5    向右、前、下或圆工作台进给
I0.4   I0.5   I0.6   I1.3   I0.7                      M0.1   Q0.3   Q0.2
─┤/├──┤/├────┤/├───┤├─────┤├─────────────────────────┤├────┤/├────( )─
I1.3   I0.7   I1.0   I0.5
─┤├───┤/├────┤/├───┤├─
I1.3   I0.4   I0.5   I0.6   I1.0   I0.7
─┤├───┤├─────┤/├───┤/├────┤/├────┤├─
I0.4   I0.5   I0.6   I0.7   I1.0   I1.2
─┤/├──┤/├────┤/├───┤/├────┤/├────┤├─

网络6    向左、后、上进给
I0.4   I0.5   I0.6   I1.3   I1.0    M0.1   Q0.2   Q0.3
─┤/├──┤/├────┤/├───┤├─────┤├──────┤├────┤/├────( )─
I1.3   I0.7   I1.0   I0.6
─┤├───┤/├────┤├────┤├─

网络7    工作台工进Q0.5与快进Q0.6
M0.1    Q0.1    Q0.5
─┤├─────┤/├─────( )─
        Q0.1    Q0.6
        ─┤├─────( )─
```

图 10-16 PLC 控制系统梯形图

止。合上行程开关 SQ1，I0.3 的常开触点闭合，Q0.0 线圈通电，主轴电动机瞬时点动。若换刀开关 SA1 处于换刀位置，I1.1 的常闭触点断开、常开触点闭合，Q0.0 线圈断电，Q0.4 线圈通电，主轴处于换刀制动状态。

2) 进给控制梯形图。主轴电动机工作或按下快进按钮 SB3、SB4 后，M0.1 线圈通电，才能进行进给运动。

当 SA2 置于矩形工作状态时，I1.3 常开触点闭合，若 I0.7 或 I0.5 闭合，Q0.2 线圈通电，则向右或向前、向下进给；若 I1.0 或 I0.6 闭合，Q0.3 线圈通电，则向左或向后、向上进给；若 I0.4 闭合，Q0.2 线圈通电，则进行进给冲动。当 SA2 置于圆工作状态时，I1.2 常开触点闭合，Q0.2 线圈通电，则进行圆运动。正常进给或快速进给时，Q0.5 或 Q0.6 线圈通电，电磁铁 YC2 或 YC3 工作。

2. 机械手的 PLC 控制

机械手是工业控制中常用的一种控制对象。它的控制是通过多个行程开关和电磁阀来实现的，是典型的开关量控制。图 10-17a 所示为一个将工件由 A 点传送到 B 点的机械手控制系统，上升/下降和左移/右移的执行用双线圈二位电磁阀推动气缸完成，夹紧/放松的执行用单线圈二位电磁阀推动气缸完成，设备装有上、下限位和左、右限位开关，要求工作过程如图 10-17b 所示。

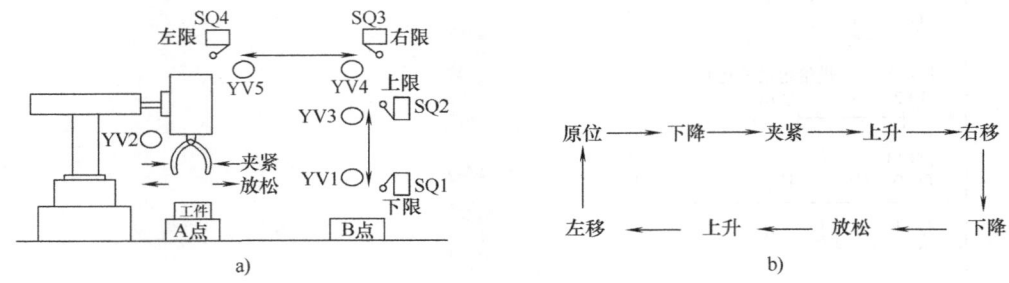

图 10-17 机械手控制机构
a) 控制系统 b) 工作过程

（1）I/O 地址表　系统需要起动按钮 SB2、停止按钮 SB1 进行控制，设置自动工作方式，输入/输出信号选择及 PLC 控制系统的地址分配见表 10-4 所示。

表 10-4　I/O 地址表

输入信号			输出信号		
名称	代号	地址	名称	代号	地址
上限位行程开关	SQ2	I0.0	上升电磁阀	YV3	Q0.0
下限位行程开关	SQ1	I0.1	下降电磁阀	YV1	Q0.1
左限位行程开关	SQ4	I0.2	左移电磁阀	YV5	Q0.2
右限位行程开关	SQ3	I0.3	右移电磁阀	YV4	Q0.3
上升		I0.4	夹紧电磁阀	YV2	Q0.4
下降		I0.5			
左移		I0.6			
右移		I0.7			
夹紧		I1.0			
放松		I1.1			
手动		I1.2			
单周期		I1.3			
连续		I1.4			
起动按钮	SB2	I1.5			
停止按钮	SB1	I1.6			
回原位		I1.7			

(2) 系统程序 机械手 PLC 系统控制梯形图如图 10-18 所示。

(3) 系统工作过程分析 现以单周期工作方式为例分析其 PLC 控制过程。当起始在原位时，按下起动按钮 SB2，I1.5 闭合，M0.2 线圈通电，再按下单周期工作方式开关，I1.3 闭合，M0.3 及 M0.5 线圈通电，M0.5 常开触点闭合，M1.0 工作，使 Q0.1 线圈通电，进行下降。到下限位置时，I0.1 触点动作，M1.1 工作，使 Q0.4 线圈通电，进行夹紧，同时定时器 T1 开始定时。时间到后，T1 常开触点闭合，M1.2 工作，使 Q0.0 线圈通电，进行上移。到上限位置时，I0.0 触点动作，M1.3 工作，使 Q0.3 线圈通电，进行右移。到右限位置时，I0.3 触点动作，M1.4 工作，使 Q0.1 线圈通电，进行下移。到下限位置时，I0.1 触点动作，M1.5 工作，使 Q0.4 线圈通电，进行放松，同时定时器 T2 开始定时。时间到后，T2 常开触点闭合，M1.6 工作，使 Q0.0 线圈通电，进行上移。到上限位置时，I0.0 触点动作，M1.7 工作，使 Q0.2 线圈通电，进行左移。到左限位置时，I0.2 触点动作，机械手回到原位。

由于各条支路都加有互锁环节，保证了每一个工作状态到达极限位置时，能自动终止该工作状态，且转入下一工作状态。

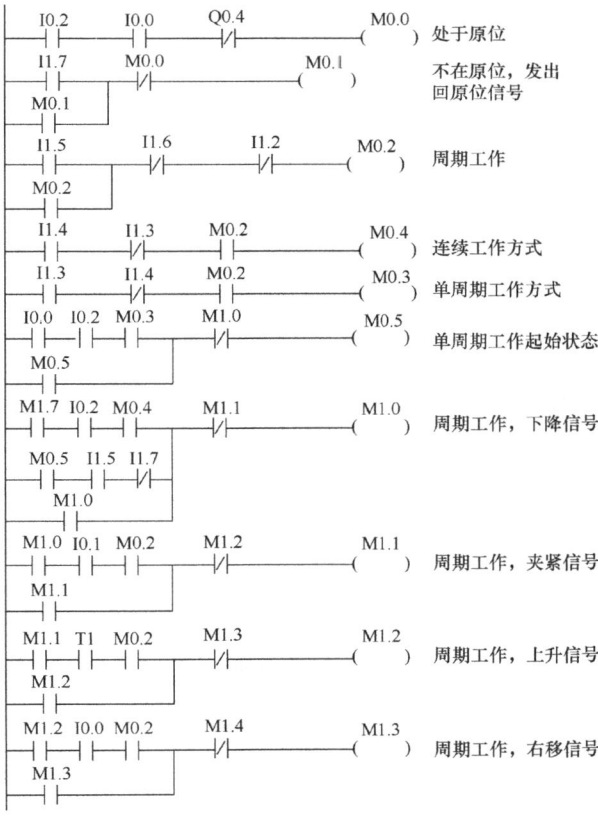

图 10-18 PLC 系统控制梯形图

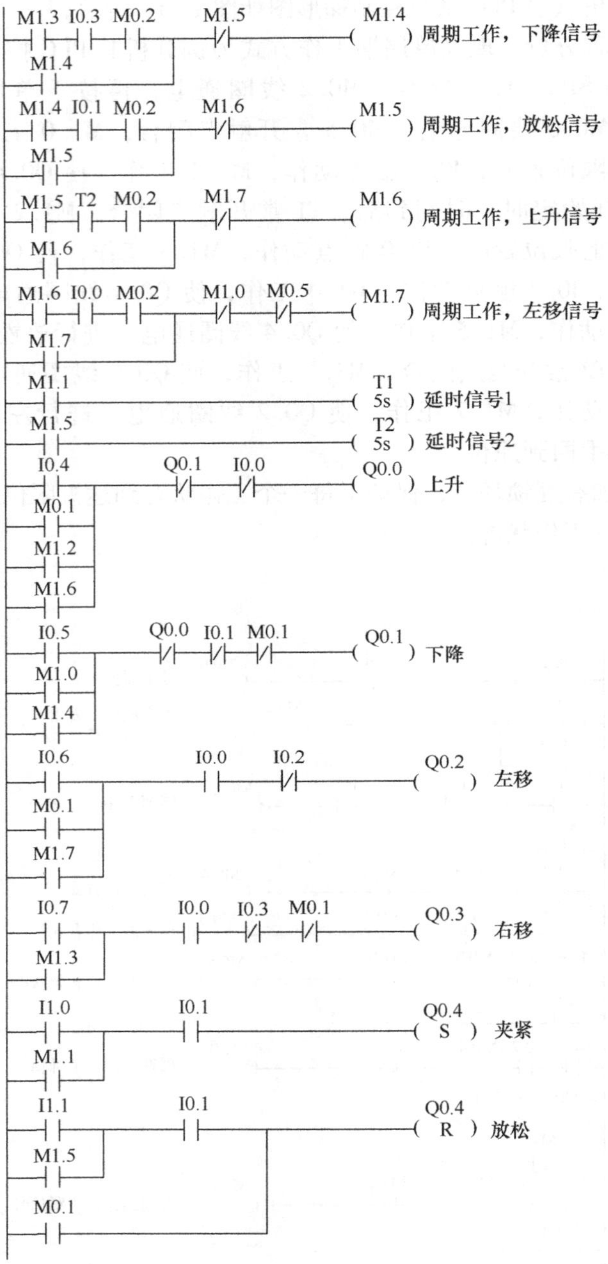

```
    M1.3  I0.3  M0.2   M1.5              M1.4
    ─┤├───┤├───┤├──────┤/├───────────────( ) 周期工作，下降信号
    M1.4
    ─┤├─

    M1.4  I0.1  M0.2   M1.6              M1.5
    ─┤├───┤├───┤├──────┤/├───────────────( ) 周期工作，放松信号
    M1.5
    ─┤├─

    M1.5  T2   M0.2    M1.7              M1.6
    ─┤├───┤├───┤├──────┤/├───────────────( ) 周期工作，上升信号
    M1.6
    ─┤├─

    M1.6  I0.0  M0.2   M1.0   M0.5       M1.7
    ─┤├───┤├───┤├──────┤/├────┤/├────────( ) 周期工作，左移信号
    M1.7
    ─┤├─

    M1.1                                  T1
    ─┤├──────────────────────────────────(5s) 延时信号1
    M1.5                                  T2
    ─┤├──────────────────────────────────(5s) 延时信号2

    I0.4          Q0.1   I0.0            Q0.0
    ─┤├───────────┤/├────┤/├─────────────( ) 上升
    M0.1
    ─┤├─
    M1.2
    ─┤├─
    M1.6
    ─┤├─

    I0.5          Q0.0   I0.1   M0.1     Q0.1
    ─┤├───────────┤/├────┤/├────┤/├──────( ) 下降
    M1.0
    ─┤├─
    M1.4
    ─┤├─

    I0.6          I0.0   I0.2            Q0.2
    ─┤├───────────┤├─────┤/├─────────────( ) 左移
    M0.1
    ─┤├─
    M1.7
    ─┤├─

    I0.7          I0.0   I0.3   M0.1     Q0.3
    ─┤├───────────┤├─────┤/├────┤/├──────( ) 右移
    M1.3
    ─┤├─

    I1.0          I0.1                   Q0.4
    ─┤├───────────┤├─────────────────────( S ) 夹紧
    M1.1
    ─┤├─

    I1.1          I0.1                   Q0.4
    ─┤├───────────┤├─────────────────────( R ) 放松
    M1.5
    ─┤├─
    M0.1
    ─┤├─
```

图 10-18　PLC 系统控制梯形图（续）

思考题与习题

10-1　试述 PLC 的结构组成，分析各部分作用。

10-2　PLC 软件设计方法主要有哪几种类型，试分别举例说明。

10-3　用 PLC 完成三相异步电动机双向反接制动控制。

10-4　设计一个三台电动机顺序起停控制程序，要求：按下起动按钮 SB2，M1 电动机起动；3s 后 M2

电动机起动；再 3s 后 M3 电动机起动。按下停止按钮 SB1，M3 电动机立即停转；5s 后 M2 电动机停转；再 5s 后 M1 电动机停转。试画出实际接线图和梯形图。

10-5 设计一条用 PLC 控制的自动装卸线。自动装卸线结构示意图如图 10-19 所示。电动机 M1 驱动装料机加料，电动机 M2 驱动料车升降，电动机 M3 驱动卸料机卸料。

（1）料车在原位，按起动按钮，自动线开始工作。
（2）加料定时 5s，加料结束。
（3）延时 1s，料车上升。
（4）上升到位，自动停止移动。
（5）延时 1s，料车自动卸料。
（6）卸料 10s，料车复位并下降。
（7）下降到原位，料车自动停止移动。

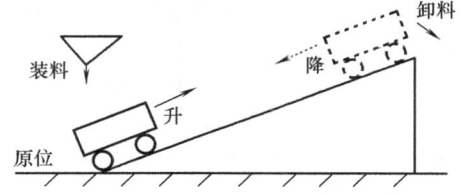

图 10-19 自动装卸线结构示意图

参 考 文 献

[1] 周绍英. 电力拖动 [M]. 北京：冶金工业出版社，1990.
[2] 彭鸿才. 电机原理及拖动 [M]. 北京：机械工业出版社，1994.
[3] 王艳秋. 电机及电力拖动 [M]. 北京：化学工业出版社，2001.
[4] 侯恩奎. 电机与拖动 [M]. 北京：机械工业出版社，1991.
[5] 杨终豹. 电机拖动基础 [M]. 北京：冶金工业出版社，1989.
[6] 顾绳谷. 电机及拖动基础 [M]. 北京：机械工业出版社，1981.
[7] 郑朝科，唐顺华. 电力拖动基础 [M]. 上海：同济大学出版社，1995.
[8] 杨长能. 电力拖动基础 [M]. 重庆：重庆大学出版社，1989.
[9] 任兴权. 电力拖动基础 [M]. 北京：冶金工业出版社，1979.
[10] 李浚源. 电力拖动原理 [M]. 武汉：华中工学院出版社，1983.
[11] 魏炳贵. 电力拖动基础 [M]. 北京：机械工业出版社，2000.
[12] 许大中，贺益康. 电机控制 [M]. 杭州：浙江大学出版社，1996.
[13] 齐占庆. 机床电气控制技术 [M]. 北京：机械工业出版社，1999.
[14] 夏天伟，丁明道. 电器学 [M]. 北京：机械工业出版社，1999.
[15] 严克宽. 新编高低压电器、电子电器选用和维修手册 [M]. 北京：兵器工业出版社，1996.
[16] 罗淑玲. 电子电器 [M]. 北京：兵器工业出版社，1993.
[17] 贺湘琰. 电器学 [M]. 北京：机械工业出版社，1985.
[18] 马镜澄，等. 低压电器 [M]. 北京：兵器工业出版社，1993.
[19] 祝瑞琪. 电子电器 [M]. 北京：机械工业出版社，1983.
[20] 李桂和. 电器及其控制 [M]. 重庆：重庆大学出版社，1993.
[21] 佟为明，翟国富，等. 低压电器继电器及其控制系统 [M]. 哈尔滨：哈尔滨工业大学出版社，2000.
[22] 刘金琪. 机床电气自动控制 [M]. 哈尔滨：哈尔滨工业大学出版社，1999.
[23] 湘潭电机制造学校. 电力拖动自动控制 [M]. 北京：机械工业出版社，1981.
[24] 北京工业学院，华东工学院. 电气控制技术 [M]. 北京：北京工业学院出版社，1985.
[25] 夏天伟，任继武，李海波. 智能脱扣器的研究 [J]. 电工技术杂志，2001（4）：23-25.
[26] 余洪明. "软起动"的由来与应用 [J]. 电工技术杂志，2001（6）：59-62.
[27] 厉无咎. 智能化软起动器 [J]. 低压电器，2001（1）：16-19.
[28] 徐树生，赵一秦，等. JRD22 型电动机综合保护器 [J]. 电工技术杂志，2000（8）：41-42.
[29] 许志红，张培铭. 智能交流接触器的研究 [J]. 低压电器，1999（3）：19-21.
[30] 夏天伟，秦妙华，等. 新型电动机智能控制及保护装置 [J]. 低压电器，1999（6）：11-14.
[31] 费鸿俊，张冠生. 发展低压电器新一代技术的探讨 [J]. 电工技术杂志，1997（7）：30-32.
[32] 王毅，赵凯岐，徐殿国. 基于 DSP 的三相异步电机软起动控制器 [J]. 中小型电机，2001，28（6）：34-36.
[33] 高安邦，智淑亚，徐建俊. 新编机床电气与 PLC 控制技术 [M]. 北京：机械工业出版社，2008.
[34] 王仁祥. 常用低压电器原理及其控制技术 [M]. 2 版. 北京：机械工业出版社，2009.
[35] 张燕宾. 变频器应用教程 [M]. 北京：机械工业出版社，2009.
[36] 梁德成，等. 西门子 S7-200 PLC 入门和应用分析 [M]. 北京：中国电力出版社，2010.
[37] 杨后川，等. 西门子 S7-200 PLC 编程速学与快速应用 [M]. 北京：电子工业出版社，2010.

[38] 边春元,等.实例解析S7-300/400PLC系统设计基础与开发技巧[M].北京:机械工业出版社,2008.

[39] 何瑞华,尹天文.我国低压电器现状与发展趋势[J].低压电器,2014(1):1-10.

[40] 何瑞华.我国新一代低压电器发展趋向[J].低压电器,2013(3):1-6.